雲の中では何が起こっているのか
雲をつかもうとしている話
荒木健太郎
KENTARO ARAKI
CLOUD
RAINBOW
CLOUD DROPLET
AIR PARCEL
STORM
PRECIPITATION
WHAT'S GOING ON IN THE CLOUDS?
ベレ出版

口絵 1　巻雲。2013 年 9 月 17 日、茨城県つくば市。

頭巾雲

口絵 2　積乱雲の上部に発生した頭巾雲（ずきん）。2013 年 8 月 20 日、茨城県つくば市。

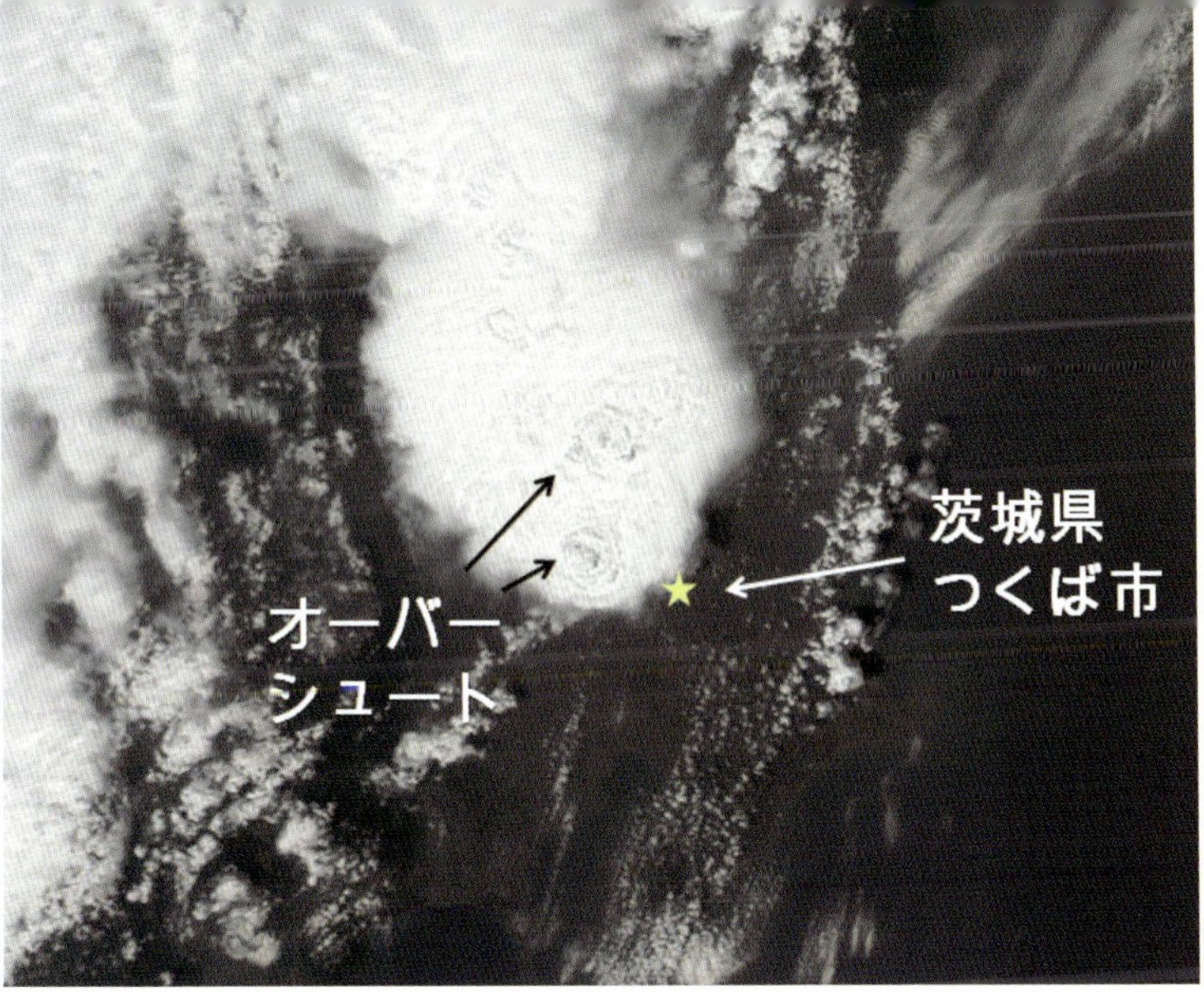
茨城県
つくば市
オーバー
シュート

口絵 3　2012 年 5 月 6 日に茨城県つくば市で竜巻が発生する直前の雲。NASA (National Aeronautics and Space Administration) EOSDIS (Earth Observing System Data and Information System) の気象衛星 Aqua による可視画像に加筆。

口絵 4　夜光雲（やこううん）。2006 年 7 月 15 日未明（現地時間）、フィンランドのヘルシンキ近郊。綾塚祐二さん提供。

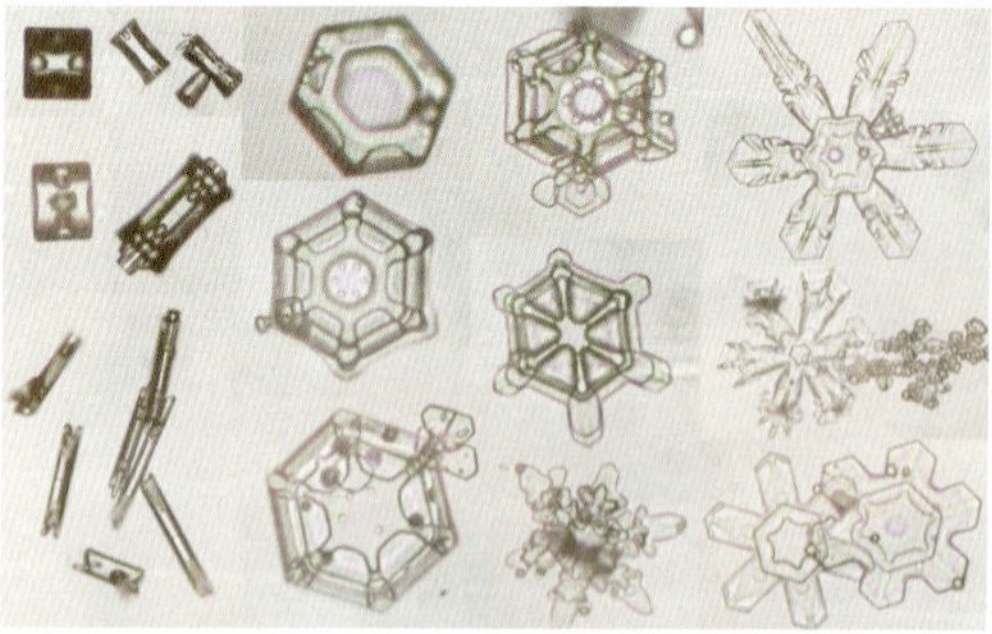

口絵５　さまざまな氷晶。気象大学校の低温実験施設で撮影。

口絵６　雹。2011年4月27日、茨城県つくば市。三好崇之さん、松澤孝紀さん提供。

口絵８　乳房雲。2014年6月29日、茨城県つくば市。

副虹
主虹

口絵９　主虹と副虹。2014年4月4日、茨城県つくば市。

2014.05.01 17:04:40
2014.05.01 17:07:34
2014.05.01 17:08:52
2014.05.01 17:09:46
2014.05.01 17:10:54
2014.05.01 17:12:54

口絵７　ガストフロント上で発生したアーククラウド。2014年５月１日、茨城県つくば市。

口絵 10　環水平アーク（2013 年 6 月 10 日：左）と、環天頂アーク（2012 年 7 月 23 日：右）。いずれも新潟県新潟市。長峰聡さん提供。

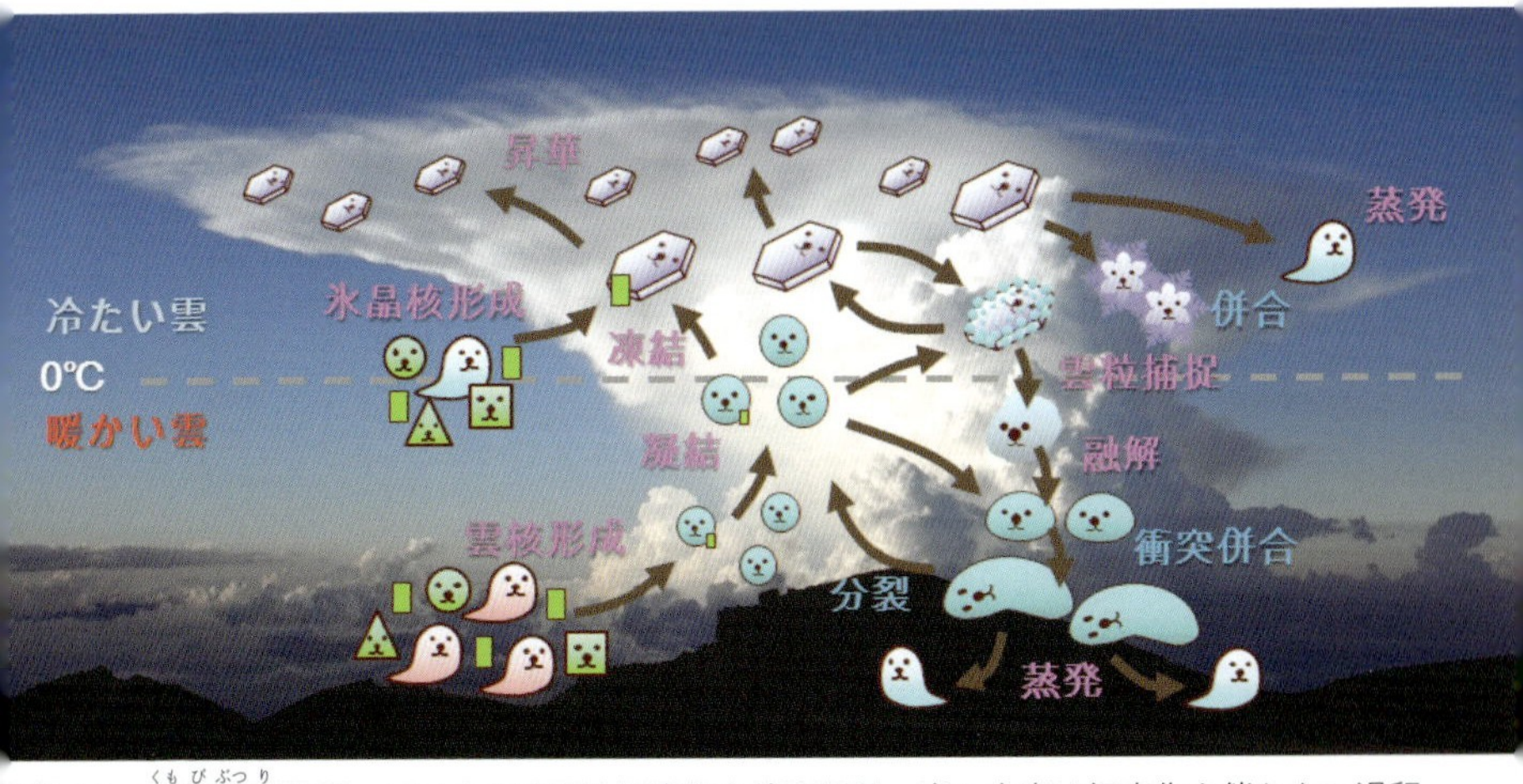
昇華
蒸発
冷たい雲
氷晶核形成
凍結
併合
0℃
雲粒捕捉
暖かい雲
凝結
融解
雲核形成
衝突併合
分裂
蒸発

口絵 12　雲微物理過程。ピンクの文字は相変化を伴う過程、青い文字は相変化を伴わない過程。

口絵 13　2012 年 5 月 6 日に茨城県東海村に降った雹。荒川和子さん提供。

2016年5月22日朝
2016年5月23日朝

口絵 11　2016 年 5 月22日(上段)と23日(下段）の日の出直後の太陽。茨城県つくば市。

口絵 14　2013 年 9 月 2 日、埼玉県越谷市に竜巻をもたらしたスーパーセル。茨城県つくば市から撮影。

口絵 15　対地放電（たいちほうでん）と雲放電（くもほうでん）。2013 年 8 月 31 日、福岡県福岡市。辻宏樹さん提供。

雲放電
対地放電

口絵 16　2013 年 9 月 3 日、茨城県つくば市付近で発生した局地豪雨。

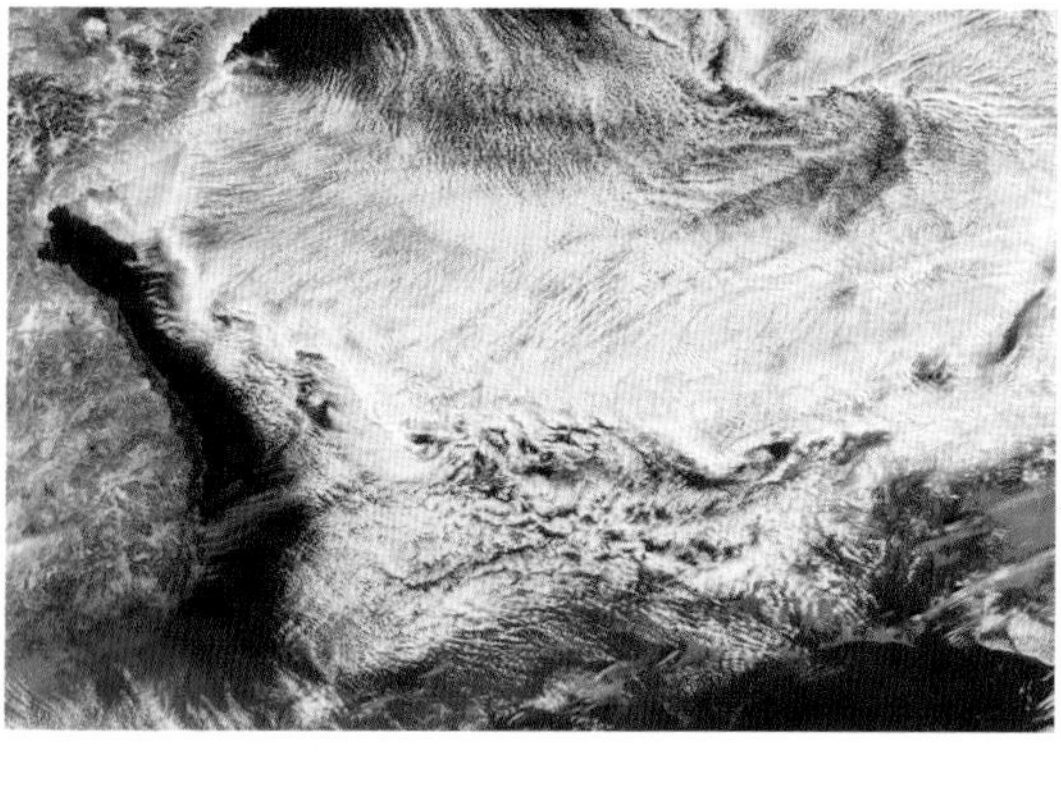

口絵 17　2013 年 1 月 9 日の日本海上の雲。
NASA EOSDIS Worldview の気象衛星 Aqua による可視画像。

はじめに

みなさんはアニメ映画『天空の城ラピュタ』（宮崎駿監督）をご覧になったことがあるでしょうか。映画で天空の城ラピュタは「竜の巣」という巨大な雲の中にあり、主人公たちが竜の巣に突入して物語はクライマックスへと加速していきます。私は初めてそのシーンを観たとき、あることが気になりました。

あの雲の中では何が起こっているのだろうか、と。

そのシーンでは、雲の周囲と内部では逆向きの風が吹いていると描かれていました。また、雲の中に突入した主人公たちを竜のような雷が待ち受けていました。このような気流構造を持ち、雷を作り出す巨大な雲がどのようなメカニズムで生まれたのか、私は気になって仕方ありませんでした。

「雲の中に広がる世界を見てみたい」、「雲に乗って空を飛んでみたい」……みなさんもそんな想像を一度はしたことがあるのではないでしょうか。私は幼い頃に、そのような想像を膨らませてよく空を見上げていたものです。

雲は私たちにとって、とても身近な存在です。日々の生活のなかで当たり前のように雲は存在しており、本書を手にしている今でも、窓を開けて空を見上げればどこかに雲が見えるのではないでしょうか。日本における雲は多様な形状をなし、夏の入道雲や秋のうろこ雲などは季節の風物詩でもあります。青い空にできた一本の飛行機雲や、もくもくと立ち上る雷雲、朝陽や夕陽に映える真っ赤な雲などは、その視覚的な美しさで私たちを魅了します。

雲によって天気は大きく左右されます。どんよりとした厚い雲が広がっていれば地上は肌寒くなるので私たちは普段より厚着をしますし、雲から雨や雪が降っていれば傘を持って出かけなくてはなりません。雲によって地上にもたらされる雨は、ダムや浄水場を通して家庭の水道までたどり着きます。さらに、雲から降った雨は田んぼや畑に恵みを与え、農作物のできを決めることで、私たちの食卓にも影響を与えています。これらのことを考えると、雲は私たちの生活をも左右しているといっても過言ではないでしょう。その一方で、時として雲はその表情を変え、台風や集中豪雨・豪雪、竜巻などの激しい大気現象を引き起こします。このとき雲の中では何が起こっているのでしょうか？

本書は「気象のことはまったく知らないけど、雲は好き！」「気象の勉強を始めてみたけど、教科書は数式ばかりでチンプンカンプン。勉強したいのに、まわりに教えてくれる人がいなくて困っている！」「気象大好き！　最先端の雲の研究の話が聞きたい！」といったすべての方のために執筆しました。本書では数式の代わりにゆるいキャラクターのイラストを使い、雲の気象学をイメージで理解できるよう心掛けました。また、雲の基本的な知識から、関連する大気現象の仕組み、最新の雲研究の話題まで、雲の気象学をひと通り学べる書籍を目指しました。

本書の第1章では、まず雲に関する基礎的な知識を紹介します。第2章では、実際に雲を見て楽しむためのコツについてお話しします。第3章以降でいよいよ、雲の中の深い世界に突っ込んでいきます。第3章では、実際に雲の中に入って、顕微鏡で見るように、小さなスケールで見た雲の誕生・成長の仕組みについて解説します。第4章ではいったん雲の外に出て、個々の雲を見下ろすようにして、雲の性格と一生について紹介します。第5章では竜巻、雷、豪雨、豪雪などの気象災害を引き起こす雲の仕組みについて解説します。そして第6章では、最先端の雲研究の話題をベースに、雲の謎解きと予測に関する研究者たちの取り組みについて紹介します。

本書を通して、みなさんが今まで以上に雲を楽しめるようになることを願っています。本書を読み終えてから空を見上げたときに目に映る雲の姿が、これまで何気なく見てきた雲の姿と違った形に見えれば幸いです。それでは、一緒に雲の謎に迫る冒険に出かけましょう！

What's going on in the clouds?
Kentaro ARAKI
Beret Publishing Co., Ltd. 2014
ISBN 978-4-86064-397-3

目次

第1章　雲を楽しむための基礎

1　雲って何？　22
2　雲の分類――十種雲形　23
3　雲を作る空気と水　38
水が持つ3つの顔――相変化　38
雲粒子が生み出す上下の流れ　42
水蒸気を含む空気の振舞い　45
空気自身が変わるとき――断熱過程　53
「大気の状態が不安定」とは？　55
4　雲と風、前線、低気圧　58
風はどうして吹くのか？　58
ずれる風が雲を変える　61
前線を伴う低気圧の気持ち　63

5　地球における大気と雲　68
雲が生まれる地球大気の構造　68
雲と放射による地球上の熱バランス　72
水の輪廻転生　75
6　雲をなす粒子の姿　77
雲粒と雨粒の違い　77
「雪は天から送られた手紙である」　82

第2章　目で見て楽しむ雲と空

1　実践！　雲による観天望気　88
2　雲による気流の可視化　91
山を越える空気の流れと雲　91
カルマン渦列を可視化する雲　96
ガストフロント上で発生するアーククラウド　97

モーニング・グローリー・クラウドと海陸風　99
美しく悩ましき乳房雲　102
雲から生えた尻尾　103
3　雲と光のコラボレーション　105
虹の色は何色？　105
雲が彩る光の空　108
雲に白黒つけるもの　111

第3章　微粒子から雲、雲から降水へ

1　雲粒子誕生の〝核〟信犯　116
大気中の微粒子「エアロゾル」　116
謎多き〝核〟信犯　120
2　「暖かい雨」ができるまで　123
雲粒の誕生と成長物語　123
雲粒と雨粒のドラマ――出会いと別れ　128

3 「冷たい雨」を追いかけろ！ 132
水は何℃で凍る？ 氷晶の均質核形成 133
未知なる氷晶核と氷晶の誕生秘話 133
六角形の氷晶の成長物語 138
霰と雹が生まれるまで 142
手をつないだ雪と雪 144
雨で降るか雪で降るか 147
4 小さいヤツらが世界を変える！ 意図的・非意図的気象改変 148
地球温暖化とエアロゾル・雲 149
人工降雨・降雪のサイエンス 154
コラム1 氷晶を室内で作る実験 161
コラム2 飛行機雲のサイエンス 166

第4章　雲の性格と一生

1　雲を生み出すチカラ　172
空気を持ち上げる上昇流　172
雲の発達と大気の状態　173
2　対流性の雲　176
積雲を作る対流　176
積乱雲は自虐的？　積乱雲の一生　182
空気の汚さで積乱雲は変わる　184
つながる心が雲の力！　多重セル対流　186
積乱雲が作るさまざまな対流システム　188
3　層状性の雲　190
霧の正体　190
空をくもらせる層積雲　193
巻雲の性格と生まれ方　196
4　雲の性格とエアロゾルの関係　198
コラム3　おみそ汁の気象学　201

第5章　気象災害を引き起こす雲

1　竜巻をもたらす積乱雲　206
竜巻とは？　206
強い竜巻の黒幕！　スーパーセル　210
スーパーセルがなくても竜巻は起こる　216
竜巻と似て非なるもの　218

2　雷雲の中で起こっていること　219
雲放電と対地放電　219
雲粒子と電荷分離　220
対地放電が起こるまで　223

3　豪雨をもたらす対流システム　227
豪雨の危険性　227
集中豪雨と線状降水帯　228
ゲリラ豪雨とはよばせない！　局地豪雨の仕組み　233
地形性豪雨と雲　238

4 豪雪と降雪雲による対流システム 241
降雪雲ができるまで —— 気団変質と山雪 241
冬の日本海上の対流システムと里雪 245
降雪雲が織りなす渦 249
関東甲信地方の豪雪と南岸低気圧 251
コラム4 飛行機から見る雲の楽しみ方 259

第6章 雲をつかもうとしている話

1 室内実験による雲の研究 —— 雲生成チャンバー 266
2 雲の中に突っ込め！ 雲の直接観測 270
航空機による雲の直接観測 270
風船に託した希望 —— 雲粒子ビデオゾンデによる観測 273
3 離れた場所から雲を知る！ リモートセンシング 277
レーダーによる雲の観測 277

「放射は天から送られたメールである」 283
宇宙から雲を見る気象衛星 287

4 雲の謎解きから気象予測のさらなる高みへ 292

天気予報の仕組み 292
天気予報が外れるワケ 296
エアロゾル・雲・降水予測のこれから 300
コラム５ 身近に潜むバイオエアロゾルと雲 304
コラム６ 気象情報の使い方 308

あとがき 317
参考文献 320
本書に関連する書籍など 328
索引 343

※本書で紹介したURLは２０１６年5月末時点のものです。口絵3は２０１３年9月14日、図C・22〜26は２０１４年5月21日に取得したもので、実際の画面と異なる可能性があります。
※本書に記載されている会社名、製品名などは、一般にそれぞれ各社の商標、登録商標です。

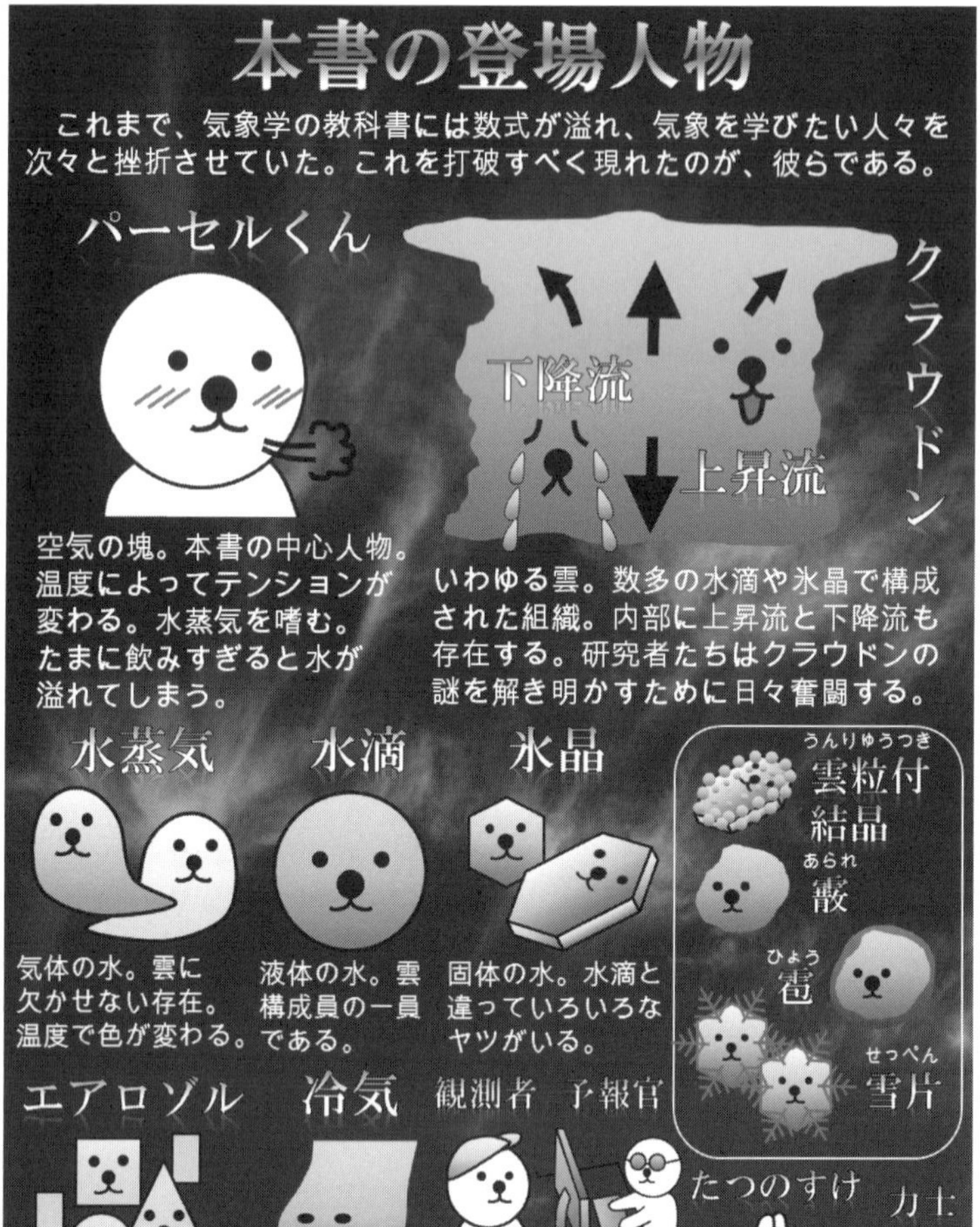
本書の登場人物
これまで、気象学の教科書には数式が溢れ、気象を学びたい人々を次々と挫折させていた。これを打破すべく現れたのが、彼らである。
パーセルくん
空気の塊。本書の中心人物。温度によってテンションが変わる。水蒸気を嗜む。たまに飲みすぎると水が溢れてしまう。
クラウドン
下降流
上昇流
いわゆる雲。数多の水滴や氷晶で構成された組織。内部に上昇流と下降流も存在する。研究者たちはクラウドンの謎を解き明かすために日々奮闘する。
水蒸気
気体の水。雲に欠かせない存在。温度で色が変わる。
水滴
液体の水。雲構成員の一員である。
氷晶
固体の水。水滴と違っていろいろなヤツがいる。
雲粒付結晶（うんりゅうつきけっしょう）
霰（あられ）
雹（ひょう）
雪片（せっぺん）
エアロゾル
大気中を漂う微粒子。種類も謎も多い。雲の人生を左右する。
冷気
クールで重い。持ち上げ上手。
観測者
予報官
トラフくん
温低ちゃん
たつのすけ
力士

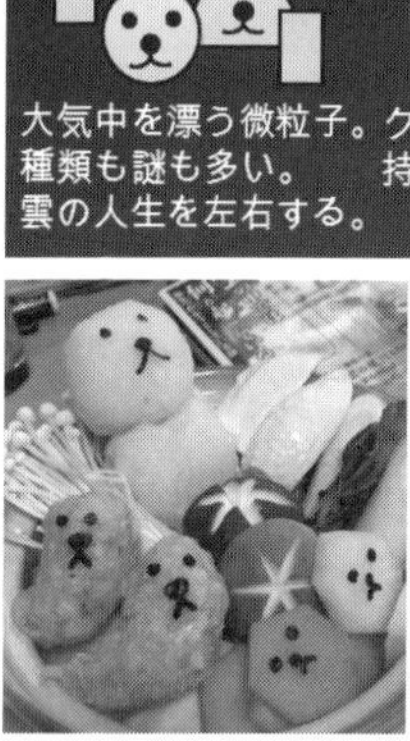

本書のキャラクターとの遊び方の例。本書にとどまらず、さまざまな場面で彼らを遊ばせてあげることができます。お気に入りのキャラと、ぜひ 一緒に遊んでみてください。

諸岡雅美さん作

吉次史織さん作

第1章

雲を楽しむための基礎

「雲」という言葉を聞いたとき、みなさんはどんな雲を思い浮かべるでしょうか？　雲にはいろいろな種類があり、地球環境で大きな役割を果たしています。この章では、まず雲に関する基礎的な話をしたいと思います。

1　雲って何？

そもそも、**雲**（cloud：クラウド）とはいったい何者なのでしょうか？　いきなり答えをいってしまうと、雲とは

「無数の小さな水滴や氷の結晶の集合体が、地球上の大気中に浮かんで見えているもの」

と定義されています（図1・1）。空に浮かぶひとつの雲を細かく見ていくと、その正体は小さな水滴か氷の結晶です。雲を形成している水滴は「**雲粒**（うんりゅう・くもつぶ）」、氷の結晶は「**氷晶**（ひょうしょう）」といい、これらふたつをまとめたものは「**雲粒子**（くもりゅうし）」とよばれています。雲は非常に多くの雲粒子を構成員として作られたひとつの組織なのです。イメージとしては、無数のアリで形成されたひとつのアリの巣が近いかもし

クラウドン（雲）の特徴
・浮いている
・見えている
細かく見てみると…
雲粒
氷晶
構成員がたくさんいる！

図1・1　雲の定義上の特徴。

れません。

また、雲の定義上、雲粒子の集合体が「大気中に浮かんでいる」ことと、「見えている」ことがポイントです。雲粒子が「大気中に浮かんでいる」のは、それらの粒子が空中に浮かぶほど落下速度が小さいという物理的な性質を持つことを意味しています（本章6節で詳しく紹介します）。一方で雲粒子が「見えている」のは、雲粒子が人間の目で見える光（可視光線）を散乱して見えているという光学的な性質を持つことを表しています。これらふたつの性質が、雨や雪などの降水現象や、地上での日射量や気温を決定する雲の光学特性を左右しています。

雲粒子が成長して大きく重くなり、大気中を落下して地表面に達する水滴や氷晶は**降水粒子**とよばれます。降水粒子には霧雨、雨、雪、霰、雹などが含まれています。このうち、雪、霰、雹などの固体の降水粒子を**降雪粒子**ともいいます。

2 雲の分類――十種雲形

私たちが目にする雲は、さまざまな高さに現れます。雲の形はとても多様で、細かく見ればまったく同じ形をしている雲は世界にふたつと存在しないといっても過言ではないでしょう。図1・2は、8月下旬に茨城県で発達した**積乱雲**とよばれる雲です。背の高い積乱雲の他にも、地平線の近くにとても背の低い雲が見えます。さらに、積乱雲のちょうど真ん中くらいの高さにある薄い灰色の雲や、

図1・2　2011年8月24日に千葉県銚子市から撮影した雲。

積乱雲の背と同じくらいの高さにある絹状の雲なども見られます。これらの雲は高さによって「**下層雲**（かそううん）」「**中層雲**（ちゅうそううん）」「**上層雲**（じょうそううん）」に分類されます。

ここで、当時の気温の高度分布を振り返ってみます。当日朝9時に茨城県つくば市の地上では約28℃の気温が観測されていましたが、上空約5キロメートル付近では気温は0℃を下回っていました。積乱雲の上部（**雲頂**（うんちょう））は高度約16キロメートルで、その高さでは約マイナス70℃の気温が観測されていました。図1・2の積乱雲の雲頂は横に広がりつつあり、それより上空に雲は見あたりません。このように、地上から雲が発達可能な高さまでの空気の層は、**対流圏**（たいりゅうけん）とよばれます（本章5節：70ページ）。積乱雲の背の高さを考えると、雲の約3分の2は0℃以下の環境にあるといえます。このことから、この雲を形成している雲粒子は水滴だけでなく氷晶も多く含まれていることが想像できます。

雲の高さだけでなく、雲粒子の種類によっても雲は分類されます（図1・3）。氷晶のみで形成される**氷雲**（**氷晶雲**）、水滴のみで形成される**水雲**、そして氷晶と**過冷却**（温度が0℃以下でも凍っていない液体の水滴、本章3節：49ページ）の水滴によって形成される**混合雲**（**混相雲**）です。水雲は**暖かい雲**、その他は**冷たい雲**ともよばれます。この分類は各雲内部での細かい物理過程が大きく異なるために用いられ、研究論文などでよく使われています。

氷雲
：氷晶
混合雲
：氷晶
○：過冷却水滴
水雲
：水滴

図1・3　雲粒子の種類による雲の分類。

雲の分類方法としては、雲の高度や性質などに基づく「**十種雲形**」が一般的です。この方法では雲は10種類に分類されます。大昔にこの十種雲形という考え方が確立される以前は、世界各地の気象研究者が好き勝手に雲を分類して独自の名前を付けていました。しかし、みんなが好き勝手によんでいるとわけがわからなくなるので、国際的に共通な分類方法として十種雲形が用いられるようになりました。

十種雲形のもとになる分類方法は、イギリスの

表1・1　十種雲形による雲の分類とその特徴。高度は温帯地方のもの。

		名前	記号	高度 (キロメートル)	温度(℃)	雲の相
上層雲	①	巻雲：Cirrus	Ci	6以上	–25以下	氷
	②	巻積雲：Cirrocumulus	Cc			氷/混合
	③	巻層雲：Cirrostratus	Cs			氷
中層雲	④	高層雲：Altostratus	As	2～6	0～–25	混合/水
	⑤	高積雲：Altocumulus	Ac			水/混合
	⑥	乱層雲：Nimbostratus	Ns	雲底は普通下層 雲頂は6くらい	–	
下層雲	⑦	層積雲：Stratocumulus	Sc	2以下	–5以上	
	⑧	層雲：Stratus	St	0.3～0.6以下	–	
	⑨	積雲：Cumulus	Cu	0.6～6 もしくはそれ以上	–	
	⑩	積乱雲：Cumulonimbus	Cb	雲頂は12以上に なることがある	–50 （雲頂）	混合

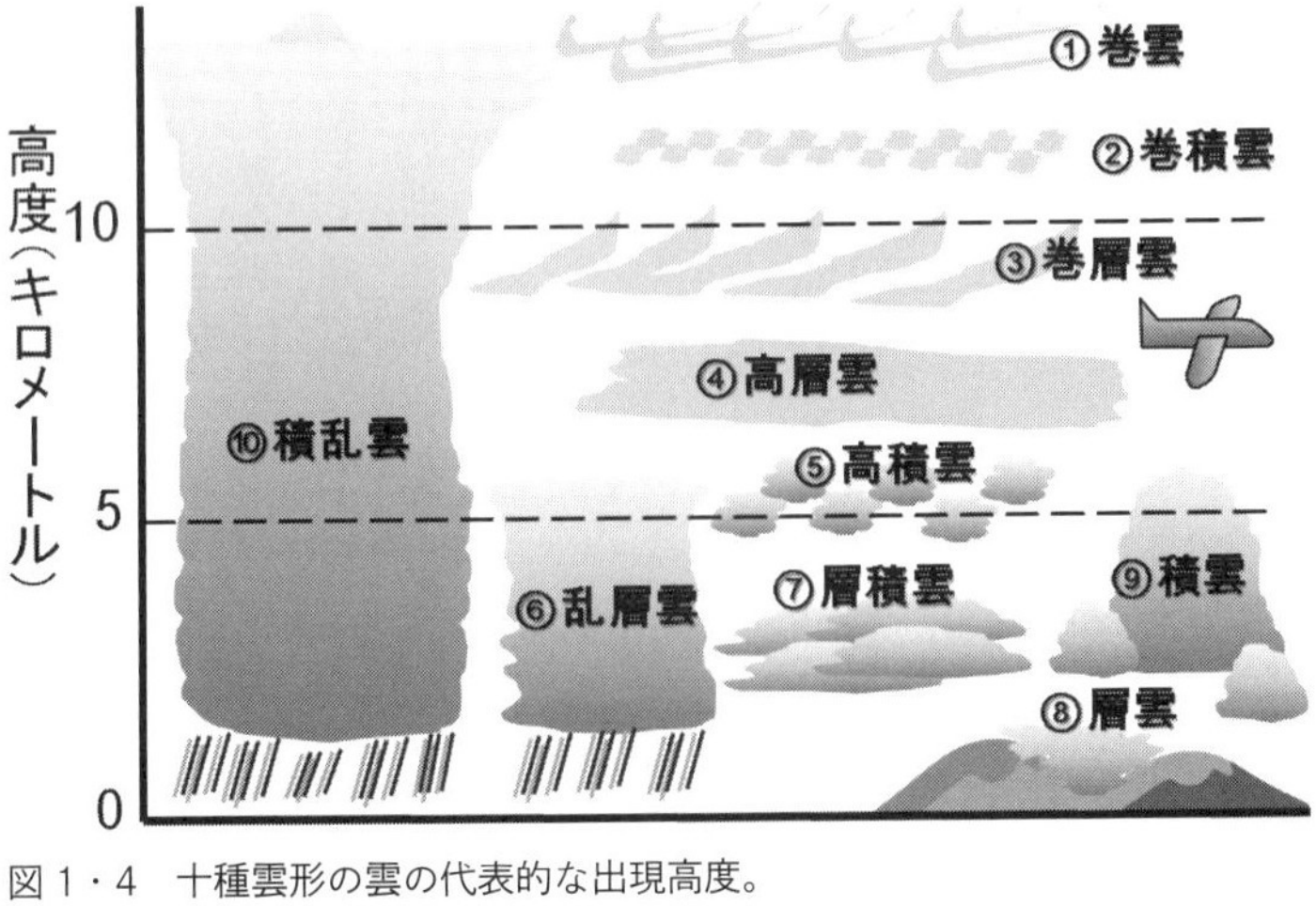

高度（キロメートル）
10
5
0
①巻雲
②巻積雲
③巻層雲
④高層雲
⑤高積雲
⑩積乱雲
⑥乱層雲
⑦層積雲
⑨積雲
⑧層雲

図1・4　十種雲形の雲の代表的な出現高度。

気象学者ハワード（L.Howard）によって提唱されました。この方法ではラテン語をベースに次の4種類に雲を分類します。すじ状だったり羽毛のような形をしている巻雲（cirrus）、空一面またはある部分を隙間なく覆っている層状の雲（stratus）、盛り上がった状態だったり積み重なった状態で塊になって大気中に浮かんでいる積雲（cumulus）、そして、しとしとと雨を降らす乱雲（nimbus）です。十種雲形ではこれらの4種類の形を組み合わせて表1・1のように雲を分類しています。図1・4はそれらの雲の代表的な出現高度を示しています。ここでは、それぞれの雲の特徴について紹介します。雲の発生要因については、第4章に続きます。

① 巻雲：Cirrus（Ci）

巻雲は対流圏でもっとも高いところにできる上層雲で、空に筆で描かれたかのような繊維状・羽毛状の形をしています（口絵1）。巻雲が発生する高度は極めて低温で、巻雲は氷晶で形成されています。また上空の強風によって雲の端が巻いたような形になることもあります。巻雲は絹のような姿であるため、以前は絹雲（けんうん・きぬぐも）とよばれていたこともありました。その他に、毛状雲、鉤状雲、すじ雲、はね雲、しらす雲などとよばれることもあります。

巻雲自体は天気を崩すような雲ではなく、天気のいいときに巻雲だけが空にあることも多くあります。しかし、夏などに積乱雲が発達して対流圏の上部に達すると、雲頂から周囲に雲が広がって濃い巻雲が発生します（図1・5）。夏に濃い巻雲が広がっていれば、近くで積乱雲が発達している証拠

図1・5　積乱雲から発生した濃い巻雲。2012年8月17日、茨城県つくば市。

ですので、夕立などに気をつけましょう。
また、このような濃い巻雲は航空機の運航にも影響を及ぼすことから、パイロットが注意すべき雲としても認識されています。

②　巻積雲：Cirrocumulus（Cc）

巻積雲（けんせきうん）は白色で影のない雲が群れをなした上層雲です（図1・6）。秋の空に現れるうろこ雲（ぐも）、いわし雲（ぐも）、さば雲（ぐも）とよばれる雲が巻積雲です。

巻積雲はこのあと紹介する高積雲（こうせきうん）と形がよく似ていますが、雲の高さ、ひとつひとつの雲の大きさ、薄さや光の透け具合などによって見分けることができます。巻積雲のほうが高積雲よりも高い高度に発生し、厚さも薄いので、太陽光が透けて雲に影ができません。また、腕を伸ばして人差し指

図 1・6　巻積雲。2014 年 6 月 27 日、茨城県つくば市。

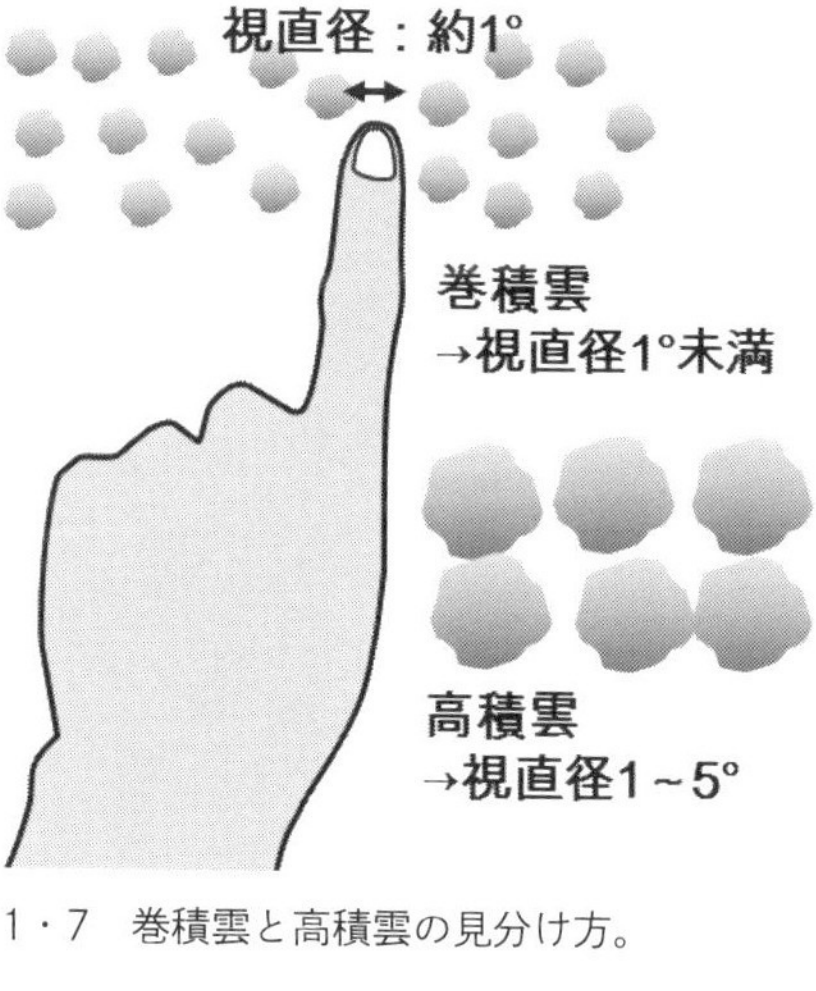
視直径：約1°
巻積雲
→視直径1°未満
高積雲
→視直径1～5°

図 1・7　巻積雲と高積雲の見分け方。

図1・8　巻層雲と飛行機雲、暈。2013年5月27日、山梨県甲府市。

を立てると、人差し指の天空上での見かけ上の大きさ（**視直径**：視界のなかで目と物体の両端をつなぐ線がなす角度）は約1度になります（図1・7）。本来は小指の大きさが視直径約1度の目安ですが、人差し指でもOKです。巻積雲のひとつひとつは視直径が1度よりも小さいので、個々の雲が人差し指に隠れる大きさであれば巻積雲です。

③　巻層雲：Cirrostratus（Cs）

巻層雲も上層雲のひとつで、薄いベール状で影のない雲です（図1・8）。空の広い範囲を覆うことが多く、うす雲とよばれたりもします。巻層雲が空一面を覆っていると、太陽や月を中心に虹色の光の輪

図1・9　高層雲。2013年5月28日、山梨県。

ができます。これは暈（かさ）とよばれる現象で、巻層雲をなす氷晶が関係しています（第2章3節：108ページ）。太陽や月を見上げたときに暈が見えれば、空には巻層雲があるといえます。

④　高層雲：Altostratus（As）

高層雲（こうそううん）は中層雲のひとつで、灰色のベール状で空全体の広範囲を覆うことが多い雲です（図1・9）。巻層雲と似ていますが、高層雲のほうが厚く色も濃く見えます。巻層雲では太陽が雲を通しても眩しいくらい明るく見えますが、高層雲の場合はすりガラスを通したようにぼんやりと見えます。朧雲（おぼろぐも）ともよばれ、「朧月」が見えるようなときには高層雲が出ています。高層雲の雲粒子は過冷却

図1・10　高積雲。2012年9月7日、茨城県つくば市。

の水滴であることが多く、巻層雲に伴って現れる暈は高層雲では発生しません。

⑤　高積雲：Altocumulus（Ac）

高積雲（こうせきうん）は、巻積雲と同様に小さな白い雲が群れをなしている中層雲のひとつです（図1・10）。ただし、巻積雲より厚く、雲下部がやや灰色に見えます。雲の輪郭がはっきりしていて、ひつじ雲（ぐも）、まだら雲（ぐも）、叢雲（むらくも）などとよばれることもあります。高積雲の視直径は約1～5度で、腕を伸ばして人差し指を立てたときに個々の雲が人差し指からはみ出す大きさなら高積雲です（図1・7）。

高積雲は通常、水滴で形成された雲ですが、混合雲の場合もあります。高積雲は大気の流れの影響を受けることが多

図1・11　乱層雲。2010年9月16日、千葉県銚子市。

く、規則的に列をなして並んでいるような帯状・波状の雲として見えることもあります。

⑥　乱層雲：Nimbostratus（Ns）

乱層雲（らんそううん）は雨や雪を降らせる代表格で、とても厚く暗い灰色や黒色をしている中層雲です（図1・11）。乱層雲の形は多様で、そのときの風によって変化します。雨が降っているときに乱層雲からちぎれて雲の下部（**雲底**（うんてい））のさらに下を低く飛ぶ雲は片乱雲（へんらんうん）・ちぎれ雲とよばれます。

⑦　層積雲：Stratocumulus（Sc）

層積雲（そうせきうん）は輪郭のはっきりしている白色や灰色の雲の塊がロール状・まだら状に群れをなす下層雲です（図1・12）。高

図1・12　層積雲。2013年9月22日、茨城県大洗市。

度1～2キロメートル付近にある場合が多く、うね雲、くもり雲などともよばれます。層積雲は厚みがあり、太陽を隠してしまうので曇天をもたらします。視直径は5度以上あり、高積雲と比べても低く大きく見えます。直接雨を降らせることは少ない雲ですが、雨が降る前に現れることもあり、雨をもたらす乱層雲に変わることもあります。

⑧ 層雲：Stratus (St)

層雲は白色や灰色の**霧**のような形をした下層雲で、十種雲形のなかでもっとも低高度に現れます（図1・13）。層雲の輪郭はぼやけていて、形はそのときの風によって複雑に変化します。地上付近が湿っている場合は雲底高度がとても低

図1・13　層雲。2013年8月6日、東京都奥多摩町。

く、地面に達すると霧として分類されるため霧雲（きりぐも）・ちぎれ雲（ぐも）ともよばれます。逆に、霧が地面から離れると層雲に分類されます。

層雲は湿った空気が山の斜面で持ち上げられたときなどによく見られます。発生要因は、霧とも共通する部分が多いことがわかっています（第4章3節：190ページ）。層雲は小さい雨粒の霧雨を降らせたり、層雲の厚みが増して発達すると乱層雲に変化することもあります。

⑨　積雲：Cumulus（Cu）

積雲（せきうん）は高度500メートル～2キロメートルに発生することの多い下層雲で、夏の晴れた日などによく発生します（図1・14）。綿のような形をしていること

図1・14　積雲。2013年8月27日、茨城県つくば市。

からわた雲（ぐも）ともよばれます。積雲の上部は丸っぽいドーム状であるのに対し、下部はほとんど平らです。積雲では太陽の光が当たっている部分は白色で雲底は灰色をしています。

積雲は大気が安定な場合には上空に発達せず、空の低いところに浮かんでいるだけです。このような積雲は**好天積雲**（こうてんせきうん）・**扁平積雲**（へんぺいせきうん）とよばれることもあります。しかし、積雲が発達するための条件が満たされると、積雲は上空に大きく成長して**雄大積雲**（ゆうだいせきうん）になります。

⑩　積乱雲：Cumulonimbus（Cb）

積乱雲（せきらんうん）は、積雲が上空に発達して雄大積雲となり、さらに発達して雲頂が上層雲の高さにまで達した雲です（図1・

図 1・15　積乱雲。2013 年 8 月 5 日、茨城県つくば市。

15）。積乱雲が上空に発達する姿は巨大なカリフラワーに例えられます。発達期には雲頂が坊主頭のように盛り上がるため**入道雲**ともよばれます。誰もが一度は目にしたことがある夏の風物詩ですね。積乱雲は夏のイメージが強いのですが、冬の日本海側で雪を降らせる**降雪雲**も積乱雲です。

積乱雲が発達すると対流圏の上部付近で横にたなびく濃い巻雲が発生します。この濃い巻雲はかなとこ（鍛冶や金属加工を行なう際に使われる作業台：anvil、アンビル）に似ているため、**アンビル（かなとこ雲）**とよばれます。対流圏上部付近でジェット気流などの強風が吹いていると、アンビルは毛羽状になるため多毛雲とよばれます。毛羽状のアンビルを伴っていない積乱雲は無毛雲といいます。

雄大積雲の段階では雨が降ることはあっても雷は伴いません。しかし、積乱雲では雷が発生し、激しい雨や霰、雹が降ります。このため積乱雲は雷雲(らいうん)ともよばれます。降水量も乱層雲に比べてかなり多く、短時間で数十ミリの雨が降ります。竜巻などの激しい突風、局地豪雨や集中豪雨などは積乱雲によってもたらされます。

夏の夕方時などに気象マニアの友人が空を見上げて「アンビルが見える！」と興奮していたら、その方向には発達した積乱雲があって、地上では雨が降っています。そんなときは、スマートフォンなどで気象庁のレーダー画像のウェブページ（http://www.jma.go.jp/jp/radnowc/）を表示してそっと見せてあげると、その友人とさらに仲良くなれるでしょう。

3　雲を作る空気と水

水が持つ3つの顔——相変化

雲を形成する雲粒子は、そもそも水でできています。地球上に存在する水は、**水蒸気**（気体）、**水**（液体）、**氷**（固体）の3種類に姿を変えます。このように水が姿を変えることを**相変化**(そうへんか)とよんでいます（図1・16）。水の相変化は私たちの普段の生活でも感じることができます。たとえば「氷を口の中に入れていたらとけて、口の中が冷たくなった」「汗をかいているときに風にあたったら、涼しくなった」などを経験したことはありませんか？　これらの現象が水の相変化です。このときの相変化に必要な熱を、**潜熱**とよびます。潜熱とは中学や高校の理科で習う凝固熱・融解熱・蒸発熱・気化熱・昇華熱などの総称です。氷がとけて水になるときや、水が蒸発して水蒸気になるときは、周囲の空気から潜熱を吸収します。

　水の相変化を、水分子の**運動エネルギー**で考えてみましょう。水分子の運動エネルギーは、水分子の質量に動く速度の2乗をかけたものを2で割って表すことができます（図1・16）。水分子の運動エネルギーは大きい順に、気体、液体、固体となっています。このことは、吹き抜ける風、波

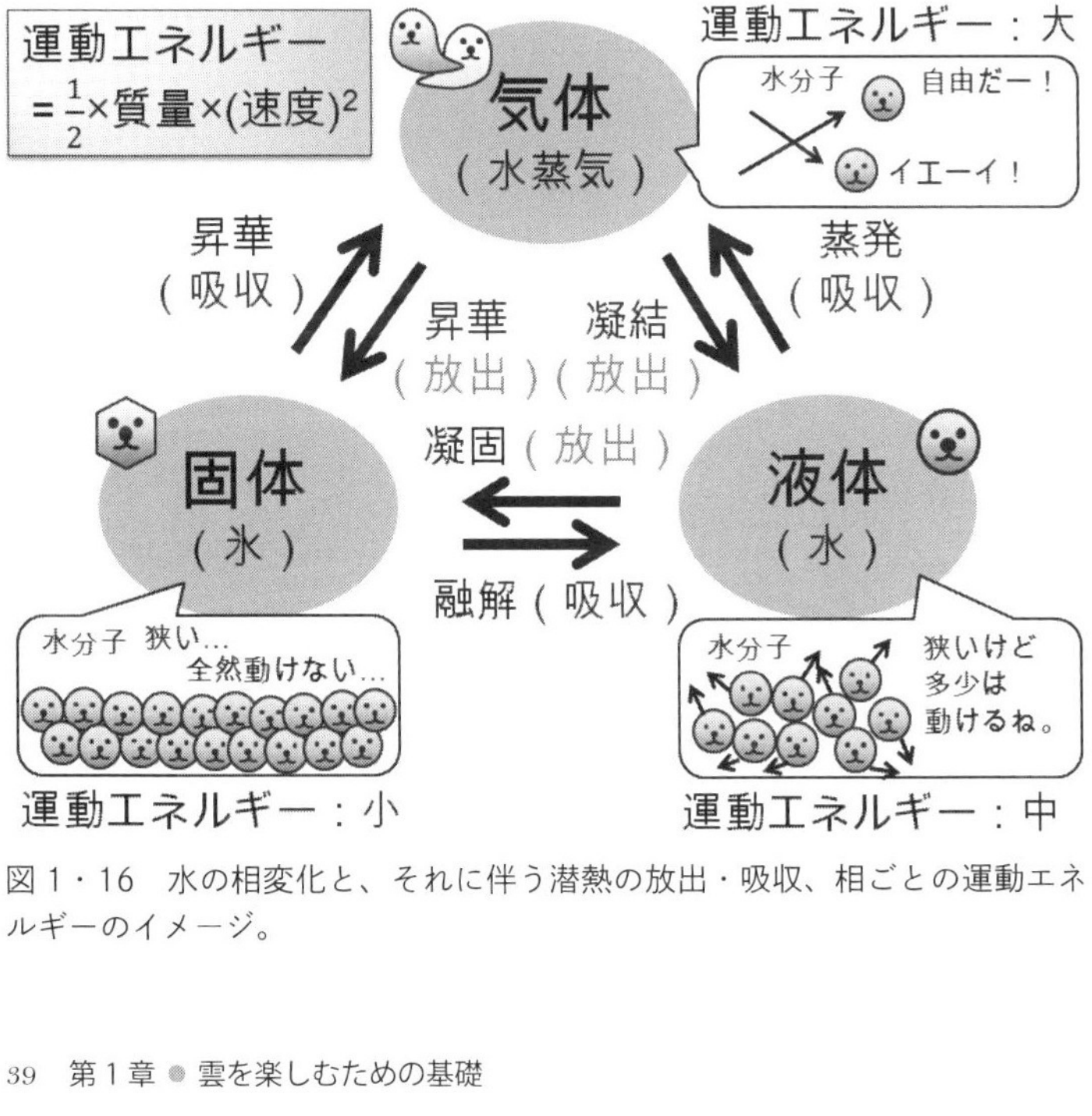
運動エネルギー
$=\frac{1}{2}\times$質量$\times$(速度)^2
気体
（水蒸気）
運動エネルギー：大
水分子
自由だー！
イエーイ！
昇華
（吸収）
昇華
（放出）
凝結
（放出）
蒸発
（吸収）
凝固（放出）
固体
（氷）
液体
（水）
融解（吸収）
水分子　狭い…
全然動けない…
水分子
狭いけど
多少は
動けるね。
運動エネルギー：小
運動エネルギー：中

図1・16　水の相変化と、それに伴う潜熱の放出・吸収、相ごとの運動エネルギーのイメージ。

打つ水面、固い氷をイメージするとよいでしょう。気体の水分子は空気中を自由に動くことができるのに対し、固体の水分子は結晶構造を維持しているので身動きがとりにくいのです。

では、氷が昇華して水蒸気になる際に周囲の空気を冷却することを、水分子の運動エネルギーで考えてみます（図1・17）。氷が昇華するとき、氷の中で身動きのとれない水分子たちは周囲の空気を利用します。水分子は氷から水蒸気になるために必要な運動エネルギーに相当する熱エネルギー（潜熱）を周囲の空気から奪い取り、晴れて自由の身となることができます。

一方、周囲の空気は水分子に潜熱を奪われてしまったため、温度が下がるのです。これとは逆に水蒸気が凝結して水になるときや、水が凝固して氷になるときには、余分な運動エネルギーが潜熱として放出され、周囲の空気は加熱されます。自

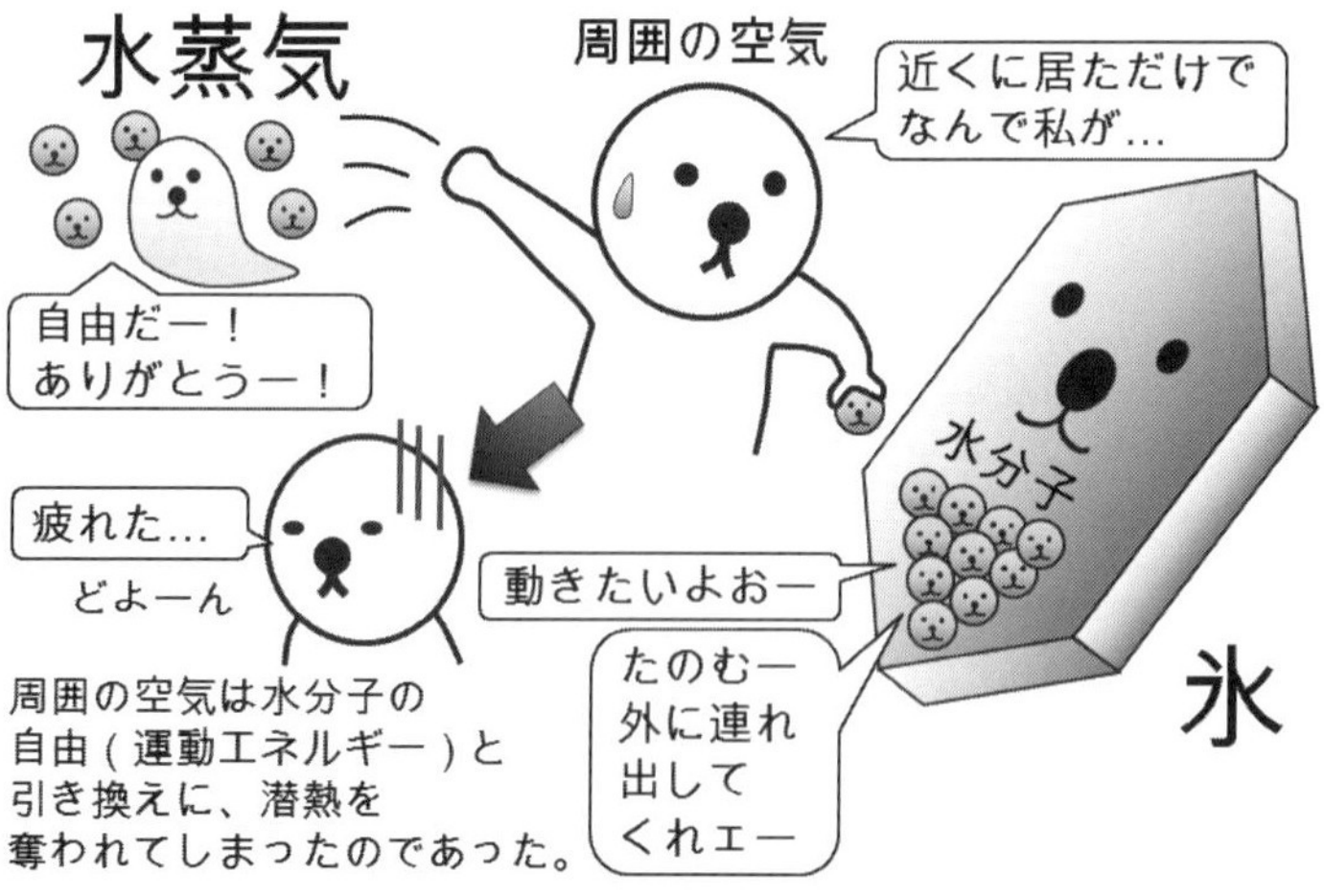
水蒸気
周囲の空気
近くに居ただけでなんで私が…
自由だー！
ありがとうー！
水分子
疲れた…
どよーん
動きたいよおー
たのむー
外に連れ
出して
くれェー
氷
周囲の空気は水分子の
自由（運動エネルギー）と
引き換えに、潜熱を
奪われてしまったのであった。

図1・17　氷の昇華による周囲の空気の冷却のイメージ。

由に動き回れていた水分子たちが狭くくっつくために、邪魔になった荷物（潜熱）を周囲の空気中に投げだしたとイメージするといいかもしれません。

　このような水の相変化は、状態が変わる前後の水の温度が同じであることを前提にしています。水自身の温度は変わらずに、水の状態のみが変わるために必要な熱が潜熱なのです（図1・18）。これとは逆に、相変化を伴わずに水自身の温度が変化する際に必要な熱のことを**顕熱**（けんねつ）とよびます。顕熱は、冷たい水が温められて熱いお湯になるときや、エアコンで常温の空気を冷たくするときなどにやり取りされる熱のことです。水や水蒸気が高温の場合には水分子の動く速度が大きくなり、運動エネルギーも大きくなります。逆に低温の場合には水分子の動く速度が小さく、運動エネルギーも小さいです。水の状態は変わらずに、水分子の動く速度を変化させるのが顕熱なのです。「温度に現（あらわ）（顕）れる顕熱」、「温度に現れず潜んでいる潜熱」というように覚えるとよいでしょう。

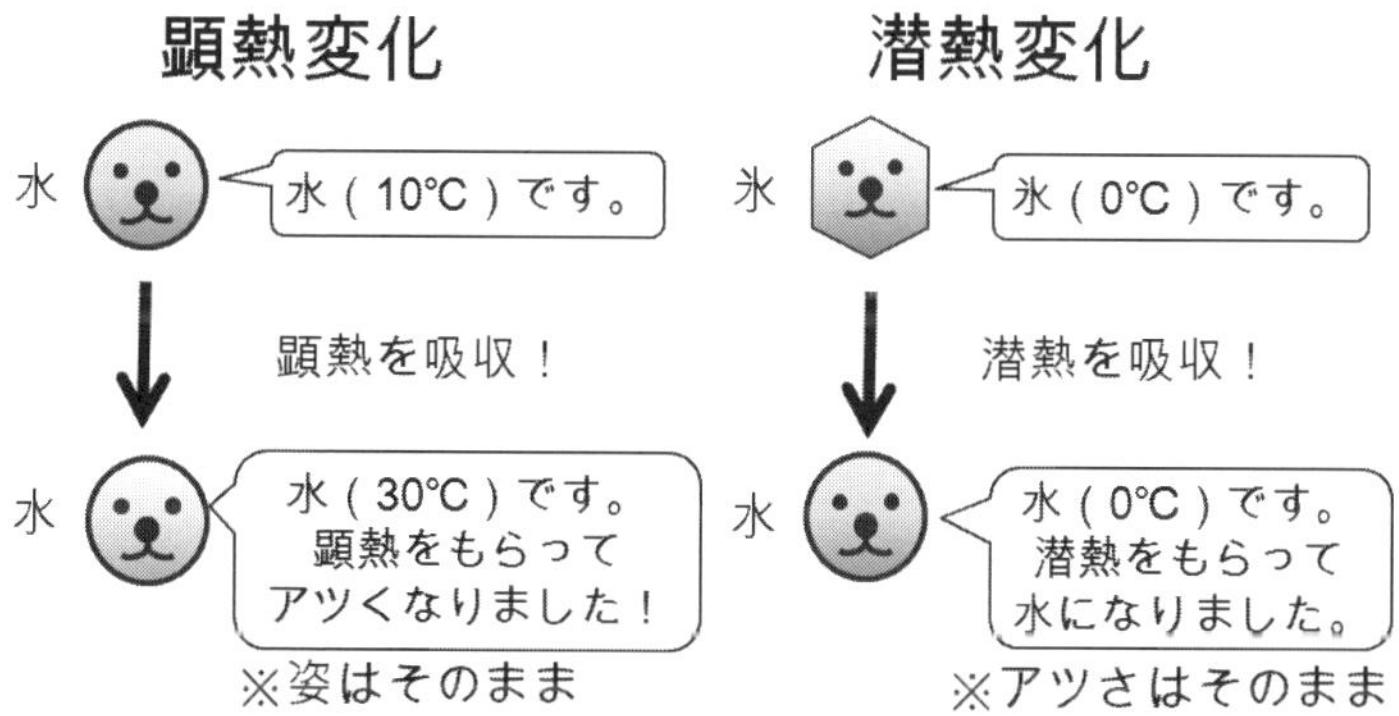
顕熱変化
水
水（10℃）です。
顕熱を吸収！
水
水（30℃）です。
顕熱をもらって
アツくなりました！
※姿はそのまま
潜熱変化
氷
氷（0℃）です。
潜熱を吸収！
水
水（0℃）です。
潜熱をもらって
水になりました。
※アツさはそのまま

図1　18　潜熱変化と顕熱変化の違い。

これらの潜熱や顕熱は気温を変化させたり熱を運んだりすることで、大気現象の原動力としてはたらいています。

雲粒子が生み出す上下の流れ

次に、雲の中ではどのような相変化が起こっているのかを考えてみましょう。たとえば降水をもたらす発達した積乱雲などでは、実はすべての相変化が起こっています（図1・19）。まず雲粒子は、水蒸気から水滴への凝結、氷晶への昇華、水滴から氷晶への凝固（**凍結**）などのプロセスを経て形成されます（詳しくは第3章で紹介します）。このとき、潜熱が放出されるので、周囲の空気に比べて雲の中は温められた状態になります。お風呂などで熱いお湯が湯面付近に上ってくることから想像できるように、相対的に温かい空気や水は軽いので、上昇する流れ（**上昇流**（じょうしょうりゅう））が生まれます。このとき、温かい空気や水は力を受けて上昇しているよ

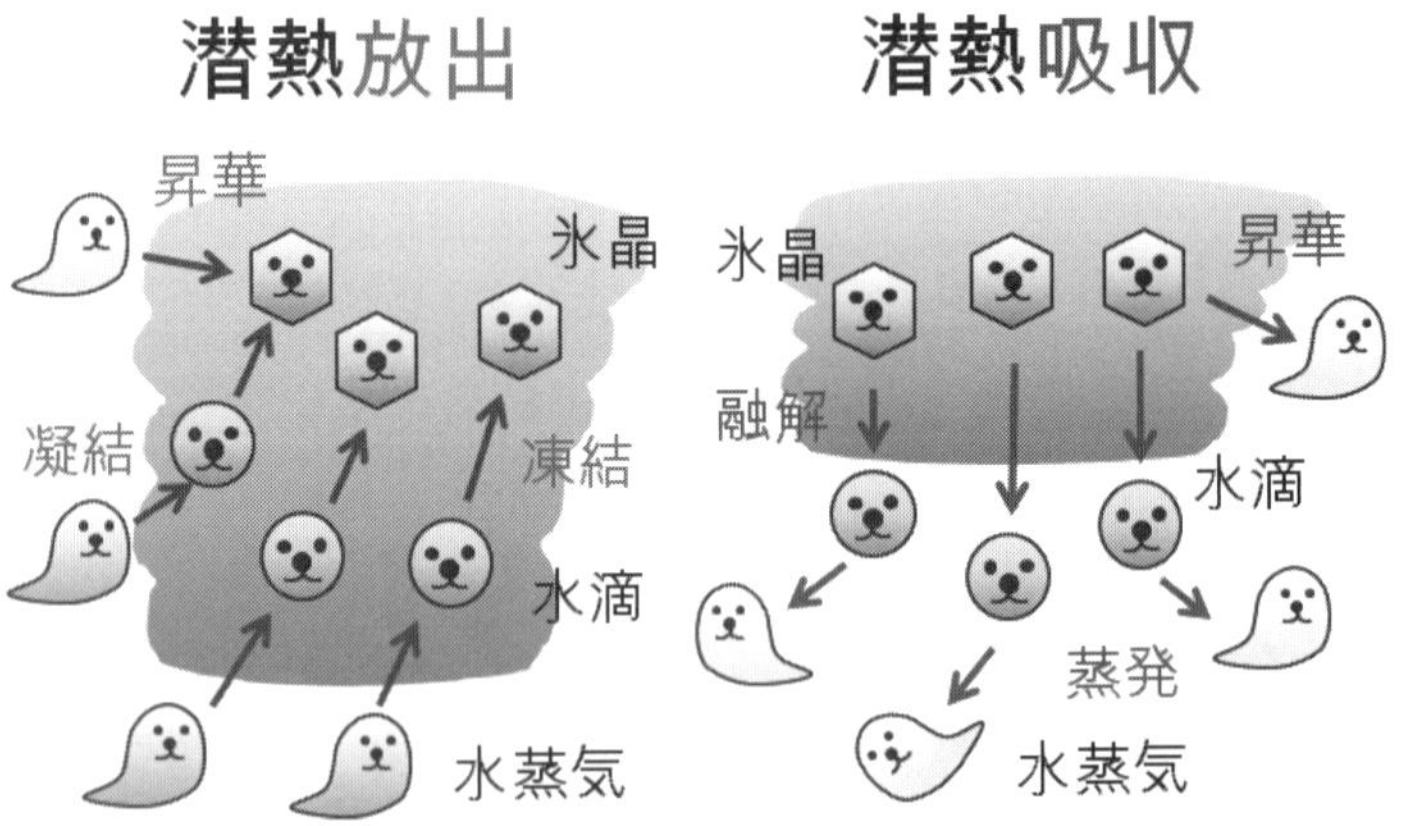

潜熱放出
昇華
氷晶
凝結
凍結
水滴
水蒸気
潜熱吸収
氷晶
昇華
融解
水滴
蒸発
水蒸気

図1・19　雲内での潜熱の放出と吸収。

うに見えるので、この力を**浮力**とよんでいます。

積乱雲の内部には、空気の浮力による強い上昇流が存在します。積乱雲内部の浮力による上昇気流は、大気中層から上層でもっとも強くなり、その速度は通常の積乱雲では10メートル／秒程度ですが、発達する積乱雲では30～40メートル／秒にもなります。この上昇流によって積乱雲内の雲粒子が急速に成長し、降水粒子が形成されます。積乱雲が強い上昇流を伴って成長しているとき、雲頂付近にベール状の雲が形成されることがあります。積乱雲が帽子をかぶっているように見えることから、この雲は**頭巾雲**（口絵2）とよばれます。頭巾雲は、積乱雲の雲頂付近にある薄い湿った層が上昇流に持ち上げられて形成される雲です。また、上昇流が非常に強い積乱雲では雲頂が対流圏よりも上空に突入することがあります。これは**オーバーシュート**とよばれ、衛星画像で確認することができます（口絵3）。

雲粒子は成長してくると、**重力**に引っ張られて落下するようになります。雲粒子が落下するとき、氷晶は融解して水滴になったり、氷晶と水滴は昇華・蒸発して水蒸気になったりします。このような相変化をするときには、周囲の空気から潜熱が吸収されるので、空気は冷やされます。冷やされた空気は相対的に周囲の空気より重くなるので、重力に引っ張られて下降する流れ（**下降流**）が生まれます（図1・20）。さらに、落下する降水粒子そのものが周囲の空気を引きずり下ろすことでも下降流は生じます。この下降流を生み出す効果を**ローディング**（loading）とよんでいます。「ローディング」は「荷重」という意味で、降水粒子と空気が触れるところで作用する力のことを指しています。ローディングは、正面から誰かが走ってきて自分の横を走り抜けていくときに、向かい風を感じることをイメージするといいでしょう。

落下する雲粒子のローディングと昇華・融解・蒸発によって生まれた冷たい下降流が地面に達すると、横方向（水平方向）に流れて風を作ります。この風は**冷気外出流**とよばれます。冷気外出流は、周囲の空気との重さ（密度）の違いによって生じる流れである**重力流**のひとつです。冷気外出流が通過すると風が突然吹き出します。この突然吹き出す風のうち、持続時間が20秒未満で風速8メートル／秒以上のものを**ガスト**（gust：突風）といいます。ガストは観測される前の風速と最大風速の差が最低でも4・5メートル／秒以上であるという特徴があります。下降流が強く、災害を起こすほど強いガストは**ダウンバースト**とよばれます。また、冷気外出流が周囲の温か

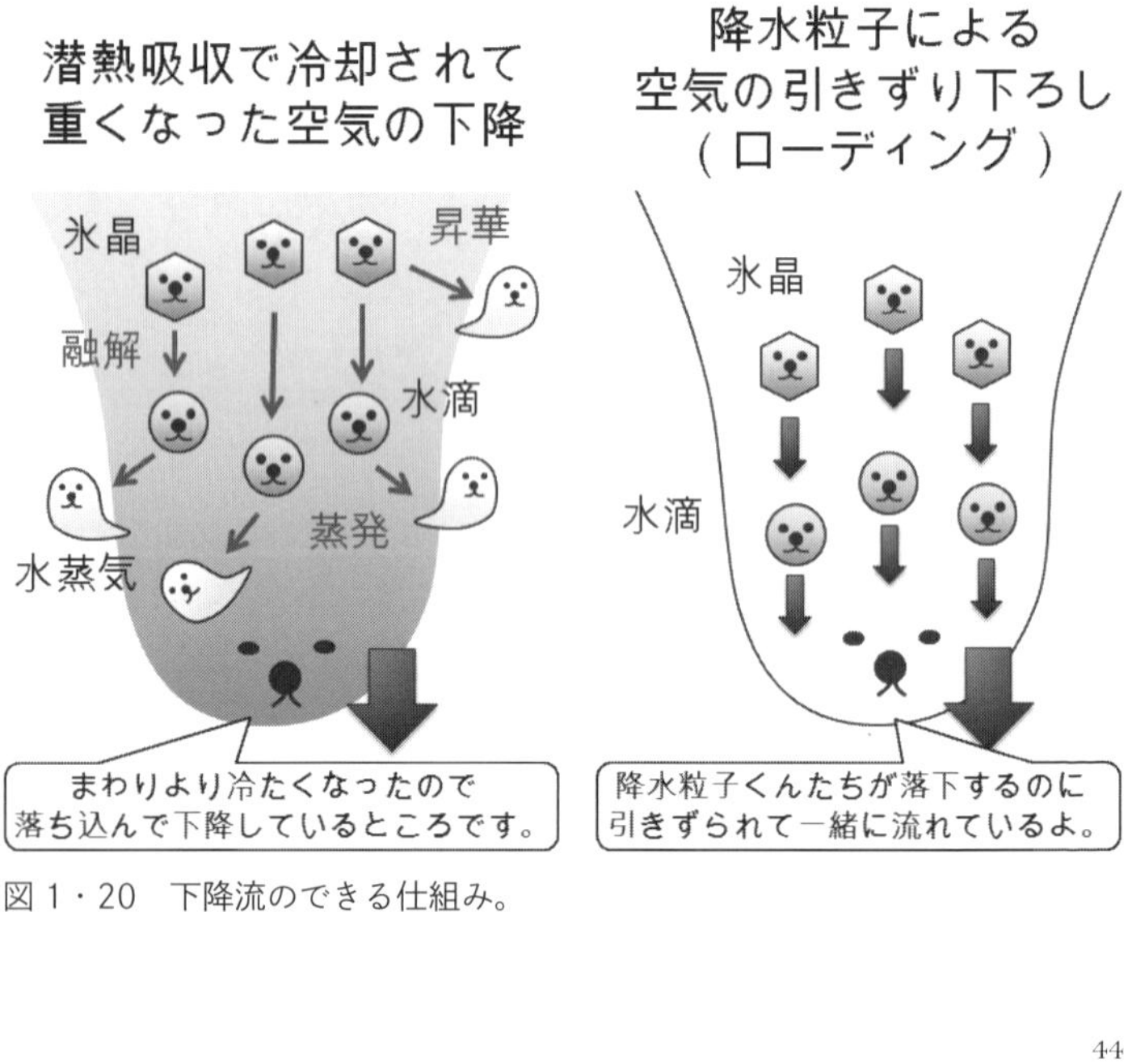
潜熱吸収で冷却されて
重くなった空気の下降
氷晶
昇華
融解
水滴
蒸発
水蒸気
まわりより冷たくなったので
落ち込んで下降しているところです。
降水粒子による
空気の引きずり下ろし
（ローディング）
氷晶
水滴
降水粒子くんたちが落下するのに
引きずられて一緒に流れているよ。

図1・20　下降流のできる仕組み。

い空気とぶつかってできた空気の境界を**ガストフロント**といいます。

このように、雲の中で起こる相変化は、潜熱のやり取りを通じて上昇流や下降流を生み出します。実際には雲の中での上昇流、下降流はこれだけではなく、特に上昇流は別の要因でも作られます（第4章1節：172ページ）。これらの上下方向の流れは雲の成長・発達においてとても重要で、雲を語るうえで必要不可欠な存在です。

水蒸気を含む空気の振舞い

大気中の水蒸気量の表現方法はいろいろあります。みなさんがもっともよく耳にするのは、**湿度**（しつど）という表現方法ではないでしょうか。湿度は正確には**相対湿度**とよばれ、単位は％（パーセント）です。テレビで放送される天気予報でも「明日は湿度が90％以上と高く、洗濯物が乾きにくい天気となるでしょう」とか「今日から明日にかけては乾燥注意報が発表されており、現在の湿度も40％を下回っています」のような解説を聞いたことがあると思います。ではこの相対湿度とはいったいどういう物理量なのでしょうか？　感覚的には相対湿度の値が小さいと乾いていて、大きいと湿っているというイメージがありますね。順を追って水蒸気の表現方法について説明していきましょう。

まず、ある温度の**空気の塊**（air parcel：空気塊（くうきかい））を考えます。この空気塊を**パーセルくん**としましょう（図1・21）。パーセルくんがまったく水蒸気を含んでいない場合、パーセルくんは**乾燥空気**とよばれます。水蒸気を含み、乾燥空気と混ざっているパーセルくんを**湿潤空気**（しつじゅんくうき）といいます。ここで、気象学の世界では、単に**水蒸気量**というと水蒸気の密度のことを指します。水蒸気量は、1立方メートルのパーセルくんに含まれる水蒸気の質量（グラム／立方メートル）を意味しています。

ここで少しパーセルくんの性格について紹介します（図1・22）。パーセルくんは性格上、一定量の水蒸気を含んでいる状態を好みます。たとえば、水蒸気をあまり含んでいないパーセルくんを、パーセルくんと同じ温度の水が大量にある密室に閉じ込めることを考えましょう。このとき、水が蒸発して発生した水蒸気はパーセルくんに蓄えられます。パーセルくんが満足するまで水蒸気を含んだとき、見かけ上は水の蒸発が止まり、落ち着いた状態（平衡状態）になります。このような状態を**飽和**とよび、このときパーセルくんに含まれる水蒸気量を**飽和水蒸気量**といいます。水の蒸発が止まっているように見えるのは、パーセルくんに含まれる水蒸気が凝結し

水蒸気
乾燥空気
+
=
どうも、パーセルです。湿潤空気とか呼ばれます。
パーセルくん

図1・21　パーセルくんと水蒸気・乾燥空気。

て水になる速度と、水が蒸発してパーセルくんの水蒸気になる速度が同じ状態になっているためです。

一方、パーセルくんがまだ満足せずさらに水蒸気を欲しがっている状態は**未飽和**（みほうわ）といいます。また、パーセルくんはまわりに強要されたりして必要以上に水蒸気を含んでしまう場合があります。このような状態は**過飽和**（かほうわ）とよばれます。パーセルくんが過飽和な場合、何かのきっかけで限界を超えると、含みきれない水蒸気が凝結し、水になって溢れてしまうことがあります。雲内部で雲粒が形成さ

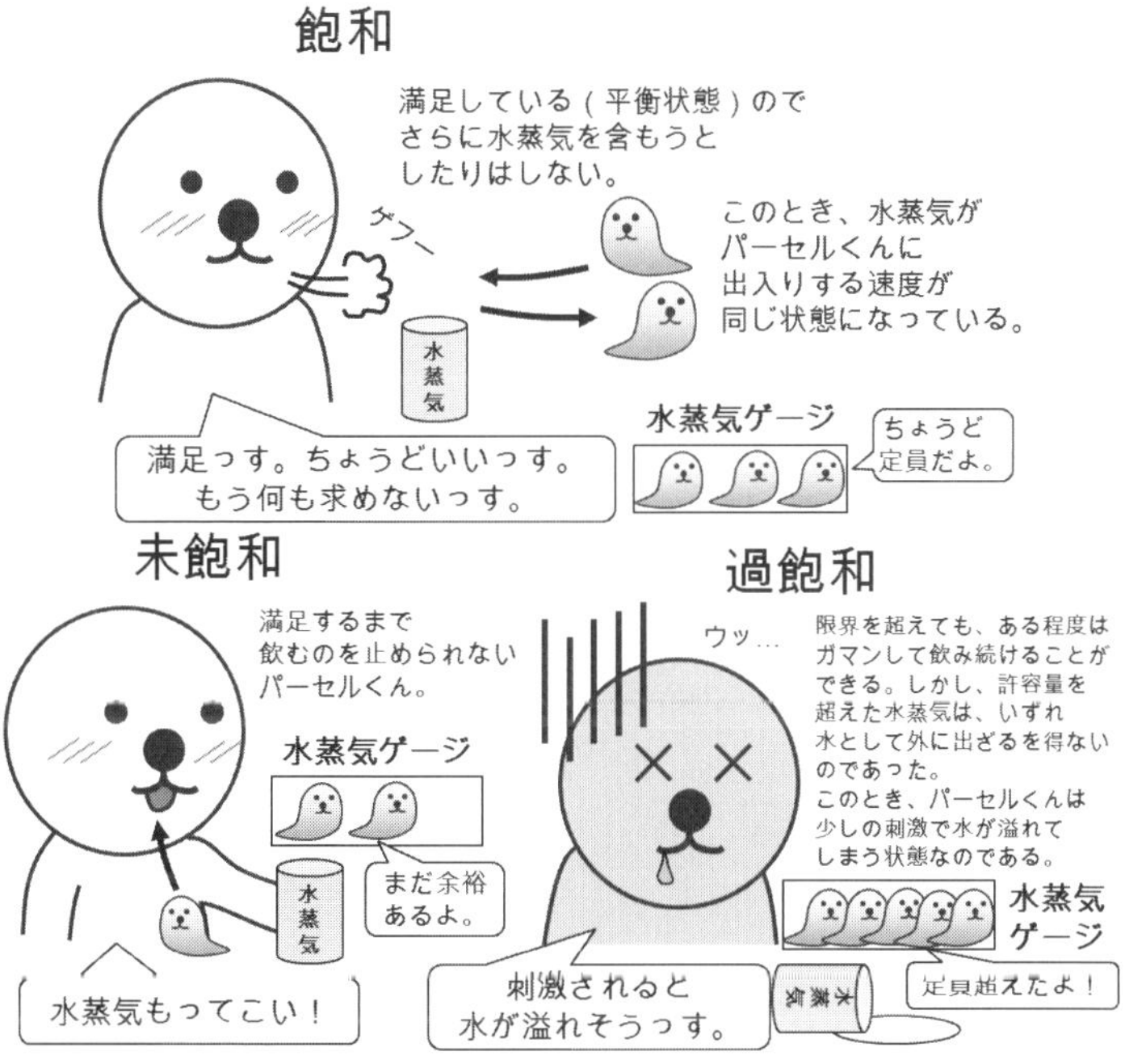
飽和
満足している（平衡状態）のでさらに水蒸気を含もうとしたりはしない。
ゲフー
このとき、水蒸気がパーセルくんに出入りする速度が同じ状態になっている。
水蒸気
水蒸気ゲージ
ちょうど定員だよ。
満足っす。ちょうどいいっす。もう何も求めないっす。
未飽和
満足するまで飲むのを止められないパーセルくん。
水蒸気ゲージ
まだ余裕あるよ。
水蒸気
水蒸気もってこい！
過飽和
ウッ…
限界を超えても、ある程度はガマンして飲み続けることができる。しかし、許容量を超えた水蒸気は、いずれ水として外に出ざるを得ないのであった。
このとき、パーセルくんは少しの刺激で水が溢れてしまう状態なのである。
水蒸気ゲージ
定員超えたよ！
刺激されると水が溢れそうっす。

図1・22　飽和と未飽和、過飽和のイメージ。

れるときには、限界を超えて我慢できなくなったパーセルくんがいることを想像するといいでしょう。

ここで、湿潤空気のパーセルくんの圧力について考えてみます。そもそも**圧力**とは、ある面積（たとえば1メートル四方）にはたらく力のことを意味しています。**気圧**は大気の圧力のことで、考えている面積の上空にある空気の重さのことを指しています。では、パーセルくんに含まれる乾燥空気と水蒸気を分けて考えて、それぞれパーセルくんと同じ温度・体積にしてみます。このときの乾燥空気と水蒸気、それぞれの圧力を**分圧**とよびます。乾燥空気と水蒸気の分圧を足し合わせると、パーセルくんの圧力（**全圧**）と等しくなります。水蒸気の分圧は**水蒸気圧**とよばれ、温度や体積が同じであれば、水蒸気量が多いほど水蒸気圧は大きくなります。このため、空気中の水蒸気量は水蒸気圧を使って表されることもあります。また、飽和状態での水蒸気圧は**飽和水蒸気圧**とよばれます。これらの圧力の単位には、気象学ではヘクトパスカル（hPa）が用いられます。手のひら（10平方センチメートル）の上にキュウリが1本（100グラム）載っているときの重さが1ヘクトパスカルです。

飽和水蒸気量や飽和水蒸気圧の値は、パーセルくんの温度によって大きく変化します。たとえば、0℃の飽和水蒸気量は1立方メートルあたり約5グラムですが、40℃の場合には50グラム以上になります。飽和水蒸気圧も同様で、0℃の場合は約6ヘクトパスカルであるのに対し、40℃では70ヘクトパスカル以上になります。パーセルくんのテンション（温度のことです）が高いとたくさん水蒸気を摂取しないと満足できなくなり、テンションが低いと水蒸気を摂りたがらなくなるとイメージしましょう（図1・23）。

パーセルくんの温度が0℃以下である場合、水に加えて氷についても飽和を考える必要があります。普通は「水は0℃で凍る」というイメージがありますが、これは水が何かの物体に接していることを前提にしています。たとえば冷凍庫の製氷皿では、水が製氷皿に接しているところから氷が形成されます（図1・24）。しかし、雲の中では水滴は何にも触れていないため、水滴は0℃以下でもなかなか氷にならずに液体のままでいることができます。この状態を**過冷却**といいます。実際に雲の中では、マイナス20℃でも多くの**過冷却水滴**（**過冷却雲粒**）が観測されています。

パーセルくんの温度が0℃以下のとき、過冷却の水についての飽和を**水飽和**とよび、氷に対する飽和を**氷飽和**とよびます。水飽和と氷飽和で飽和水蒸気量と飽和水蒸気圧を比べると、氷飽和よりも水飽和のほうがそれらの値は大きいことがわかっています。これは、0℃以下の同じ温度であれば、水

高温パーセルくん
水蒸気まだまだいけるよ！
どんどん持ってきて！
テンションが高く、軽いヤツ。
満足（飽和）するまでに大量の
水蒸気を摂取する必要がある。
水蒸気ゲージ
水蒸気
水蒸気ゲージの
最大値が増える。
低温パーセルくん
今日はこのくらいにします。
自分、水蒸気弱いんで。
クール。そして性格も重い。
あまり水蒸気を多く含めない。
少しの水蒸気で満足（飽和）する。
水蒸気ゲージ
水蒸気
最大値が減る。

図1・23　高温時と低温時の飽和水蒸気量の違い。

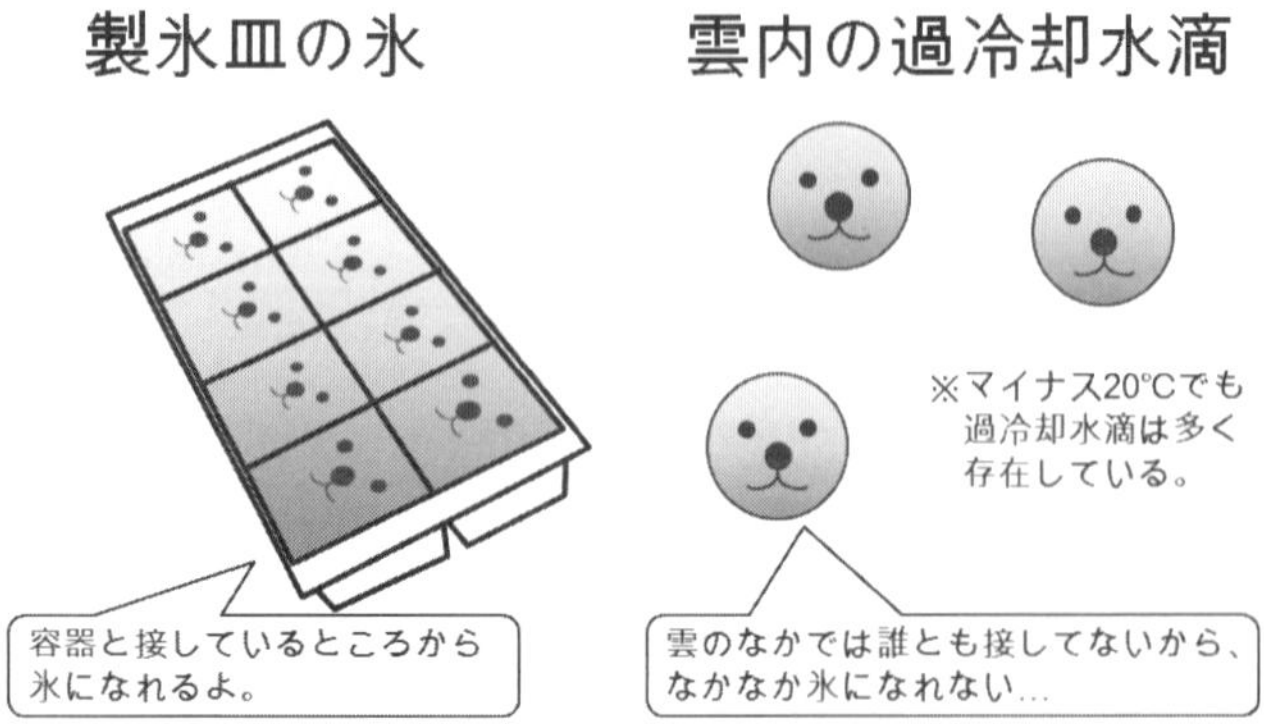
製氷皿の氷
雲内の過冷却水滴
※マイナス20℃でも
過冷却水滴は多く
存在している。
容器と接しているところから
氷になれるよ。
雲のなかでは誰とも接してないから、
なかなか氷になれない…

図1・24　過冷却のイメージ。

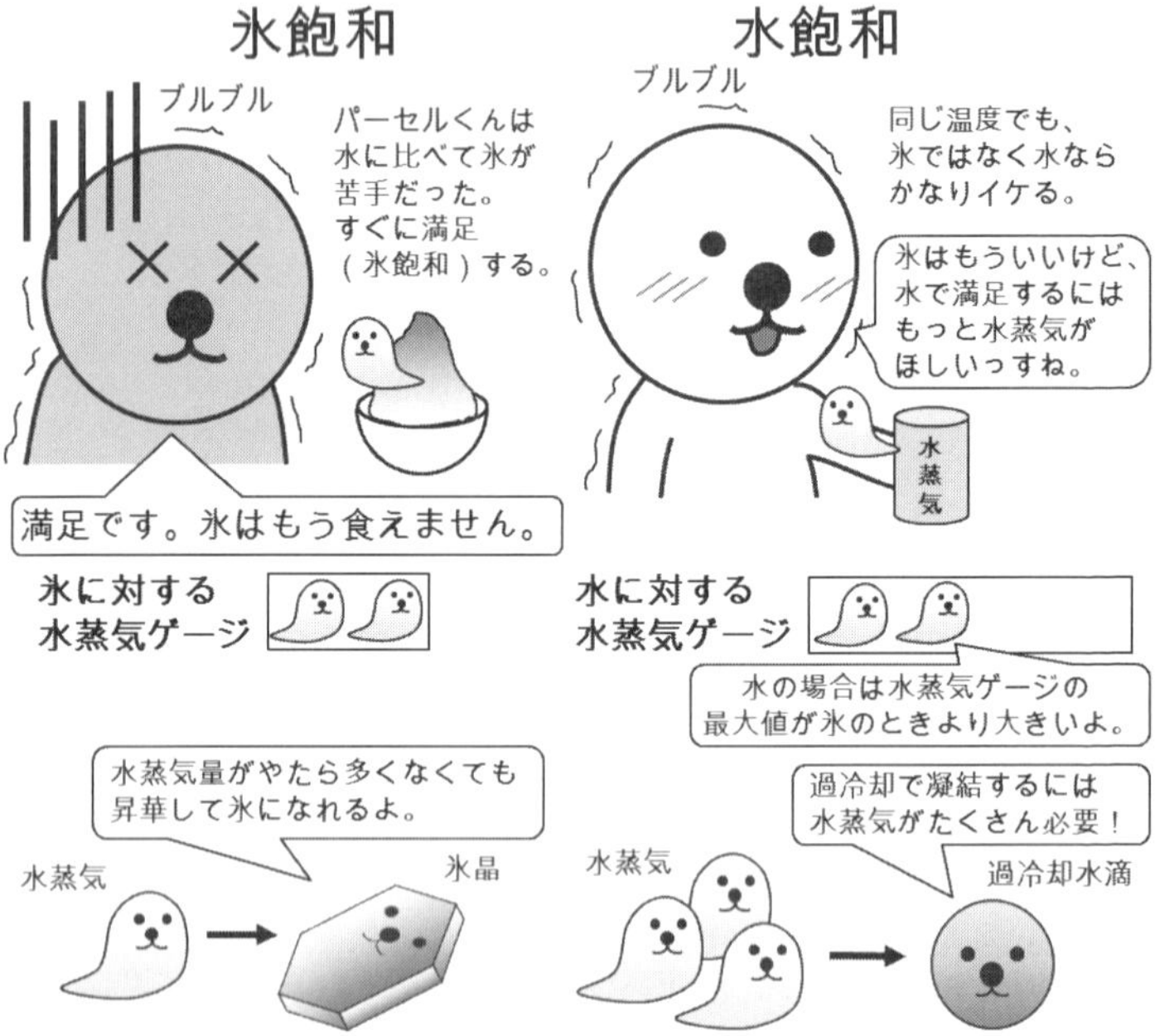
氷飽和
水飽和
ブルブル
パーセルくんは
水に比べて氷が
苦手だった。
すぐに満足
（氷飽和）する。
ブルブル
同じ温度でも、
氷ではなく水なら
かなりイケる。
氷はもういいけど、
水で満足するには
もっと水蒸気が
ほしいっすね。
水蒸気
満足です。氷はもう食えません。
氷に対する
水蒸気ゲージ
水に対する
水蒸気ゲージ
水の場合は水蒸気ゲージの
最大値が氷のときより大きいよ。
水蒸気量がやたら多くなくても
昇華して氷になれるよ。
過冷却で凝結するには
水蒸気がたくさん必要！
水蒸気
氷晶
水蒸気
過冷却水滴

図1・25　氷飽和と水飽和のイメージ。

の凝結のほうが氷の昇華よりも多くの水蒸気を必要とすることを意味しています（図1・25）。このため、過冷却水滴が蒸発してしまう相対湿度の大気中でも氷晶は昇華しないことがあります。パーセルくんが水と氷を同じ量だけ摂取しようとすると、氷は少量でも満足できるとイメージするといいかもしれません。この氷飽和と水飽和の関係は、氷晶が深く関係する雲と降水の物理プロセスで基本となる考え方です（第3章3節）。

さて、水蒸気の表現方法の話に戻ります。水蒸気量（密度）や水蒸気圧は大気中の水蒸気の量そのものを表していました。この他にも相対湿度のように、大気がどの程度湿っているかという割合を表す方法があります。**相対湿度**の定義は「水蒸気圧を飽和水蒸気圧で割ったものに100をかけたもの」で、単位は%です。乾燥空気の相対湿度は0%で、飽和した湿潤空気の相対湿度は100%です。また、過飽和の状態では相対湿度は100%を超え、相対湿度から100を引いたものを過飽和の度合い（**過飽和度**）と考えることができます。水についての過飽和度を**水過飽和度**、氷についての過飽和度を**氷過飽和度**といいます。

さらに、1立方メートルのパーセルくんに含まれる水蒸気の質量を乾燥空気の質量で割ったものは、水蒸気の**混合比**、パーセルくんが飽和しているときは**飽和混合比**とよばれます。混合比は無次元の数ですが、便宜上、グラム／キログラムやキログラム／キログラムの単位で表され、水蒸気以外に雲や雨の量の表現にも用いられます。混合比の計算で乾燥空気を湿潤空気に置き換えたものは**比湿**とよばれ、混合比と同じ単位を持っています。

また、未飽和のパーセルくんに含まれる水蒸気量が変わらずにパーセルくんの温度が下がる場合、パーセルくんが飽和に達するときの温度を**露点温度**（ろてんおんど）といいます。気温が同じである場合、露点温度が高いほど相対湿度は高く、水蒸気量も多くなります。露点温度がわかればそのときの水蒸気圧もわかるので、露点温度も水蒸気の表現方法のひとつです。これらの水蒸気の表現方法をまとめたのが図1・26です。さまざまな表現方法がありますが、目的

水蒸気量（密度）
水蒸気
1立方メートルのパーセルくんのなかに、Xグラムいます。
単位：グラム/立方メートル
水蒸気圧
1メートル
1メートル
押します！仲間が多ければ押す力も大きくなります！
単位：ヘクトパスカル
水蒸気混合比
乾燥空気
単位：グラム/キログラム、キログラム/キログラム
比湿
パーセルくん
単位：グラム/キログラム、キログラム/キログラム
相対湿度
1メートル
1メートル
飽和
× 100
単位：%
露点温度
冷却
飽和
ゲフー
水蒸気ゲージ
水蒸気ゲージ
このときの温度
単位：℃

図1・26　水蒸気の表現方法のイメージ。

によって使い分けられます。

空気自身が変わるとき――断熱過程

パーセルくんは性格上、テンション（温度）が下がり続けると水蒸気を多く含むことができなくなって水蒸気が凝結します。実際の大気中でも、雲粒子が形成されるときは空気が冷やされる必要があります。空気が冷える原因はいくつかありますが、もっとも重要なのは空気の上昇です。

パーセルくんが上昇するとき、普通は周囲の空気と熱のやり取りはしません。このような外部との熱のやり取りがない変化は、**断熱変化**（だんねつへんか）とよばれます。逆に、外部との熱のやり取りがある変化は**非断熱変化**（ひだんねつへんか）といいます。何かの原因でパーセルくんが上昇すると、高度とともに気圧が小さくなるためにパーセルくんが周囲から受ける圧力も小さくなり、パーセルくんは膨張します（**断熱膨張**（ぼうちょう）、図1・27）。逆にパーセルくんが下降する場合、周囲から受ける圧力が大きくなってパーセルくんは圧縮されます（**断熱圧縮**（あっしゅく））。

また、パーセルくんは断熱膨張すると温度が下がる性質を持っています（**断熱冷却**）。これは、パーセルくんが図体を膨らませるためにエネルギーを使うので冷めてしまう、というイメージです。逆にパーセルくんは断熱圧縮されると温度が上がります（**断熱昇温**（しょうおん））。大きなプレッシャーを感じるとパーセルくんはアツくなるとイメージしましょう。

パーセルくんが上昇すると断熱冷却によって一定の割合で温度が下がります。パーセルくんが水蒸気を含んでいても、飽和に達しなければ100メートル上昇すると約1℃温度が下がります。このような変化を**乾燥断熱変化**といい、温度が下がる割合は**乾燥断熱減率**（げんりつ）とよばれます。乾燥断熱変化では、下降する場合も同じ割合で温度が上がります。

　では、パーセルくんが飽和している状態で上昇するとどうなるでしょうか。この場合も断熱冷却が起こってパーセルくんの温度は下がり、我慢できなくなると水蒸気が凝結して水になります（図1・28）。このとき、水蒸気の凝結による潜熱が放出されるので、パーセルくんは温められます。このため、パーセルくん自身の温度が下がる割合は乾燥断熱変化のときよりも小さくなります。このような変化のことを**湿潤断熱変化**とよび、温度低下の割合は**湿潤断熱減率**とよばれます。日本付近などの温帯地

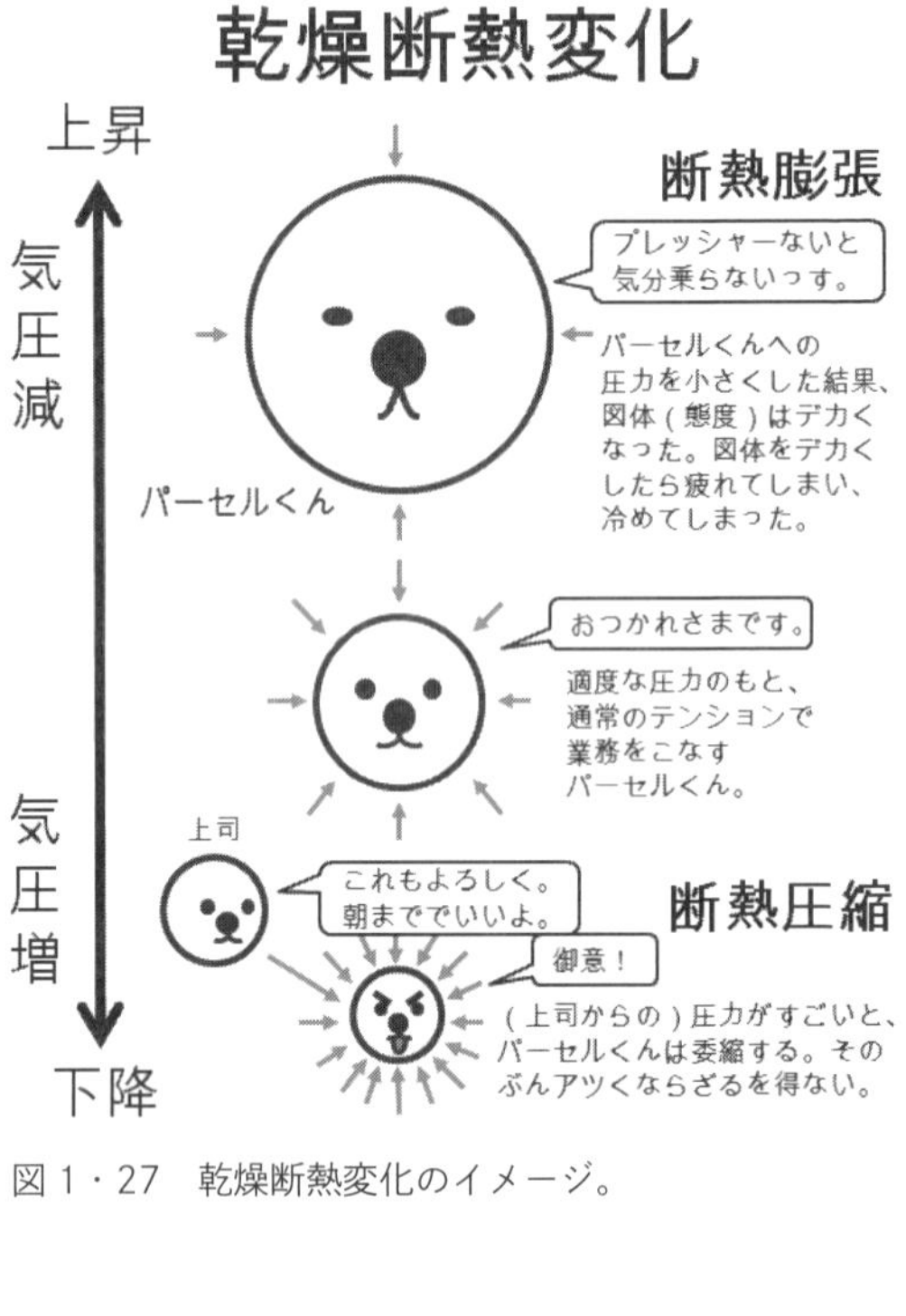
乾燥断熱変化
上昇
気圧減
気圧増
下降
断熱膨張
プレッシャーないと
気分乗らないっす。
パーセルくんへの
圧力を小さくした結果、
図体（態度）はデカく
なった。図体をデカく
したら疲れてしまい、
冷めてしまった。
パーセルくん
おつかれさまです。
適度な圧力のもと、
通常のテンションで
業務をこなす
パーセルくん。
上司
これもよろしく。
朝まででいいよ。
断熱圧縮
御意！
（上司からの）圧力がすごいと、
パーセルくんは委縮する。その
ぶんアツくならざるを得ない。

図1・27　乾燥断熱変化のイメージ。

方での湿潤断熱減率は、100メートルあたり約0・6℃です。この値はパーセルくんの温度や周囲の気圧によって異なります。

「大気の状態が不安定」とは？

テレビの天気予報で「大気の状態が不安定」という言葉を耳にすることがあると思います。そういうときは天気が悪く、大雨や雷雨になることもあります。そもそも大気の安定・不安定とは、どういうことなのでしょうか？ 周囲の気温と同じ温度のパーセルくんを、ある位置から少しだけ上昇させるとどうなるかを考えましょう。

上昇したパーセルくんの温度と周囲の気温を比べたとき、パーセルくんの温度のほうが高ければ浮

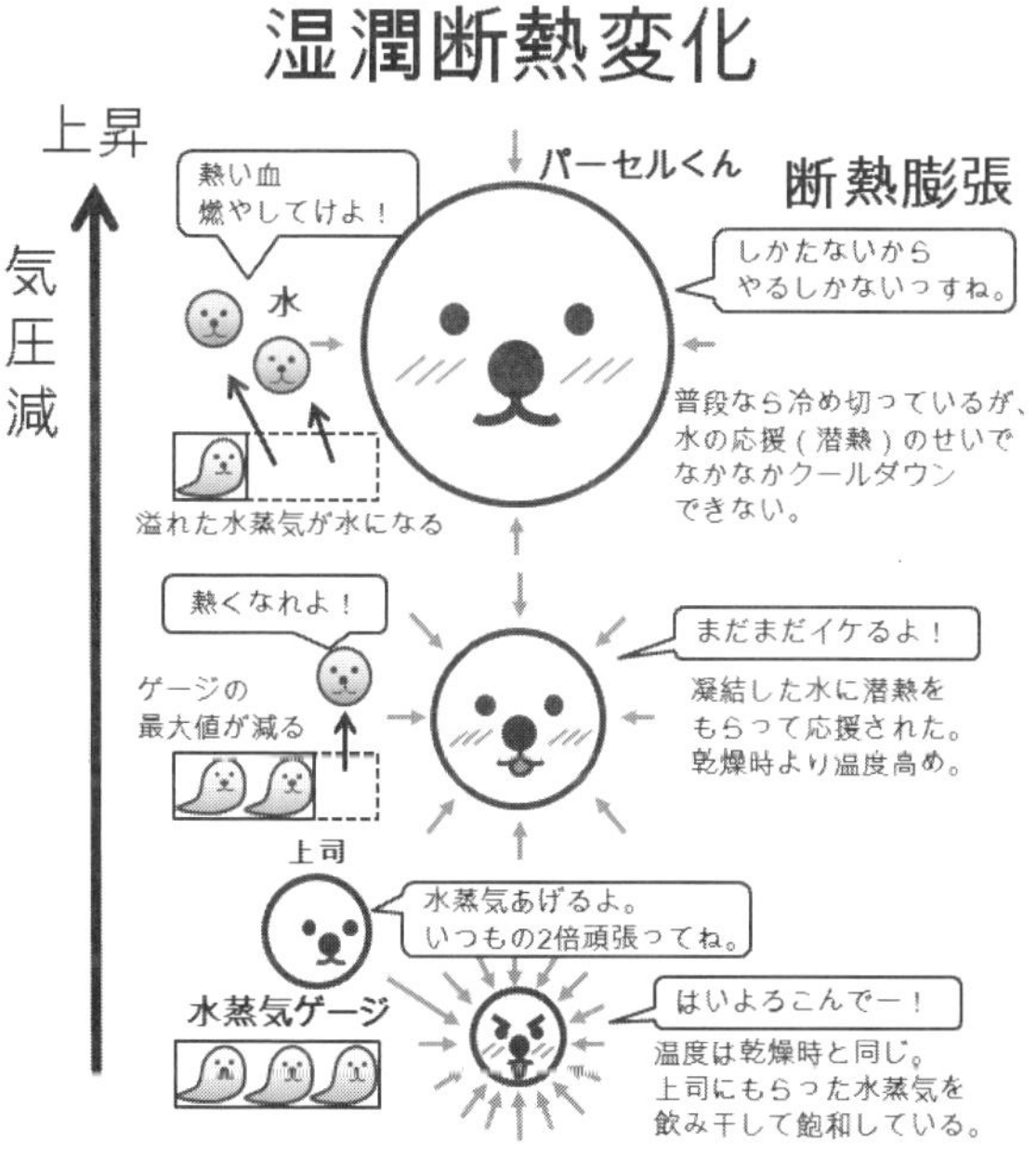

湿潤断熱変化
上昇
気圧減
パーセルくん
断熱膨張
熱い血
燃やしてけよ！
水
しかたないから
やるしかないっすね。
普段なら冷め切っているが、
水の応援（潜熱）のせいで
なかなかクールダウン
できない。
溢れた水蒸気が水になる
熱くなれよ！
まだまだイケるよ！
ゲージの
最大値が減る
凝結した水に潜熱を
もらって応援された。
乾燥時より温度高め。
上司
水蒸気あげるよ。
いつもの2倍頑張ってね。
水蒸気ゲージ
はいよろこんでー！
温度は乾燥時と同じ。
上司にもらった水蒸気を
飲み干して飽和している。

図1・28 湿潤断熱変化のイメージ。

力がはたらいてさらに上昇します。このようにパーセルくんの上昇が続くような大気の状態を**不安定**といいます。これとは反対に、上昇したパーセルくんの温度が周囲の気温に比べて低ければ、パーセルくんは周囲に比べて重いので元の位置に戻されてしまいます。これを、大気の状態が**安定**とよんでいます。このとき、傍から見るとパーセルくんは何らかの力を受けて元の高度に戻ろうとしているように見えるので、この力は**復元力**（負の浮力）とよばれます。上昇したパーセルくんの温度と周囲の気温が同じなら、パーセルくんに浮力ははたらかず、その位置に留まります。このような大気の状態を**中立**といいます。

　大気の状態が安定か不安定かは、周囲の空気の温度が上空ほど下がる割合（**気温減**

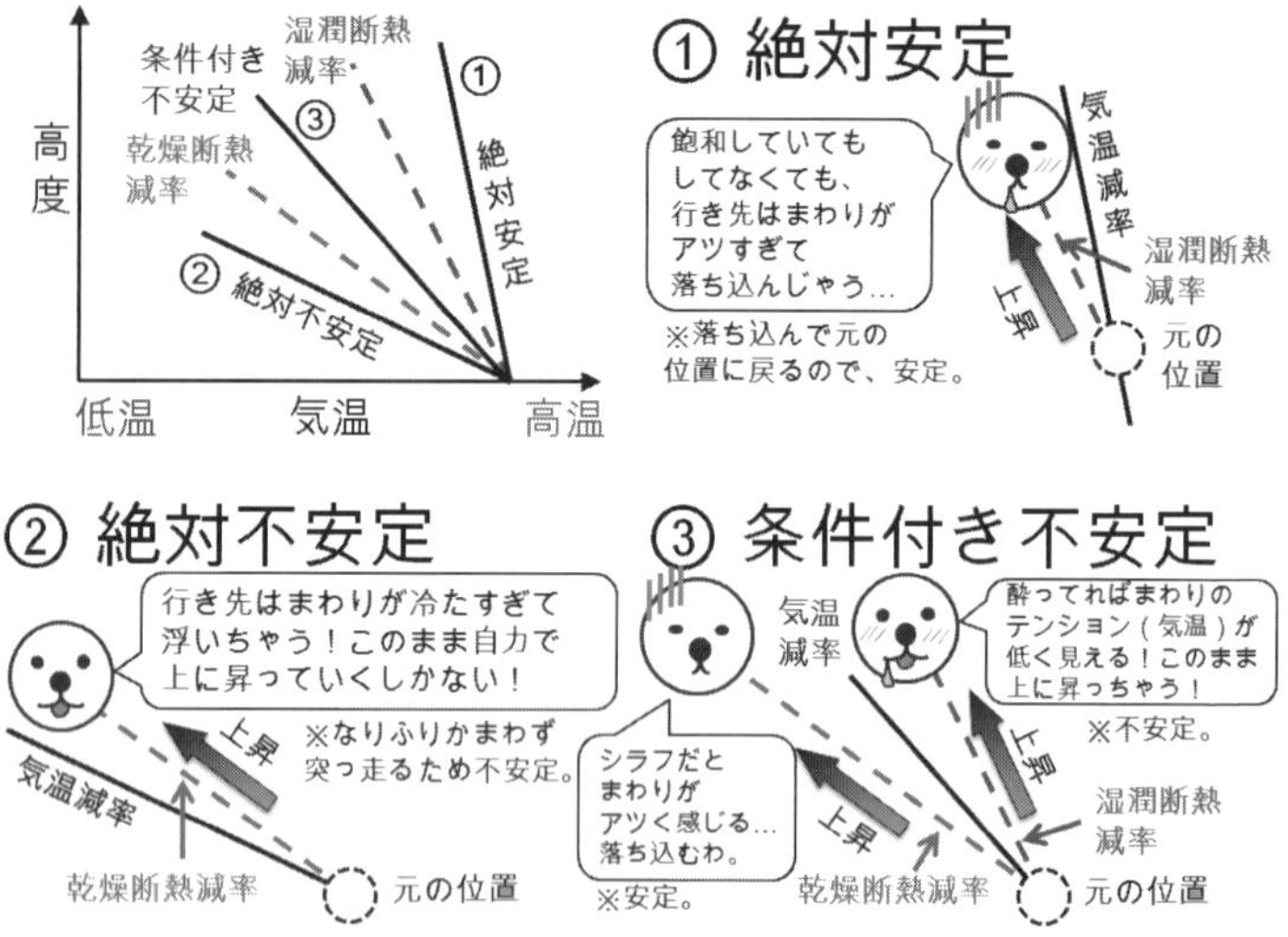

高度
低温
気温
高温
湿潤断熱減率
条件付き不安定
③
①
絶対安定
乾燥断熱減率
②絶対不安定
① 絶対安定
飽和していてもしてなくても、行き先はまわりがアツすぎて落ち込んじゃう…
※落ち込んで元の位置に戻るので、安定。
気温減率
湿潤断熱減率
上昇
元の位置
② 絶対不安定
行き先はまわりが冷たすぎて浮いちゃう！このまま自力で上に昇っていくしかない！
※なりふりかまわず突っ走るため不安定。
上昇
気温減率
乾燥断熱減率
元の位置
③ 条件付き不安定
気温減率
酔ってればまわりのテンション（気温）が低く見える！このまま上に昇っちゃう！
※不安定。
シラフだとまわりがアツく感じる…落ち込むわ。
※安定。
上昇
上昇
乾燥断熱減率
湿潤断熱減率
元の位置

図1・29　周囲の空気の気温減率による安定度の違い。

率）によって異なります。図1・29は、周囲の空気の気温減率が異なる場合のパーセルくんの挙動の違いを表しています。パーセルくんが上昇したとき、凝結が起こらなければ乾燥断熱減率、凝結が起これば湿潤断熱減率でパーセルくんの温度は下がります。まず、気温減率が湿潤断熱減率よりも小さい場合は、パーセルくんが飽和していてもしていなくても、上昇した先の気温はパーセルくんの温度より高い状態です（図1・29①）。このような大気の状態を**絶対安定**といいます。逆に、気温減率が乾燥断熱減率よりも大きい場合、上昇したパーセルくんの温度は常に周囲の気温より高くなり、不安定が維持されます（図1・29②）。このような大気の状態を**絶対不安定**とよびます。気温減率が乾燥断熱減率と湿潤断熱減率の間にある場合は、パーセルくんが飽和していなければ安定ですが、飽和していれば不安定です（図1・29③）。このときの大気の状態は**条件付き不安定**とよばれています。

4　雲と風、前線、低気圧

風はどうして吹くのか？

風が吹いている日に外に出ると、肌で風を感じることができます。このとき肌にぶつかってくる風は何なのかというと、動いている空気です。風は毎日のように吹いていますが、ここではなぜ風が吹くのかを考えてみましょう。

空気が動いて風になるためには、空気に何らかの力がはたらくことが必要です。空気の上下運動である上昇流や下降流は、浮力や重力などが原動力となることは前述の通りですが、ここではまず水平方向に運動する空気を考えます。空気にはたらく代表的な水平方向の力はというと、気圧の違いによって生じる**気圧傾度力**（きあつけいどりょく）があげられます。高気圧と低気圧に挟まれた空気の運動を考えてみましょう（図1・30）。

高気圧と**低気圧**は、周囲に比べて相対的に気圧が高い・低い部分のことを指しています。気圧は大気がある面積（1メートル四方など）を押す力なので、高気圧のほうが低気圧よりも押す力が強いことがわかります。すると、高気圧と低気圧の間に挟まれた空気には、高気圧が低気圧に押し勝ったぶんだけ、高気圧側から低気圧側に向かう力がはたらきます。この力が気圧傾度力なのです。気圧傾度力を受けた空気は、その力の向きに運動します。このため、水平方向に気圧の差がある場合には、高気圧側から低気圧側に風が吹きます。

では、風の原動力である気圧傾度力はどのようにして生まれるのでしょうか？　実は、水平方向の温度差がひとはたらきしています。ここで、地上でも上空でも水平方向に気圧が同じ状態のときに、地上の一部を加熱・冷却することを考えます（図1・31）。

地上で加熱された空気は膨張し、冷却された空気は圧縮されます。すると、気圧が同じ高さの面（等圧面）は加熱・冷却の前には上空で水平に広がっていましたが（図1・31①）、地上の空気の膨張・冷却に伴って加熱された側が高く、冷却された側が低く傾きます（図1・31②）。このとき、上空のある高度に注目すると、地上が加熱された側が高圧、冷却された側が低圧になっています。そのため、この高度では水平方向に気圧差が生じて、気圧傾度力が生まれます。

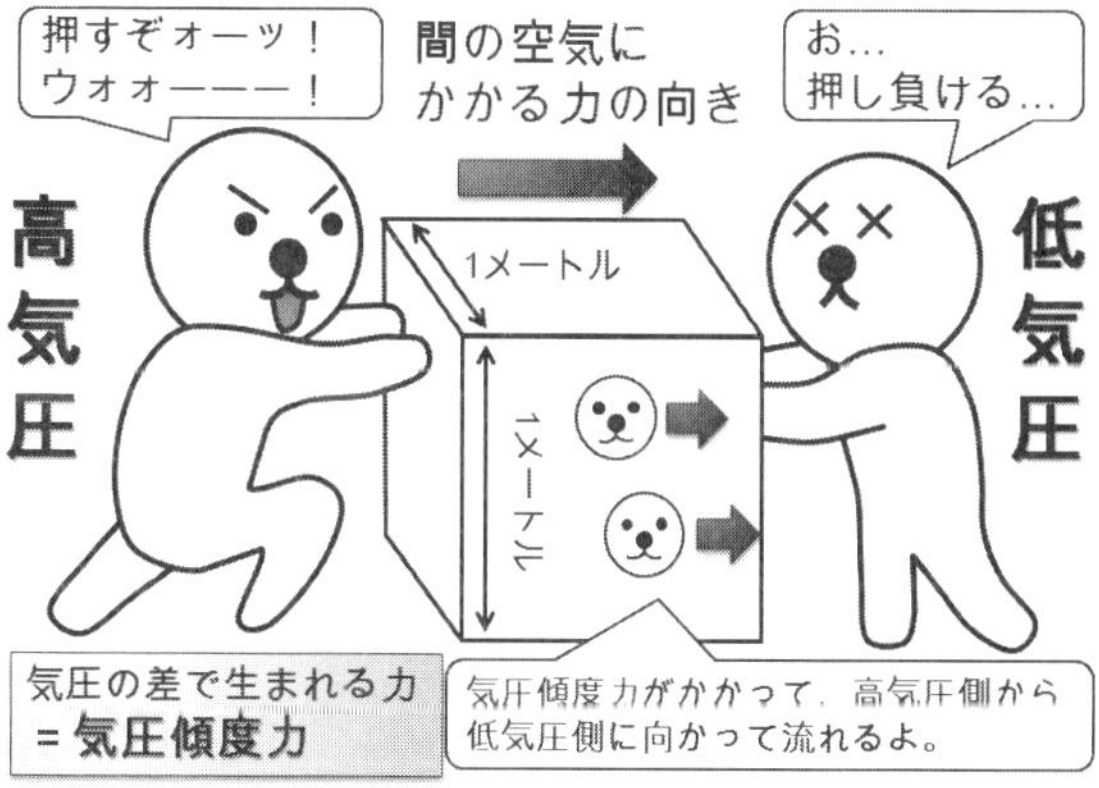

押すぞォーッ！
ウォォーーー！
間の空気に
かかる力の向き
お…
押し負ける…
高気圧
低気圧
1メートル
1メートル
気圧の差で生まれる力
＝気圧傾度力
気圧傾度力がかかって、高気圧側から
低気圧側に向かって流れるよ。

図1・30　水平方向の気圧傾度力と風。

この気圧傾度力によって、地上で加熱された側から冷却された側に向かう流れが上空で発生します（図1・31③）。すると、この流れによって高圧側から低圧側に空気が移動してしまうため、地上から見ると加熱のあるところの真上にある空気の総量は減り、逆に冷却のあるところでは増えます（図1・31④）。これにより、加熱のある地上では低気圧が生まれ、冷却がある地上

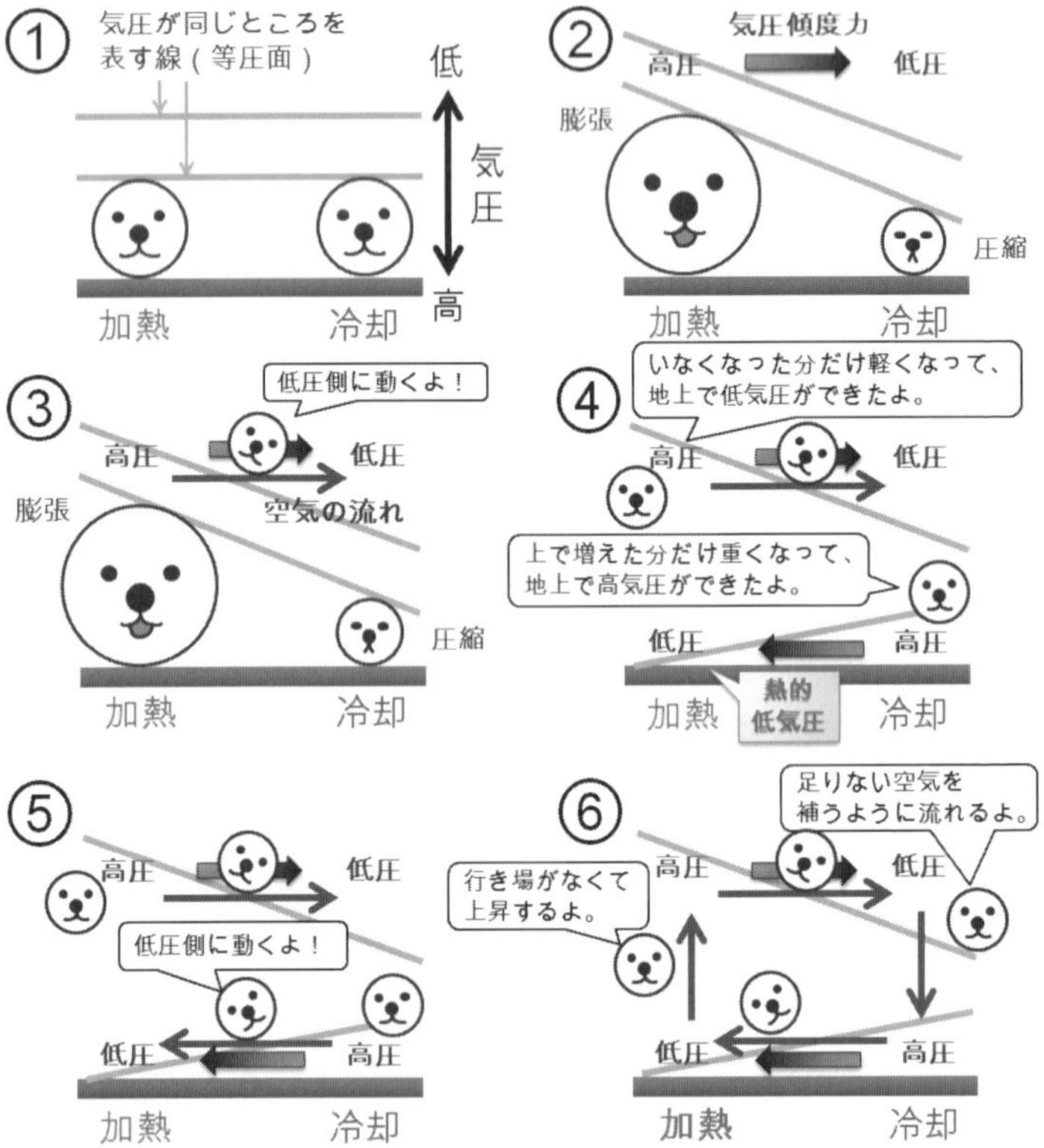

①
気圧が同じところを
表す線（等圧面）
低
気圧
高
加熱
冷却
②
気圧傾度力
高圧
低圧
膨張
圧縮
加熱
冷却
③
低圧側に動くよ！
高圧
低圧
空気の流れ
膨張
圧縮
加熱
冷却
④
いなくなった分だけ軽くなって、
地上で低気圧ができたよ。
高圧
低圧
上で増えた分だけ重くなって、
地上で高気圧ができたよ。
低圧
高圧
熱的
低気圧
加熱
冷却
⑤
高圧
低圧
低圧側に動くよ！
低圧
高圧
加熱
冷却
⑥
足りない空気を
補うように流れるよ。
行き場がなくて
上昇するよ。
高圧
低圧
低圧
高圧
加熱
冷却

図1・31　熱によって生み出される気圧傾度力と空気の流れ。

では高気圧が生まれます。特にこの低気圧は、**熱的低気圧**（**ヒートロー**）とよばれています。これらの地上の高・低気圧により、地上では上空とは逆向きの気圧傾度力が生まれ、冷却のあるところから加熱のあるところに向かう風が吹きます（図1・31⑤）。やがて熱的低気圧に集まる空気は行き場をなくし、上昇流が生まれます（図1・31⑥）。逆に地上で冷却されている高気圧の空気は足りなくなるため、上空から足りない空気を補うように下降流が生まれます。このようにして、地上で加熱・冷却がある場合には気圧傾度力が生まれ、地上と上空をぐるぐると回る（循環する）風が吹くのです。

この熱的な要因による風には、昼と夜とで1日の間に変化（日変化）して関東甲信地方くらいの広がりを持つ**海陸風**（第2章2節：102ページ）や**山谷風**もあれば、季節単位で変化して大陸規模の広がりを持つ**季節風**（**モンスーン**：第5章4節：244ページ）もあります。

本書では詳しくは踏み込みませんが、地球が自転する効果（**コリオリ力**）と地上での摩擦の効果によって、北半球では低気圧には反時計回りに風が吹き込み、高気圧からは時計回りの風が吹き出します。

ずれる風が雲を変える

風の吹いている日に外出していると、いつの間にか風の向きが変わっていたということはないでしょうか。風はずっと同じ向きに吹いているわけではなく、周囲の気圧などによって変化します。風同士はぶつかったり、すれ違ったり、離れたりもします。このとき、風同士の風向・風速のずれのことを**ウィンドシア**（wind shear）といいます。「シア（shear）」は「ずれ」のことで、植木ばさみなどの大きなはさみという意味もあります。水平方向の風のずれは**水平シア**、高度方向の風のずれは**鉛直シア**とよばれ、大きな水平シアが繋がった線は**シアライン**といいます。風速が同じで風向のみがずれている場合は**風向シア**、風向が同じで風速のみがずれている場合は**風速シア**とよぶこともあります。

まず、大気下層で水平シアがある場合に何が起こるかを考えてみましょう（図1・32）。水平シアがある場合、正反対の風向の風が平行に吹いていなければ、風同士はぶつかります。すると、ぶつかって行き場をなくした下層の空気が上昇流を作ります。下層が湿っている場合、この上昇流によって持ち上げられた下層の空気が断熱冷却し、過飽和となって雲が発生します。上昇した空気は、上空でまた行き場をなくして離れていきます。このように風が集まることを**収束**、離れることを**発散**とよんでいます。大気下層での風の収束は、雲を作る上昇流の要因のひとつです。

次に、鉛直シアがどのようなものかイメージしてみましょう。図1・33は、鉛直シアがある場合とない場合の風の高度分布のイメージです。高度方向

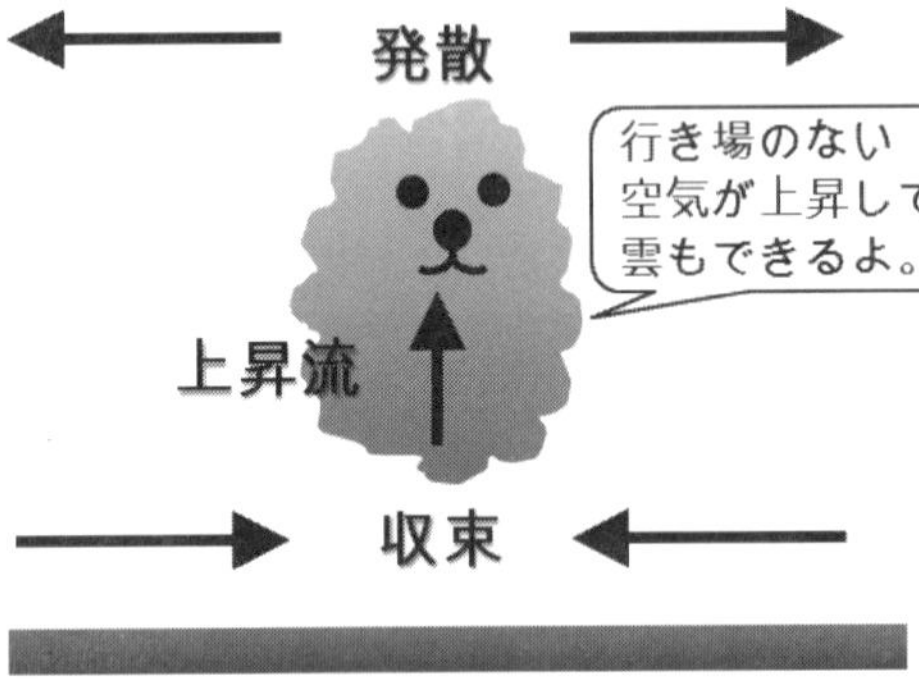
発散
行き場のない
空気が上昇して
雲もできるよ。
上昇流
収束

図1・32　収束と発散のイメージ。

に同じ風が吹いていれば、鉛直シアはありません。上空ほど風が強くなっていたり、風向が変化している場合には鉛直シアがあるといえます。鉛直シアの存在は雲の一生を左右（第4章2節：182、186ページ）するだけでなく、竜巻（第5章1節：210ページ）や集中豪雨（第5章3節：232ページ）などの激しい大気現象でも大きな役割を果たしています。

前線を伴う低気圧の気持ち

「前線」「低気圧」という言葉は馴染み深いと思います。前線や低気圧にはいくつも種類がありますが、ここでは北半球での前線と温帯低気圧について紹介します。

まず、**前線**（ぜんせん）（front）は性質（密度・気温・水蒸気量・風など）の異なるふたつの空気の地上での接触面のことを指しています。シアラインは風がずれている線のことでしたが、それに加えて前線を作る空気は密度・気温が異なっています。水平方向に広い範囲で気温や水蒸気量などの性質が同じ空

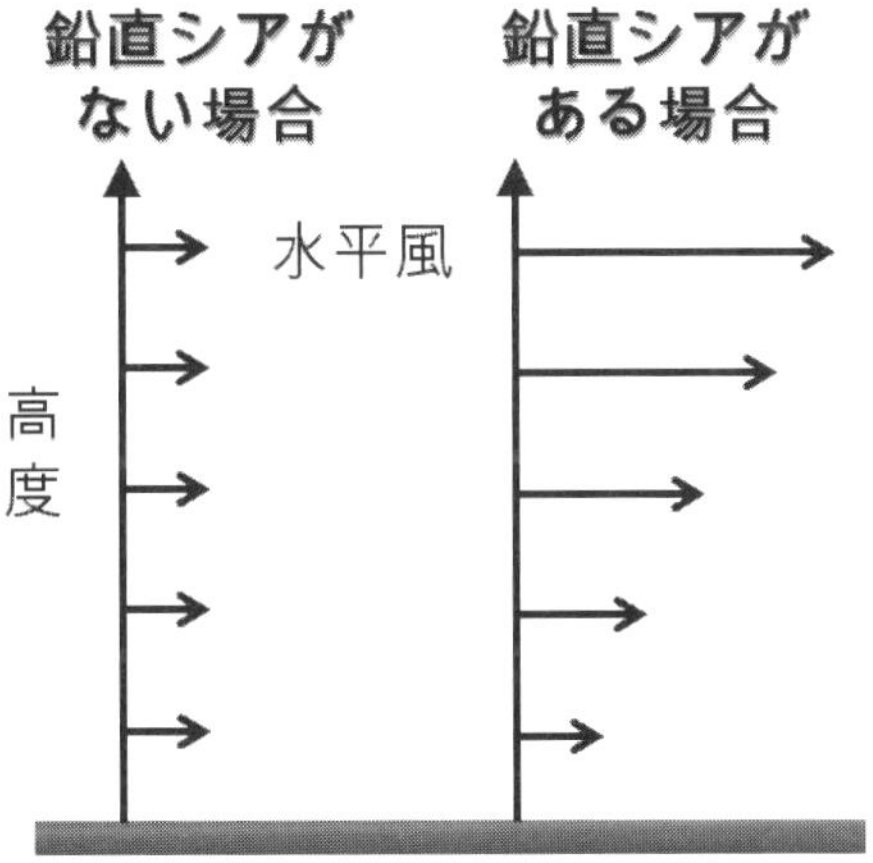

鉛直シアがない場合
鉛直シアがある場合
水平風
高度

図1・33　鉛直シアのイメージ。

気は**気団**とよばれており、気団同士がぶつかることで前線が形成されます。

天気図上に現れる前線として、**寒冷前線**、**温暖前線**、**閉塞前線**、**停滞前線**が有名です（図1・34）。本書では、性質の似ている前線を図のような描き方で表すことにします。これらの前線は、温帯低気圧があるときなどに天気図上で見ることができます。

日本付近の**温帯低気圧**（extratropical cyclone）は、いろいろなよばれ方をしています。日本の南岸を東〜北東に進んでいく低気圧は**南岸低気圧**、日本海を東〜北東に進んでいく低気圧は**日本海低気圧**、これらふたつが同時に存在している場合は**二つ玉低気圧**とよばれています。

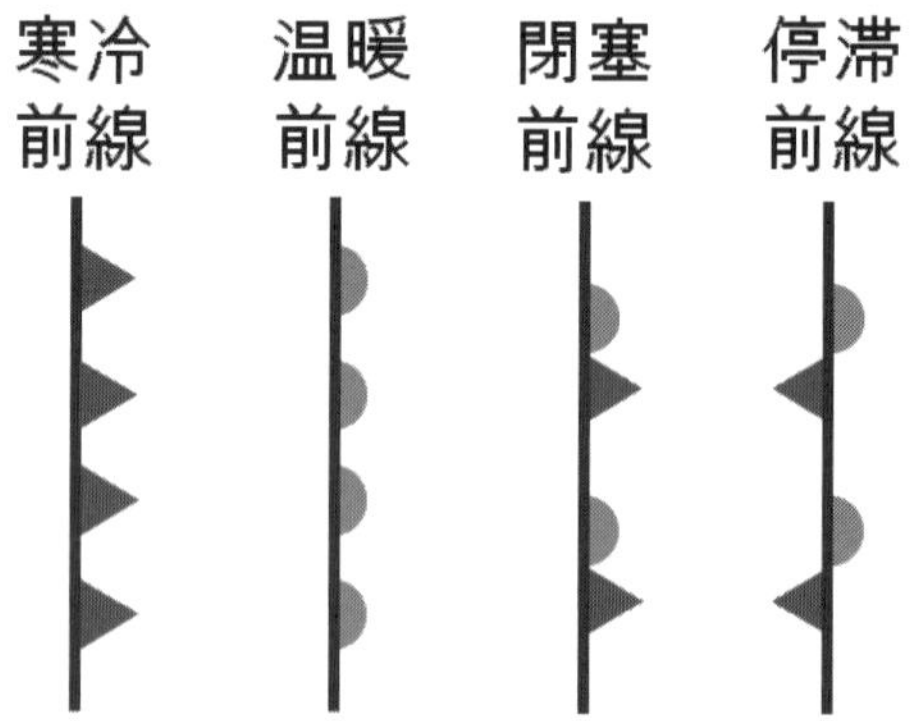
停滞前線
閉塞前線
温暖前線
寒冷前線

図1・34　天気図上で表現される前線の種類。

では、温帯低気圧がどのように成長するかを、温帯低気圧の**温低ちゃん**で見ていきましょう（図1・35）。まず温低ちゃんが生まれるためには、大気下層で北に冷たい気団があり、南に温かい気団がある状況が必要です。正確には、これに加えて、上空ほど西風が強い状況も必要になります。これらの気団のぶつかり合いで、地上では停滞前線が形成されます。ここで、温低ちゃんの誕生には上空の**気圧の谷**（**トラフ**）の存在が大きなはたらきをしています。上空の気圧の谷を**トラフくん**とよぶこ

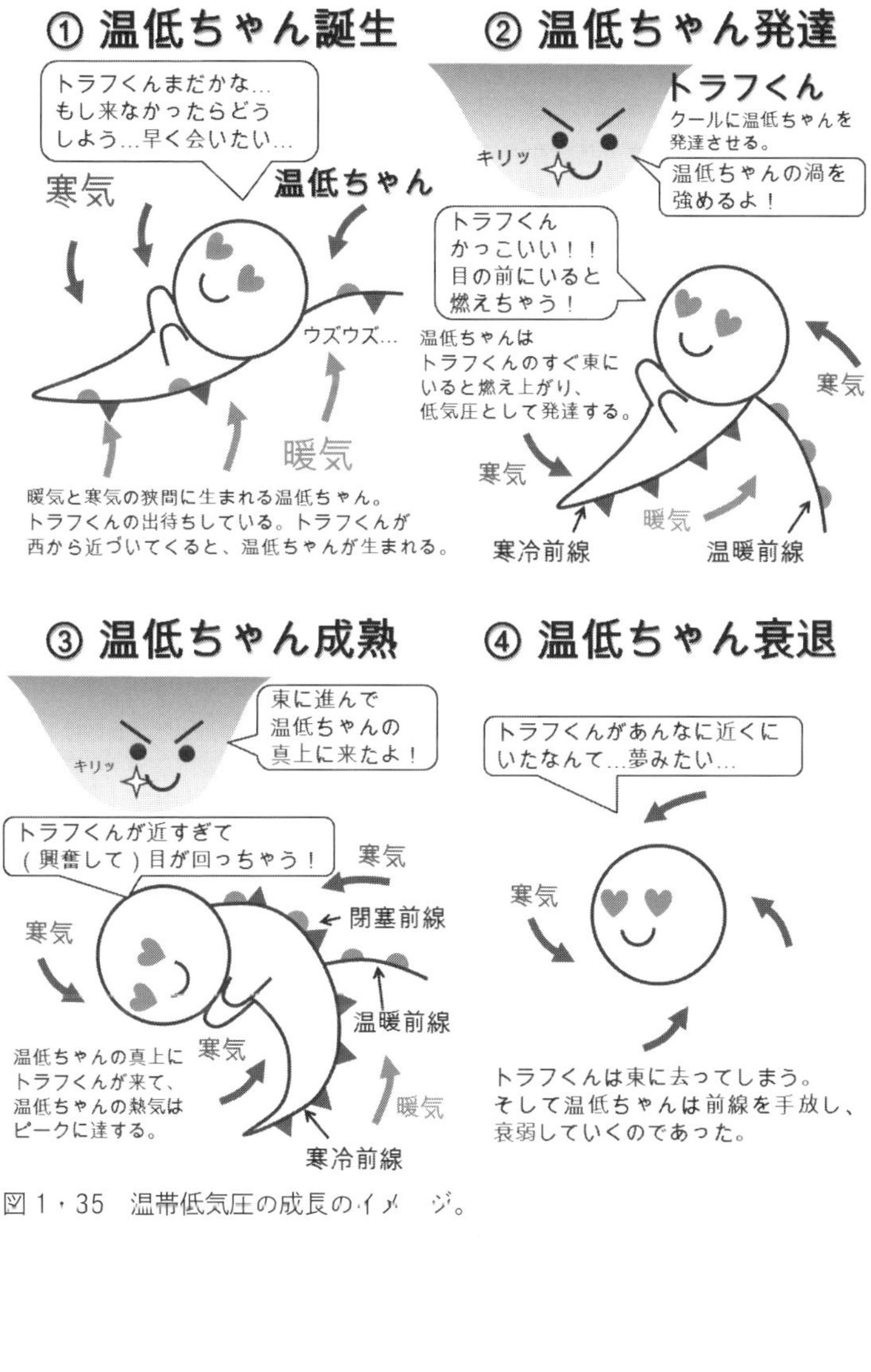

① 温低ちゃん誕生
トラフくんまだかな…
もし来なかったらどう
しよう…早く会いたい…
寒気
温低ちゃん
ウズウズ…
暖気
暖気と寒気の狭間に生まれる温低ちゃん。
トラフくんの出待ちしている。トラフくんが
西から近づいてくると、温低ちゃんが生まれる。
② 温低ちゃん発達
トラフくん
クールに温低ちゃんを
発達させる。
キリッ
温低ちゃんの渦を
強めるよ！
トラフくん
かっこいい！！
目の前にいると
燃えちゃう！
温低ちゃんは
トラフくんのすぐ東に
いると燃え上がり、
低気圧として発達する。
寒気
寒気
暖気
寒冷前線
温暖前線
③ 温低ちゃん成熟
キリッ
東に進んで
温低ちゃんの
真上に来たよ！
トラフくんが近すぎて
（興奮して）目が回っちゃう！
寒気
閉塞前線
寒気
温暖前線
寒気
温低ちゃんの真上に
トラフくんが来て、
温低ちゃんの熱気は
ピークに達する。
暖気
寒冷前線
④ 温低ちゃん衰退
トラフくんがあんなに近くに
いたなんて…夢みたい…
寒気
トラフくんは東に去ってしまう。
そして温低ちゃんは前線を手放し、
衰弱していくのであった。

図1・35　温帯低気圧の成長のイメージ。

とにしましょう。トラフくんは上空の低気圧のようなもので、多くは寒気を伴っています。西から東に移動するトラフくんが停滞前線上に近づいてくると、上空のトラフくんに伴う反時計回りの流れによって、地上でも反時計回りの流れが生まれます。この地上の反時計回りの風が温低ちゃんになるのです（図1・35①）。

さらにトラフくんが温低ちゃんに近づいてくると、地上の温低ちゃんは反時計回りの流れが強められ、発達して寒冷前線と温暖前線を持つようになります（図1・35②）。温低ちゃんはトラフくんのすぐ東側にいるとき、発達率が一番大きくなるという特徴があります。さらにトラフくんが東に移動して温低ちゃんの真上に来る頃には、温低ちゃんは低気圧としてもっとも発達している状態になります（図1・35③）。このとき、温低ちゃんの反時計回りの流れが強まって寒冷前線が温暖前線に追いつき、閉塞前線が形成されます。その後、トラフくんが温低ちゃんを置き去りにして東に移動すると、温低ちゃんは前線構造を失い、衰弱していきます（図1・35④）。

温帯低気圧に伴う前線上では、特徴的な雲が発生することが知られています。ここでは、温暖前線と寒冷前線に伴って発生する雲について少し紹介します。これらの前線の高度方向の構造を見てみると、温暖前線では寒気の上をなだらかに暖気が昇っていくのに対し、寒冷前線では寒気が暖気を無理やり持ち上げているような構造をしています（図1・36）。前線を作る気団同士の上空での接触面は**前線面**（ぜんせんめん）とよばれ、温暖前線面に比べて寒冷前線面のほうが高度方向の傾きが急になっているため、前線上で発生する上昇流も寒冷前線のほうが強いという特徴があります。

温暖前線面上では、弱い上昇流によって乱層雲、高積雲、高層雲、巻層雲、巻積雲、巻雲などが形成されます。これに対して上昇流の強い寒冷前線面上では、積雲や積乱雲などの雲が発生します。温帯低気圧の中心付近や寒冷前線上では、風が強まるために大気下層の収束も強く、雷活動を伴う積乱雲が観測されることも多くあります。

これらの天気図上に登場する前線は1000キロメートル以上の水平方向の広がりを持っています。この他に、水蒸気量の異なる気団同士がぶつかり合って形成される**ドライライン**という前線もあります。前線は天気図上に現れないような水平方向の広がりが小さいものも多く存在しており、ガストフロント（第2章2節：97ページ）や海陸風による前線（第2章2節：99ページ）がこれにあたります。水平方向の広がりが小さくても、これらの前線は積乱雲などの引き金としてはたらくことがあります（第5章3節：234ページ）。

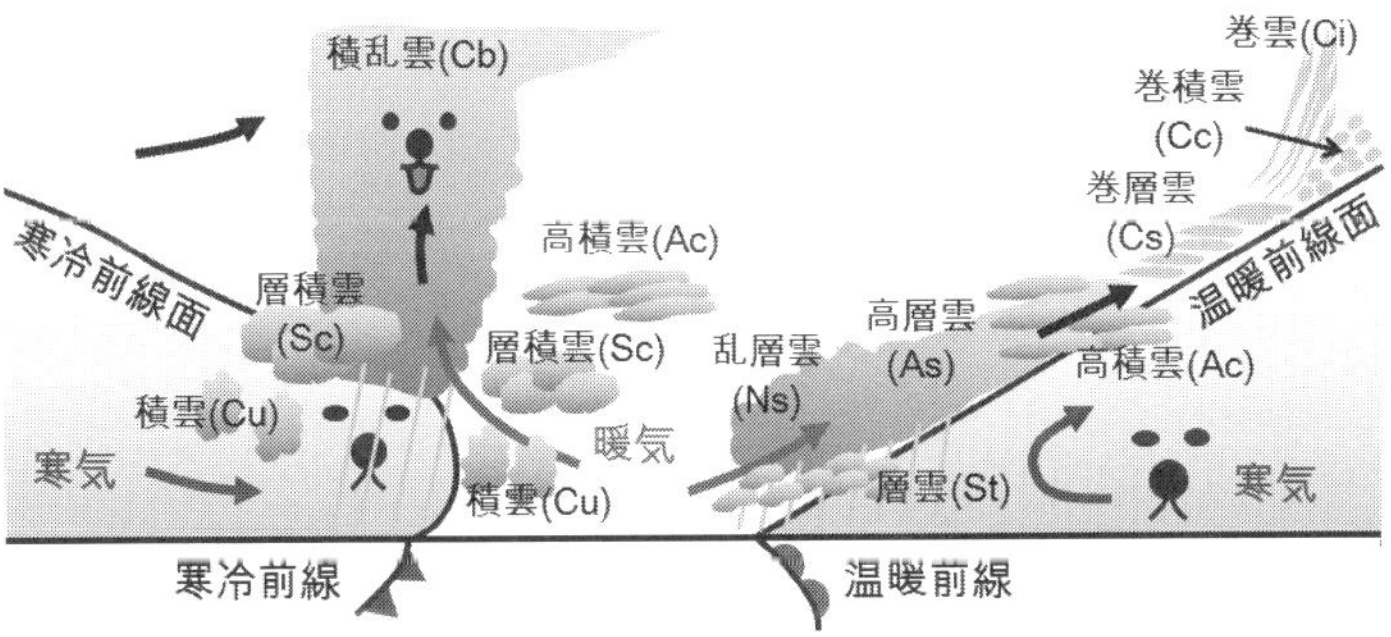

積乱雲(Cb)
巻雲(Ci)
巻積雲
(Cc)
巻層雲
(Cs)
寒冷前線面
温暖前線面
高積雲(Ac)
層積雲
(Sc)
層積雲(Sc)
乱層雲
(Ns)
高層雲
(As)
高積雲(Ac)
積雲(Cu)
暖気
寒気
積雲(Cu)
層雲(St)
寒気
寒冷前線
温暖前線

図1・36　温帯低気圧の温暖前線と寒冷前線に伴う典型的な雲。

5　地球における大気と雲

雲が生まれる地球大気の構造

普段、私たちが周囲にある空気を意識することはそれほど多くありません。空気が私たちのまわりに存在するのは、ごく当然なことだからです。ここでは、雲が形成される地球上の大気がどんな構造になっているのか、少し考えてみましょう。

まず、地球上の大気を構成する成分とその割合（**組成**（そせい））について簡単に紹介します。大気を水蒸気が含まれていない乾燥空気として考えると、地表付近から高度約80キロメートルまではほとんど同じ組成をしています。体積比で見ると、乾燥空気の約78％が**窒素**（ちっそ）で、約21％が**酸素**であることが知られています。その他として、アルゴンや**二酸化炭素**も1％未満の割合で乾燥空気に含まれています。本章3節で説明した水蒸気も大気に含まれますが、水蒸気量は場所・高度や時間によって大きく変動するため、大気の組成としては特別扱いするのが普通です。各成分の重さを表す**分子量**（分子中の原子量の合計、乾燥空気の場合は各分子の平均）で比べると、乾燥空気が28・97であるのに対して水蒸気（H_2O）は18・02です。このため、水蒸気を多く含んでいる湿潤空気は、分子数が同じ乾燥空気に比べて軽いという特徴があります。

次に、地球大気の高度方向の構造について説明します。大気の構造は季節、時刻、場所、低気圧が近くにあるかなどによって変化します。図1・37に、地球大気の気温の高度分布を模式的に示しています。縦軸は左側が高度、右側がその高度に対応する気圧です。

図からわかるように、高度によって気温分布は大きく変化します。そのため、地球大気は気温減率が似た層ごとに分類されています。「普通、上

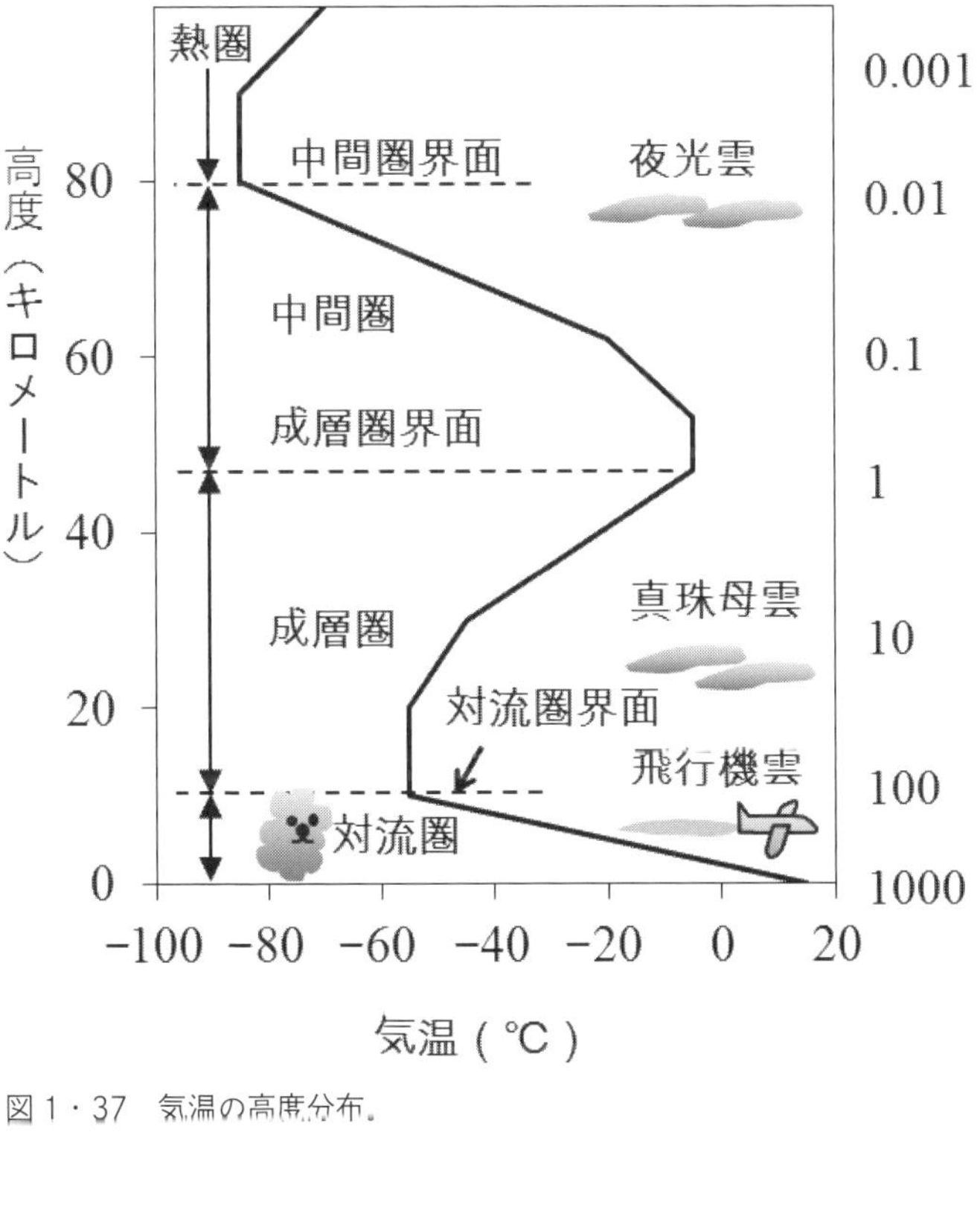

熱圏
中間圏界面
夜光雲
中間圏
成層圏界面
成層圏
真珠母雲
対流圏界面
飛行機雲
対流圏
高度（キロメートル）
0
20
40
60
80
気圧（ヘクトパスカル）
0.001
0.01
0.1
1
10
100
1000
−100
−80
−60
−40
−20
0
20
気温（℃）

図1・37　気温の高度分布。

空ほど寒いんじゃないの？」と思われる方もいると思いますが、それは一番下の層である**対流圏**の話なのです。対流圏の高さは平均的にはおよそ11キロメートルで、高度が1キロメートル高くなるごとに約6・5℃の割合で気温が下がります。この気温減率は、対流圏の大気が条件付き不安定であることを表しています。また、対流圏の上部の境界は**対流圏界面**とよばれ、この高度は季節や緯度によって大きく変化します。一般に対流圏界面の高度は赤道で約17キロメートル、北極や南極で約6キロメートルといわれていますが、日本付近でも夏には15キロメートル以上に達したり、冬には10キロメートル以下になることもあります。

ここで、気圧と高度の関係を見てみましょう。地上の気圧は約1000ヘクトパスカルですが、高度が高くなるほど気圧は低くなり、高度約15キロメートルで地上の約10分の1になります。ある高度の気圧は、それより上の大気の重さに比例するので、地球上の大気のほぼ90％は高度15キロメートル以下に存在していることになります。また、大気中のほとんどの水蒸気は対流圏内にあり、ほぼすべての雲が対流圏内で発生します。

対流圏界面の上には、**成層圏**とよばれる層があります。成層圏は対流圏界面から高度約47キロメートルまで広がっています。成層圏の下部から10キロメートル程度の層では気温がほぼ一定で、それ以上では対流圏とは逆に上空ほど気温が高くなります。これは**オゾン層**の存在によるものです。オゾン層は中緯度では高度約10～50キロメートルに存在しており、太陽からの紫外線をオゾンの層が吸収するために気温が上昇します。対流圏界面と同様に、成層圏の上部の境界は**成層圏界面**とよばれます。

対流圏は通常は条件付き不安定ですが、成層圏は上空ほど高温なため絶対安定です。そのため、対流圏で発達した積乱雲などは成層圏中では上昇できず、積乱雲上部は対流圏界面で水平方向に広がります。もちろん、成層圏では雲は発生できません。例外としては、成層圏内の高度20~30キロメートルで、主に極域や高緯度地方で冬に発生する**真珠母雲**があります。非常に高い高度にある雲なので、日没後も太陽光を受けて光ります。真珠母雲の雲粒子の組成は硫酸・硝酸・水で、これらが組み合わさった過冷却水滴と氷晶などによって真珠母雲が形成されています。真珠母雲は**極成層圏雲**ともよばれ、オゾン層の破壊に関係するといわれています。真珠母雲とオゾン層破壊の関係の詳細については、気象庁「南極でオゾンホールが発生するメカニズム」(http://www.data.jma.go.jp/gmd/env/ozonehp/3-22ozone_o3hole_mechanism.html)をご覧ください。

さらに成層圏の上には、高度約80~90キロメートルまで**中間圏**があります。中間圏では、対流圏と同様に上空ほど気温が下がります。流れ星が大気摩擦で燃焼して発光するのがこの層です。中間圏の上部境界である**中間圏界面**付近では**夜光雲**（口絵4）とよばれる特殊な雲が形成されることがあります。この雲は、地球上でもっとも高い高度の雲です。夜光雲は夏になっている半球の高緯度地方で夜間に観測されます。夏になっている半球の高緯度地方上空の中間圏界面付近は地球の大気がもっとも低温となる場所で、この場所で発生する夜光雲の主成分は氷晶であるといわれています。また、夜光雲は**極中間圏雲**ともよばれています。

中間圏界面の上には、**熱圏**が存在しています。熱圏では大気の密度がとても小さくなり、大気の組成も中間圏以下の層とは異なっています。熱圏では太陽からの電磁波などの影響を受けるために、上空ほど気温が高くなります。熱圏内にある**電離層**とよばれる層内では、**オーロラ**が発生します。

雲と放射による地球上の熱のバランス

地球上の雲はただ空に浮かんでいるだけではなく、さまざまな役割を担っています。特に、雲は地球上での熱のバランス（**熱収支**）と水のめぐりにおいて大きなはたらきをしています。まず、熱収支について、これまでにわかっていることを簡単に紹介します。

そもそも地球上での熱エネルギーの供給源は、太陽からの**電磁波**です。雲のない晴れた夏の日に地上が暑くなるのは、太陽からの電磁波（日差し）が地上を温めているためです。電磁波は波長の違いによってよび方がさまざまで、**可視光線**、**赤外線**、**紫外線**なども電磁波です。私たち人類が体感することができるのは、これらの一部に過ぎません。太陽に限らず、**絶対温度**が0度（摂氏度でマイナス273.15℃）ではないすべての物体は電磁波を放出しています。このような電磁波によるエネルギーの放出は**放射**とよばれます。一方、物体は放射するのと同じだけ電磁波によるエネルギーを**吸収**しています。

太陽と地球からの放射はそれぞれ**太陽放射**、**地球放射**とよばれますが、太陽と地球は温度がまったく異なるため、放出している電磁波の波長や強さが異なります。太陽放射における電磁波は、主に波長が短い順に紫外線、可視光線、赤外線からなっています。地球の大気上端で太陽放射から受けるエネルギーの約半分は可視光線です。一方、地球放射は大部分が赤外線によるものです。これらの波長の違いから、太陽放射は**短波放射**、地球放射は**長波放射**（**赤外放射**）ともよばれます。これらの放射が大気中の原子や分子、微粒子などにぶつかっていろいろな方向に反射されることを**散乱**といいます。

図1・38は、地球の大気上端に入ってきた太陽放射の量を100％とした場合の、地球全体での年平均の熱収支（**放射収支**）を表しています。太陽放射の30％は雲と地表面による反射と、大気と雲による散乱で直接宇宙空間に戻されます。残りの70％が地球を温めています。そのうち20％が大気と雲によって吸収され、大気を温めます。そして残りの50％は大気中で散乱されたり、雲を通ったり、直接到達するなどして地表面に届きます。

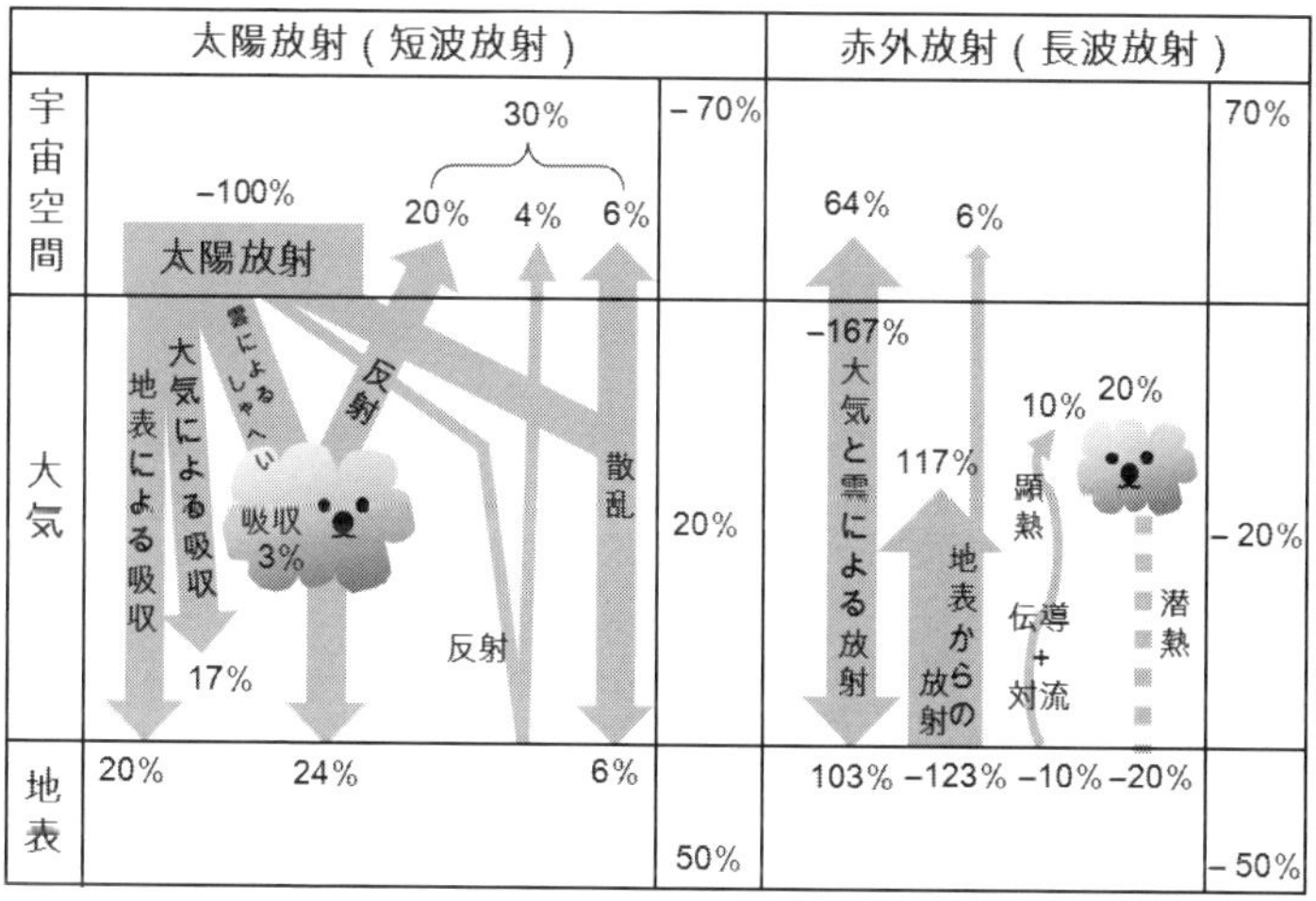

太陽放射（短波放射）
赤外放射（長波放射）
宇宙空間
大気
地表
−100%
太陽放射
30%
20%
4%
6%
−70%
70%
64%
6%
雲によるしゃへい
大気による吸収
地表による吸収
反射
散乱
吸収 3%
反射
17%
20%
24%
6%
20%
50%
−167%
大気と雲による放射
117%
地表からの放射
10%
20%
顕熱
伝導 + 対流
潜熱
−20%
103%
−123%
−10%
−20%
−50%

図1・38　地球の熱収支。

一方で、大気や地表面は自身の温度に見合った赤外線を放射します。地表面からは123％の赤外放射が放出され、そのうち宇宙空間に出ていくものは6％で、残りは大気に吸収されます。大気と雲からの赤外放射は167％ですが、そのうち103％は地表面に吸収され、64％が宇宙空間に放出されます。宇宙空間に放出される赤外放射を合計すると70％となり、太陽放射が地球を温める効果と相殺します。このように、地球全体では熱収支のバランスがとれています。

ここで、太陽放射が地表面を温めた50％のうちの20％は、地表面の水蒸気が凝結して雲になる際に放出される潜熱として大気を温めます。その他の10％は、地表面から大気に熱が伝わること（**熱伝導**）と**対流**（第4章1節：172ページ）によって地表面から大気に移動します。地表面が放出する赤外放射は太陽放射の123％でしたが、大気

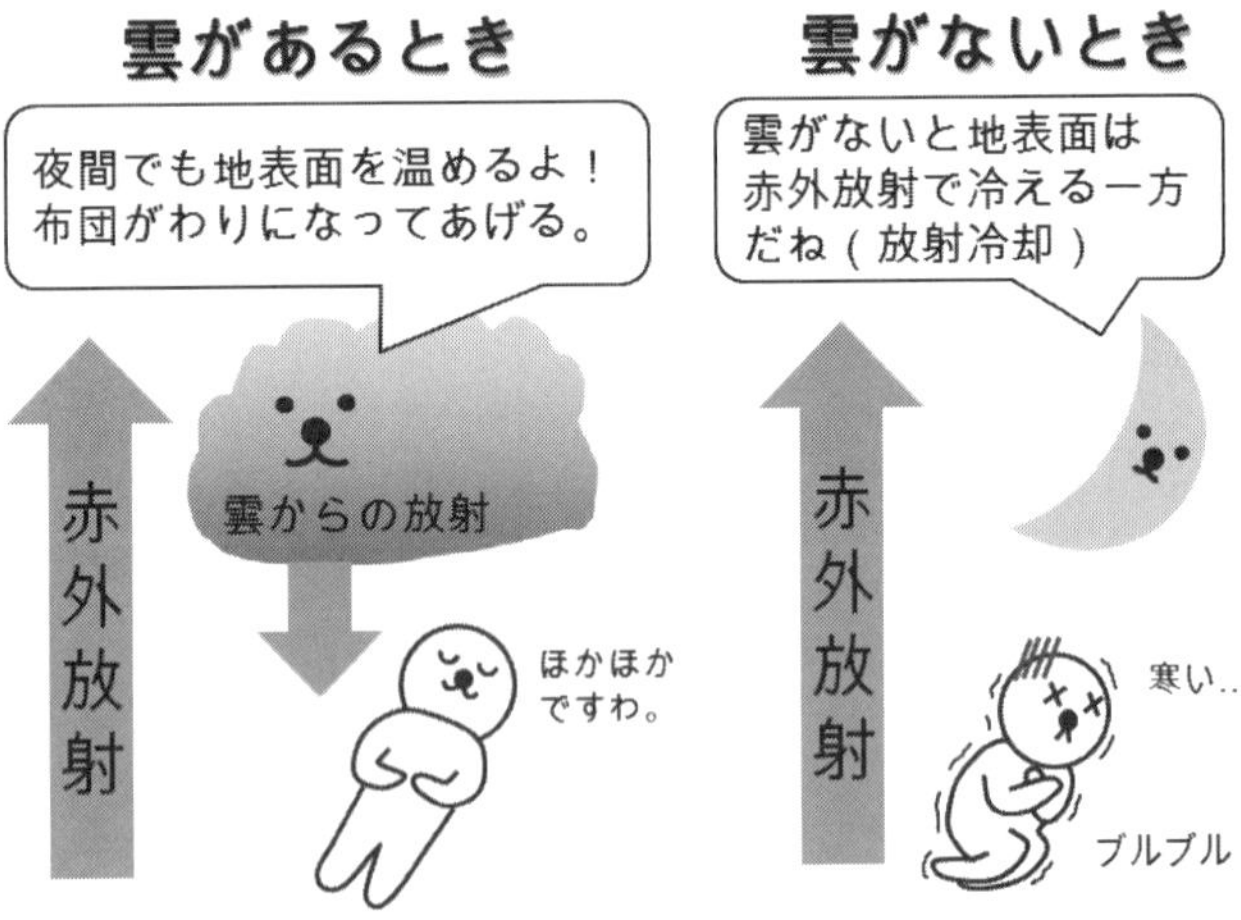
雲があるとき
夜間でも地表面を温めるよ！
布団がわりになってあげる。
赤外放射
雲からの放射
ほかほか
ですわ。
雲がないとき
雲がないと地表面は
赤外放射で冷える一方
だね（放射冷却）
赤外放射
寒い…
ブルブル

図1・39　雲があると夜間に冷え込まない理由。

から地表面への放射の量は103％なので、その差である20％は地表面が熱を失っていることになります。このように赤外放射によって熱が失われることを**放射冷却**とよびます。

よく晴れた日の朝に冷え込むのは、夜間に太陽放射がなく、放射冷却によって地表面付近が冷やされるためです。逆に、曇っている日の朝はそんなに冷え込まないことが体感としてイメージできると思います。これは、雲が地表面からの赤外放射を反射・散乱・吸収したり、雲から地表面への放射によって、放射冷却の効果が打ち消されているためです（図1・39）。昼間の雲は日傘のように地表面付近が高温になるのを防ぎ、夜間の雲は布団のように地表面付近が低温になるのを防ぐとイメージするといいでしょう。

水の輪廻転生

「地球は水の惑星である」といわれるように、地球の表面の約7割は海洋で、残りの約3割が陸地です。地球上には約14億立方キロメートルの水が存在しています。このうち約97％が海水で、約3％が北極や南極などの氷床や海氷、河川や湖、地下水です。大気中に存在する水蒸気は全体のうち0.001％程度で、割合としては非常に少ないことがわかっています。しかし、その水蒸気が地球上の水のめぐりを左右しています。

地球上での雲を伴う大気現象は、大気と海洋の運動と考えることができます。大気と海洋は相互に関係しており、水は相変化のプロセスを経て大気と海洋を行ったり来たりしています（図1・40）。まず、海洋や陸域にある水や氷は、蒸発・昇華して水蒸気となり、大気中に移動します。この水蒸気は凝結して雲になり、雨や雪となって海洋や陸域に降ります。陸域に降った雨や雪は、表面流出して河川に流れたり、地面に浸透して地下水になったりして海洋に戻っていきます。もちろんその間も、地面や湖からの蒸発や植物からの蒸発散を通して大気中に水蒸気として出ていく水もあります。このように、水は姿かたちを変えながら地球上の大気と海洋をぐるぐる回っています。水の輪廻転生とでもよべそうなこのプロセスを、**水循環**といいます。水循環のプロセスにおいて雲はなくてはならない存在です。なお、地球上で循環している水の総量は変わりませんが、地球上での熱収支が変わると、どこにどのくらい水があるかが変わります。**地球温暖化**（第3章

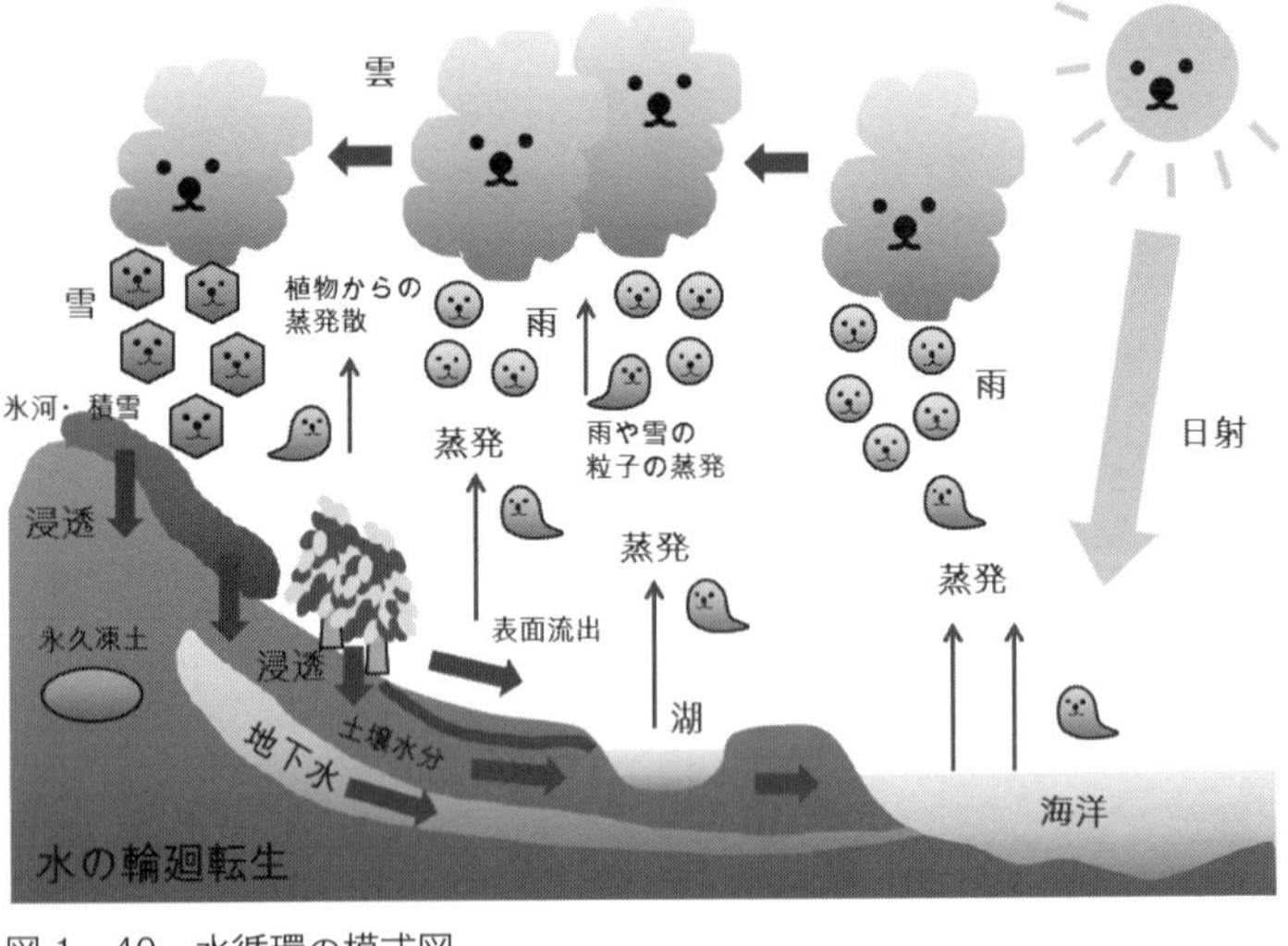

雲
雪
植物からの
蒸発散
雨
雨
氷河・積雪
蒸発
雨や雪の
粒子の蒸発
日射
浸透
蒸発
蒸発
永久凍土
表面流出
浸透
湖
土壌水分
地下水
海洋
水の輪廻転生

図 1・40　水循環の模式図。

4節：149ページ）が進んで大気や海洋の平均気温が上がれば、そのぶん氷河などが融解して海洋に流れ、海洋の水が増えます。これに加えて温度が上がることで海水が膨張し、海面水位が上昇して海岸線が侵食されると考えられています。

6 雲をなす粒子の姿

雲粒と雨粒の違い

台風や豪雨時のテレビ中継で「大粒の雨が降っています」といった表現が使われることがあります。たしかに体感でも、しとしと降る雨や**霧雨**（きりさめ）のときには小粒の雨で、激しい雨のときには大粒の雨が降っているように感じると思います。では、その雨粒の大きさはどのくらいなのでしょうか？　また、雲粒と雨粒の違いは何なのでしょうか？

まず雲粒の大きさ（**粒径**（りゅうけい））は、半径0・001ミリメートル（1ミクロン）から0・01ミリメートルが多いことがわかっています。代表的な雲粒は半径0・01ミリメートルと考えてよいでしょう。ミクロンといわれても大きさをイメージしにくいと思いますが、人間の髪の毛の太さが半径約0・05ミリメートルなので、雲粒は髪の毛の太さの5分の1程度の大きさとイメージしてください（図1・

41）。雲粒の**落下速度**は1秒あたり1センチメートル程度で、大気中にはそれを超える上昇流がいたるところに存在しているため、大気中ではほとんど落下しません。雲が大気中に「浮かんでいる」のはこのためです。

雲粒が成長して粒径が大きくなり、半径0・1ミリメートル以上になった水滴を**雨粒**（あまつぶ・あめつぶ）とよんでいます。ちょうど半径0・1ミリメートルの雨粒は霧雨の水滴と同程度の大きさで、落下速度は代表的な雲粒の約70倍です。代表的な雨粒の大きさは半径約1ミリメートルで、落下速度は1秒あたり650センチメートル（6・5メートル）程度です。日本でよく使われているシャープペンシルの芯の半径が0・25ミリメートル（直径0・5ミ

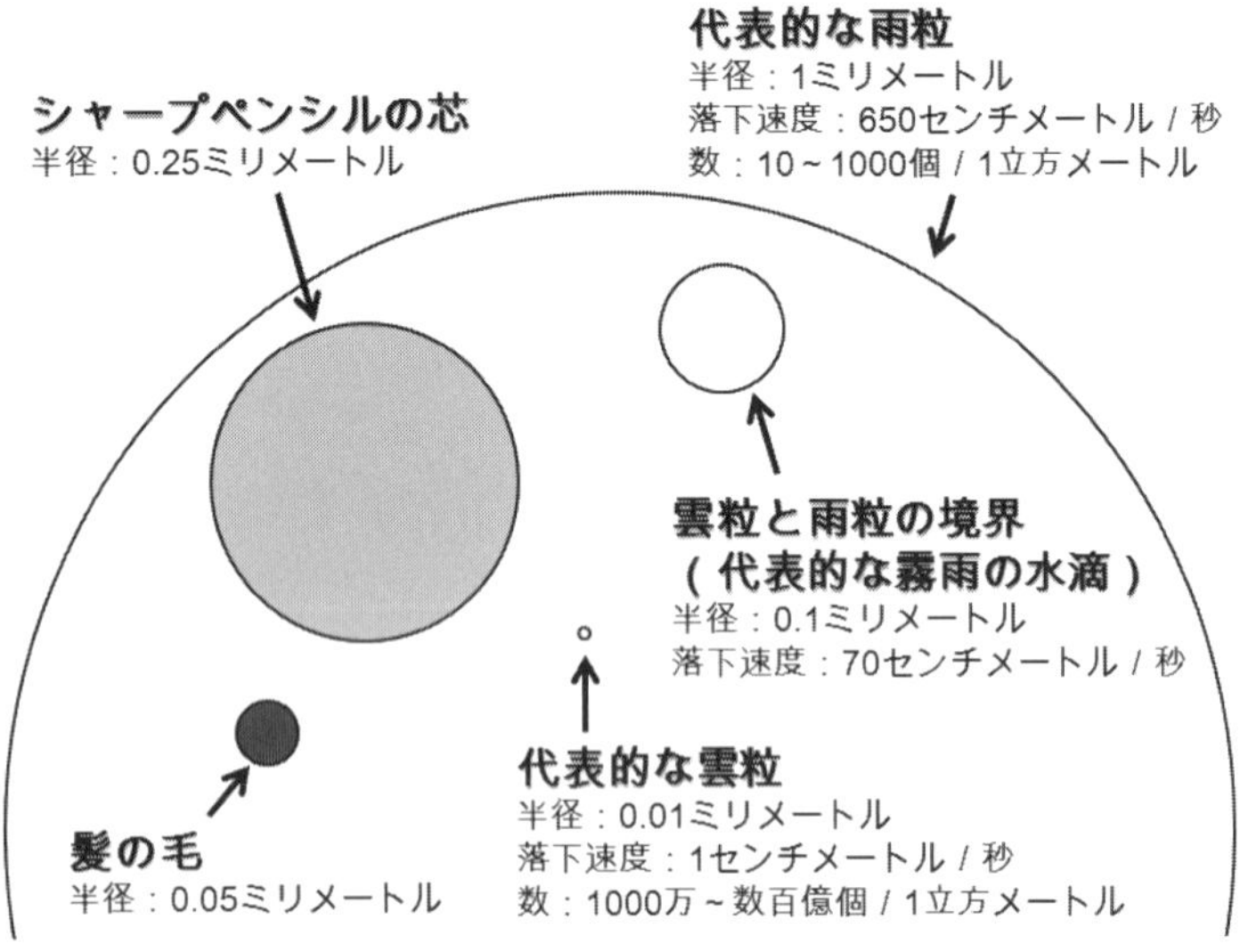
代表的な雨粒
半径：1ミリメートル
落下速度：650センチメートル / 秒
数：10～1000個 / 1立方メートル
シャープペンシルの芯
半径：0.25ミリメートル
雲粒と雨粒の境界
（代表的な霧雨の水滴）
半径：0.1ミリメートル
落下速度：70センチメートル / 秒
代表的な雲粒
半径：0.01ミリメートル
落下速度：1センチメートル / 秒
数：1000万～数百億個 / 1立方メートル
髪の毛
半径：0.05ミリメートル

図1・41　典型的な雲粒と雨粒の比較。

リメートル）なので、代表的な雨粒はその4倍くらいの半径です。また一般的な雲では、雲粒の数は1立方メートルあたり1000万～数百億個であることがわかっていますが、これに対して雨粒は1立方メートルあたり10～100個程度です。このことから、非常に多くの雲粒が存在している環境のなかで雨粒が成長しているといえます。

高度1キロメートルにある半径0・1ミリメートルの雨粒が地上に落下するまでにかかる時間を計算すると、約24分です。一方、半径1ミリメートルの代表的な雨粒が同じ高さから地上まで落下する時間は約2分半です。さらに大きな雨粒の落下速度は同じ割合で大きくなるわけではなく、約9メートル／秒に落ち着きます（図1・42）。水滴は揺れたり変形するため、この図の横軸には、水滴の体積を変えずに球形にしたときの水滴の半径（**相当半径**）を用いています。このグラフの横軸を3ミリメートルにしているように、雨粒は大きくても2・5～3ミリメートルの相当半径までしか成長できません。これはなぜでしょうか？　順を追って考えてみましょう。

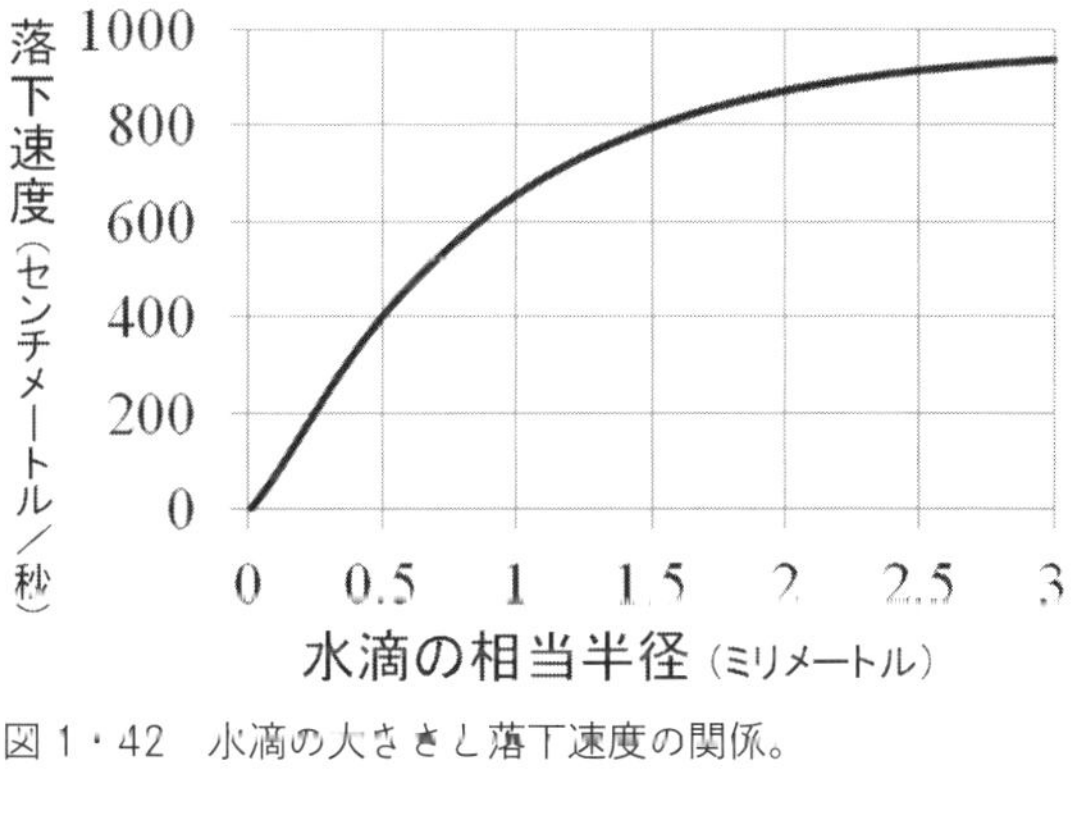
落下速度（センチメートル／秒）
1000
800
600
400
200
0
0
0.5
1
1.5
2
2.5
3
水滴の相当半径（ミリメートル）

図1・42　水滴の大きさと落下速度の関係。

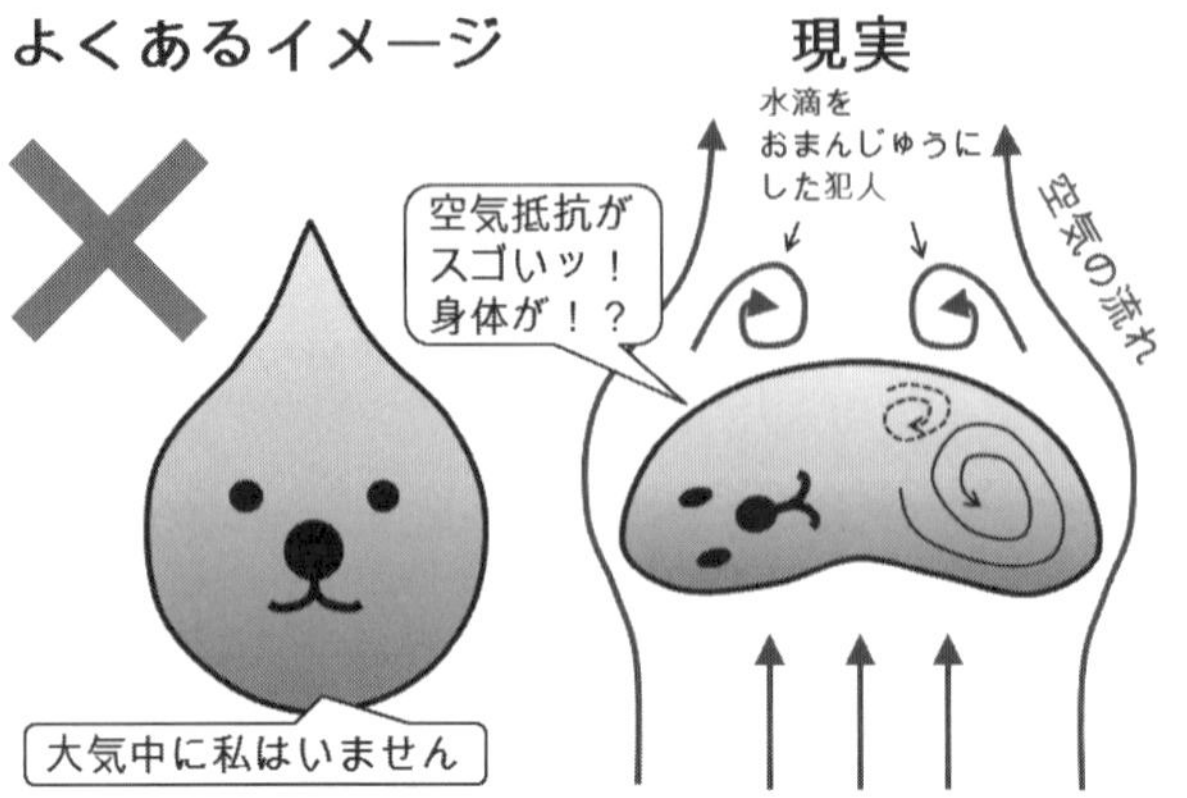
よくあるイメージ
大気中に私はいません
現実
水滴を
おまんじゅうに
した犯人
空気抵抗が
スゴいッ！
身体が！？
空気の流れ

図 1・43　雨粒の実際。

図 1・44　落下する水滴。気象大学校で撮影。井上創介さん提供。

水滴をモチーフにしたマスコットキャラクターのなかには、頭のとがった形をしているものが多く見受けられます。しかし、実際の大気中の水滴はそのような形をしていません。雲粒や小さい雨粒には、水滴中に含まれる水分子が互いに引っ張り合う力（**表面張力**）がはたらき、水滴の表面積をなるべく小さくするために球の形をしています。しかし、落下する水滴の周囲には図1・43のような空気の流れがあり、水滴の上部には水滴を中心に対称な

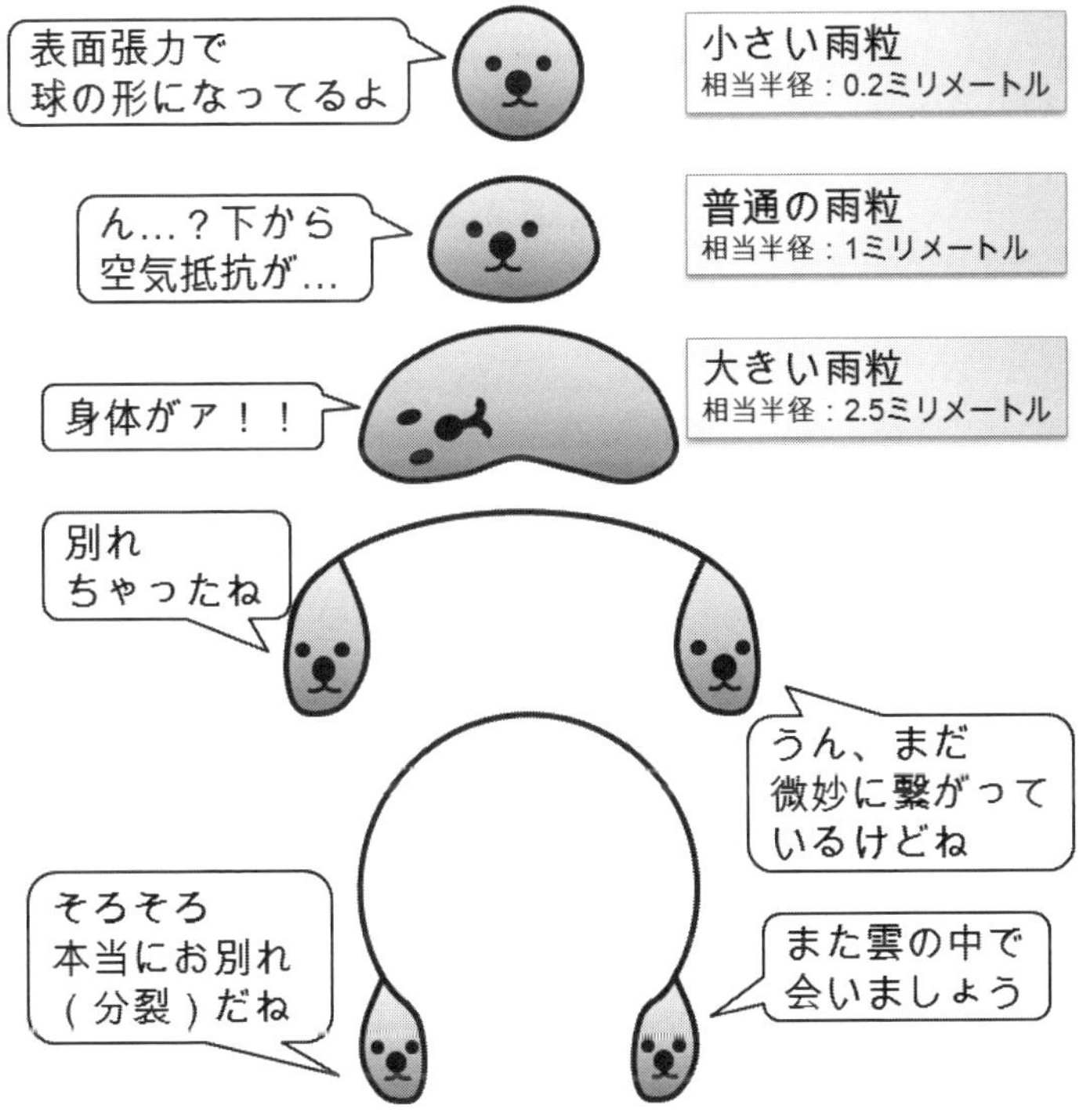

表面張力で
球の形になってるよ
小さい雨粒
相当半径：0.2ミリメートル
ん…？下から
空気抵抗が…
普通の雨粒
相当半径：1ミリメートル
身体がア！！
大きい雨粒
相当半径：2.5ミリメートル
別れ
ちゃったね
うん、まだ
微妙に繋がって
いるけどね
そろそろ
本当にお別れ
（分裂）だね
また雲の中で
会いましょう

図1・45　雨粒の大きさと形状、分裂。

渦が生じています。水滴が大きくなると落下速度も大きくなり、落下する水滴が受ける**空気抵抗**が大きくなるとともに、水滴上部の渦が原因で水滴はおまんじゅうのような形に変わります（図1・44）。このとき、水滴の内部にも循環が生じています。ただし、この水滴内部の循環が水滴の形状に及ぼす影響はほとんどないといわれています。

このように、相当半径が約1ミリメートルよりも大きくなると、雨粒はだんだんとおまんじゅうの形になります（図1・45）。水滴の相当半径が2・5〜3ミリメートルを超えると、水滴はバッグの持ち手のような形になり、小さい水滴へと**分裂**（ぶんれつ）する確率が高くなります。水滴が分裂するとき、持ち手の両側にあるふたつの水滴の他にも、持ち手だった部分がさらに小さい水滴になります。このようにして雨粒は一定の大きさ以下で保たれるのです。

「雪は天から送られた手紙である」

雪というと、六角形に木の枝が伸びているような結晶を連想される方が多いと思います。これは**樹枝状結晶**（じゅしじょうけっしょう）とよばれる氷晶のひとつで、クリスマスシーズンになるとテレビや街中でよく見かけます。しかし実際に地上に降る雪は、樹枝状結晶だけではありません。雪をなす氷晶の分類には、研究者たちの壮絶なドラマが繰り広げられてきたのです。

数多くの雪の研究を行なってきた中谷宇吉郎博士（1900〜1962）は、**「雪は天から送られた手紙である」**という言葉を残しました（図1・46）。中谷博士は低温実験室を作り、1936年に世界で初めて人工的に雪を作ることに成功し、あらゆる形の氷晶を顕微鏡写真に撮って分類しました。中谷博士の研究をもとに、現在もなお雪の研究は進められています。

水滴は大きさのみでの分類でしたが、氷晶は形状や大きさが非常に多彩です（口絵5、6）。氷晶の見た目の形状は**晶癖**（しょうへき）とよばれ、樹枝状結晶以外にも多くの種類があります。氷晶の分類方法はこれまでいくつも提唱されていますが、その基礎となるのは中谷博士が提唱した**一般分類**です（Nakaya 1954）。この分類では氷晶を図1・47のように41種類に分類しています。ここでは、**針**状、**角柱**（かくちゅう）状、**角板**（かくばん）状の氷晶を基本にして、

雪は
天から送られた
手紙である
宇吉郎

図1・46　中谷博士の直筆の言葉とイラスト。森林総合研究所十日町試験地所蔵、村上茂樹さん提供。

角柱状と角板状の組み合わせや角板状が交差したもの、過冷却水滴が付いている**雲粒付結晶**、無定形というように大きく分類しています。

その後、温度や水蒸気量を考慮して氷晶を80種類に分類する**気象学的分類**（Magono and Lee 1966）が提唱されました。しかし80種類もの氷晶の分類を野外観測などで利用するのは実用的ではないため、1949年に国際雪氷委員会が制定した、もう少し簡易な**実用分類**（Mason 1971）が多く使われています。最近では、北海道大学の菊地勝弘博士を中心とした「雪結晶の新しい分類表をつくる会」によって、2012年に**グローバル分類**という

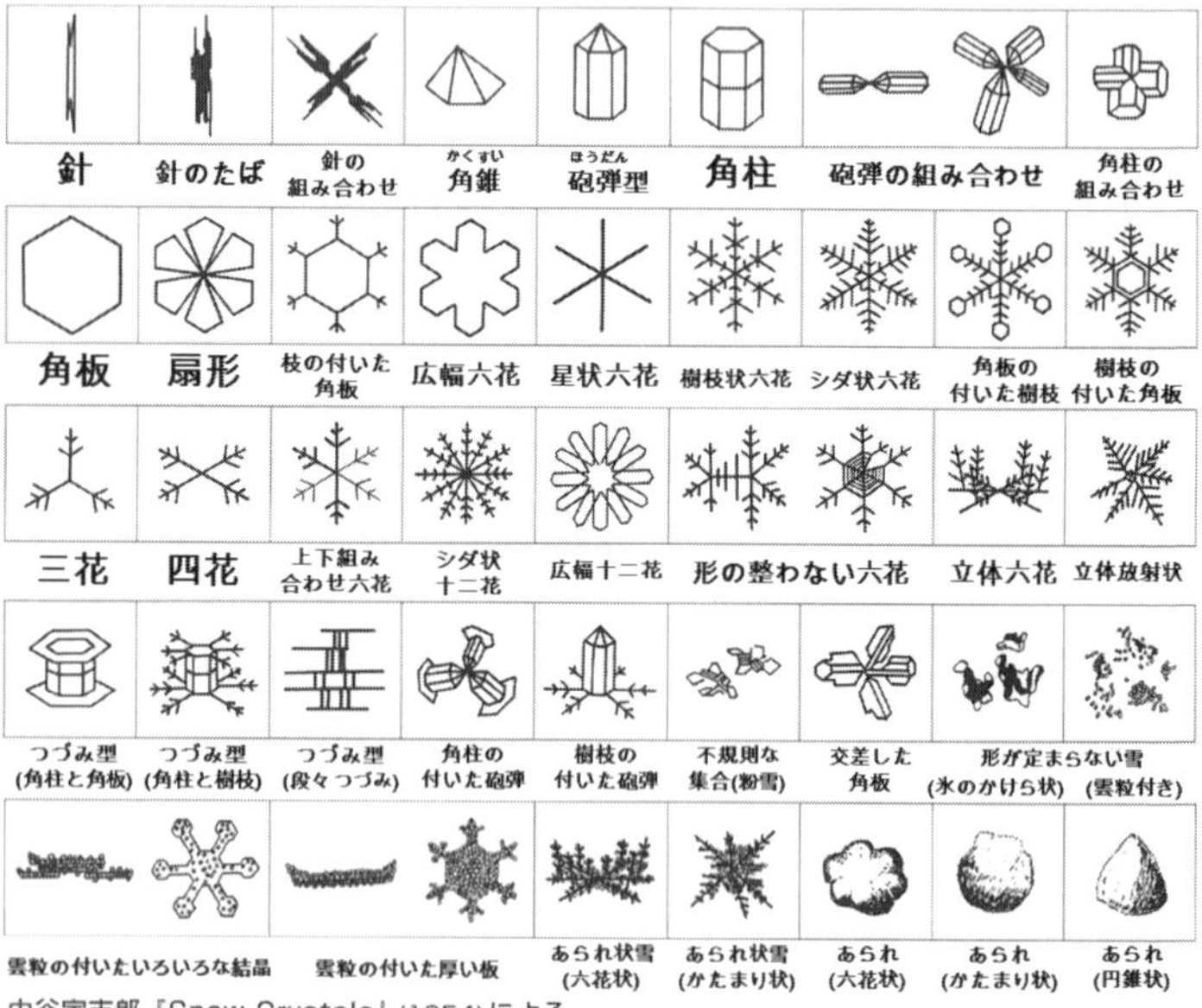

針
針のたば
針の組み合わせ
角錐
砲弾型
角柱
砲弾の組み合わせ
角柱の組み合わせ
角板
扇形
枝の付いた角板
広幅六花
星状六花
樹枝状六花
シダ状六花
角板の付いた樹枝
樹枝の付いた角板
三花
四花
上下組み合わせ六花
シダ状十二花
広幅十二花
形の整わない六花
立体六花
立体放射状
つづみ型(角柱と角板)
つづみ型(角柱と樹枝)
つづみ型(段々つづみ)
角柱の付いた砲弾
樹枝の付いた砲弾
不規則な集合(粉雪)
交差した角板
形が定まらない雪(氷のかけら状)
(雲粒付き)
雲粒の付いたいろいろな結晶
雲粒の付いた厚い板
あられ状雪(六花状)
あられ状雪(かたまり状)
あられ(六花状)
あられ(かたまり状)
あられ(円錐状)

中谷宇吉郎『Snow Crystals』(1954)による

図1・47　氷晶の一般分類。中谷宇吉郎雪の科学館提供。

氷晶の分類方法が提唱されました（菊地ほか 2012）。この方法は気象学的分類を基本として、中緯度や極域での観測の結果から氷晶を大きく8種類に分類し、その後39個の中分類と121個の小分類を考えています。これらの研究をもとに、今後も雪をなす氷晶の構造解明などがなされていくことが期待されています。

また、雪というとフワフワと空から舞い降りてくるイメージがありますが、それは氷晶同士が重なった雪片（せっぺん）とよばれる降雪粒子です（第3章3節：144ページ）。同じ降雪粒子でも雹は地面に叩き付けられるような速さで落下してくるイメージがあると思います。

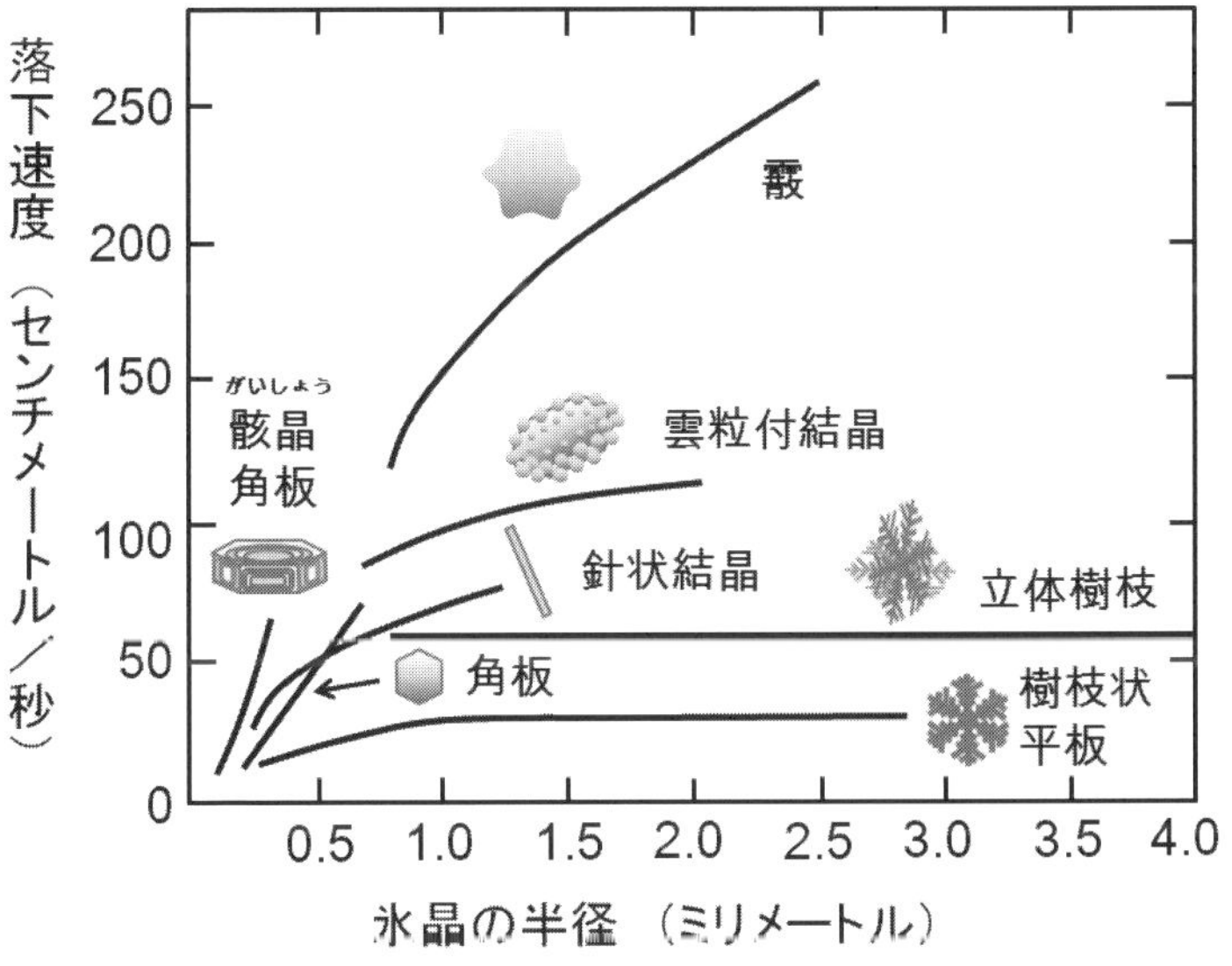
落下速度（センチメートル／秒）
250
200
150
100
50
0
0.5
1.0
1.5
2.0
2.5
3.0
3.5
4.0
氷晶の半径（ミリメートル）
霰
雲粒付結晶
がいしょう
骸晶
角板
針状結晶
立体樹枝
角板
樹枝状
平板

図1・48　氷晶の落下速度。Fletcher（1961）と Kajikawa（1972）をもとに作図。

氷晶の落下速度は形状や大きさによってさまざまで、古典的なデータから各氷晶の落下速度を示したのが図1・48です。図で示しているなかでは、霰の落下速度が1・5～2・5メートル／秒と大きいのですが、大きな雨粒に比べるとそれほど大きな値ではありません。ここには示していませんが、大きな雹の場合は落下速度が約30メートル／秒に達することもあります。氷晶はおおむね0・1～1メートル／秒程度でゆっくり落下するものが多いのですが、たとえば雪片が融解しはじめると体積が小さくなってより速く落下するようになります。このような落下速度の違いは降雪粒子の成長率の決め手になります。正確な降雪量予測を行なうために、現在も氷晶の種類ごとに落下速度を正しく求める研究が進められています。

第2章

目で見て楽しむ雲と空

雲は学術的に未知の部分が多く、研究対象としてとても面白いものです。なかでも視覚的な美しさに加え、大気の状態に応じてさまざまな姿を見せてくれるところが面白いと思います。本章では、実際に雲を目で見て空を読み、十二分に雲と空を楽しむために役立つ話を紹介します。

1　実践！　雲による観天望気

日本では古くから「太陽や月に輪（暈（かさ））がかかると天気が悪くなる」「かなとこ雲は暴風雨の前触れ」などの天気に関する言い伝えがあります。このように、雲や空を見て経験的に天気を予想することを**観天望気（かんてんぼうき）**といいます。観天望気の言い伝えは地方によってさまざまで、雲だけでなく生物の行動なども天気の予想に使われていたようです。観天望気の言い伝えは科学的な根拠のない迷信も多いのですが、雲に関する観天望気は科学的な裏付けがあるものもあります。ここでは、温帯低気圧に伴う雲を例にして実践的な観天望気の話をします。

図２・１は、２０１３年４月６日の地上天気図と、気象レーダーで観測された降水分布です。当日９時、温暖前線と寒冷前線を伴う温帯低気圧が九州南部付近にあり、その北西側にもうひとつ別の低気圧がありました。これらの低気圧は翌日にかけて本州を縦断し、全国的に大荒れの天気をもたらしました。９時の時点では九州や四国で雨が降っており、東日本などではまだ天気は崩れていません。

このとき、どのような雲が分布していたのかを図２・２で見てみましょう。この図は気象衛星ひま

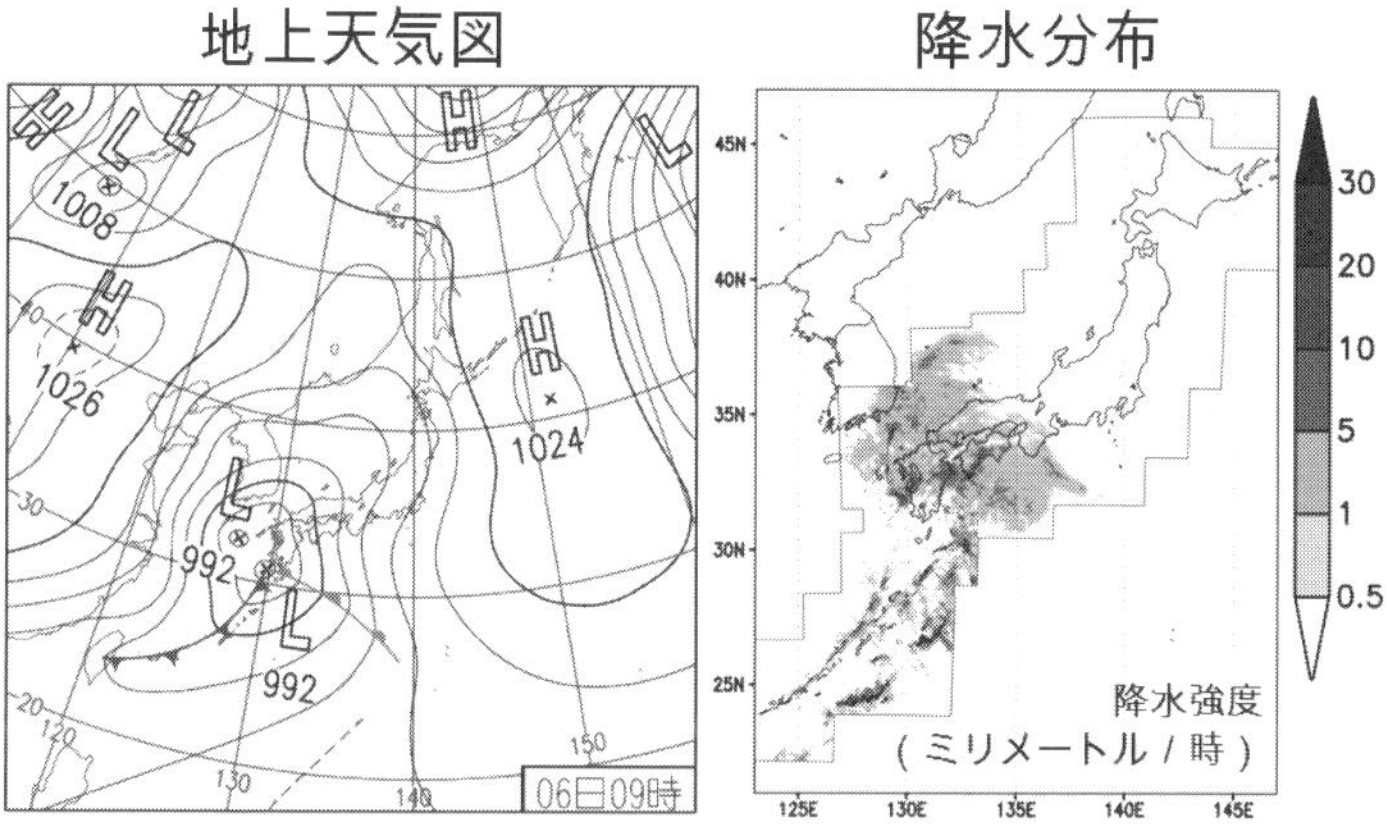
地上天気図
降水分布
1008
1026
1024
992
992
06日09時
45N
40N
35N
30N
25N
125E
130E
135E
140E
145E
30
20
10
5
1
0.5
降水強度
(ミリメートル/時)

図 2･1　2013 年 4 月 6 日 9 時の地上天気図（左）と､気象庁の気象レーダーで観測された降水分布（右)。「L」が低気圧、「H」が高気圧を表す。

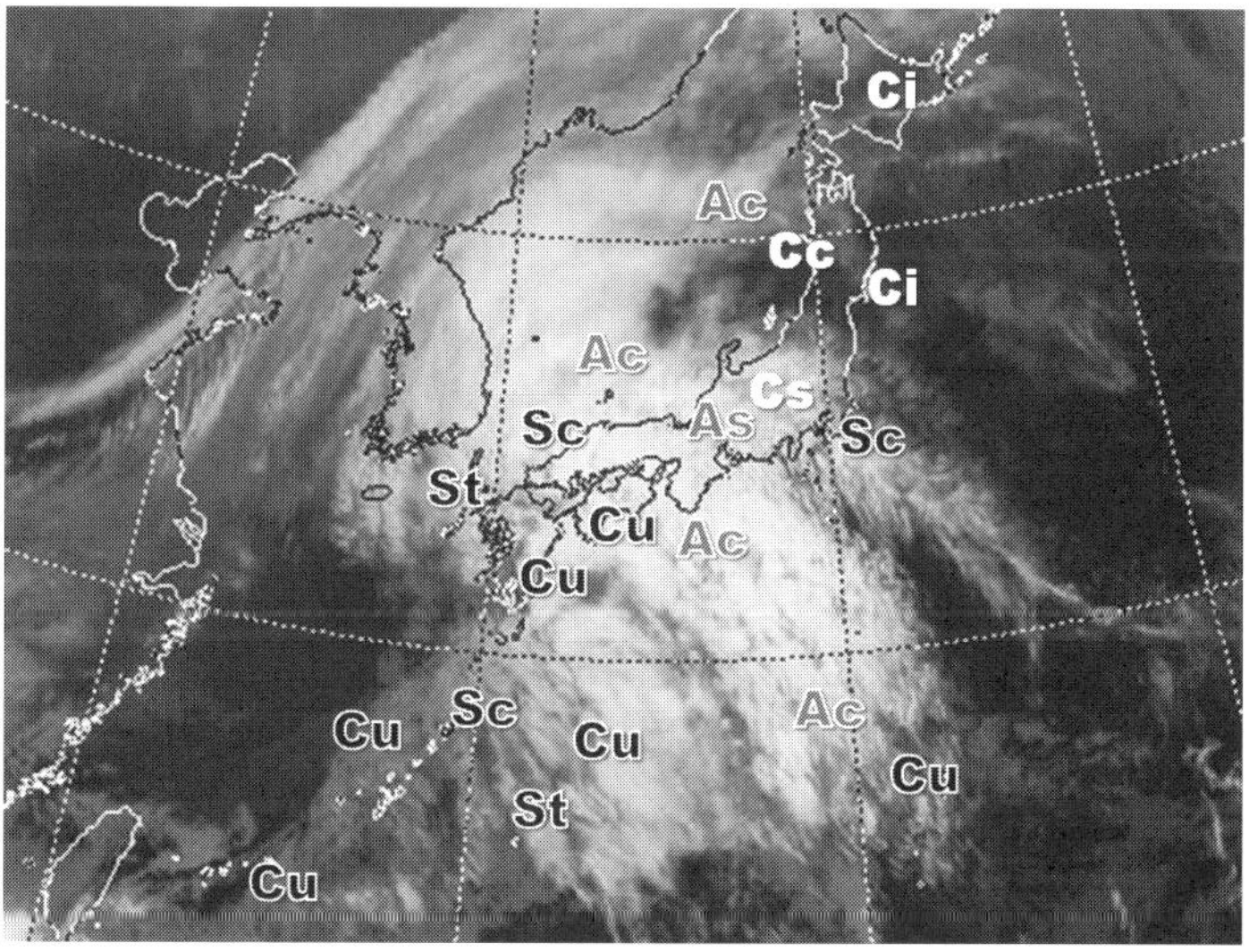
Ci
Ac
Cc
Ci
Ac
Cs
Sc
As
Sc
St
Cu
Ac
Cu
Sc
Cu
Cu
Ac
Cu
St
Cu

図 2・2　同時刻の気象衛星ひまわりの赤外画像に、地上で観測された代表的な雲を書き込んだもの。記号は表 1.1 を参照。

わりの**赤外画像**で、高い高度にある雲ほど白く表現されています（第6章3節：287ページ）。図中の各記号は、全国の気象台で観測された代表的な雲の十種雲形（表1・1：26ページ）を表しています。北海道や東北地方では巻雲（Ci）が目立ち、東北地方の日本海側では巻積雲（Cc）も観測されていました。また、関東甲信地方では巻層雲（Cs）が観測され、雨域がぎりぎりかかっていない東海地方から近畿地方にかけては高層雲（As）が分布していました。弱い雨の降っている中国地方では層積雲（Sc）、しっかりとした雨が降っている四国地方や九州では積雲（Cu）が観測されていました。寒冷前線付近に位置する沖縄では、層積雲や積雲が観測されています。これらの雲は気象庁の職員が目視（目で見て判断すること）で観測するので、下層雲や中層雲が空を覆っていると、それより上空の雲は観測できません。ただし、赤外画像では下層や中層雲の目立つ西日本以南でも雲が白く表現されているので、地上からは見えませんが上層雲も存在しています。

このように、温暖前線の北東側にあたる低気圧の進行方向には、低気圧から遠い順に巻雲や巻積雲、巻層雲、高層雲、高積雲が分布します（図1・36：67ページ）。上・中層雲がこのような変化をしている場合は天気が崩れる証拠です。これらの上・中層雲が観測されてから低気圧本体の降雨域が移動してくるまでの時間はおよそ1日半〜半日です。また、降雨域では積雲や層積雲、層雲、乱層雲が見られます。温暖前線の北側で高積雲の厚さが増して下層雲に変わってくるような場合には、数時間以内に雨が降る可能性が高そうです。

「太陽や月に輪（暈）がかかると天気が悪くなる」という言い伝えには、巻層雲が温帯低気圧の接近に先立って発生するという科学的裏付けがあるのです。このような雲の変化をあらかじめ知っておくと、雲や空の変化を見ているだけでもかなり面白いと思います。これに加えて天気予報や最新の地上天気図、気象レーダー観測などを見ておくと、より一層観天望気を楽しむことができます。これらの情報は気象庁のウェブサイト（http://www.jma.go.jp/）で確認できますので、みなさんの観天望気と天気予報が合っているかぜひ確かめてみましょう。観天望気が天気予報や実際の天気の変化と合っていると、かなりエキサイティングです。

2　雲による気流の可視化

雲粒子は大気中に浮かぶほど落下速度が小さいため、大気の運動に大きく支配されています。そのため、雲が大気の流れを可視化することがあります。ここでは雲によって可視化された気流について、いくつかの例を紹介します。

山を越える空気の流れと雲

みなさんは登山をされますか？　登山をすると、山の斜面で雲が発生している瞬間をよく見ることができます。このとき、実は空気の塊・パーセルくんも山の斜面に沿った気流に乗って登山をしているのです。山の斜面で持ち上げられた空気は、山頂に到着するとそのあとは山を下りていきます。このような気流は**山越え気流**とよばれます。これについてパーセルくんを交えて少し考えてみましょう。

水平方向の風に流されているパーセルくんが、山によって断熱的に持ち上げられて山を越える状況を考えます（図2・3）。このとき、山の斜面で上昇したパーセルくんは、断熱冷却するために周囲の空気に比べて重くなります。するとパーセルくんは復元力を受け、下降して元の高度に戻ろうとします。下降するパーセルくんは勢い余って元の高度を通り越えてしまいます。パーセルくんを止める力がはたらかなかったので、**慣性の法則**によって元の高度を素通りしてしまったのです。元の高度よりも下降すると、断熱昇温によってパーセルくんはスタート時よりも高温になります。このとき、パーセルくんが周囲の空気よりも軽くなるほど高温になれば、浮力を受けて上昇します。するとまたもやパーセルくんは元の高度を通り越えて上昇してしまいます。

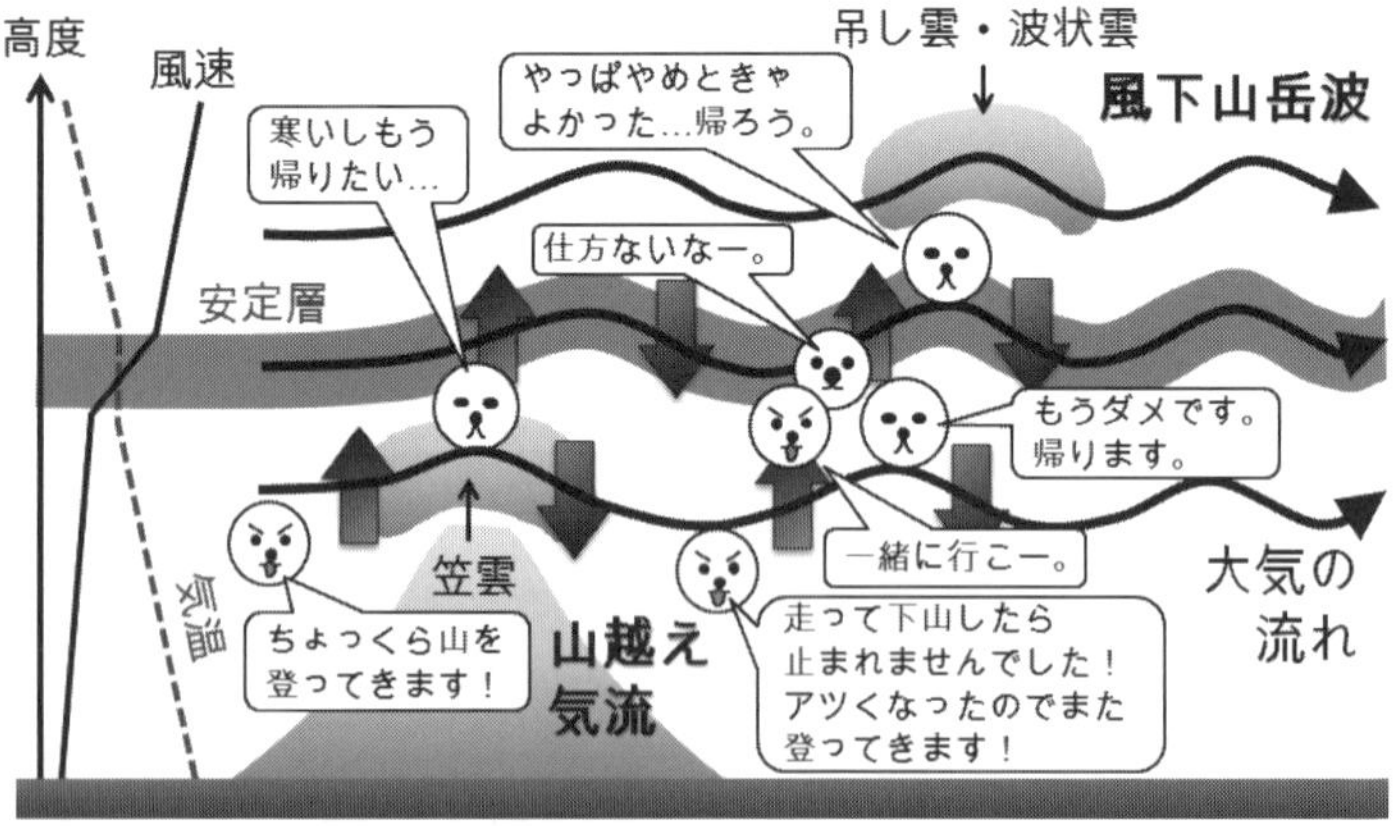
高度
風速
吊し雲・波状雲
風下山岳波
やっぱやめときゃ
よかった…帰ろう。
寒いしもう
帰りたい…
仕方ないなー。
安定層
もうダメです。
帰ります。
一緒に行こー。
笠雲
大気の
流れ
気温
ちょっくら山を
登ってきます！
山越え
気流
走って下山したら
止まれませんでした！
アツくなったのでまた
登ってきます！

図2・3　山を越える大気の流れと雲。

これを繰り返すことで、まるでバネと同じようにパーセルくんは元の高度を中心に上下に振動するようになります。その間にもパーセルくんは水平方向の風に流されているため、山の風下には**風下山岳波**（かざしもさんがくは）とよばれる波が発生します。風下山岳波を作った張本人であるパーセルくんは、上下に振動する際に目の前にいる別のパーセルくんを無理やり押して動きます。そのため、押されたパーセルくんも仕方なくそれに付き合って振動します。このようにして、風下山岳波は上空にも伝わっていきます。

この風下山岳波が発生するためには、大気の状態が安定な層（**安定層**）が上空にあることが必要です。これに加えて、上空の安定層より下層の気温と風がある条件を満たすと、風下山岳波が発生します。この条件が満たされていないと、空気は山を越えずに迂回したり、山を越えても風下山岳波として上空に伝わらなかったりします。条件が整っていて大気の性質や流れがあまり変化しない場合には、風下山岳波が作られ続けるので、同じ位置や高さに同じような上昇流・下降流が維持されます。

湿ったパーセルくんがこれらの上昇流に乗れば、水蒸気が凝結して雲が発生します。山の上に形成される雲は、まるで山が笠をかぶっているかのように見えることから**笠雲**（かさぐも）とよばれています。レンズのような形をしていることから**レンズ雲**（ぐも）ともいわれます。風下山岳波の上昇流域で形成されるレンズ雲は空に吊るされているように見えるため、**吊し雲**（つるしぐも）とよばれます。山脈の風下側では、吊し雲が繋がって**波状雲**（はじょううん）となります。これらの雲は視覚的に美しく、見ていて飽きません。少なくとも私はエキサイトして、雲の写真を必要以上に撮ることは間違いありません。

笠雲や吊し雲は孤立している山で条件が整えば発生します（図2・4）。日本では富士山で発生す

図2·4　2013年11月27日に富士山上で発生した笠雲。吉田龍二さん提供。当日朝に日本海で低気圧が発生して北東進し、翌日にかけて本州の日本海側と西日本を中心に雷雨となった。

るものが有名で、古くから調べられています（阿部1939、湯山1972）。それらの研究によると、富士山で発生する笠雲は20種類、吊し雲は12種類に分類され、日本海低気圧があるときに発生しやすいことがわかっています。また、笠雲・吊し雲が雨や強風の前兆であることを示唆する結果も得られています。そのため、「山頂を覆う笠雲のひとつ笠は雨の兆」「断続的に刻みをつけて東に流れるなみ笠は風雨」など、笠雲にまつわることわざも多く、地元の方や登山者の観天望気に役立てられてきました。

一方、風下山岳波によって形成される波状雲は日本各地で見られますが、特に冬の東北地方太平洋側や北海道でよく見受けられます。図2・5は、2013年11月8日の気象衛星の**可視画像**（第6章3節：287ページ）

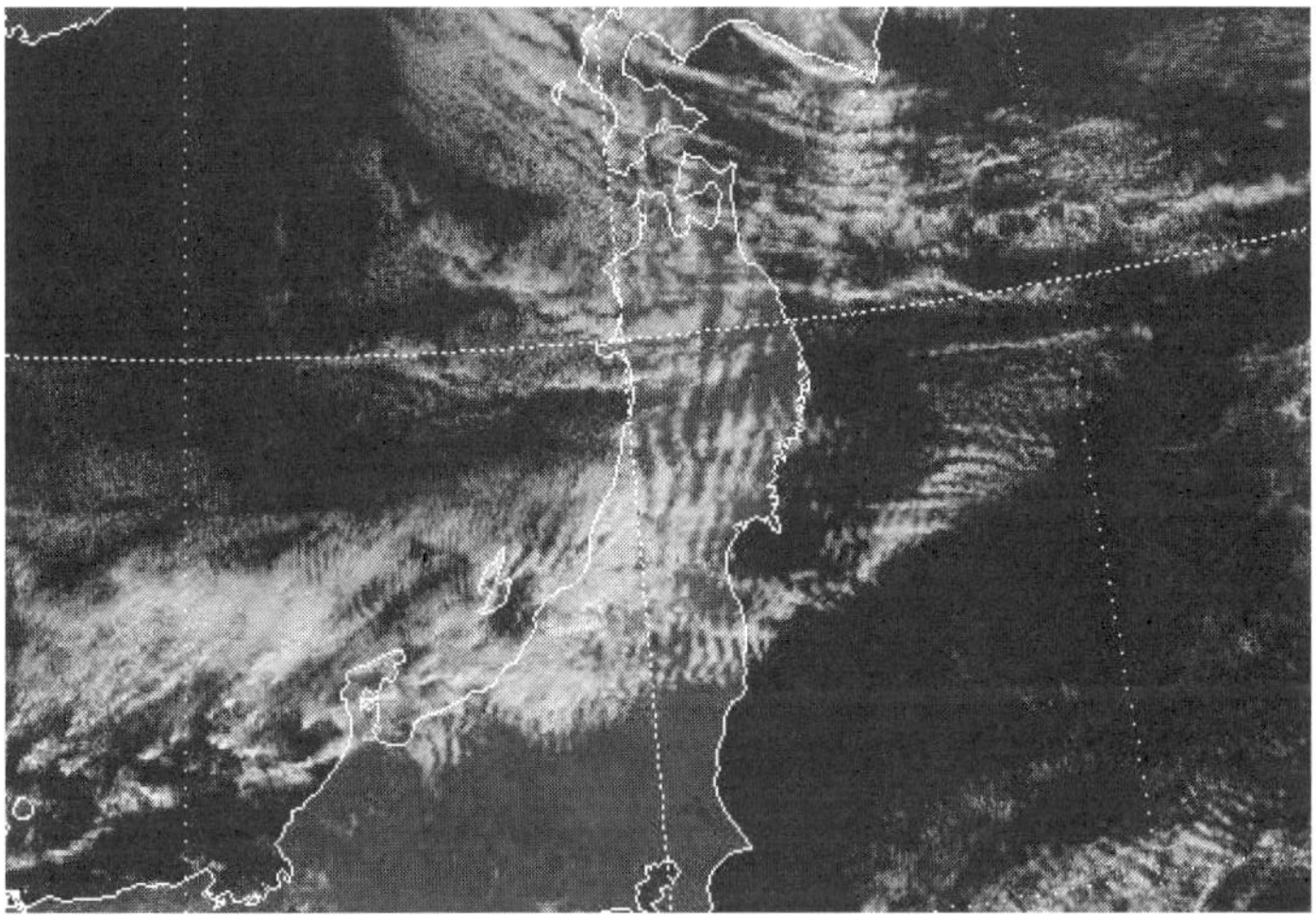

図2・5　2013年11月8日に東北地方太平洋側で発生した波状雲。気象衛星ひまわりの可視画像。

です。福島県から岩手県にかけて、南北方向にのびる波状雲が10～20キロメートルの間隔で形成されています。「これは……波状雲！」という雲を空に見かけたら、気象庁の衛星画像のウェブページ（http://www.jma.go.jp/jp/gms/）を見てみましょう。目の前に広がる波状雲として可視化された波がどこの山の風下で発生しているのかを確認できると、「この波を作っているパーセルくんはあの山を越えてきたのか。長旅お疲れさま」と妄想が広がることでしょう。

ここでは笠雲、吊し雲、波状雲と山越え気流の簡単な紹介をしましたが、山越え気流に関係する現象は多岐にわたります。大気下層の安定度によっては、山を越えた空気が地上まで達し、局地的に強風をもたらすことがあります。これは**おろし風**や**だし風**とよばれ、

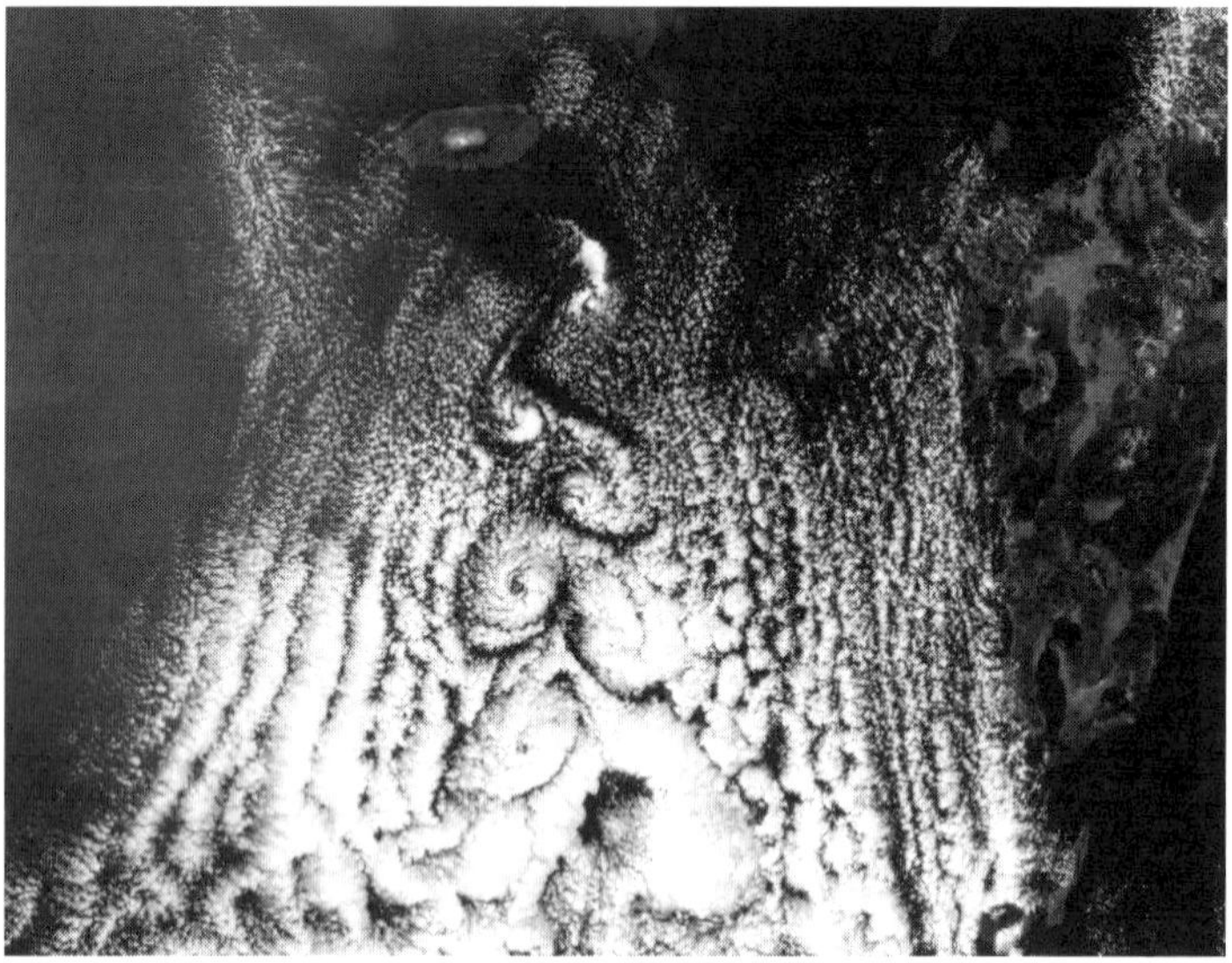

図2・6　2013年1月28日にチェジュ島の風下に形成されたカルマン渦列。NASA EOSDISの気象衛星Aquaによる可視画像。

全国の山脈・河川付近での地域特有の現象として数多く確認されています。さらに、山を越えて下降し、温度が高くなった空気が地上の高温をもたらす**フェーン現象**も山越え気流によるものです。このように、山越え気流は雲や地上の強風、高温にも深く関係しており、なかなか隅に置けないヤツなのです。

カルマン渦列を可視化する雲

世のなかには「渦中毒」の人たちがいます。私もそのひとりです。渦中毒の人たちは、ただひたすら渦を見て喜びます。渦を見るとウズウズするのです。渦は空気や水などの流体中に発生するので、普通は見ることができません。しかし、その流れを可視化するものがあれば見ることができます。木枯らしで落ち葉が渦巻いたりするのはまさにこれです。建物の陰や間など、流れが大きく変化しにくい場所であれば、落ち葉はぐるぐる回り続けます。この落ち葉で可視化された渦の中に入りたいと思った方は、渦中毒予備軍です。一緒に渦を愛でましょう。

冬に屋久島やチェジュ（済州）島の風下で面白い渦の列が雲によって可視化されることがあります。この渦の列は**カルマン渦列**（うずれつ）とよばれているもので、大陸からの寒気の吹き出しが強い場合にチェジュ島を迂回する流れによって発生します（図2・6）。カルマン渦列はチェジュ島の南南東に長さ約500キロメートルにわたって形成されます。各渦の直径はおよそ20〜60キロメートルで、高度500メートル〜2キロメートルに現れます。気象衛星画像を気にしてチラチラ見ていると、一冬に何度かはカルマン渦列に出合えるでしょう。

ガストフロント上で発生するアーククラウド

発達した積乱雲が近くにあるとき、突然冷たく強い風が吹くことがあります。このとき、**ガストフロント**とよばれる前線が通過しているのです。ガストフロントは、冷気外出流と周囲の温かい空気の境界です。ガストは突風、フロントは前線という意味なので、ガストフロントは**突風前線**ともよばれます。ガストフロントの水平方向の広がりは数十〜100キロメートル程度で、厚さは数百メートル〜2キロメートルです。

ガストフロントは低温な冷気外出流と、相対的に高温な空気がぶつかることで形成されます（図

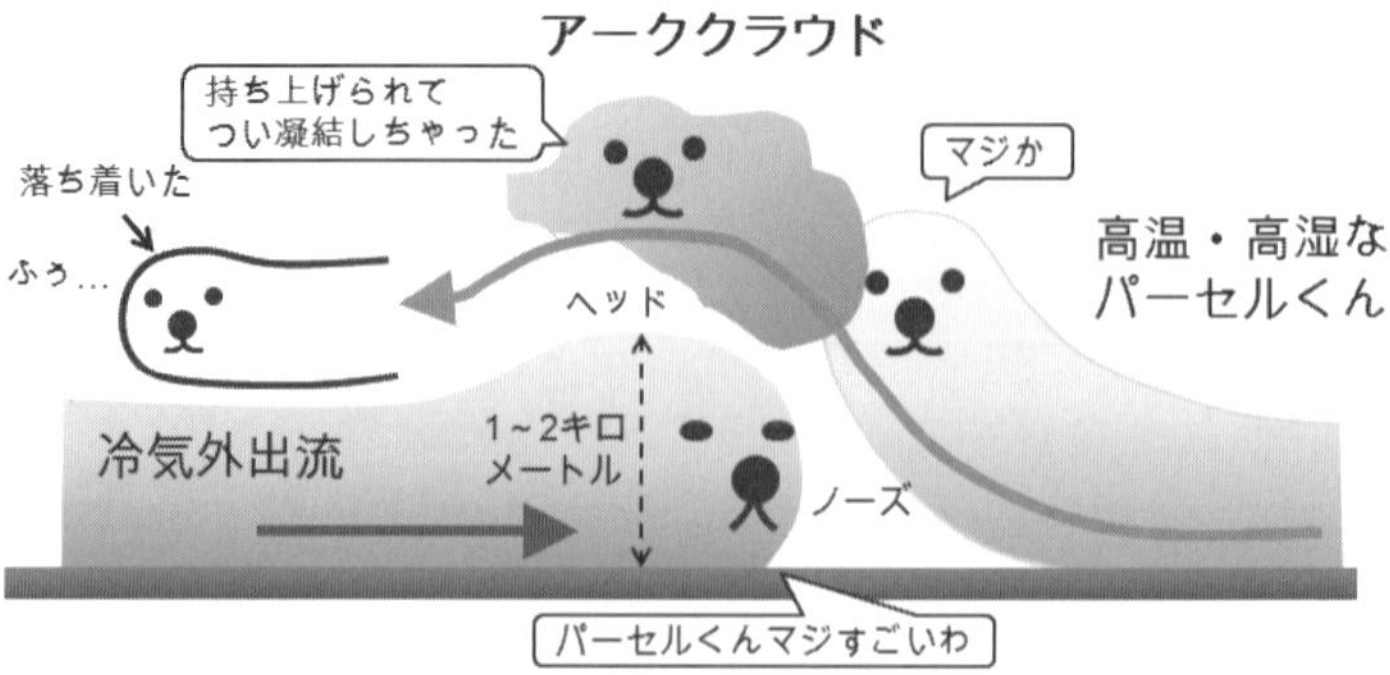
アークラウド
持ち上げられて
つい凝結しちゃった
落ち着いた
ふぅ…
マジか
高温・高湿な
パーセルくん
ヘッド
冷気外出流
1～2キロ
メートル
ノーズ
パーセルくんマジすごいわ

図2・7　ガストフロント付近での流れとアークラウド。

図2・8　ガストフロント上で発生したアークラウド。2010年6月5日、千葉県銚子市。

2・7)。すると、冷気外出流が高温空気を持ち上げます。高温空気が非常に湿っていて、少し持ち上げられただけで凝結するような場合、ガストフロント上に**アーククラウド**(アーク雲)が形成されます(図2・8)。アーククラウドはガストフロントに沿って形成され、ガストフロントと一緒に移動して、一時的に雨をもたらすこともあります(口絵7)。冷気外出流の先端には、地表面の摩擦によって高度約200メートルに鼻(ノーズ)とよばれる突き出た部分が形成されます。さらにその背後の高度約1~2キロメートルに盛り上がった頭(ヘッド)が形成されます。アーククラウドを作る高温空気はヘッドを乗り越えてやや下降します。このとき雲粒子が蒸発するため、アーククラウドはガストフロントの背後では消えてしまいます。つまり、アーククラウドの雲粒子を作る水蒸気は常にガストフロントの進行方向から供給されていて、アーククラウドの雲粒子は凝結・蒸発を繰り返しているのです。このことを考えると、一見すると同じアーククラウドがガストフロントとともに移動していますが、実はアーククラウドを作る雲粒子は常に世代交代していることが想像できます。

モーニング・グローリー・クラウドと海陸風

アーククラウドとよく似た形のロール状の雲として、**モーニング・グローリー・クラウド**(morning glory cloud)があります。この雲はオーストラリア北部のカーペンタリア湾付近で乾季の朝方によく観測され(図2・9)、時には1000キロメートルの長さになることもあります。

このモーニング・グローリー・クラウドは**海風前線**(うみかぜぜんせん)・**陸風前線**(りくかぜぜんせん)とよばれる前線に伴う上昇流で形

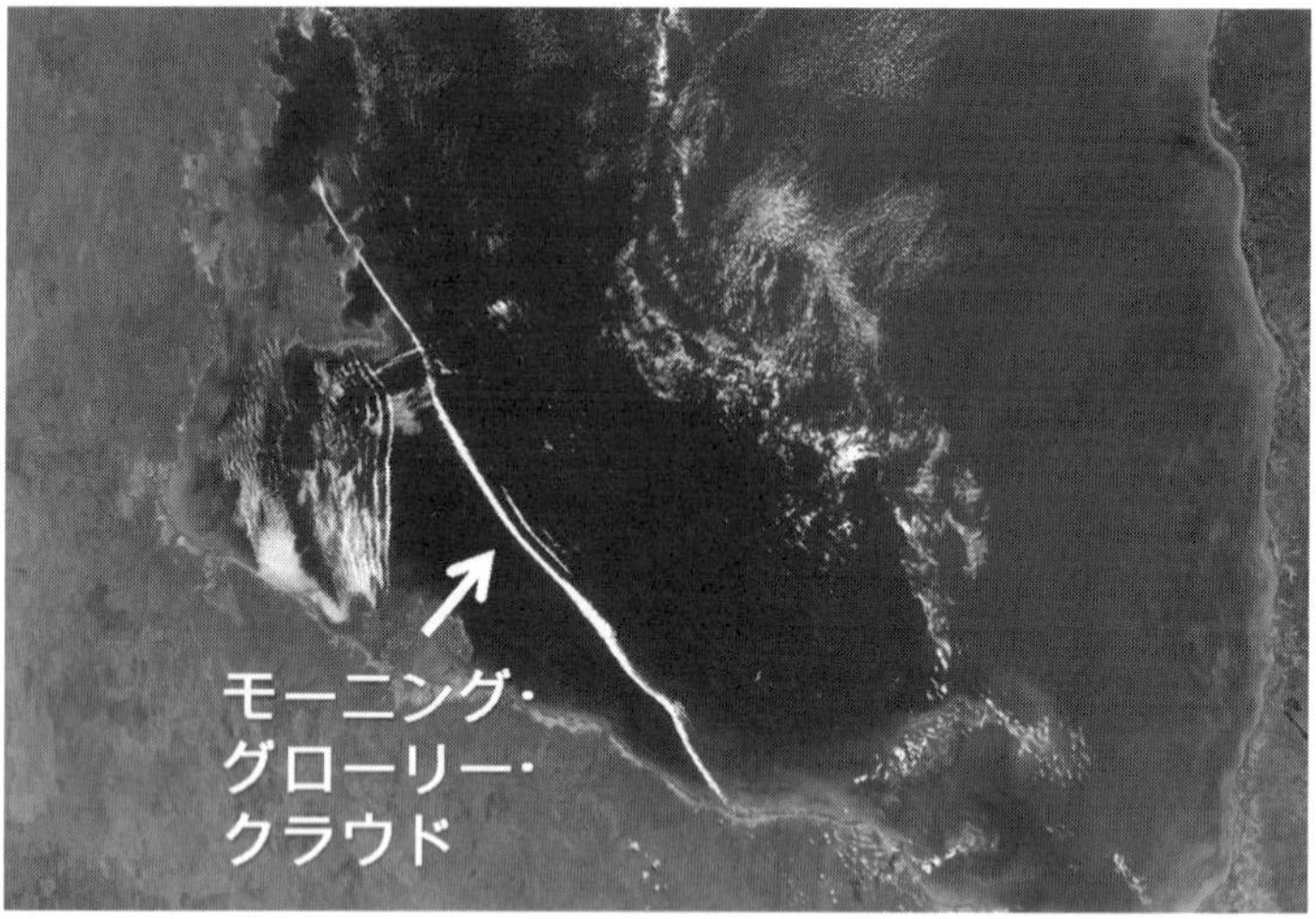
モーニング・
グローリー・
クラウド

図2・9　モーニング・グローリー・クラウド。2012年9月5日、オーストラリア北部カーペンタリア湾。NASA EOSDISの気象衛星Terraによる可視画像。

成されると考えられています（図2・10）。風が弱い晴れた日には、日中は太陽放射で陸上の空気が温められ、相対的に冷たい海上の空気との間に気温差ができます。これは温度を上げるために必要な熱エネルギー（**熱容量**）の違いによるもので、空気よりも水のほうが温まりにくく冷めにくいことから想像できると思います。

　すると、第1章4節（図1・31：60ページ）で説明したように、気温の高い陸上では気圧が低く、気温の低い海上では気圧が高くなるため、気圧の高い海上から気圧の低い陸上に向かって風（**海風**（うみかぜ）：sea breeze）が吹きます。逆に夜間は放射冷却で陸上のほうが海上より冷えるため、陸から海に向かう風（**陸風**（りくかぜ）：land breeze）が吹きます。ちょうど陸上と海上の気温が同じくら

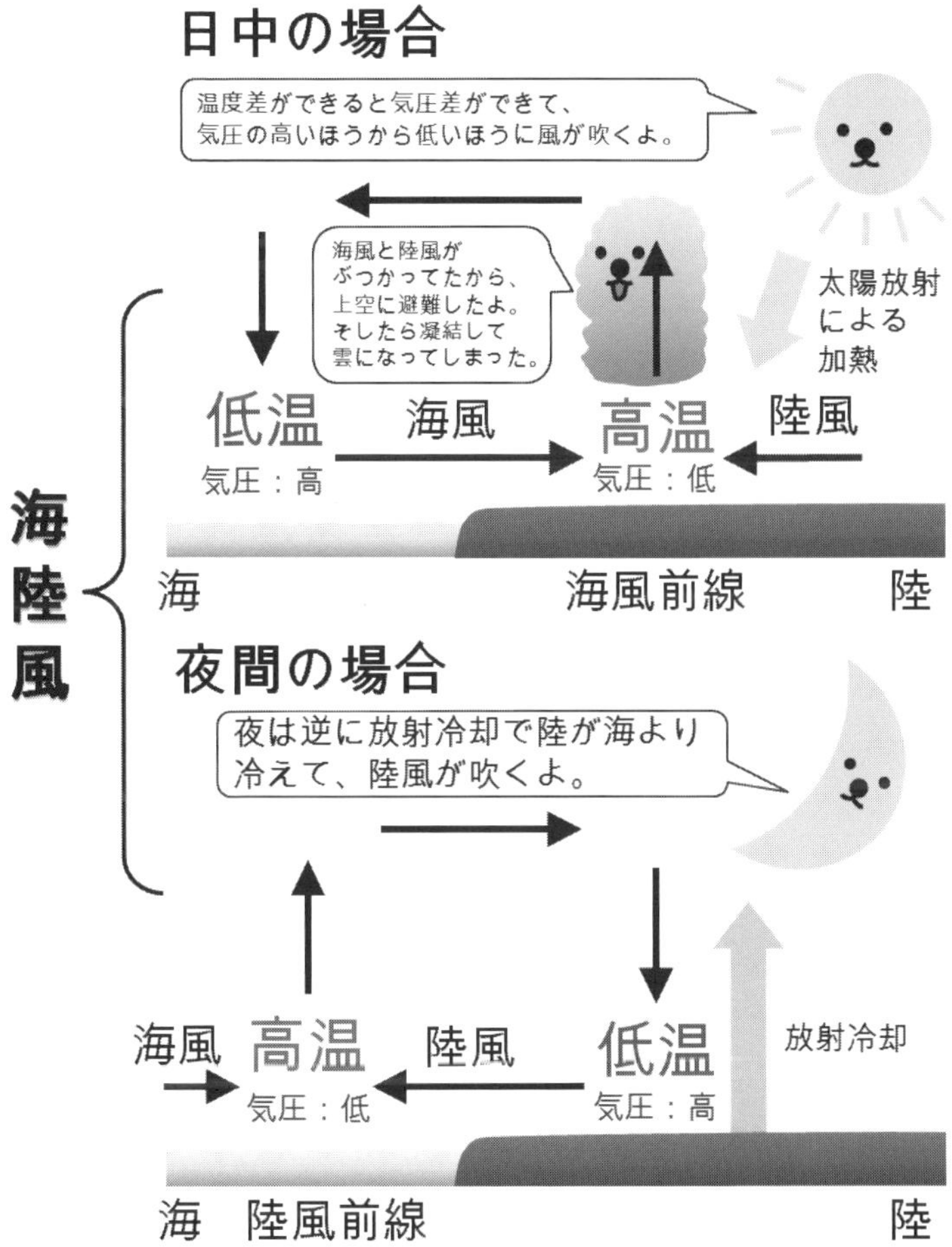
日中の場合
温度差ができると気圧差ができて、
気圧の高いほうから低いほうに風が吹くよ。
海風と陸風が
ぶつかってたから、
上空に避難したよ。
そしたら凝結して
雲になってしまった。
太陽放射
による
加熱
低温
気圧：高
海風
高温
気圧：低
陸風
海
海風前線
陸
海陸風
夜間の場合
夜は逆に放射冷却で陸が海より
冷えて、陸風が吹くよ。
放射冷却
海風
高温
気圧：低
陸風
低温
気圧：高
海
陸風前線
陸

図２・10　海陸風の原理。

図2・11　乳房雲。2013年12月10日、東京都内。伊藤みゆきさん提供。

いになる朝と夕方にはこれらの風が止んでいる**凪**（calm）という状態になります。

　このように1日の間に海風と陸風によって変化する風を**海陸風**とよんでいます。時間帯によって海風と陸風の勢力が変わるため、これらふたつの風がぶつかる前線は日変化で移動します。陸風の勢力が強く、海上で形成される前線は陸風前線とよばれ、逆に海風の勢力が強く陸上で形成される前線は海風前線とよばれます（図2・10）。ガストフロント上で発生するアーククラウドと同様に、モーニング・グローリー・クラウドも海風前線・陸風前線とともに移動することがわかっています。

美しく悩ましき乳房雲

　雨が降る直前などに、雲底からこぶ状の雲がいくつも垂れ下がることがあります（口絵8、

図2・11)。この雲は形が乳房に似ていることから、**乳房雲**(にゅうぼうぐも・ちぶさぐも)とよばれ、層積雲や積乱雲、高積雲、巻積雲、巻雲の雲底で観測されるだけでなく、火山灰によって形成されるという報告もあります(Carazzo and Jellinek 2012)。

乳房雲の存在は古くから知られており、その発生要因としては雲底の沈下や、降水粒子の落下と蒸発と考えられていました。最近のレーダーによる観測研究により、乳房雲が形成される雲は周囲の空気と密度が異なっていて、雲底に発生する小さいスケールの渦を伴う下降流によって乳房雲が作られるという説明がなされました。しかし、なぜ乳房雲は滑らかなこぶ状になるのか、大きさはどのように決まるのかなどはまだよくわかっていません(Schultz *et al.* 2006)。積乱雲の雲底で発生する乳房雲は、強い下降流の発生を示唆するもので、竜巻の前兆といわれることもあります。そのため、詳しい発生メカニズムの解明が望まれますが、まだ謎が多く悩ましい雲といえます。

雲から生えた尻尾

雲を少し意識して空を見上げていると、実に多様な形をした雲があることがわかると思います。そんな雲の中には、尻尾が生えているヤツもいるのです。雲粒子が落下する際に、周囲の空気が乾いていると蒸発して消えてしまうことがあります。このとき、雲底から尻尾のようなすじ状や霧状の雲が生えているように見えるため、この雲は**尾流雲**(びりゅううん)とよばれます(図2・12)。尾流雲はさまざまな高度の雲で見られ、氷晶と水滴のどちらでも発生します。

図 2・12　尾流雲。2013 年 10 月 2 日、茨城県つくば市。

雲底から垂れ下がる尾流雲は、雲底下の風に流されて曲がります。尾流雲付近では落下する雲粒子によるローディングだけでなく、尾流雲の先端での雲粒子の蒸発・昇華による冷却で下降流が形成されています。これを考えれば、尾流雲で可視化される流れだけではなく、尻尾の先の目に見えない流れも想像できますね。

3　雲と光のコラボレーション

虹の色は何色？

雨上がりの空を彩る**虹**（にじ）は、空を楽しむ醍醐味です。虹の発生には大気中の水滴（雨粒）と太陽光が深く関係しています。大気中の水滴や氷晶によって、光が反射、屈折、回折することによって生じる光の現象を**大気光学現象**とよびます。ここで、虹は内側から外側に向かって何色をしていたか思い出してみましょう。すぐに答えられる方は虹ハンターと名乗っていいでしょう。虹を見ると「何か得した気分」になりますが、虹やその他の大気光学現象の仕組みを少しだけ知っておくと、「かなり得した気分」になることは間違いありません。

まず光の特性について紹介します。太陽光は電磁波で、その波長によって紫外線、可視光線、赤外線などに分類されます（第1章5節）。可視光線を波と考えると、その振幅が光の明るさで、波長によって見える色が変わります（図2・13）。可視光線の波長は380～750ナノメートル（ナノメートルは10億分の1メートル）で、波長が短い順に紫、青、緑、黄、橙（だいだい）、赤の色を持っています。そのため可視光線より短い波長の波は紫外線、長い波長の波は赤外線とよばれます。普通、可視光線はいろいろな波長の光が重なっているので、すべての色が混じっている光は白く見えます。

光を屈折する透明のガラスや水晶などでできた多面体は**プリズム**とよばれ、光の波長によってプリズムから出てくる光の方向が変わります。そのため、プリズムを通った可視光線は波長ごとに分かれ（**分光**）、虹色に見えるのです。

大気中の虹は、球形の雨粒がプリズムの役割を果たして可視光線を分光することで生じます（図2・14）。このとき、太陽は虹を見ている観測者の必ず背後に位置します。水滴に入る可視光線と観測者の視線がなす角度（**視半径**）が42度の位置に、**主虹**とよばれる虹が形成されます（口絵9）。主虹を作る可視光線は水滴の上側から入り、水滴の中で時計回りに1回反射されて水滴の下側から出てきます。ここで、波長の短い紫の光に比べて、波長の長い赤の光ほど屈折するときの角度が小さいという性質があります。このため、紫の光の視半径は赤の光よりも小さくなり、主虹では内側か

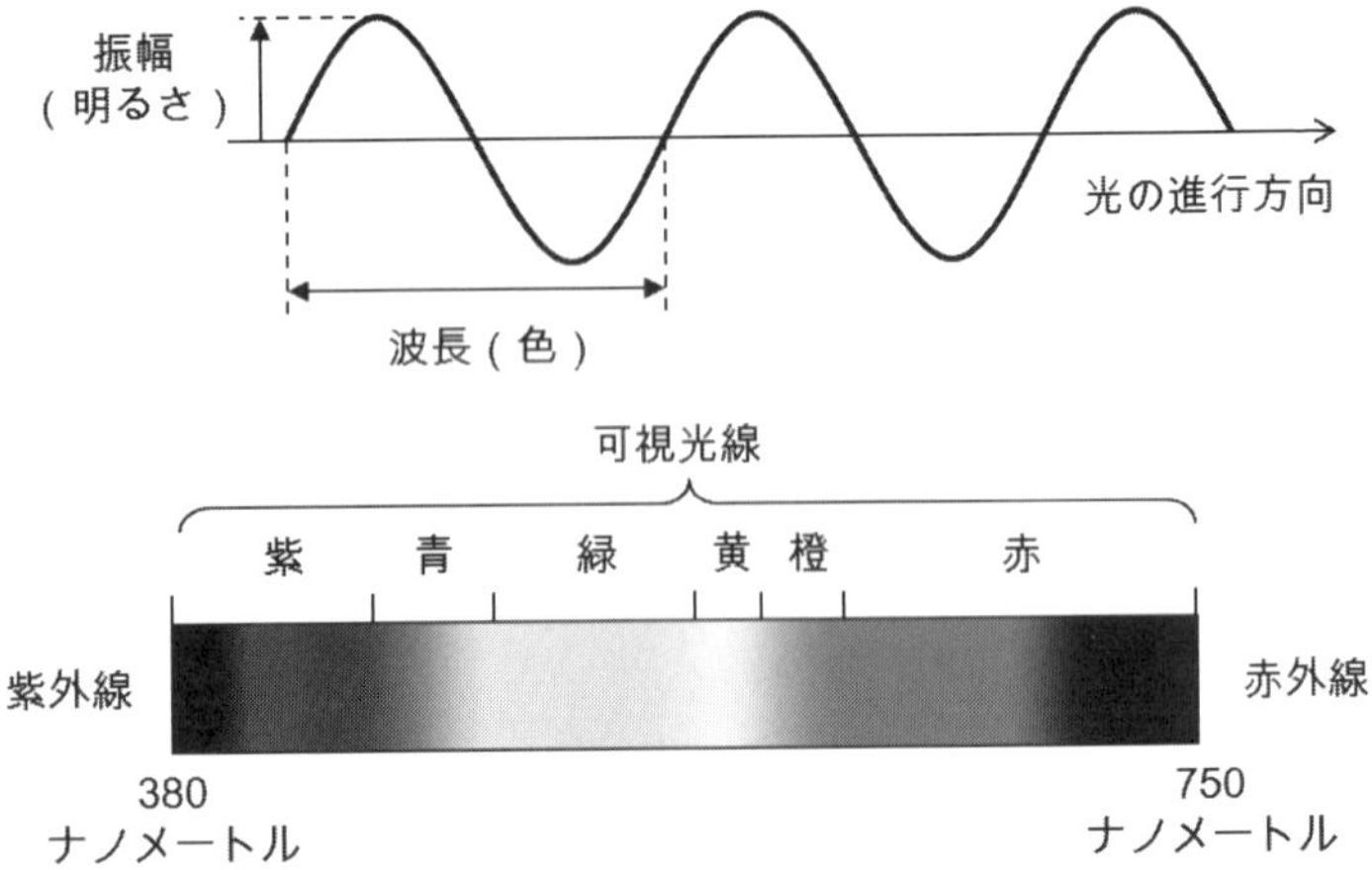

振幅
（明るさ）
光の進行方向
波長（色）
可視光線
紫
青
緑
黄
橙
赤
紫外線
赤外線
380
ナノメートル
750
ナノメートル

図2・13　可視光線の波長と色、明るさの関係。

ら外側に向かって紫から赤へと色が変化しています。

　さらに、主虹の外側の視半径51度の位置に、**副虹**とよばれる別の虹が形成されます。副虹を作る可視光線は、主虹とは逆に水滴の下側から入り、水滴の中で反時計回りに2回反射されて水滴の上側から出てきます。すると、水滴の上側から出てくる光は180度以上曲げられているため、水滴から出てきた紫の光の視半径は赤の光よりも大きくなります。このため、副虹は主虹とは逆に内側が赤く、外側が紫色をしているのです。

　虹の明るさは、可視光線を屈折・反射する水滴の大きさによって異なります。水滴が小さすぎると十分に分光されず、虹色になりません。逆に水滴が大きすぎても、水滴がおまんじゅう型になってしまうのでプリズムとしてうまくはたらきません。強い雨が降った直後、太陽が出ていて小雨が

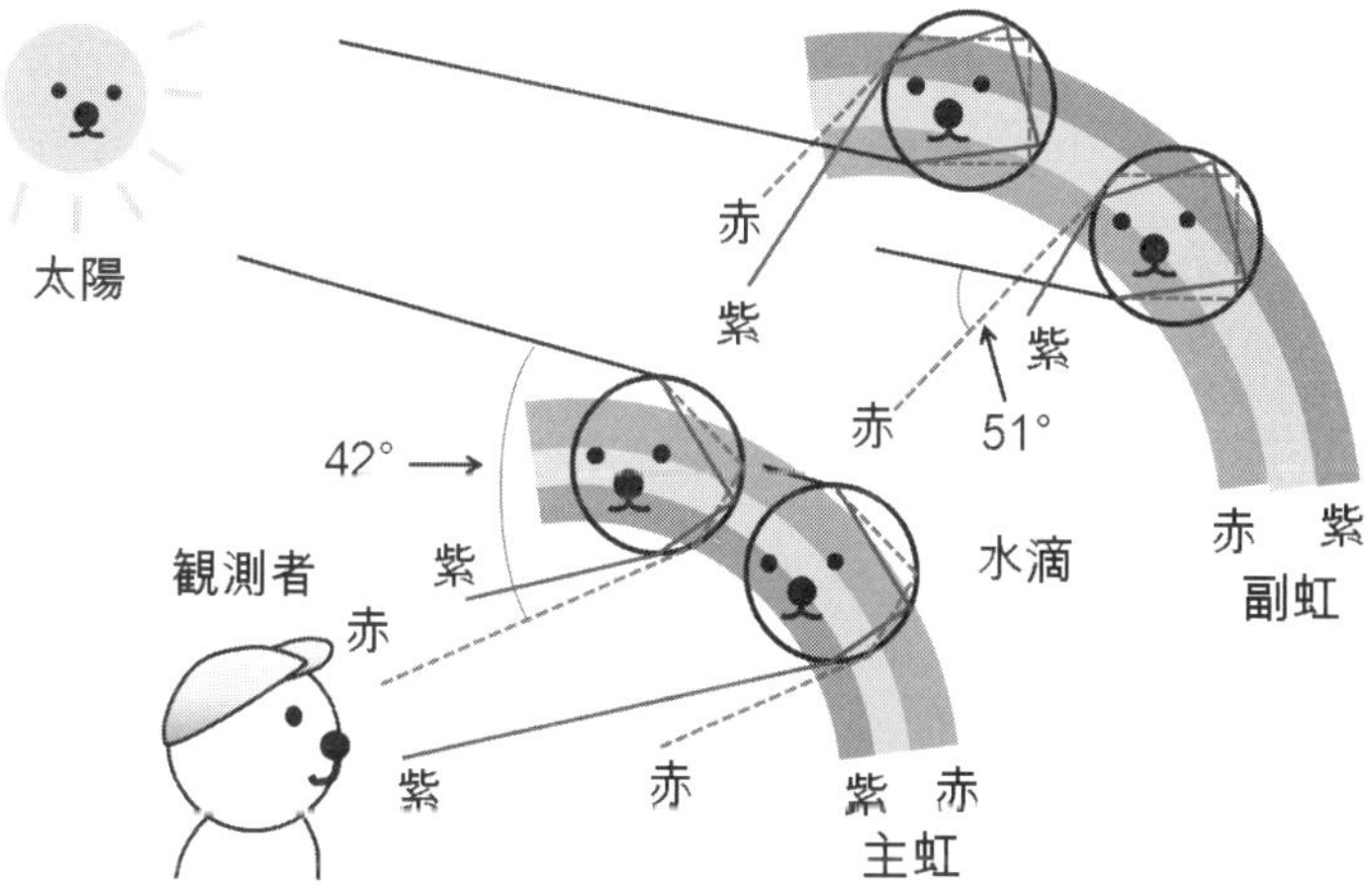

太陽
赤
紫
紫
赤
51°
42°
水滴
赤
紫
副虹
観測者
紫
赤
紫
赤
紫
赤
主虹

図2・14　主虹と副虹の仕組み。

近くでまだ降っているようなときは虹を見る絶好のチャンスです。

日本では虹の色は7色といわれますが、国や地方によっては5色や6色ともいわれます。可視光線は6色で説明しましたが、7色の場合は紫と青の間に藍(あい)が入ります。実はプリズムによる分光は、かの有名なアイザック・ニュートン（1642～1727）によって発見されました。ニュートンが分光した可視光線を7色としていたため、日本の教育ではそれが普及したようです。なお、『理科年表』（国立天文台編、丸善出版）では虹の色を6色として扱っています。

雲が彩る光の空

以前、気象台で予報の現場にいたとき、「雨は降ってないのに空に虹が出ています。これは大地震の前兆？」「太陽が3つ見えるのだけど、何が始まるの？」という問い合わせを何度も受けました。実はこれらもありふれた大気光学現象で、水滴ではなく上層雲の氷晶によって引き起こされます。

もっとも見る機会が多いのは**暈**(かさ)（**ハロ**：halo）で、巻層雲があるときに必ず出現します（図1・8：30ページ）。**暈**は太陽や月を中心に視半径22度の円周に現れる**内暈**（うちかさ・ないうん、22°ハロ）と、視半径46度の円周に現れる**外暈**（そとかさ・がいうん、46°ハロ）があります（図2・15）。太陽や月が高い位置にあるときに見えやすく、内暈は高頻度で見られますが、外暈は稀にしか出現しません。また、太陽のまわりに発生する**暈**を**日暈**（ひがさ・にちうん）、月の場合は**月暈**（つきがさ・げつうん）ともよびます。

外暈ができる視半径46度の円周上の一番高い位置に現れる逆さまの虹を**環天頂アーク**といいます（口絵10）。日の出の少し後や、日の入りの少し前に見られることがあります。これとは逆に、一番低い位置に現れる水平な虹を**環水平アーク**とよびます。環水平アークは太陽が高い位置にあるときに見られることがあります。また、太陽の高度が低いときに太陽の左右の視半径22度の位置に**幻日**とよばれる虹色の光のスポットが見えることがあり、その名の通り幻の太陽のように見えます（図2・16）。環天頂アーク・環水平アーク、幻日の出現頻度は内暈よりは低いものの、外暈よりは頻繁に見られます。

　空に手をかざして指を広げてみると、親指と小指の先を結ぶ角度が視半径にして約22度になります。もしこれらの大気光学現象を見

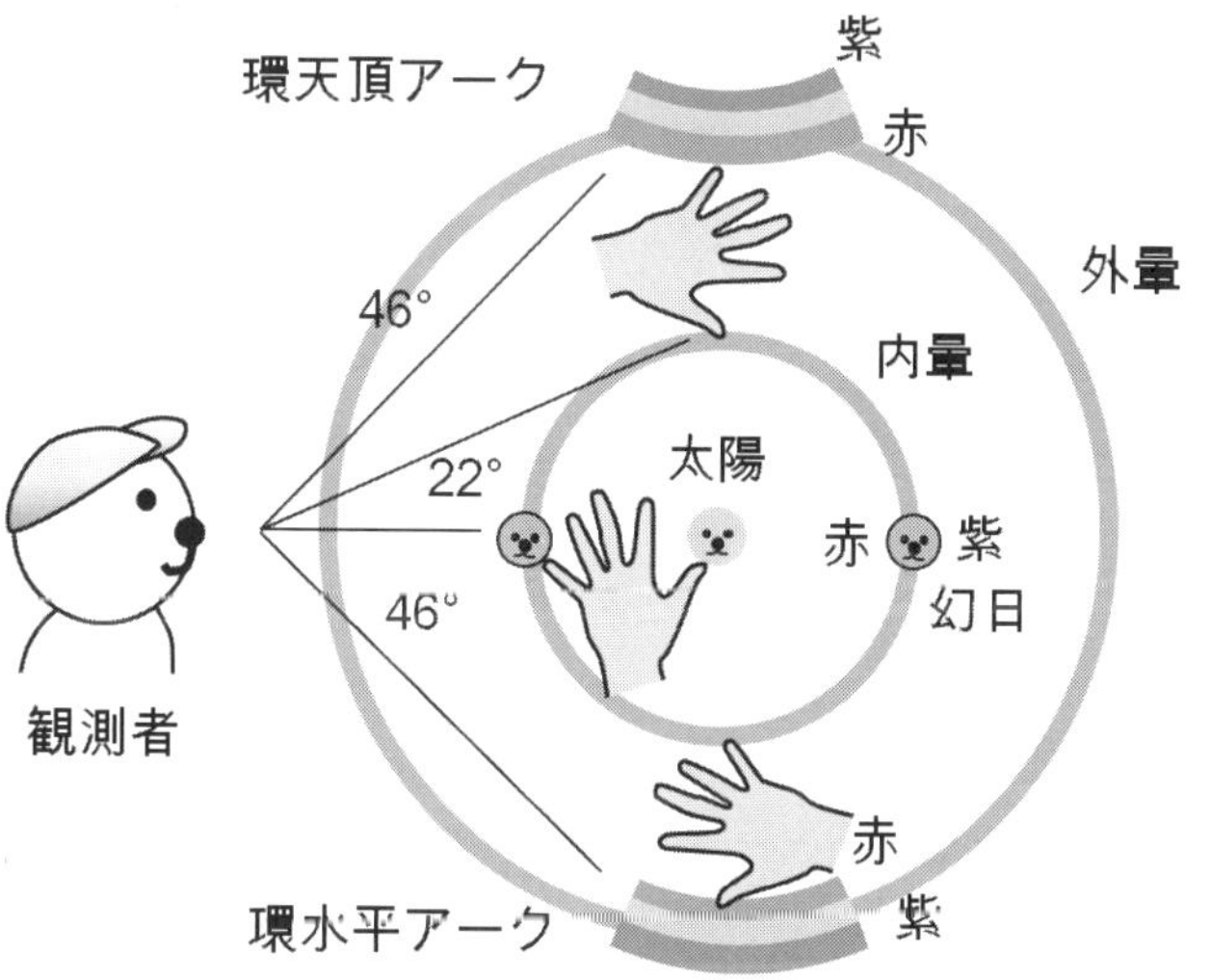

環天頂アーク
紫
赤
外暈
46°
内暈
太陽
22°
赤
紫
幻日
46°
観測者
赤
紫
環水平アーク

図2・15　大気光学現象の位置関係。

かけたら、手をかざして視半径を確かめてみましょう。

これらの大気光学現象は、大気中の氷晶の形や向きによって変化します（図2・17）。まず内暈では、角柱の氷晶がばらばらな方向を向いているときに、光が角柱側面のひとつ間を置いた2面で屈折します。これによって視半径がほぼ22度の位置に内暈が見えます。これと同様に幻日は、角板が水平に浮かんでいるときにひとつ間を置いた2側面で光が屈折し、太陽の左右の視半径22度の位置に発生します。一方、外暈も内暈と同じく角柱の氷晶がばらばらな方向を向いているときに生じますが、角柱の側面から入った光が六角面から出てくることで視半径46度の位置に発生します。環天頂アーク・環水平アークは幻日と同様に角板が水平に浮かんでいるときに発生し、側面と上部もしくは下

幻日
幻日
太陽
図2・16　幻日。2013年12月16日、茨城県つくば市。

部の六角面で光が屈折することで、太陽の上部・下部の視半径46度の位置に生じます。

この他にも雲粒などによる光の散乱・回折・重なり合いで発生する**彩雲**（さいうん）や**光冠**（こうかん）、小さな水滴などによる光の散乱で発生する「天使の梯子（はしご）」とよばれる**光芒**（こうぼう）など、大気光学現象はさまざまです。それらしい現象に出くわしたとき、本書を思い出すか見直すなどして、可視光線がどのようにみなさんの目まで届いているのか考えてみてください。きっと脳内でアドレナリンがたくさん分泌されて、とても面白く感じると思います。

雲に白黒つけるもの

雲はどうして白いのでしょうか？　白い雲や青い空、真っ赤な夕焼けも、生活のなかで当たり前のことになっているので、深く考える

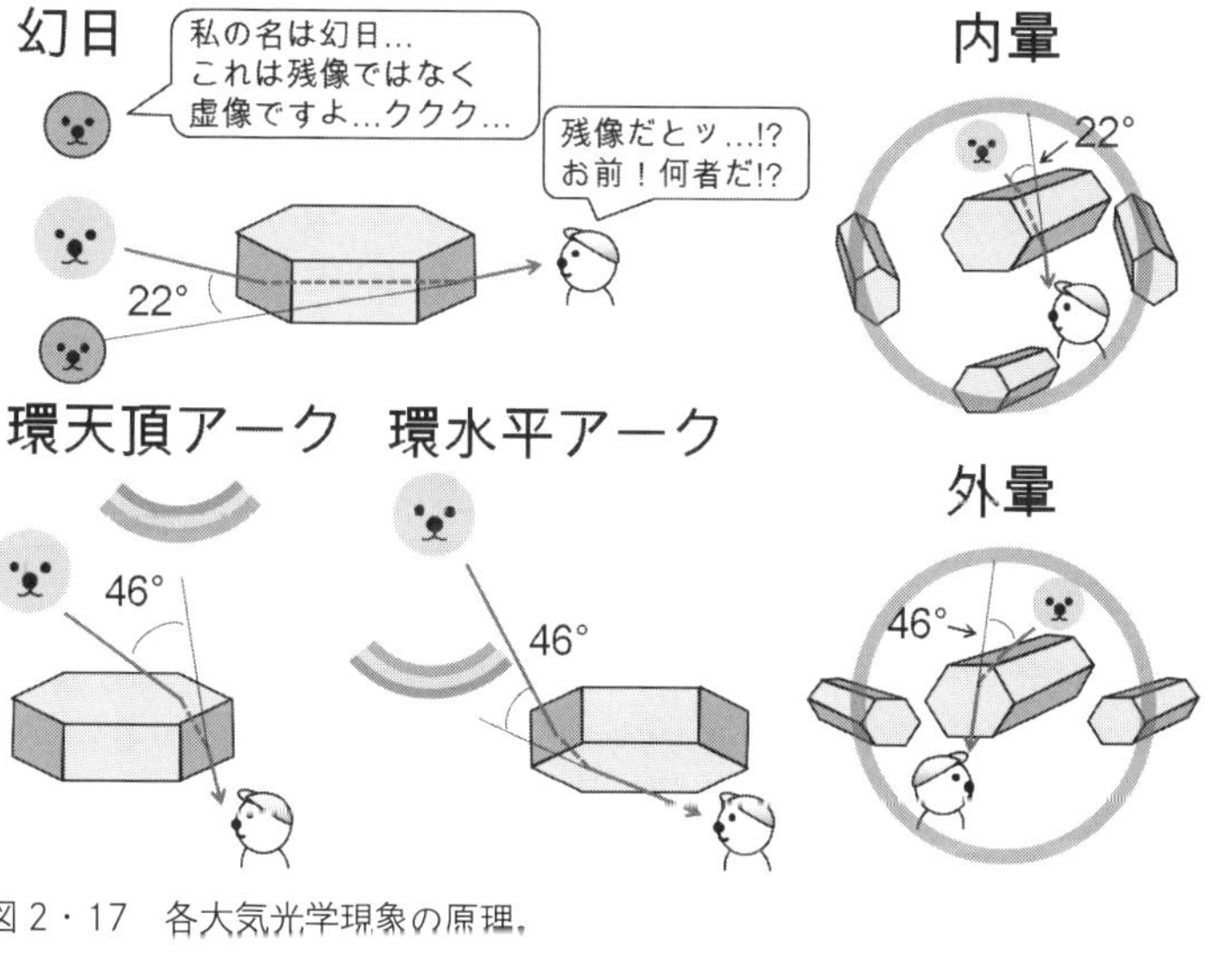

幻日
私の名は幻日…
これは残像ではなく
虚像ですよ…ククク…
残像だとッ…!?
お前！何者だ!?
22°
内暈
22°
環天頂アーク
46°
環水平アーク
46°
外暈
46°

図2・17　各大気光学現象の原理.

図2・18　2013年9月4日、茨城県つくば市で撮影した積雲。

ことは少ないかもしれません。それらの理由を少し考えてみることにします。

可視光線は波長（色）の異なる光が重なって白く見えます。可視光線の波長よりも大きな雲粒などによって光が散乱されることを、**ミー散乱**とよんでいます。ミー散乱ではどの波長の光も同じように散乱されるので、さまざまな色の光が重なった白い光が私たちの目に届きます。これが、雲が白い理由なのです。

一方、厚みのある雲の雲底は灰色や黒色をしています（図2・18）。これは、水滴の多い雲の中に入った可視光線が雲の中で何度も散乱されたり吸収されたりすることによって、私たちの目に届く光が弱まってしまうためです。このことを考えると、雲底が暗いかどうかで雲内の水滴の数が多いか少ないかを判断できます。

また、可視光線の波長よりも小さい粒子によ

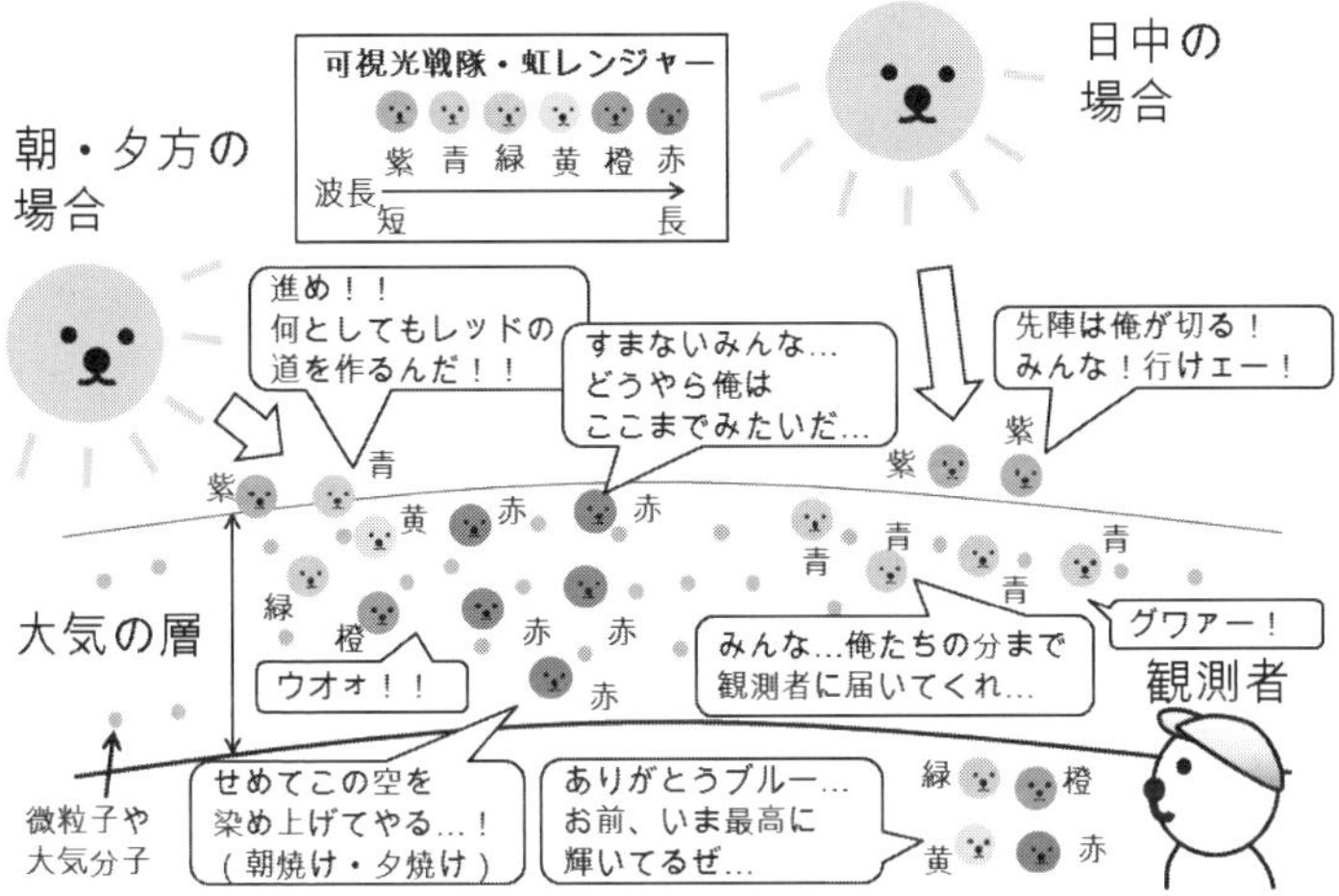
可視光戦隊・虹レンジャー
紫 青 緑 黄 橙 赤
波長
短
長
朝・夕方の場合
日中の場合
進め！！
何としてもレッドの道を作るんだ！！
すまないみんな…
どうやら俺は
ここまでみたいだ…
先陣は俺が切る！
みんな！行けェー！
大気の層
ウオォ！！
みんな…俺たちの分まで
観測者に届いてくれ…
グワァー！
観測者
せめてこの空を
染め上げてやる…！
（朝焼け・夕焼け）
ありがとうブルー…
お前、いま最高に
輝いてるぜ…
微粒子や
大気分子

図2・19　空が青く、朝焼け・夕焼けが赤い理由。

る散乱は**レイリー散乱**とよばれます。レイリー散乱は大気中の窒素や酸素の分子や、大気中を漂っている微粒子(第3章1節：116ページ)によって起こり、波長の短い光ほど散乱しやすい性質があります。そのため、太陽が高い位置にある日中は一番波長の短い紫の光が大気の上部で散乱し、その次に波長の短い青が大気中で散乱します(図2・19)。大気中で散乱された青い光は空に広がるため、日中の空は青く見えるのです。その他の色は散乱されずに私たちの目に届くので、日中の太陽は白く光って見えます。

日の出や日の入りの時間帯は太陽が地平線近くにあるので、光が通過する大気中の距離が長くなります。そうすると波長の短い光は散乱されて私たちの目には届きませんが、波長の長い赤い光のみが散乱している空を私たちは見ることができます。朝焼けや夕焼けは、大気中での壮絶な散乱を経て生き残った赤い光によるものなのです。

なお、可視光線の波長よりも小さい微粒子が普段よりも大気中にとても多く存在するような状況では、日の出直後や日の入り直前の低い高度の太陽が赤黒く見えることがあります。口絵11は、2016年5月22日と23日の日の出直後に撮影した太陽です。わずか一日で太陽の色が全く異なることがわかりますが、これは22日の日中に地上に近い高さで大気中の微粒子が急増したためです。23日は、太陽と同じ高さの空は暗い灰色のような色をしていて、深紅の太陽がとても幻想的でした。これは、大気中の微粒子によるレイリー散乱によって、太陽と同じ高さの空では赤を含むすべての波長の可視光線が散乱して撮影場所まで届いていないからです。太陽だけが赤黒く見えるのは、太陽から最短距離で撮影場所に向かっている可視光線のうち、赤い光がギリギリ残っているためなのです。このような大気の状況では、ある程度低い高度にある月も赤黒く見えます。地平線に近い太陽や月の色を気にしてみると、大気中の微粒子の量が多いか少ないかを想像することができるのです。ちなみに、信号機の「止まれ」が赤色なのは、赤い光は散乱されにくく遠くまで届くという科学的根拠があるからです。

第3章

微粒子から雲、雲から降水へ

第1章では、空気が過飽和になって凝結・昇華が起こり、雲粒子が発生すると説明しました。実はこのプロセスには、大気中に存在している微粒子が大きく作用しています。その作用の仕方によって雲の性質は大きく変化します。本章では、粒子単位の小さなスケールで見たときの雲の物理プロセス（**微物理過程**、口絵12）について紹介します。

1　雲粒子誕生の〝核〟信犯

大気中の微粒子「エアロゾル」

最近、「**越境大気汚染**」が話題になっています。これは、東アジアなどの経済発展の著しい地域で排出された**大気汚染物質**が国境を越え、長距離にわたって輸送される現象です。ここでの大気汚染物質は、主に光化学オキシダントや微小粒子状物質（いわゆる**PM2・5**）を意味します。PM2・5とは、大気中を浮遊する微粒子のうち粒子の直径が2・5ミクロン（0・0025ミリメートル）以下のものを指し、呼吸器の奥深くまで入り込みやすいため人間の健康への影響が懸念されています。

実は大気中には大気汚染物質だけでなく、塵やほこり、煙、花粉などの目に見えないほど小さい微粒子が非常に多く存在しています。大気中に浮遊しているこれらの液体や固体からなる微粒子を、**エアロゾル**（aerosol）といいます。

エアロゾルはその大きさによってよばれ方が異なります。100万分の1～1万分の1ミリメートルのものは**エイトケン粒子**、1万分の1～1000分の1ミリメートルのものは**大粒子**、1000分の1～0・1ミリメートルのものは**巨大粒子**とよばれます。図3・1は、雲粒や氷晶、各降水粒子とエアロゾルの大きさと数を表しています。雲粒と巨大粒子の大きさは同じくらいですが、1立方メートルあたりの数は雲粒のほうが多いことがわかります。しかし、大粒子やエイトケン粒子は雲粒よりも桁違いに小さく、エイトケン粒子の数は1立方メートルあたり1000億個にも及びます。

エアロゾルはその発生源によっても分

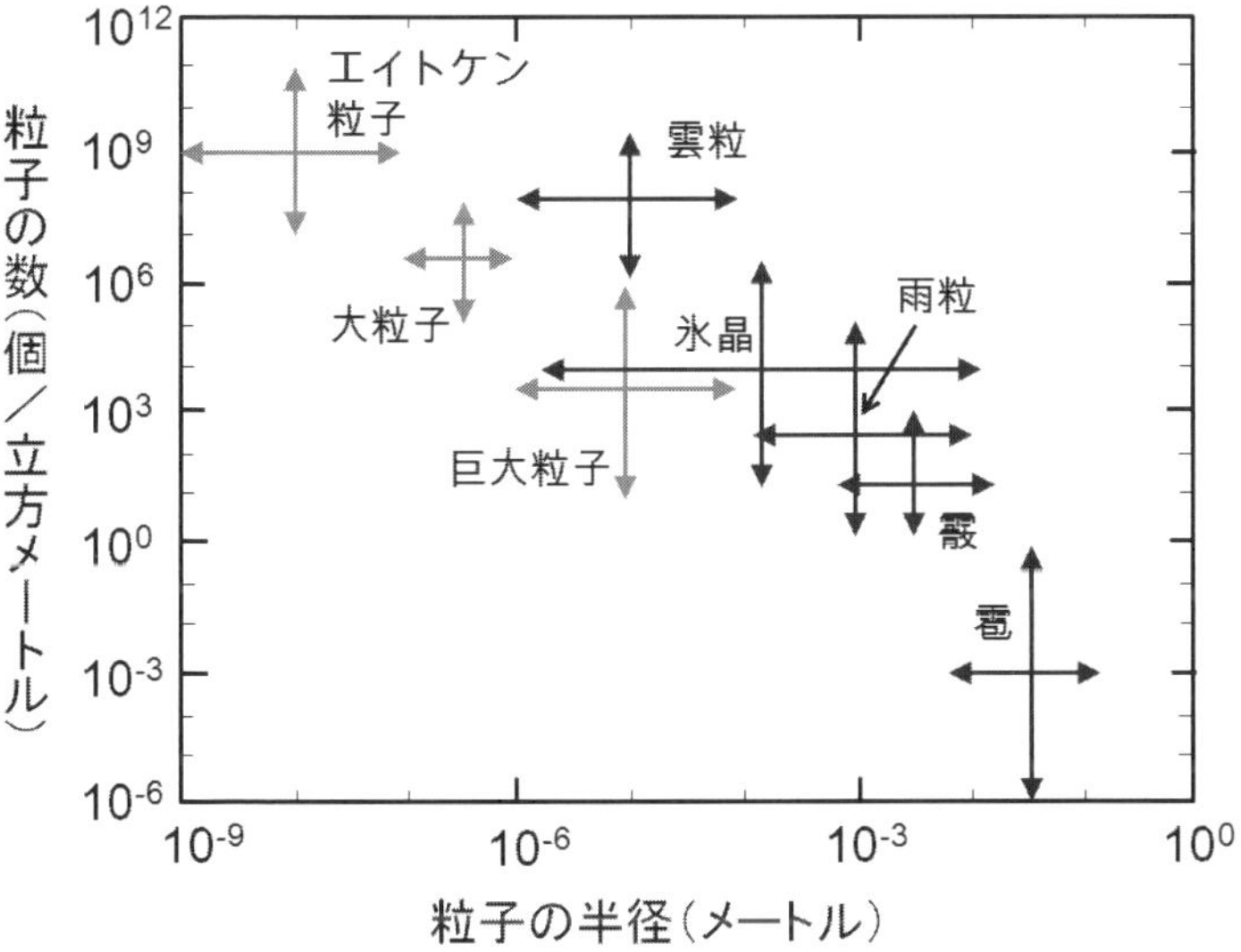

粒子の数（個／立方メートル）
10^{12}
10^{9}
10^{6}
10^{3}
10^{0}
10^{-3}
10^{-6}
エイトケン粒子
雲粒
大粒子
氷晶
雨粒
巨大粒子
霰
雹
10^{-9}
10^{-6}
10^{-3}
10^{0}
粒子の半径（メートル）

図3・1　各粒子の人ささと数。

類されます。ひとつは自動車や工場からの排ガスなど、人間活動によって発生する**人為起源エアロゾル**です。もうひとつは**黄砂**などの**鉱物粒子**・**土壌粒子**や海から発生する**海塩粒子**、火山活動によって発生する粒子など、自然界で発生する**自然起源エアロゾル**です。自然起源エアロゾルのうち、**花粉**やバクテリアなど生物由来のエアロゾルは**バイオエアロゾル**とよばれます。

これらのエアロゾルは、その粒径、数、化学組成、光学特性、形状などによって特徴づけられ、雲の微物理過程や地球環境に大きな影響を与えます（図3・2）。まずエアロゾルは大気中に放出されるところから始まり、大気中のエアロゾルは太陽光を直接散乱・吸収することで地球の放射収支（熱収支）に影響を与えます。これを**エアロゾルの直接効果**とよびます。

エアロゾルと雲も非常に深い関係があり、実

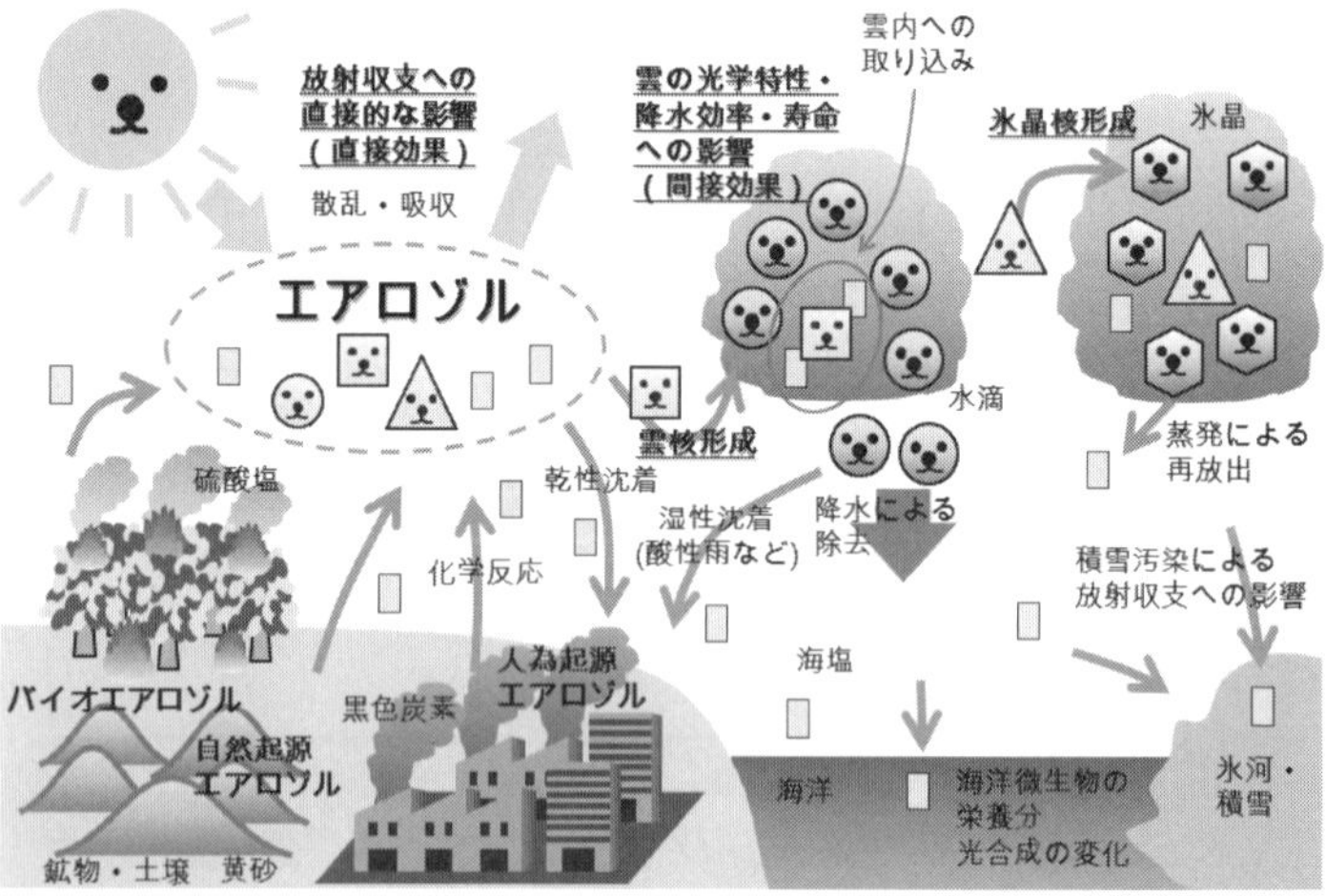

放射収支への
直接的な影響
（直接効果）
散乱・吸収
雲の光学特性・
降水効率・寿命
への影響
（間接効果）
雲内への
取り込み
氷晶核形成
氷晶
エアロゾル
水滴
雲核形成
蒸発による
再放出
硫酸塩
乾性沈着
湿性沈着
(酸性雨など)
降水による
除去
化学反応
積雪汚染による
放射収支への影響
人為起源
エアロゾル
黒色炭素
海塩
バイオエアロゾル
自然起源
エアロゾル
海洋
海洋微生物の
栄養分
光合成の変化
氷河・
積雪
鉱物・土壌
黄砂

図3・2　エアロゾルの雲と地球環境への影響。

は雲粒はエアロゾルを芯にして形成されます。このことを**雲核形成**（うんかく）とよんでいます。雲粒だけでなく氷晶についても同様で、これは**氷晶核形成**（ひょうしょうかく）といいます。エアロゾルは核形成を介して雲の光学特性や降水効率、寿命などに影響を及ぼします。これを**エアロゾルの間接効果**とよび、以降で詳しく紹介します。核形成とは別に、雲の中に取り込まれるエアロゾルもあります。エアロゾルは降水粒子に取り込まれて除去されたり、雲粒子の蒸発・昇華によって再び大気中に放出されたりして、雲と大気を行き来します。

また、エアロゾルが地表面に達する過程には、雨や雪とともに地上に降る**湿性沈着**（しっせいちんちゃく）と、直接地表に達する**乾性沈着**（かんせいちんちゃく）があります。これらの沈着プロセスによって、土壌や湖・河川の化学的な状態が変化します。**酸性雨**（さんせいう）が湿性沈着のよい例で、二酸化硫黄（いおう）や窒素酸化物などが粒子状になったエアロゾルによって降水粒子が強い酸性になると、河川などを酸性化して環境に悪影響を与えたり、金属の錆（さび）の原因になったりします。また、**黒色炭素**（こくしょくたんそ）などのエアロゾルが氷河や積雪域に沈着すると、氷や雪は光を吸収しやすくなるので温められてとけやすくなります。これはエアロゾルの**積雪汚染**とよばれており、グリーンランドや北極でも確認されています。さらに、エアロゾルは海洋に取り込まれると海洋微生物の栄養源となったり光合成にも影響を与えます。

このように、エアロゾルは地球の放射収支、水循環、生態系を含めた地球環境に大きな影響を与えています。しかしながら、これらの各プロセスは、いまだわかっていないことが非常に多く残っています。精度の高い気候変動予測には、このような不確実性を解決していくことが求められています。

謎多き〝核〟信犯

エアロゾルが雲に及ぼす影響としてもっとも重要なプロセスは、雲粒や氷晶の**核形成**（かくけいせい）（ニュークリエーション：nucleation）です。雲の核形成は、水蒸気から液体や固体の雲粒子への相変化が起こるプロセスのことを指しています。雲粒と氷晶の核としてはたらくエアロゾルは、それぞれ**雲凝結核**（くもぎょうけつかく）（cloud condensation nuclei）、**氷晶核**（ice nuclei）とよばれます。「空気が過飽和なら凝結するのは当たり前でしょ？」と思うかもしれませんが、実はそこには核としてはたらくエアロゾルの存在がほとんどの場合に必要不可欠なのです。さらに、核としてはたらくエアロゾルにはさまざまな種類があり、その性質によって核形成のしやすさ、核形成の速

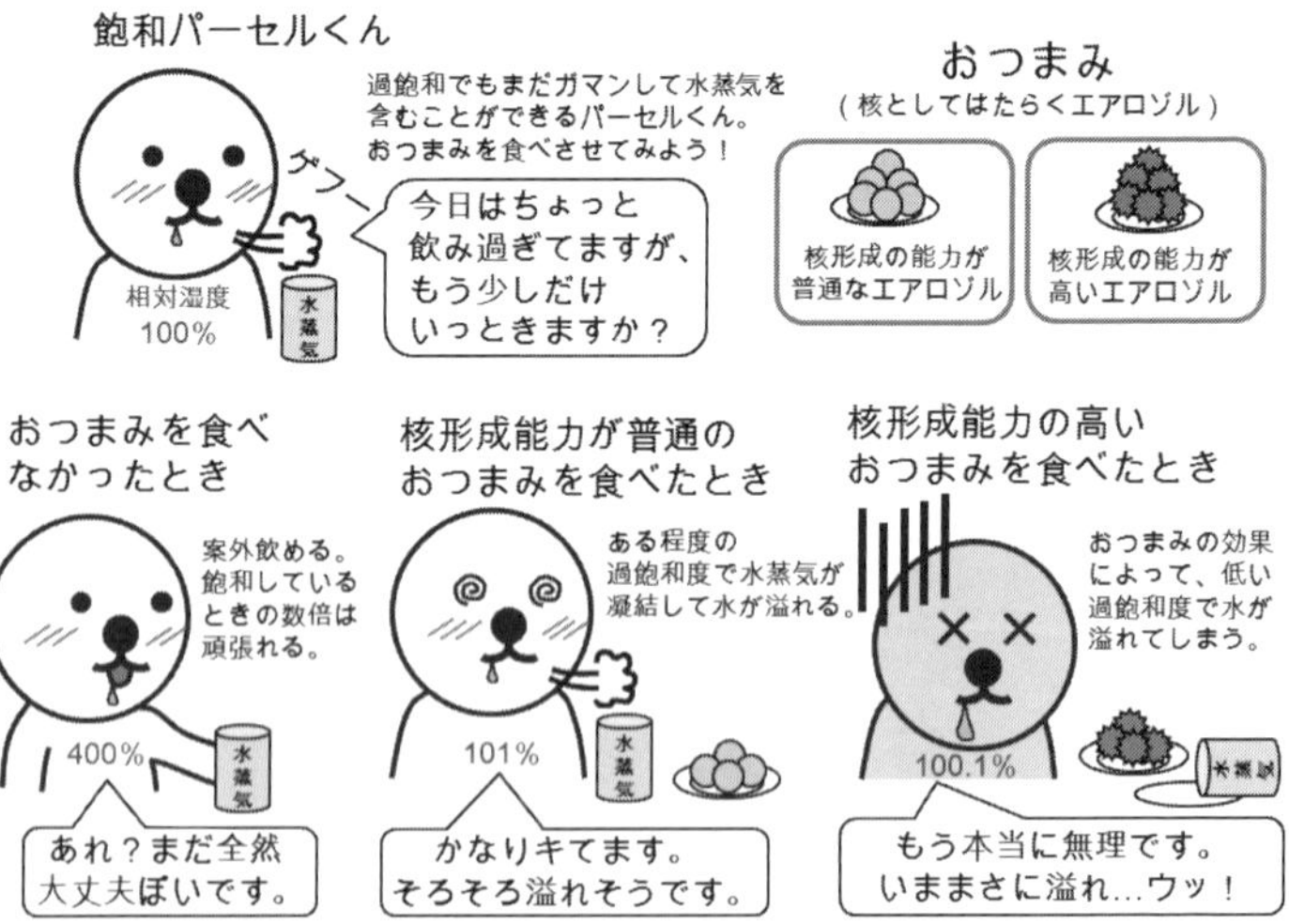

飽和パーセルくん
過飽和でもまだガマンして水蒸気を含むことができるパーセルくん。おつまみを食べさせてみよう！
ゲフー
今日はちょっと飲み過ぎてますが、もう少しだけいっときますか？
相対湿度 100%
水蒸気
おつまみ
（核としてはたらくエアロゾル）
核形成の能力が普通なエアロゾル
核形成の能力が高いエアロゾル
おつまみを食べなかったとき
案外飲める。飽和しているときの数倍は頑張れる。
400%
あれ？まだ全然大丈夫ぽいです。
核形成能力が普通のおつまみを食べたとき
ある程度の過飽和度で水蒸気が凝結して水が溢れる。
101%
かなりキてます。そろそろ溢れそうです。
核形成能力の高いおつまみを食べたとき
おつまみの効果によって、低い過飽和度で水が溢れてしまう。
100.1%
もう本当に無理です。いままさに溢れ…ウッ！

図3・3　核の有無と核形成能力の違いのイメージ。

度などが異なります。

ここで、すでに水蒸気を十分に摂って飽和した空気の塊・パーセルくんを例に、雲凝結核としてのエアロゾルのはたらきを考えてみましょう（図3・3）。まず、核となるエアロゾルがまったくない環境で、飽和したパーセルくんにさらに水蒸気を与えてみます。しかし、パーセルくんはいつまでも水蒸気を摂り続け、なかなか核形成は起こりません。実際、エアロゾルのない空気中で純粋な水蒸気から水滴が形成されるのは、なんと相対湿度が数百％に達したときなのです。

一方、核としてはたらくエアロゾルがある場合、過飽和度が1％（相対湿度で101％）以下でも雲粒が生成されます。また、核形成能力の高いエアロゾルが核としてはたらいていれば、過飽和度0・1％でも水蒸気が凝結して雲粒が生成されます。このように、雲粒子の核としてはたらくエアロゾルの有無や種類によって、雲粒ができるときの気象状態がまったく異なるのです。

図3・4は、2003年1月にヨーロッパ沖で観測された下層雲の気象衛星可視画像です。直線やジグザグした形の下層雲がいくつも見られます。この雲は、海上を進む船の航跡に対応して発生した**航跡雲**（こうせきうん）とよばれる雲です。船から排出されたエアロゾルが雲凝結核としてはたらき、このような航跡雲が形成されたのです。沖のほうでは雲と雲の間の間隔がある程度大きいのですが、海岸に近い海域では船が多数航海していたため、航跡雲が発達して白く濃い雲が広がっています。

このように、雲粒子の核としてはたらくエアロゾルの存在によって雲の形成プロセスは大きくコントロールされています。しかしながら、日本だけでなく世界のどの地域に、そもそもどんなエアロゾルが分布していて、それらのエアロゾルが雲凝結核や氷晶核としての能力をどの程度持っているのかについては、わかっていることよりもわかっていないことのほうがはるかに多いのが実情です。これらの能力を調べるための特殊な測器（第6章2節：270ページ）は、その場でエアロゾルを採取することが必要です。そのため、現状では特定の季節、地点ごとでの観測や、あらかじめ素性のわかっているエアロゾルに対して、室内実験で核形成能力を調べている段階です。

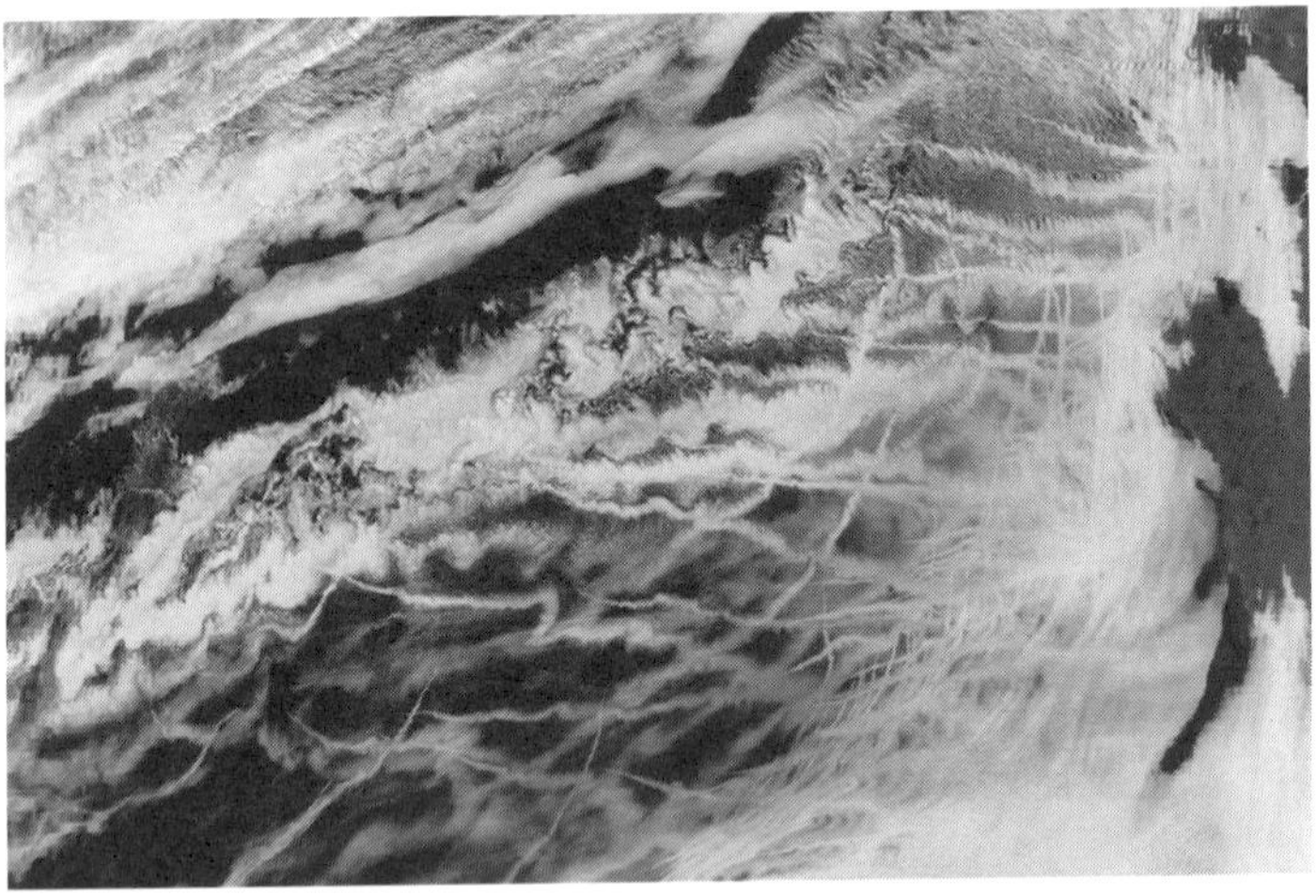

図3・4　2003年1月27日、ヨーロッパ沖の下層雲。NASA EOSDISの気象衛星Aquaによる可視画像。

2 「暖かい雨」ができるまで

天気予報などでは、地上の気温によって雨のことを「暖かい雨」「冷たい雨」とよぶことがあるようです。気象学では、雲粒子が水滴のみで形成された水雲から降る雨を**暖かい雨**（warm rain）とよんでいます。暖かい雨は、海洋上の層状の雲や背の低い積雲による降水でよく観測されます。ここでは、暖かい雨における雲粒の核形成と成長について紹介します。

雲粒の誕生と成長物語

雲粒の粒径は、半径1ミクロン（0・001ミリメートル）から0・01ミリメートルです（第1章6節：77ページ）。また、ここまで何度か「水蒸気が凝結して水滴になる」とお話ししました。ここで少し考えてみると、水蒸気は雲粒よりもずっと小さい水分子から形成されているので、水蒸気の水分子が凝結していきなり雲粒の大きさになるとは考えにくいのです。実は、雲粒の大きさの水滴が形成されるまでには、分子レベルでの核形成というドラマがあります。

まず核形成が起こるためには、大気中にたくさんの水蒸気（水分子）が必要です。水分子たちが衝突すると、雲粒のもとになるとても小さな水滴の芽が形成されます（図3・5）。周囲の空気中の水蒸気が多く水蒸気圧が高ければ、水滴に水分子が多く入り込めるようになります。これが**凝結**とよばれているものなのです。

しかし水分子は、水滴に入り込むだけでなく出ていくものもいます。水滴の表面から水分子が出ていけるかどうかは、水滴の温度や表面張力が関係しています。水滴中の水分子は表面張力によって水滴の中心に向かって引っ張られますが、水滴の温度が高いほど水滴中で水分子は活発に動いて外に出やすくなります。表面張力に打ち勝って水滴の表面から水分子が外に飛び出すことが、**蒸発**なのです。このことは、冷めた水よりも熱いお湯のほうが蒸発しやすいことからもイメージできると思います。

水滴が小さい場合は水蒸気圧が高くないと凝結速度より蒸発速度が大きく、水滴は消滅してしまいます。水滴がある程度大きくなると凝結速度と蒸発速度が同じ平衡状態になり、水滴は消滅せずに存在できます。このときの水滴の半径は**臨界半**（りんかいはん）

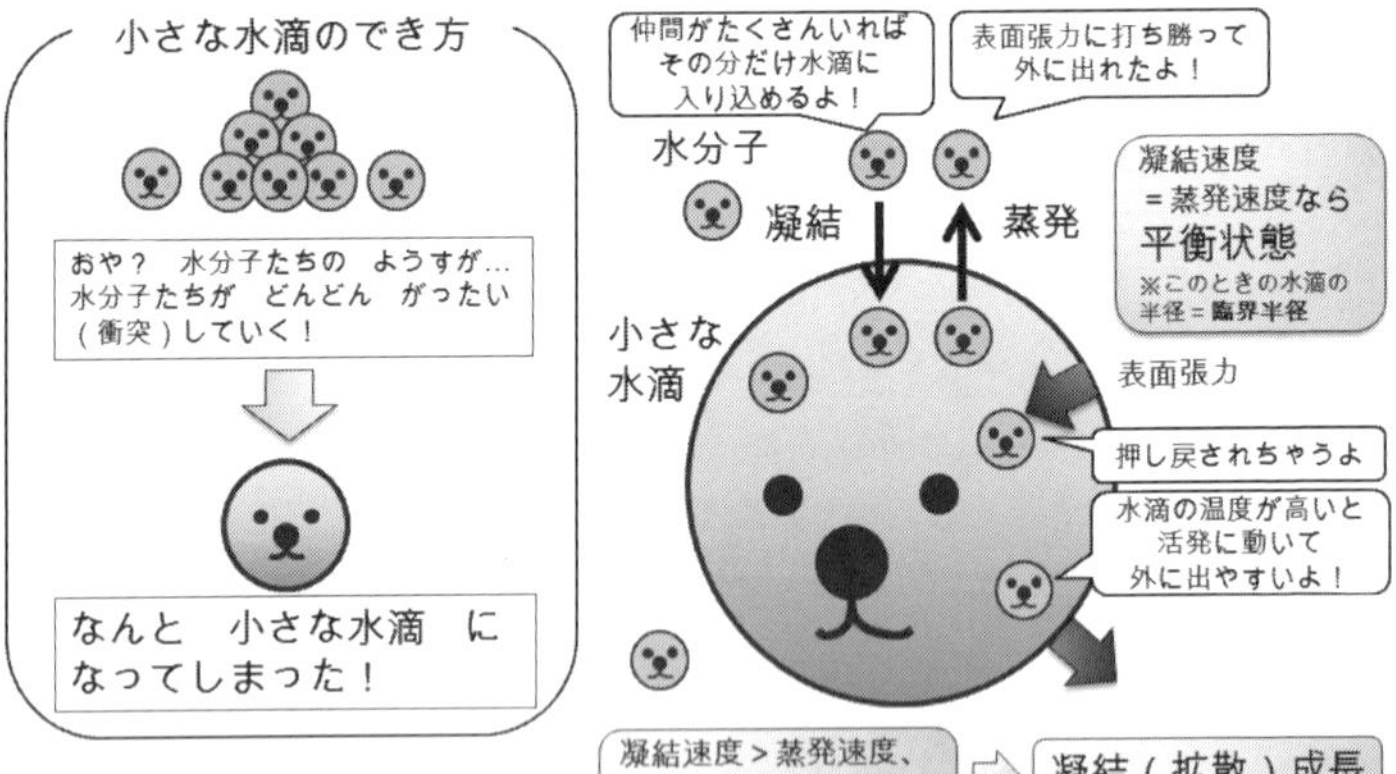

小さな水滴のでき方
おや？　水分子たちの　ようすが…
水分子たちが　どんどん　がったい
（衝突）していく！
なんと　小さな水滴　に
なってしまった！
仲間がたくさんいれば
その分だけ水滴に
入り込めるよ！
表面張力に打ち勝って
外に出れたよ！
水分子
凝結
蒸発
凝結速度
＝蒸発速度なら
平衡状態
※このときの水滴の
半径＝臨界半径
小さな
水滴
表面張力
押し戻されちゃうよ
水滴の温度が高いと
活発に動いて
外に出やすいよ！
凝結速度＞蒸発速度、
つまり水滴が臨界半径
よりも大きければ…
凝結（拡散）成長
周囲の水蒸気分子が
水滴の表面に拡散

図3・5　小さな水滴の形成と、凝結・蒸発のイメージ。

径(けい)とよばれ、水滴が臨界半径より大きいと凝結速度が蒸発速度よりも大きくなり、水滴は自発的に成長できるようになります。この水滴の成長プロセスは、周囲の水蒸気の水分子が水滴に入り込んで広がる（拡散する）プロセスなので、**凝結（拡散）成長**とよばれます。凝結成長は、雲粒などの小さな水滴の成長に大きくはたらいています。

水滴が不純物を含まない純水の場合の核形成は、**均質核形成**(きんしつかくけいせい)といいます。均質核形成では水蒸気の水分子が自力で水滴を成長させ、水滴が自発的に成長できるようになるまでには非常に大きな過飽和度が必要であることが実験的にわかっています（Miller *et al.* 1983）。その実験によると、水滴が臨界半径よりも大きくなるために必要な相対湿度は、気温が0℃のときには430%、マイナス23℃では630%、17℃では350%です。実際の大気中で200%を超える相対湿度が観測されることはなく、雲粒が均質核形成で誕生することは現実的には不可能です。

では大気中の雲粒はどのように形成されるのかというと、エアロゾルが雲凝結核としてはたらいています。雲凝結核のエアロゾルは、水を吸収する性質（**吸湿性**(きゅうしつせい)）や水に溶けやすい性質（**水溶性**）を持っていることが必要です。このように、不純物などの影響を受けた核形成のことを**不均質核形成**(ふきんしつかくけいせい)とよびます。

ここで、水溶性のエアロゾルが小さな水滴に溶けているることを考えてみましょう（図3・6）。水に溶けたエアロゾルは**溶質**(ようしつ)の分子として水滴中に存在します。特にこの溶質が蒸発しにくい（不揮発性(ふきはっせい)の）場合、溶質分子が水滴表面で水分子が外に出ていくの（蒸発）を抑制します。その結果、蒸発速度が小さくなるので、水滴が平衡状態となるための凝結速度も小さくて済み、小さい過飽和度で水滴は平衡状態になれます。これを**溶質効果**とよんでいます。

溶質効果は水滴の半径が小さいときに重要で、非常に小さい水滴は相対湿度が１００％より小さくても平衡状態になります。さらに相対湿度が大きくなれば、そのぶん水滴は凝結成長して平衡状態になります。こうして水滴は雲粒の大きさまで成長し、水滴が臨界半径を超えると自発的に成長していきます。このことを気象学の世界では雲凝結核が「**活性化**(かっせいか)する」といいます。雲凝結核の活性化後でも、相対湿度が変わらなければ雲粒はいつまでも成長を続けることができます。しかし実際には、雲の中には多数の雲粒が存在しているため、水蒸気を奪い合うので無限に成長するわけではありません。

雲凝結核としてはたらく吸湿性の強いエアロゾ

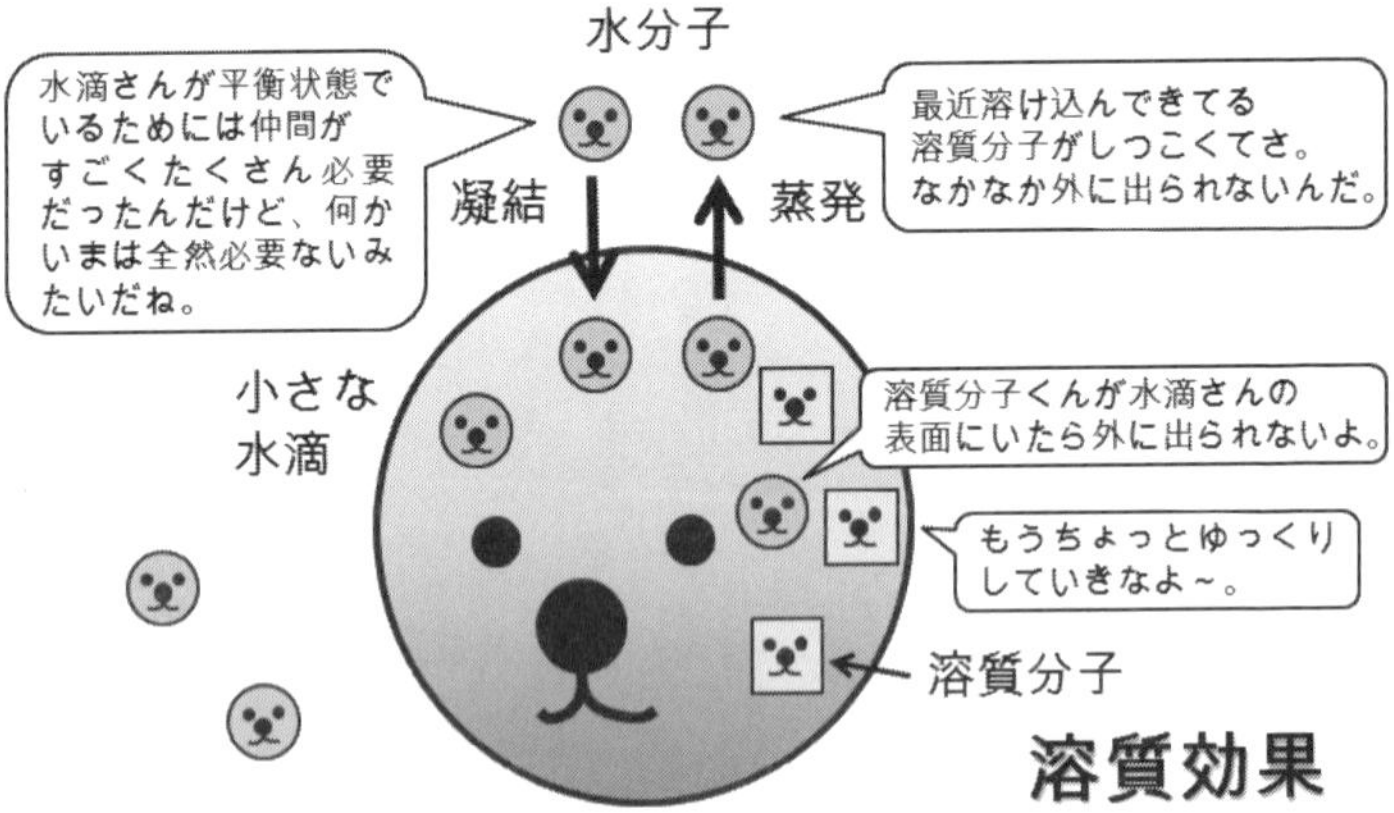
水分子
水滴さんが平衡状態でいるためには仲間がすごくたくさん必要だったんだけど、何かいまは全然必要ないみたいだね。
最近溶け込んできてる溶質分子がしつこくてさ。なかなか外に出られないんだ。
凝結
蒸発
小さな水滴
溶質分子くんが水滴さんの表面にいたら外に出られないよ。
もうちょっとゆっくりしていきなよ～。
溶質分子
溶質効果

図３・６　溶質効果のイメージ。

ルとしては、1ミクロン（0・001ミリメートル）以上の**海塩**の粒子や、0・1~1ミクロンの**硫酸塩**（りゅうさんえん）とよばれる硫酸アンモニウムの粒子などが古くから知られています。図3・7はそれらの粒子を電子顕微鏡で見たものです。これらの無機成分の粒子の雲凝結核特性はよく調べられてきており、基本的には理解されているといっていいと思います（Seinfeld and Pandis 2006）。

大陸性と海洋性の気団に含まれている雲凝結核のうち、過飽和度1%で活性化するものの数は、大ざっぱにはそれぞれ1立方センチメートルあたり300~5000個と10~1000個であるといわれています。このことは、地域によって雲凝結核の組成や数がかなり異なることを意味しています。

雲凝結核としてはたらくエアロゾルは、もちろん海塩や硫酸塩だけではありません。たとえばサハラ

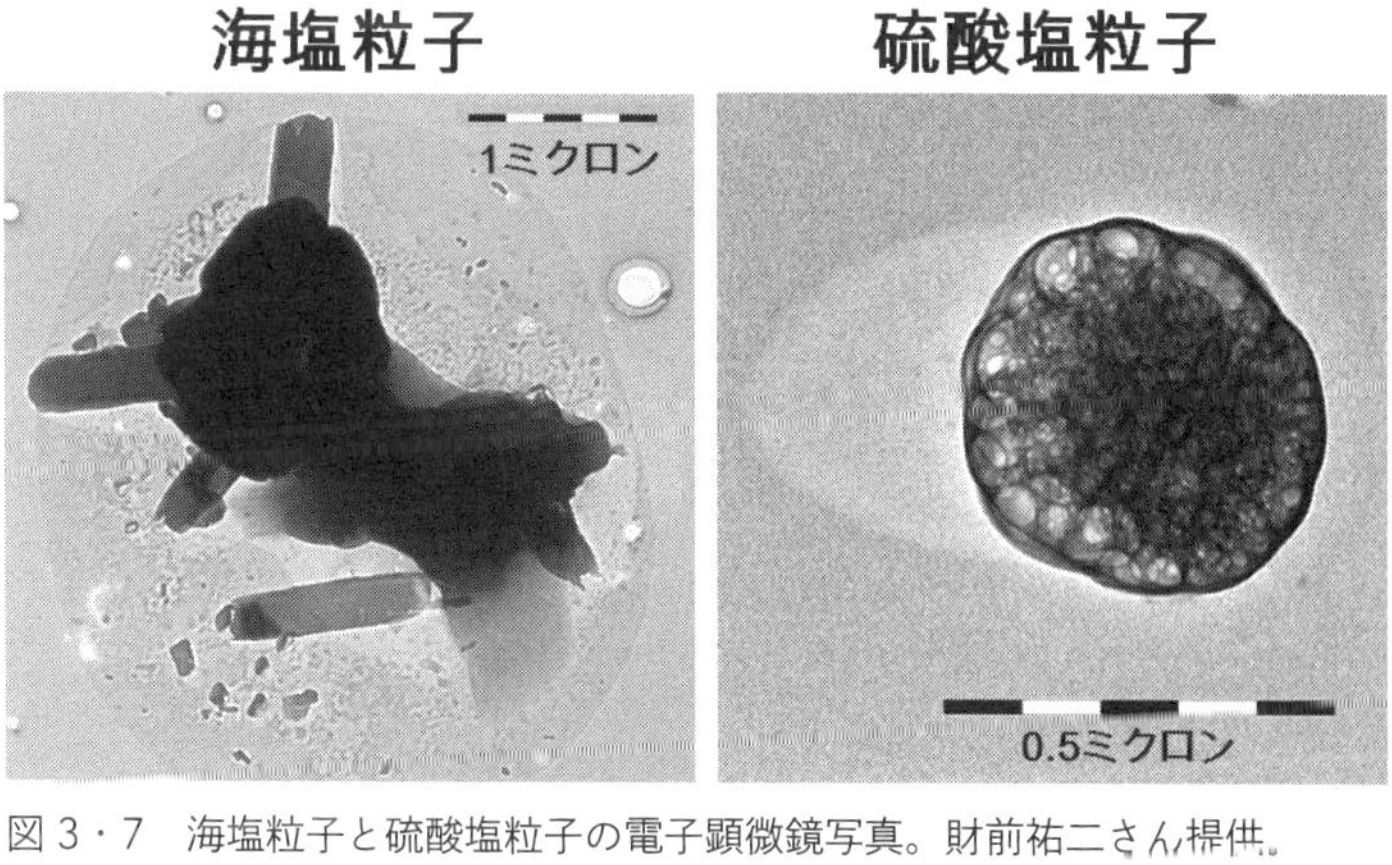
海塩粒子
1ミクロン
硫酸塩粒子
0.5ミクロン

図3・7　海塩粒子と硫酸塩粒子の電子顕微鏡写真。財前祐二さん提供。

砂漠上空の水雲の雲凝結核を調べた研究では、塩は約10％しか含まれておらず、約80％が土壌起因のエアロゾルであることがわかっています（Twohy *et al.* 2009）。その他に、有機成分のエアロゾルも雲凝結核として考える必要があるといわれてきています。

最近ではエアロゾルの「水蒸気を取り込む能力」を表す物理量κ（カッパ）を使って、さまざまなエアロゾルの雲凝結核特性を表現する**κ（カッパ）ケーラー理論**（Petters and Kreidenwis 2007）が提唱されました。この理論にもとづいて、世界各国でエアロゾルの雲凝結核としてのはたらきを調べる取り組みがなされています。

雲粒と雨粒のドラマ ―― 出会いと別れ

雲粒が凝結成長だけで雨粒まで成長するのは、実は現実的ではありません。雲粒が成長するということは、体積（半径の3乗に比例）が大きくなるということで、そのぶんの水分子が雲粒に入り込まなくてはなりません。しかし、雲粒に入り込む水分子の数は、雲粒の表面積（半径の2乗に比例）に比例します。

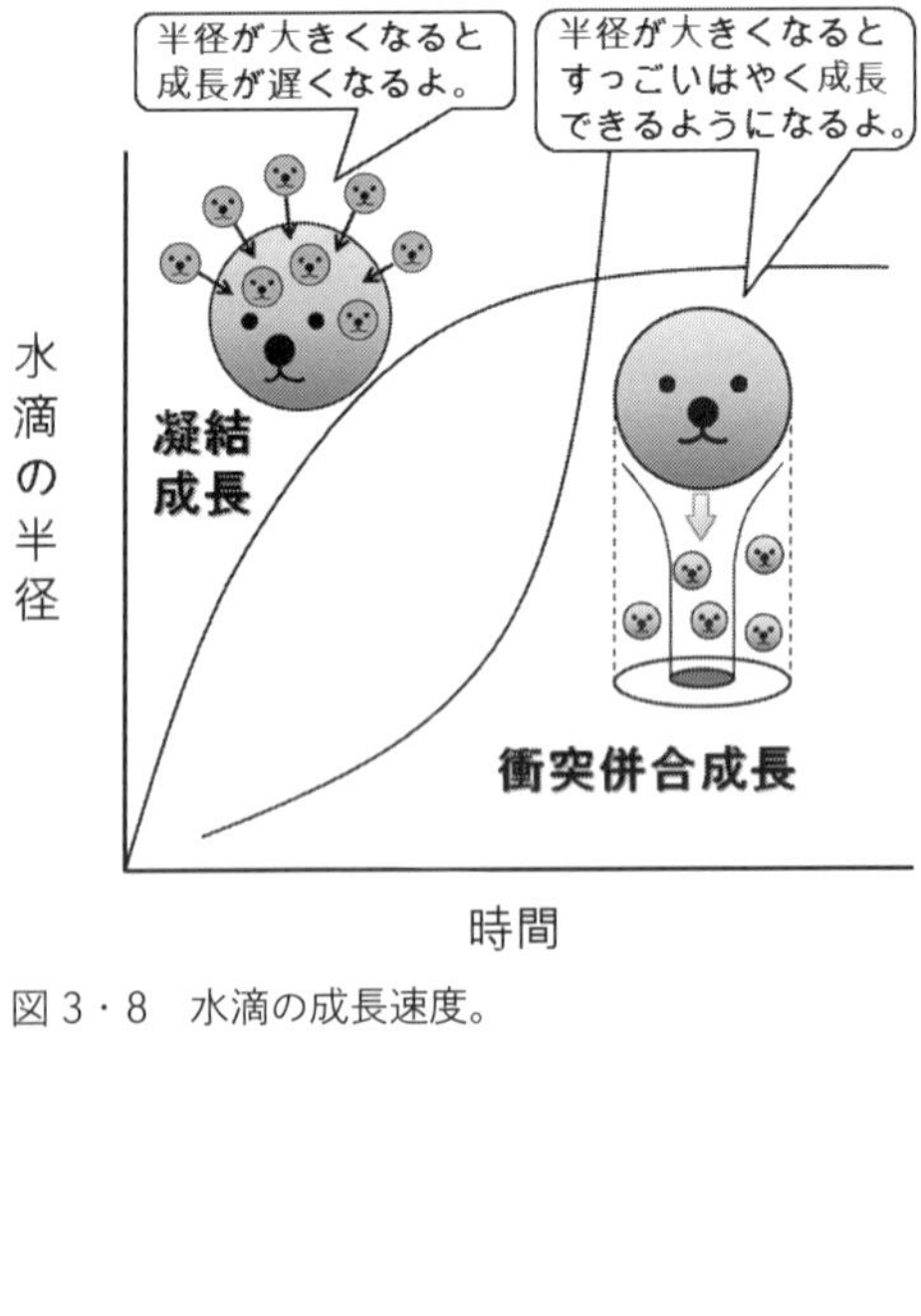
半径が大きくなると成長が遅くなるよ。
半径が大きくなるとすっごいはやく成長できるようになるよ。
凝結成長
衝突併合成長
水滴の半径
時間

図3・8　水滴の成長速度。

つまり、雲粒の半径が大きくなる割合を雲粒の成長速度と考えれば、半径の大きな雲粒ほど凝結成長による成長速度は小さくなります（図3・8）。実際、雲の中の代表的な水蒸気量を考えた場合、半径1ミクロンの雲粒が半径0・1ミリメートルの雨粒になるまでには3時間程度かかりますが、半径1ミリの雨粒にまで成長するためには約2週間もの時間がかかってしまうのです。

雲粒が雨粒まで成長するとき、大きな落下速度を持つ雲粒が相対的に小さい落下速度を持つ雲粒に衝突して合体（併合）する**衝突併合成長**（しょうとつへいごう）が起こっています。凝結成長では時間とともに成長が遅くなるのに対し、衝突併合成長は加速度的に雲粒が成長します（図3・8）。小さな雲粒のある環境で大きな雲粒が落下している状況を考えてみましょう（図3・9）。落下している雲粒の周囲には雲粒を回り込む空気の流れがあるため（図1・43：80ページ）、大きな雲粒の真下にある小さな雲粒がすべて衝突・併合するわけではありません。図3・9の大きな雲粒には灰色の断面積を持つ円筒内の小さい水滴が衝突します。この灰色の円の面積と大きな雲粒の断面積の比率は**衝突率**とよばれ、通常は1・0以下です。

この衝突率は、雲粒同士の落下速度の差と、小さ

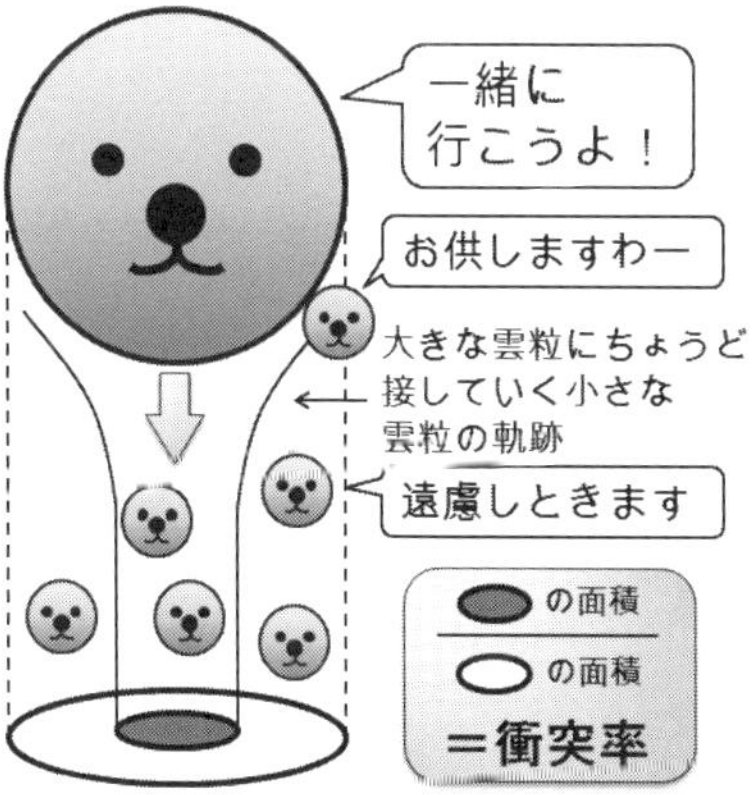

一緒に
行こうよ！
お供しますわー
大きな雲粒にちょうど
接していく小さな
雲粒の軌跡
遠慮しときます
の面積
の面積
＝衝突率

図3・9　衝突併合成長。

な水滴の空気の流れへの乗り方によって変化します。もし相対的に大きな雲粒が小さすぎれば、大きな雲粒の落下速度も小さいために、小さな雲粒は空気の流れに乗りすぎて大きな雲粒を回り込んでしまいます。すると雲粒同士は衝突できず、大きな雲粒は成長しません。これまでの研究で、大きな雲粒が半径0・02ミリメートル以上でないと衝突併合成長ははじまらないことがわかっています。海洋上で発生する積雲では雲が発生してから15~20分で雨が降ることがあり、このような雲では大小さまざまな雲粒が存在しているため

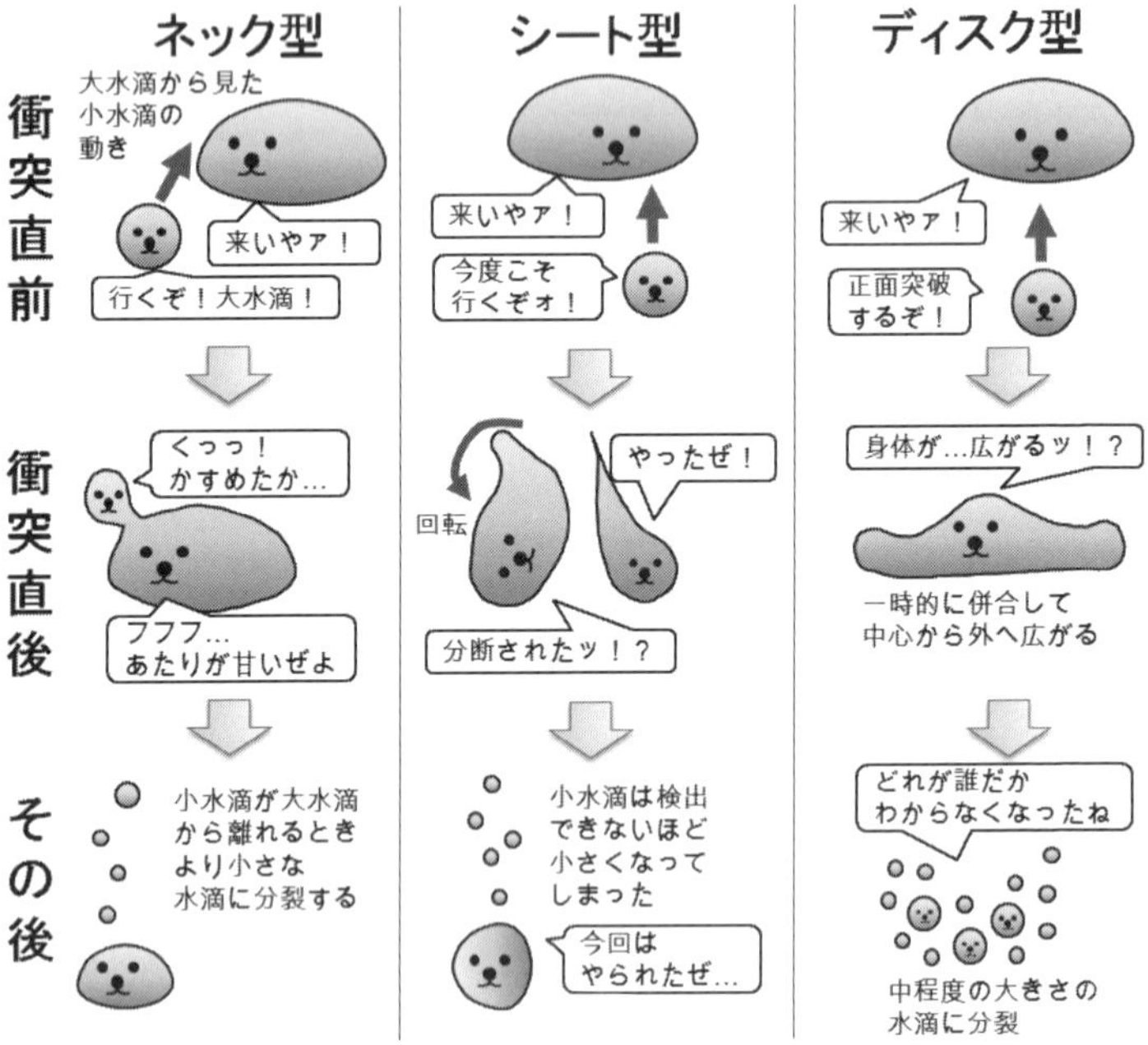

ネック型
シート型
ディスク型
衝突直前
大水滴から見た小水滴の動き
来いやァ！
行くぞ！大水滴！
来いやァ！
今度こそ行くぞォ！
来いやァ！
正面突破するぞ！
衝突直後
くっっ！かすめたか…
フフフ…あたりが甘いぜよ
回転
やったぜ！
分断されたッ！？
身体が…広がるッ！？
一時的に併合して中心から外へ広がる
その後
小水滴が大水滴から離れるときより小さな水滴に分裂する
小水滴は検出できないほど小さくなってしまった
今回はやられたぜ…
どれが誰だかわからなくなったね
中程度の大きさの水滴に分裂

図3・10　雨粒の衝突分裂の種類。

に衝突併合成長が起こりやすいと考えられています。

また、成長して大きくなった雨粒はいずれ**分裂**します（図1・45：81ページ）。そして小さくなった雨粒は、また雲の中で他の雨粒や雲粒と衝突します。衝突する水滴がすべて併合するわけではなく、衝突して分裂する雨粒もあります。大きさの異なる雨粒同士の衝突・分裂は大きく3つに分けることができ（図3・10）、ひとつは雨粒同士がかするように衝突することでネック型とよばれる分裂が起こります。このとき大きな雨粒は衝突後も保たれていて、小さな雨粒が大きな雨粒から離れる際に、より小さな水滴になります。また、大きな雨粒の片側が裂けるように小さな雨粒が衝突するシート型の分裂では、大きな雨粒は衝突点を中心に回転し、衝突した小さな雨粒は分裂してごく小さな水滴になります。さらに大きな雨粒の中心に小さな雨粒が衝突するディスク型の分裂では、一時的に雨粒同士は併合します。しかし、大きな雨粒は中心から外側に向かってディスク状に広がり、多くの中程度の大きさの水滴に分裂します。

このような数多くの出会いと別れのドラマが、暖かい雨を降らせる雲の中では繰り広げられています。衝突併合成長では水滴の落下速度を決める重力が重要ですが、その他に電磁場や風の乱れ（**乱流**（らんりゅう））の影響も受けています。現実はこのような複雑なプロセスが多くあるため、衝突併合による雲粒の成長を表現する方法にもさまざまなアプローチがあり、凝結成長を含めた暖かい雨のプロセスは現在もなお研究が進められています。

3 「冷たい雨」を追いかけろ！

水滴に加えて氷晶も含まれる雲から降る雨のことを、**冷たい雨**（cold rain）とよびます。日本における降水の大部分は冷たい雨です。冷たい雨が形成されるまでには、暖かい雨のプロセスに加えて氷晶核形成や氷晶と水滴、氷晶同士の相互作用などがあり、かなり複雑です。しかし、冷たい雨における氷晶の成長速度は暖かい雨における水滴の成長よりも速く、より短時間で降水をもたらすことができます。

私は幼少の頃、関東で雪が降った日に外に出て、飴を舐めながら雪を食べて「かき氷だ！」と喜んでいたことがありました。しかし、車を運転するようになってからは、雪が降った後はひどく車体が汚れることに気付き、「もしかして雪は汚い？」と感じはじめました。そして、雲の研究をするようになって、氷晶核としてはたらくエアロゾルを調べていくうちに、また雪のかき氷を食べようとは思わなくなりました。もしみなさんのお子様が同じ道を進もうとされていたら、優しく「コタツで食べたほうが美味しいよ」と諭し、汚くない氷で作ったかき氷を食べさせてあげてください。

ここでは、氷晶核形成から降水粒子の成長まで、冷たい雨のプロセスについて紹介します。

水は何℃で凍る？　氷晶の均質核形成

「水は0℃で凍る」ということは常識として知られています。では、雲の中でも、気温が0℃より低い高度ではすべての雲粒子は氷晶なのかというと、実はそうはなっていません（第1章3節；49ページ）。雲の中では、マイナス20℃でも過冷却水滴が多く存在しています。

大気中で氷晶が誕生するまでには、水滴と同様な不均質核形成だけでなく、水滴では現実的に起こりえなかった均質核形成も起こります。氷晶の均質核形成（**均質凍結**）は、過冷却水滴が約マイナス40℃まで冷やされたときに起こることがわかっており、巻雲や地形性の波状雲などで観測されています。均質凍結が起こるまでには、過冷却水滴中にある水分子が安定した氷の構造を作り、その小さな氷が氷晶核としてはたらくと考えられています。

未知なる氷晶核と氷晶の誕生秘話

実際の雲の中では、均質凍結が起こるよりも高い気温で氷晶が発生しています。水滴と同様に、氷晶でもエアロゾルが氷晶核としてはたらくことで不均質核形成が起こっているのです。氷晶の不均質核形成にはいくつかのモードがあり（図3・11）、これらのモードでは氷と水の飽和水蒸気圧が異なることが深く関係しています。まず、氷について過飽和となっているとき、氷晶核に直接氷晶が形成されることを**昇華凝結**とよびます。次に、水について飽和しているときに氷晶核を芯に凝結による水滴が形成され、その後に水滴が凍結して氷晶が発生することを**凝結凍結**といいます。また、水滴内部に取り込まれた氷晶核によって過冷却水滴が凍結することは**内部凍結**、氷晶核と過冷却水滴が接触して水滴が凍結することは**接触凍結**とよばれます。

最近の研究で、これらの氷晶核形成のモードがどのような気象状態で発生するかについてまとめられました（Hoose and Möhler 2012）。その研究では、さまざまな種類のエアロゾルの氷晶核としての特性を室内実験で調べ、各モードが発生するときの気温と氷の過飽和度の関係を図3・12のようにまとめています。図から、接触凍結はマイナス20℃よりも高温な環境で起こり、それに次いで内部凍結と凝結凍結もマイナス30℃より高い気温で起こることがわかります。もう少し低温になると昇華凝結や

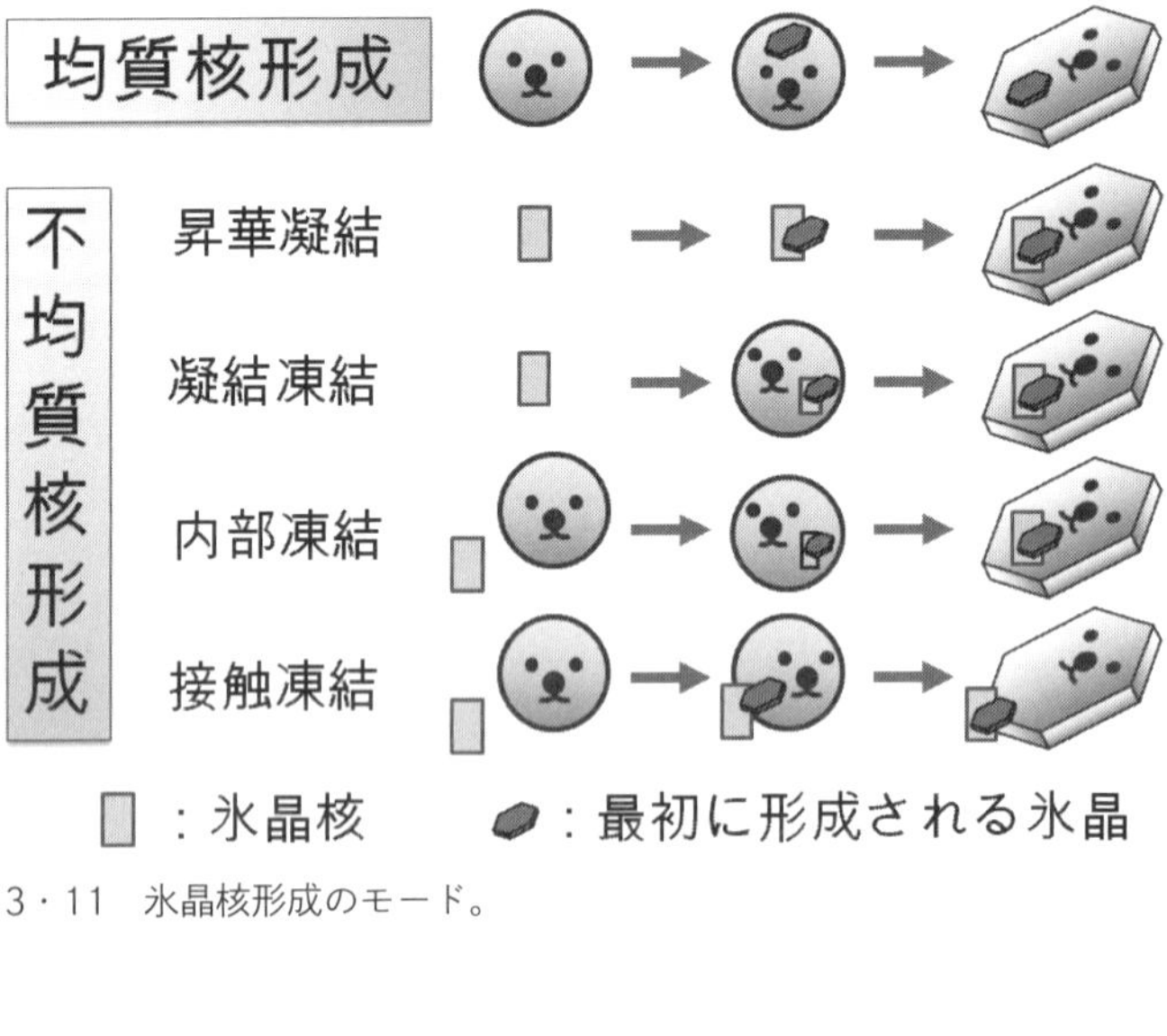
均質核形成
不均質核形成
昇華凝結
凝結凍結
内部凍結
接触凍結
：氷晶核
：最初に形成される氷晶

図3・11　氷晶核形成のモード。

雲粒の均質凍結が起こり、さらに低温の環境では溶質のエアロゾルを含む水滴の内部凍結が起こります。

　これらのモードのうち、凝結凍結や一部の内部凍結ではエアロゾルが雲凝結核としてもはたらいていますが、他のモードでは水にとけない**不溶性**エアロゾルなどが氷晶核としてはたらきます。そもそも氷晶核は雲凝結核に比べて非常に数が少なく、マイナス20度の1リットルの空気（1000立方センチメートル、牛乳パック1個分）あたりに1個の氷晶核がある程度です。この数は気温が下がるほど増えますが、雲の中で大きな過冷却水滴が凍結するとき、凍結した氷晶からごく小さな氷の破

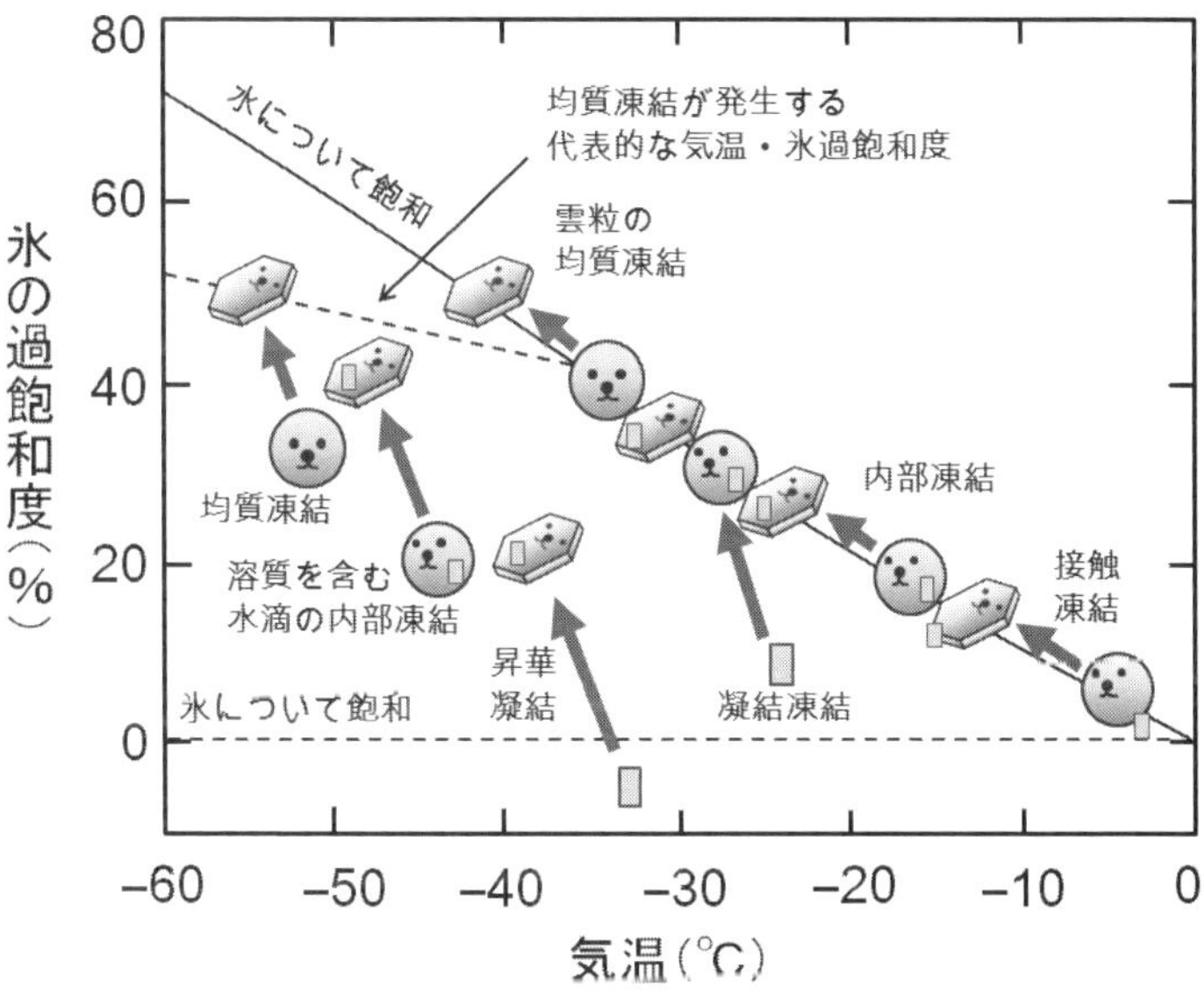

80
60
40
20
0
氷の過飽和度（%）
−60
−50
−40
−30
−20
−10
0
気温（℃）
氷について飽和
均質凍結が発生する
代表的な気温・氷過飽和度
雲粒の
均質凍結
内部凍結
接触
凍結
均質凍結
溶質を含む
水滴の内部凍結
昇華
凝結
凝結凍結
氷について飽和

図3・12　気象状態ごとの氷晶核形成。Hoose and Möhler（2012）をもとに作図。

片が飛び散る現象が起きます。この氷の破片は新たな核となり、急速に多くの氷晶が形成されていきます（後述の二次氷晶のひとつです）。つまり、どのような気象状態で最初に氷晶核形成が起こるかを特定することが、氷晶の成長プロセスの理解には非常に重要なのです。

氷晶核としてはたらく自然起源エアロゾルは、火山灰や黄砂などの**鉱物粒子**や**土壌粒子**などであるといわれています（図3・13）。昔の研究では流れ星が燃焼して発生した粒子も氷晶核としてはたらくといわれたことがありました。しかし、世界各地で観測が行なわれるようになり、地球起源の成分で氷晶核のほとんどが説明できるようです。最近の研究では、氷晶核としてはたらくエアロゾルの30%程度がバクテリアなどの**バイオエアロゾル**だったという観測例も報告されており（Pratt *et al.* 2009）、野外観測や室内実験によってさまざまなエアロゾルの氷晶核特性を調べる試みが世界的に進められています。

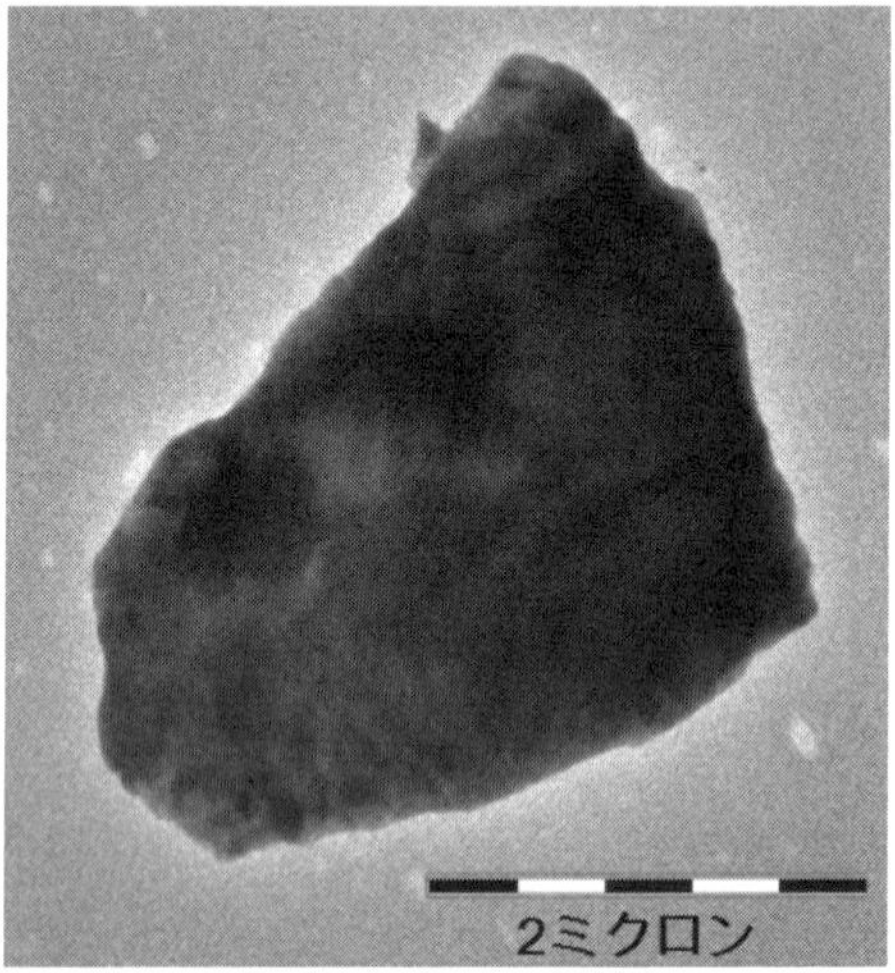
2ミクロン

図3・13　鉱物粒子（アルミノシリケイト）の電子顕微鏡写真。財前祐二さん提供。

なお、氷晶が生まれるメカニズムは大きく分けて2種類あり、ここまでの核形成のプロセスで発生する氷晶を**一次氷晶**とよぶのに対し、**二次氷晶**とよばれるものがいくつかあります（図3・14）。前述のような過冷却水滴が凍結する際に発生する氷晶のほかに、過冷却水滴が氷晶に衝突する際に発生する氷晶や、氷晶同士の衝突で生まれる氷晶の破片などがこれにあたります。実際に氷晶核の数よりも数桁以上多い数の氷晶を持つ氷雲が観測されることがあり、そのような雲では核形成だけでなく二次氷晶が効いていると考えられています。しかし、これについてハッキリしたことはまだわかっていません。

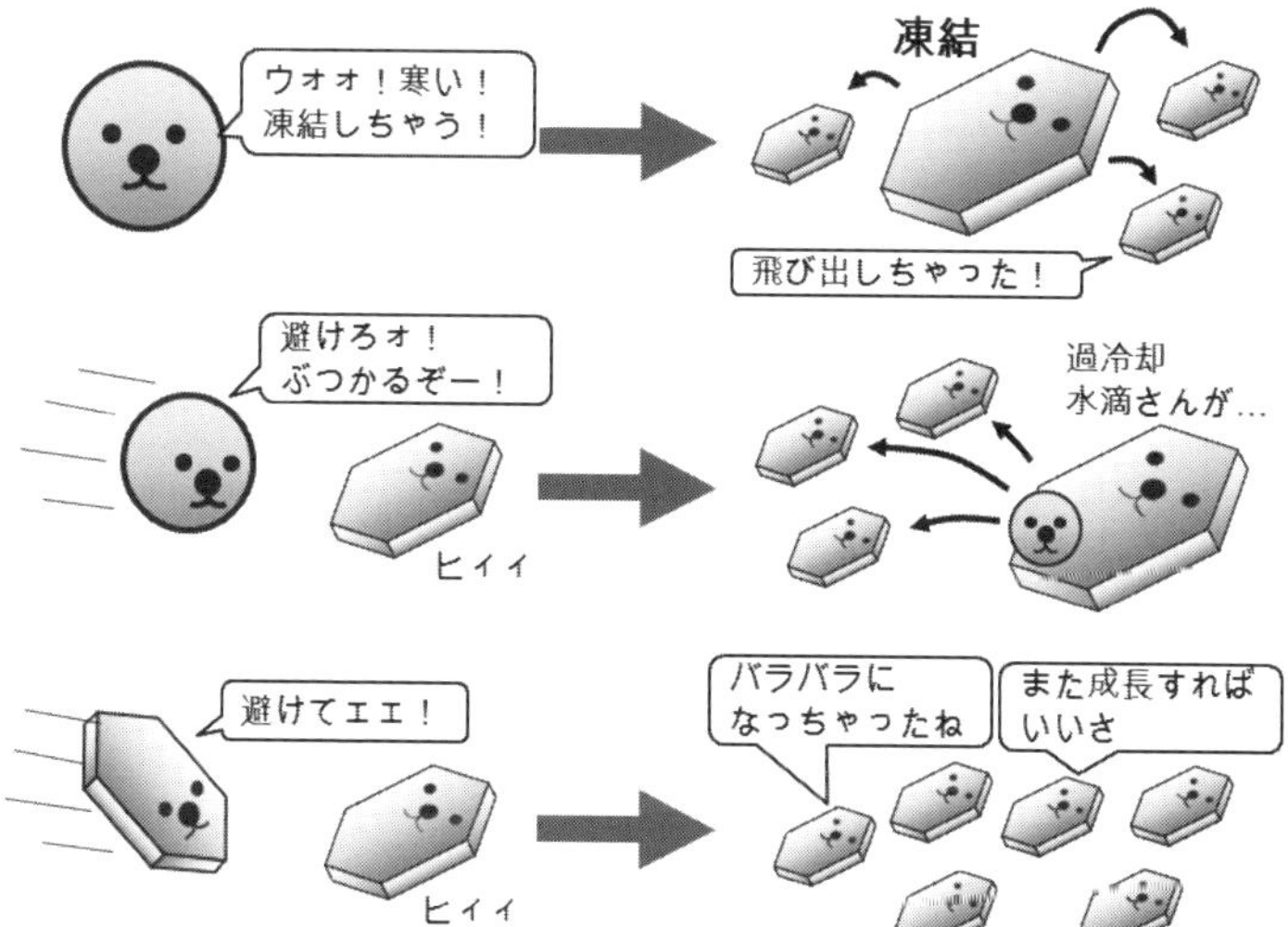
ウオォ！寒い！
凍結しちゃう！
凍結
飛び出しちゃった！
避けろォ！
ぶつかるぞー！
ヒィィ
過冷却
水滴さんが…
避けてエエ！
ヒィィ
バラバラに
なっちゃったね
また成長すれば
いいさ

図3・14　二次氷晶のメカニズム。

六角形の氷晶の成長物語

水滴の凝結成長と同様に、水蒸気の水分子が氷晶の表面に拡散して氷晶が成長することを**昇華成長**とよびます。凝結成長では球形の水滴を考えましたが、氷晶の昇華成長では多様な形状の氷晶があるため複雑です。第1章6節では氷晶の形状による分類を紹介しましたが、ここでは昇華成長に着目した氷晶の気象学的分類について紹介します。

冬には街中などで、五角形や七角形などの樹枝状結晶の飾りを見かけることがありますが、このような形状の氷晶は絶対に存在しません。氷晶は必ず六角形の結晶構造を基本としており、その結晶の成長する方向によって角板状か角柱状の結晶に分類されます。

では、なぜ氷晶が六角形の結晶構造をしているのかを少し考えてみましょう。水滴の凝結成長のはじまりは、水分子同士が衝突し、小さな水滴の芽が形成されることでした。氷晶の場合は水滴と少し異なり、水分子同士が結合することで小さな氷晶の芽が生まれます。

まず水分子（H_2O）の構造を見てみると、ひとつの酸素原子（O）とふたつの水素原子（H）が104・45度の角（**結合角**）をなすように位置しています（図3・15）。水分子内の水素原子と酸素原子とで電子を引き寄せる強さ（**電気陰性度**）を比べると、酸素原子のほうが水素原子よりも電気陰性度は大きいことが知られています。そのため、水分子を形成する水素原子は、少しだけ正の電気量（**電荷**：第5章2節：220ページ）を持つようになります。逆に電子を引き寄せた酸素原子は、少しだけ負の電荷を持ちます。正と負の電荷を持つ原子間には**静電引力**（せいでんいんりょく）という引き付け合う力がはたらくため、ある水分子の酸素原子と別の水分子の水素原子とが結合します。これを**水素結合**とよんでいます。

水素結合後は酸素原子には3つの水素原子が結合しているため、水素原子同士がバランスを保つために結合角は120度ちょうどになります。そのため、小さな氷晶の芽は六角形の基本構造をしているのです。氷晶の芽が昇華成長する際、水素結合が氷晶の芽の六角形に対して水平方向と垂直方向のどちらに進むかによって、氷晶が角板状に成長するか角柱状に成長するかが決まります。

図3・16は、**小林ダイヤグラム**とよば

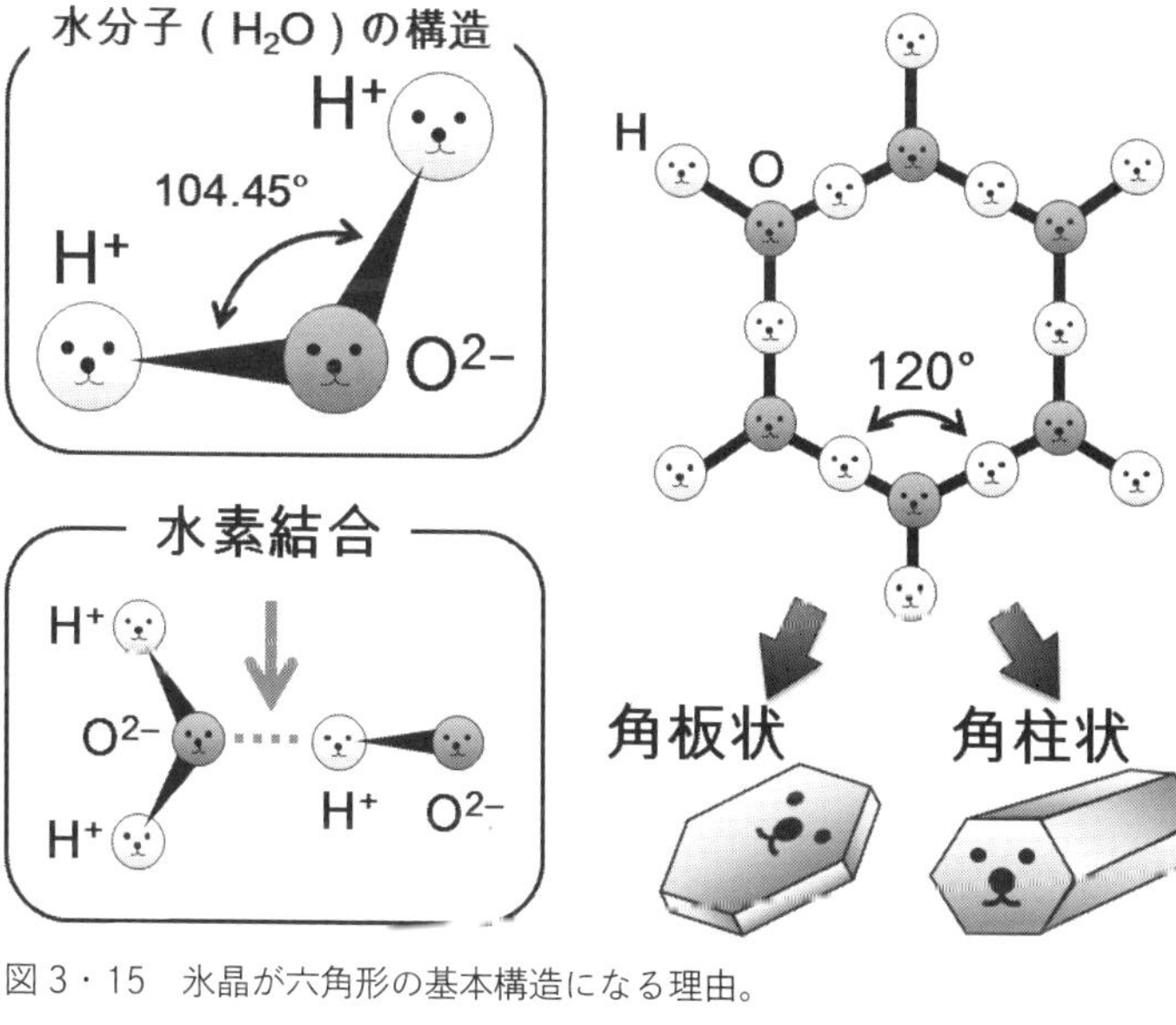

水分子（H_2O）の構造
H^+
104.45°
H^+
O^{2-}
水素結合
H^+
O^{2-}
H^+
H^+
O^{2-}
H
O
120°
角板状
角柱状

図3・15　氷晶が六角形の基本構造になる理由。

れている氷晶の種類と気象条件（気温・氷飽和を超える水蒸気量）の関係を示す図です（Kobayashi 1961：小林　1984）。もともとは、中谷宇吉郎博士が氷晶の種類と気温・氷過飽和度（%）の関係を示す**中谷ダイヤグラム**を提唱していました。小林禎作博士は、中谷博士の行なった氷晶分類の実験よりも水蒸気量の測定精度の高い実験を行ない、小林ダイヤグラムを提唱したのです。

　氷晶は、成長するときの環境の気温が0～マイナス3℃なら角板状、マイナス3～マイナス10℃では角柱状、マイナス10～マイナス22℃では角板状、マイナス22℃以下では角柱状と、晶癖が変化します。またその

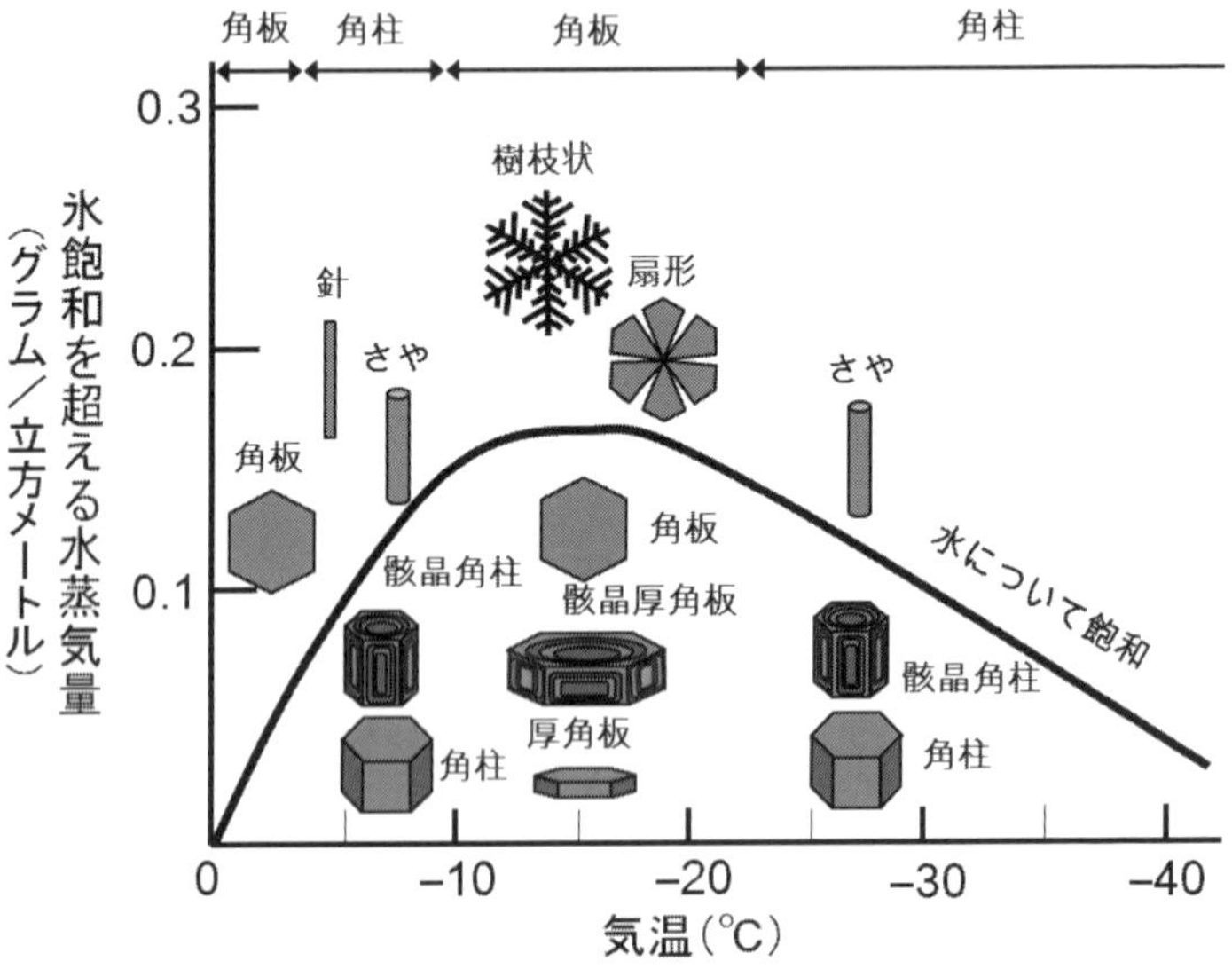
角板
角柱
角板
角柱
0.3
0.2
0.1
0
氷飽和を超える水蒸気量
（グラム／立方メートル）
樹枝状
扇形
針
さや
角板
さや
骸晶角柱
角板
骸晶厚角板
骸晶角柱
厚角板
角柱
角柱
氷について飽和
-10
-20
-30
-40
気温（℃）

図3・16　氷晶の種類と気温、氷飽和を超える水蒸気量との関係（小林ダイヤグラム）。

ときの氷飽和を超える水蒸気量によって、骸晶構造とよばれる階段のような形をした結晶や樹枝状結晶などに氷晶は変化します。小林博士は、氷飽和を超える水蒸気量による氷晶の変化を晶癖とは区別し、「成長の型」とよびました。中谷ダイヤグラムが氷晶の結晶構造の習性に関するダイヤグラムとよばれていたのに対し、小林ダイヤグラムは「成長の型」をより具体化したことで、氷晶の種類と気象条件の関係を示す図として多く用いられるようになりました。

このような氷晶の変化は、氷晶が成長する環境の気温や氷過飽和度によって、角板状または角柱状のどの面に水分子が拡散して氷晶が昇華成長するかが異なるために起こります。気象状態による氷晶の変化について、これまで何人もの研究者が調べてきましたが、おおむね小林ダイヤグラムと一致しています。氷晶の形状を観察すれば、その氷晶が成長した環境の気象状態を知ることができるため、中谷博士は「雪は天から送られた手紙である」といったのです。これらの晶癖の変化は観測事実として古くから知られていますが、なぜそうなるのかという説明は十分にはされていない部分が多く、これから解決していくべき課題です。

実のところ、天から送られた手紙を「解読できていない」というのが現状です。地上に舞い降りてきた氷晶はその場で観察することはできますが、雲の中で実際にどうなっているかを調べるのは難しいからです。雲の中の氷晶は、その観測の難しさから形成プロセスや正確な形状、重さ、数の観測・予測が十分にできているとはまったくいえないのです。降雪粒子の観測と予測の研究をされている防災科学技術研究所雪氷防災研究センターの中井専人博士と、「雪は天から送られた手紙である」という言葉に続く詩として「しかし、何語で書かれているかわからないので、解読するのにひと苦労」を付け加えられますねと話したことがあります。降雪粒子の実態把握と予測は、今後さらに進めていかなくてはなりません。

霰と雹が生まれるまで

春や秋などに急に天気が悪くなって、**霰**（あられ）や**雹**（ひょう）がバラバラ降り始めることがあります。また、雹は時としてグレープフルーツくらいの大きさになることもあり、農作物や家屋に被害を及ぼします。美しい形をした氷晶が、どうしてそのような凶悪な大きさにまで成長するのでしょうか？　そこには昇華成長とは別の成長プロセスがあるのです。

霰と雹の成長プロセスは基本的には同じです（図3・17）。雲の中を氷晶や比較的大きな凍結した雲粒が落下している最中に、多くの過冷却雲粒（水滴）が表面に付着します。付着した過冷却雲粒は凍結し、段々と大きくなります。このような成長を**雲粒捕捉成長**（うんりゅうほそくせいちょう）（**ライミング：riming**）とよびます。図3・18は、過冷却雲粒が付着した樹枝状結晶（じゅしじょうけっしょう）（**雲粒付結晶**（うんりゅうつきけっしょう））です。雲粒捕捉成長で中心となる氷晶は角板や樹枝状結晶などの平らなものが主であるといわれていますが、これらは回転しながら落下して雲粒捕捉成長をするため、霰や雹に成長する頃には球形になっています。

霰と雹は一見同じような形をしていますが、一般的に氷晶の直径が5ミリメートル未満のものを霰、それ以上のものを雹とよんでいます。霰は雲粒捕捉成長した氷晶がそのまま地上に落下したものです。

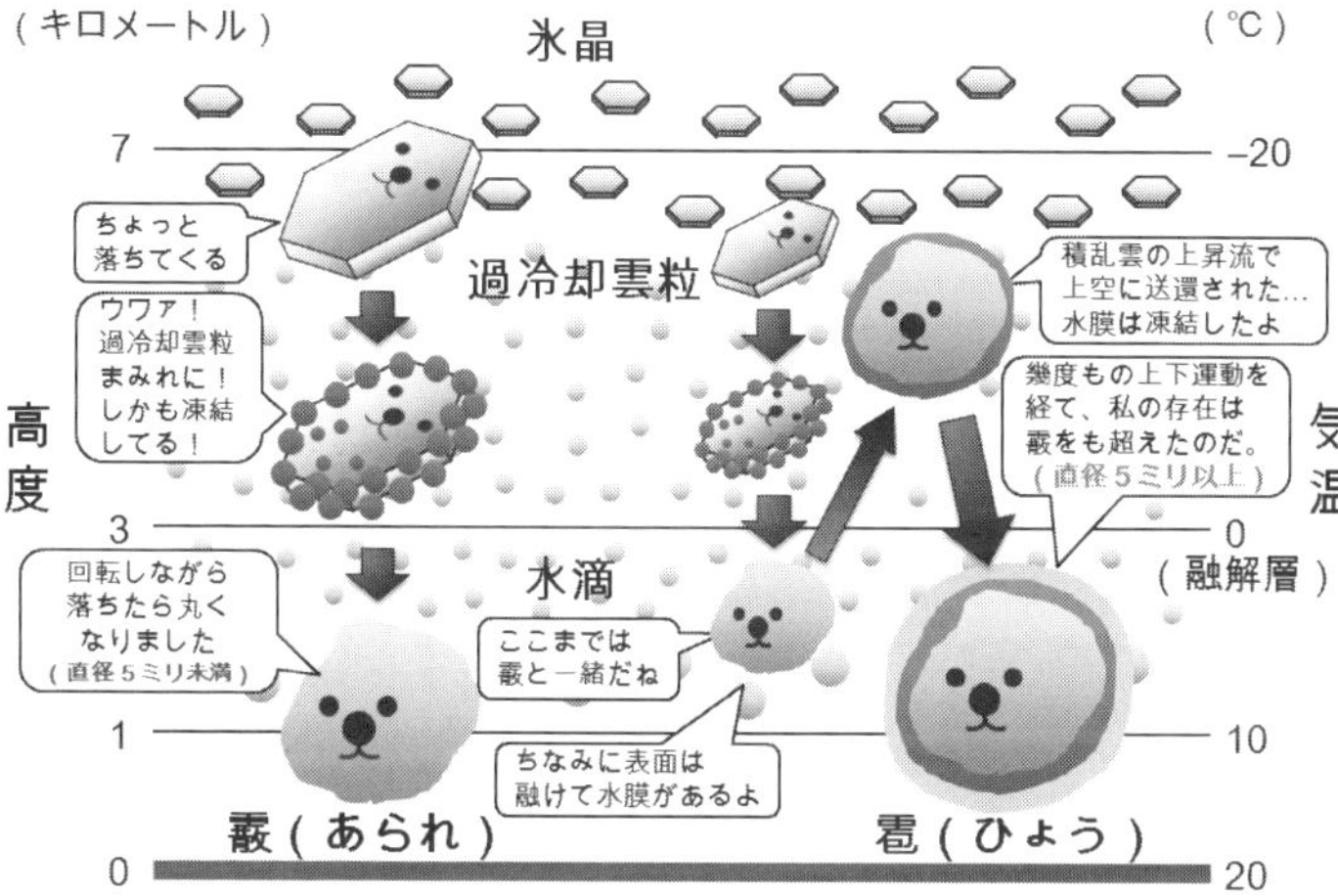

（キロメートル）
（℃）
氷晶
7
−20
ちょっと
落ちてくる
過冷却雲粒
積乱雲の上昇流で
上空に送還された…
水膜は凍結したよ
ウワァ！
過冷却雲粒
まみれに！
しかも凍結
してる！
幾度もの上下運動を
経て、私の存在は
霰をも超えたのだ。
（直径５ミリ以上）
高度
気温
3
0
（融解層）
水滴
回転しながら
落ちたら丸く
なりました
（直径５ミリ未満）
ここまでは
霰と一緒だね
1
10
ちなみに表面は
融けて水膜があるよ
霰（あられ）
雹（ひょう）
0
20

図３・17　霰と雹の成長プロセス。

1ミリメートル

図３・18　雲粒付結晶の写真。石坂雅昭さん提供。

霰が雹になるためにはさらに成長する必要があり、素直に地上に落下してくるわけではありません。ここで、上空の0℃の層（**融解層**）より下に落ちた霰を考えると、周囲の気温がプラスなので霰の表面が融けて水膜が形成されます。このとき、この霰が積乱雲中の上昇流によって融解層よりも上空に持ち上げられると、水膜が凍結してより大きな氷の塊になります。その氷の塊は雲粒捕捉成長をしながら落下して融解層以下の高度で表面が融解し、また上昇流によって持ち上げられて凍結します。このように融解層をまたいで上下方向の運動を繰り返すうちに、雹とよばれる巨大な氷の塊に成長するのです。

典型的な雹を輪切りにしてみると、樹木の年輪のような、不透明な氷の層と透明な氷の層の階層構造が見られます。雹に雲粒が付着してすぐに凍結すると、隙間に空気が入るので不透明な氷が形成されますが、雹に付着した雲粒が融解して雹全体を覆ってから凍結すれば、空気は抜けるので透明な氷が形成されるのです。前者を雹の乾燥成長、後者を湿潤成長とよんだりもします。もしみなさんが雹に出くわしたら、雹がとけてしまう前に割って断面を見てみてください。雲の中を何度上下運動してきたのかがわかるかもしれません。

手をつないだ雪と雪

「牡丹雪」といわれるような大きくゆっくり落下する雪は、**雪片**とよばれる氷晶です。雪片をよく見てみると、樹枝状結晶などのさまざまな氷晶が重なり合っています（図3・19）。このように、氷

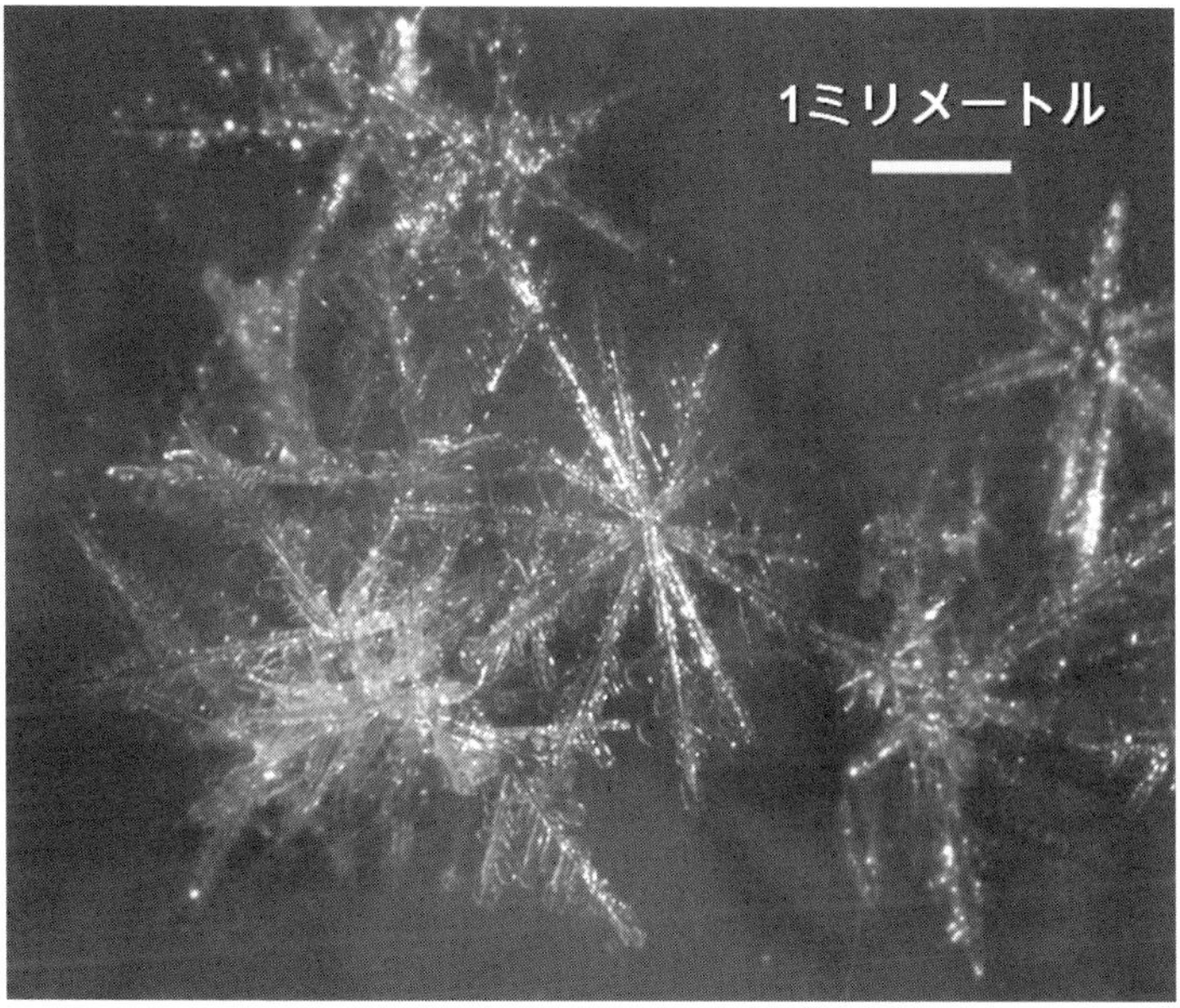
1ミリメートル

図3・19　雪片の写真。石坂雅昭さん提供。

晶が他の氷晶を捕捉して成長することを氷晶の**併合成長**とよびます。併合成長で大きくなった雪片は直径が数センチメートルから10センチメートルに及ぶこともあり、これが融解すると大きな水滴となります。

水滴の衝突併合成長と同様に、氷晶の併合成長でも氷晶同士の落下速度が異なることが重要です。そのため、たとえば樹枝状結晶のみよりも、落下速度の異なる雲粒付結晶と樹枝状結晶、角板などの組み合わせで雪片は作られやすいのです。また、氷晶の併合成長が起こるためには雲内の氷晶の数が多いことが必要です。過冷却雲粒よりも氷晶の数が多いと雪片が形成され、逆であれば霰が形成されると考えてよいでしょう。

ただし、氷晶は水滴とは違って固体なので、衝突しただけではうまく併合できません。普通、氷晶同士はくっついてもすぐに離れてしまうのです（図3・20）。周囲の気温と雪片の成長に関する実験の結果によると、マイナス15℃付近と0℃付近で大きな雪片が成長することがわかっています。これは小林ダイヤグラム（図3・16）からわかるように、マイナス15℃付近では樹枝状結晶や枝のある氷晶が成長するので、それらが衝突後に併合しやすいのです。また、0℃に近い気温の層に氷晶があれば、氷晶同士が衝突して再凍結することでしっかりと併合できます。牡丹雪を見る機会があれば、いくつの氷晶が重なっているのかよく見てみると面白そうですね。

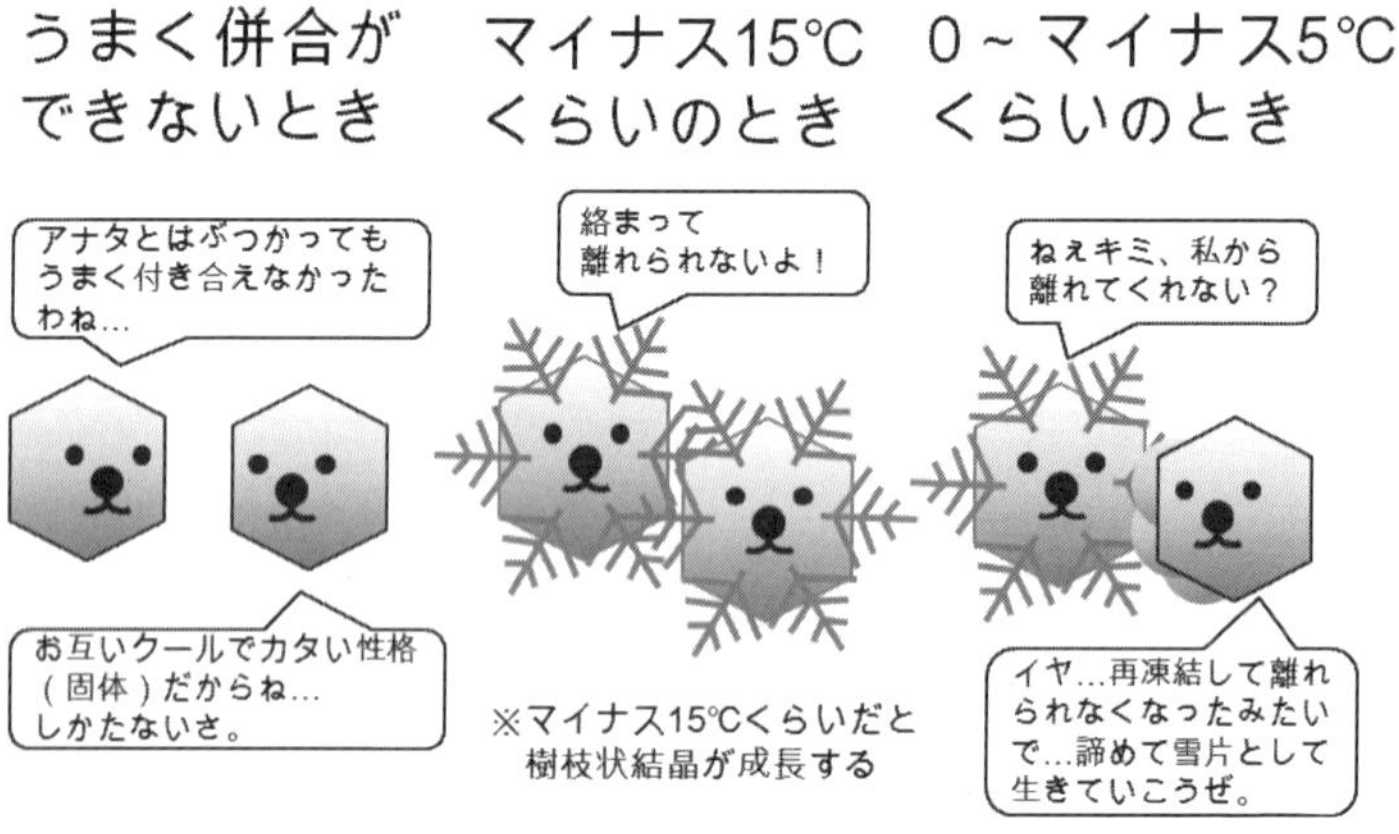

うまく併合ができないとき
マイナス15℃くらいのとき
0～マイナス5℃くらいのとき
アナタとはぶつかってもうまく付き合えなかったわね…
お互いクールでカタい性格（固体）だからね…しかたないさ。
絡まって離れられないよ！
※マイナス15℃くらいだと樹枝状結晶が成長する
ねえキミ、私から離れてくれない？
イヤ…再凍結して離れられなくなったみたいで…諦めて雪片として生きていこうぜ。

図3・20　雪片のイメージ。

雨で降るか雪で降るか

冬でも雪が頻繁に降るわけではない関東平野などでは、雪を心配したり楽しみにしたりする方が多いと思います。「雪を楽しみにしていたのに、実際に降ってきたのは雨でガッカリ」という経験をされた方も多いかと思います。このとき降ってきた地上の雨は、上空で形成された氷晶が落下中に融解したものです。上空で成長した氷晶が融解しきらずに地上に落下したものが、雪などの降雪粒子なのです。

雨、みぞれ、雪のどの形態で降るかは、地上の気温と相対湿度との関係からある程度は統計的にわかっています（図3・21）。地上気温が高ければ降雪粒子は当然融解しやすくなりますが、融解層よりも低い高度での相対湿度が低ければ降雪粒子が効率よく昇華しま

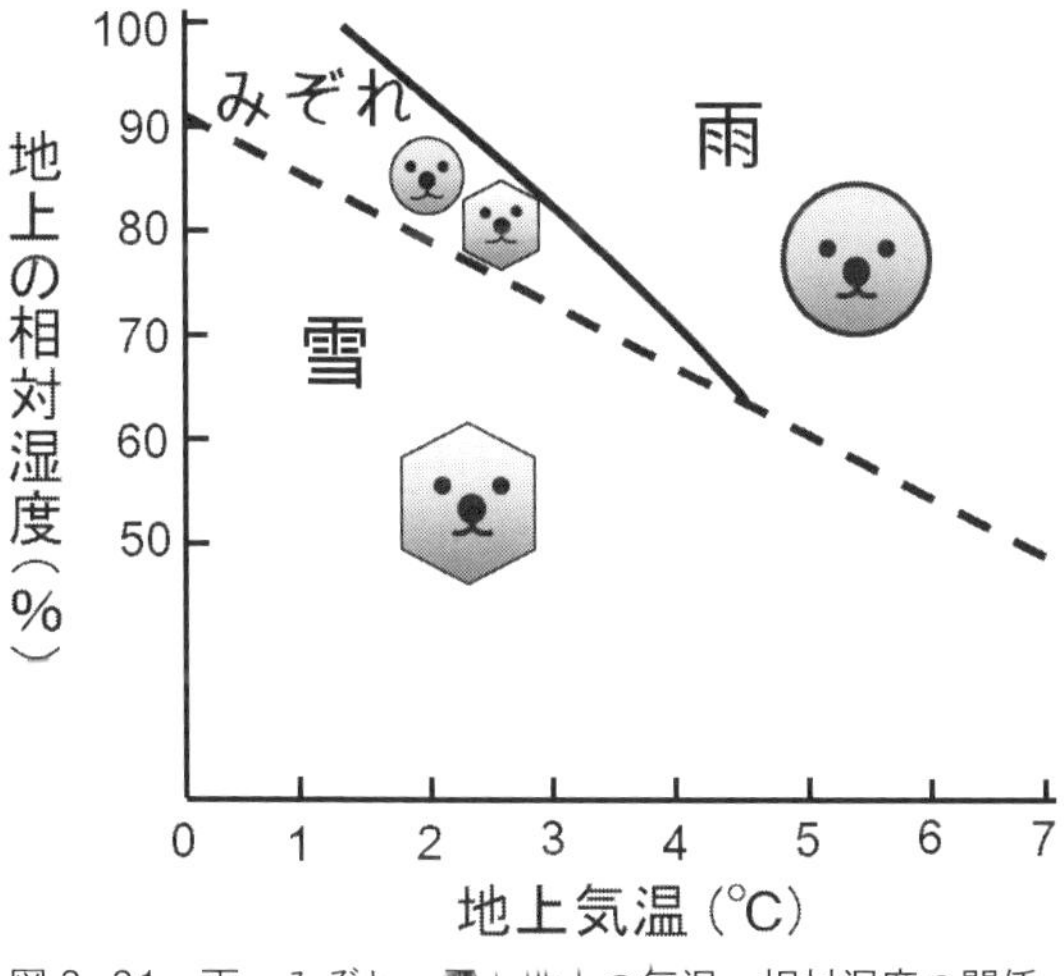

100
90
80
70
60
50
0
1
2
3
4
5
6
7
みぞれ
雨
雪
地上の相対湿度（%）
地上気温（℃）

図3・21　雨、みぞれ、雪と地上の気温、相対湿度の関係。気象研究所技術報告第8号（1984）をもとに作図。

す。このとき、昇華時の潜熱吸収で周囲の空気が冷やされるため、その後の降雪粒子が融解せずに地上に落下しやすくなるのです。

雨と雪のどちらが降るか微妙なときは、気象庁のウェブページで近くのアメダスの気温を確認しましょう（http://www.jma.go.jp/jp/amedas/000.html?elementCode=2）。このページをクリックしていくと各都道府県の観測点ごとの情報を表示できるので、近くの気象官署を選べば相対湿度も閲覧できます。そのときの気温と相対湿度が図3・21のどこにあるかを見てみると、何が降ってくるかの目安になります。

4 小さいヤツらが世界を変える！ 意図的・非意図的気象改変

エアロゾルは雲粒や氷晶の生成において重要な役割を果たし、雲の性質を決めることをここまで述べてきました。雲の性質が変われば、その雲を含む大気現象が変わります。大気中で自然に起こっている現象を人工的に変えることは**気象改変**（きしょうかいへん）（気象調整、気象制御）とよばれます。気象改変のうち、人工降雨・降雪のように人類が意図して行なうものを**意図的気象改変**（いとてき）、人為起源エアロゾルなどによって人類が意図せずに起こるものを**非意図的気象改変**（ひいとてき）とよびます。ここでは、これらの気象改変について紹介します。

地球温暖化とエアロゾル・雲

「非意図的気象改変」と漢字が並ぶと難しそうですが、要はエアロゾルの直接効果と間接効果のことです。実際、これらのエアロゾルの効果はわからないことだらけです（泣）。難しいなりに、**地球温暖化**と関連して現在どこまで理解されているか説明することにしましょう。

図3・22は、人為起源エアロゾルが増加した場合のエアロゾルの直接効果と間接効果についてまとめたものです。工場からの排ガスなどは直接的にエアロゾルを増やし、人間活動によって砂漠化が進めば、やはりその砂漠からの鉱物・土壌粒子が大気中に放出されやすくなります。

直接効果は、エアロゾルが太陽放射を直接

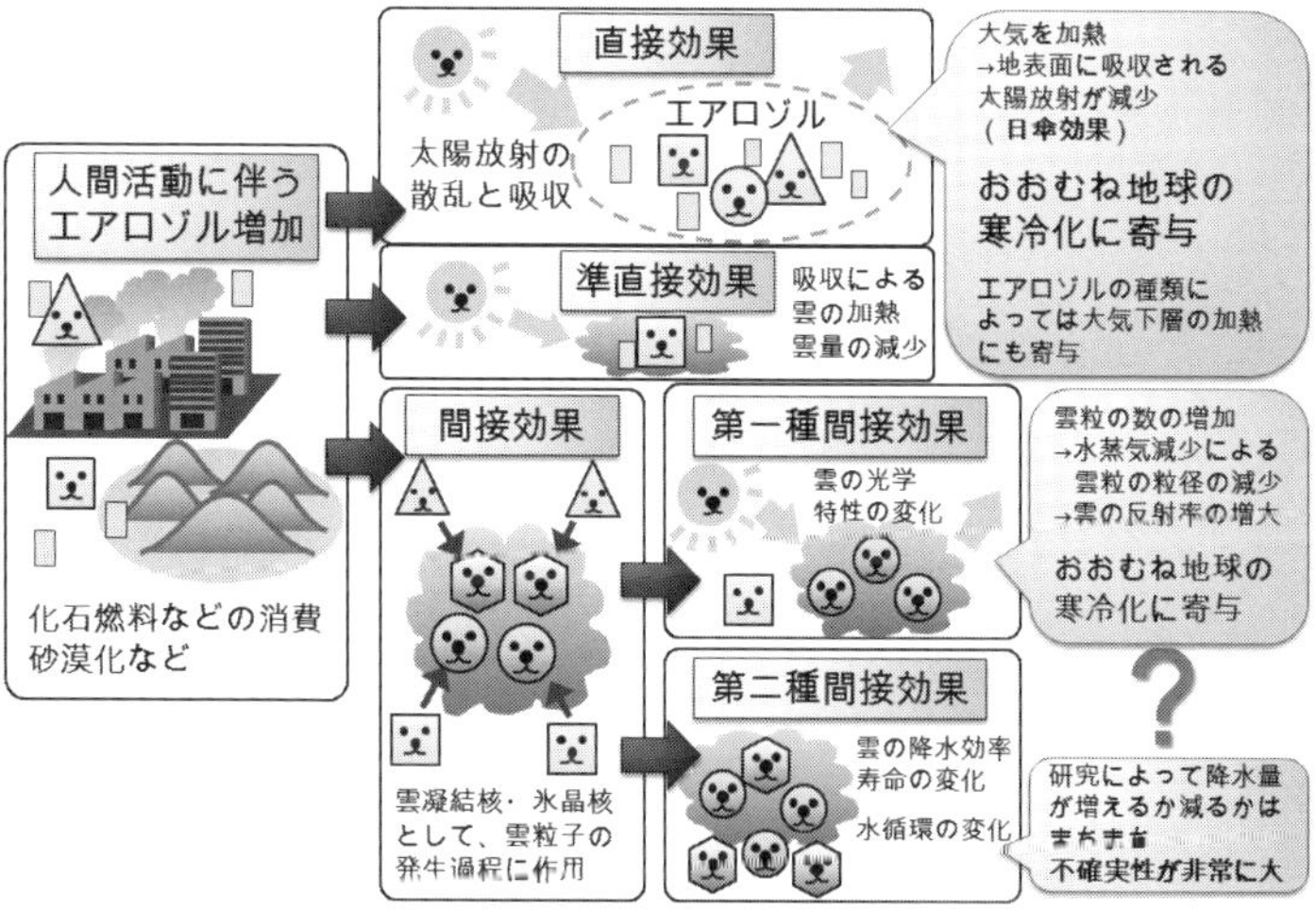
人間活動に伴う
エアロゾル増加
化石燃料などの消費
砂漠化など
直接効果
太陽放射の
散乱と吸収
エアロゾル
大気を加熱
→地表面に吸収される
太陽放射が減少
（日傘効果）
おおむね地球の
寒冷化に寄与
エアロゾルの種類に
よっては大気下層の加熱
にも寄与
準直接効果
吸収による
雲の加熱
雲量の減少
間接効果
雲凝結核・氷晶核
として、雲粒子の
発生過程に作用
第一種間接効果
雲の光学
特性の変化
雲粒の数の増加
→水蒸気減少による
雲粒の粒径の減少
→雲の反射率の増大
おおむね地球の
寒冷化に寄与
第二種間接効果
雲の降水効率
寿命の変化
水循環の変化
研究によって降水量
が増えるか減るかは
まだまだ
不確実性が非常に大

図3・22　エアロゾルの直接効果と間接効果。

的に散乱・吸収し、地球の放射収支（熱収支）を変えることです。特に、産業革命以降には非常に高い高度にもエアロゾルが増えたので、地表面まで達する太陽放射が減少し、地球を寒冷化させる**日傘**（ひがさ）**効果**があることが知られています。日傘効果によって地上気温が低下し、大気の状態も変化するために降水量に大きな影響が現れるという報告もあります。一方、エアロゾルの種類によっては大気下層を加熱する効果があるともいわれています。さらに、太陽放射を吸収しやすいエアロゾルが雲内部に取り込まれて雲を加熱し、雲粒を蒸発させる効果を**準直接効果**とよんでいます。

また間接効果は、エアロゾルが核形成を経て雲の特性に影響を与える効果のことです。大気中に放出されるエアロゾルが増加すれば、それらが核となって生成される雲粒子の数も当然増えます。すると、水蒸気が限られている状況では多くの雲粒子が水蒸気を奪い合うので、雲粒子はなかなか成長できずに粒径が小さくなります。これにより、雲の光学特性が変化し、太陽放射を反射する割合が大きくなります。これをエアロゾルの**第一種間接効果**とよびます。第一種間接効果は、おおむね地球を寒冷化していると考えられています。

さらに、粒径の小さい雲粒子は落下速度も小さくなるため、粒径の小さい雲粒子同士が衝突併合成長する確率が低くなります。これによって降水が少なくなり、雲の寿命が長くなります。このような効果をエアロゾルの**第二種間接効果**とよびます。ここで注意が必要なのは、エアロゾルの増加によって降水が減少したり雲が長寿命化するのは、「背の低い水雲」についての話であることです。背の高い積乱雲や組織化した積乱雲群に対するエアロゾル増加の影響については、第４章２節（１８４ページ）と4節（198ページ）で紹介します。

エアロゾルの第二種間接効果に関する研究は数多くありますが、対象とする雲や環境場、エアロゾルによって、降水量が増えるか減るかは大きく左右されます。実際、エアロゾルと降水の関係を評価する世界気象機関（World Meteorological Organization：WMO）のグループによる報告（Levin and Cotton 2007）でも、「エアロゾルと降水の明確な関係を導き、気候学的な降水の変化がどっちに転ぶかを決めるのは難しい。水雲に対するエアロゾルの影響は理解されているが、降水についてはよくわかっていない」と結論付けられています。

ところで、**IPCC**という略語を聞いたことがあるでしょうか？　IPCCは「**気候変動に関する政府間パネル**（Intergovernmental Panel on Climate Change）」のことで、国際的な専門家が集まって地球温暖化に関する科学的知見の集約と評価を行なう国連の政府間機構です。IPCCは数年おきに評価報告書を発行し、この報告書は国際政治や各国の政策決定の重要な判断材料とされています。

IPCCは2013年9月27日に、地球温暖化の科学的根拠をまとめる作業部会の第5次報告書を発表しました。それによると、温暖化の原因は「人為起源の**温室効果ガス**である可能性が極めて高い」（95％以上）と、これまでもっとも強い表現で指摘しました。また、世界の平均気温は1880年から2012年までに0・85℃上昇し、海面水位は1901年から2010年までに19センチメートル上昇したと認定しました。大気中の温室効果ガスである**二酸化炭素**（CO_2）の濃度は1750

年以降40%増加し、過去80万年で前例のない高さであるとも報告しています。さらに温暖化の将来予測については、1986～2005年と比べた今世紀末の気温上昇幅を0・3～4・8℃、海面上昇を26～82センチメートルとしています。

どの要因がどのくらい温暖化に寄与するかの指標として、**放射強制力**（ほうしゃきょうせいりょく）という物理量が一般的に使われます。放射強制力はある要因が引き起こす放射収支の変化量のことで、対流圏界面での値が使われています。放射強制力が正なら地球の温暖化、負なら寒冷化に寄与します。

図3・23は第5次報告書における、二酸化炭素やメタン（CH_4）、人為起源エアロゾルによる直接効果と間接効果の放射強制力とその信頼度を示しています。図中の矢

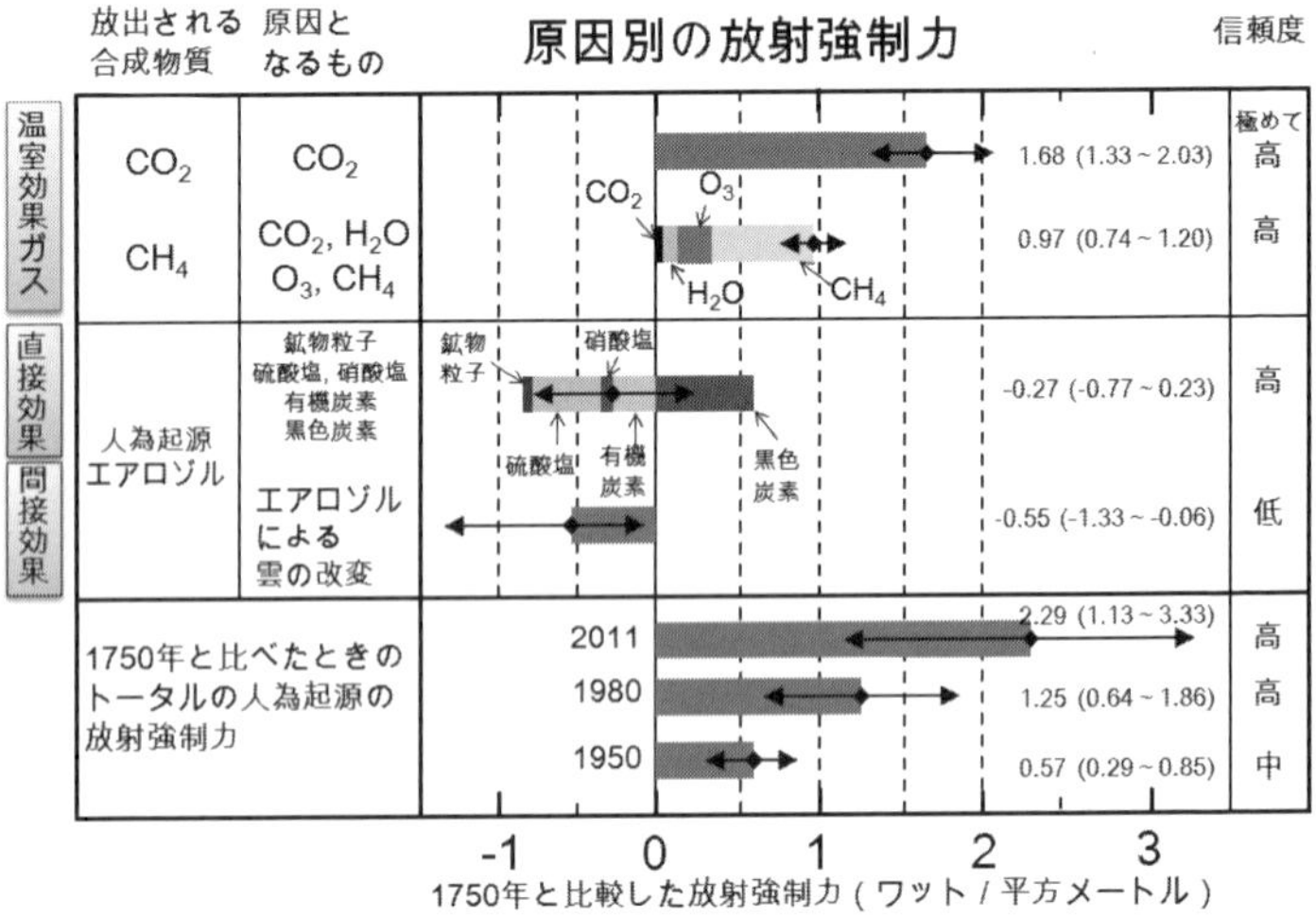

原因別の放射強制力
放出される合成物質
原因となるもの
信頼度
温室効果ガス
直接効果
間接効果
CO2
CH4
CO2, H2O
O3, CH4
O3
H2O
1.68 (1.33 ~ 2.03)
極めて高
0.97 (0.74 ~ 1.20)
高
人為起源エアロゾル
鉱物粒子
硫酸塩, 硝酸塩
有機炭素
黒色炭素
硝酸塩
硫酸塩
有機炭素
黒色炭素
-0.27 (-0.77 ~ 0.23)
高
エアロゾルによる雲の改変
-0.55 (-1.33 ~ -0.06)
低
1750年と比べたときのトータルの人為起源の放射強制力
2011
2.29 (1.13 ~ 3.33)
高
1980
1.25 (0.64 ~ 1.86)
高
1950
0.57 (0.29 ~ 0.85)
中
-1
0
1
2
3
1750年と比較した放射強制力（ワット / 平方メートル）

図3・23　1750年と比較した2011年の放射強制力とその不確実性。IPCC第1作業部会第5次報告書の図から一部抜粋、加筆。

印は放射強制力のとりうる値を表しています。図から二酸化炭素は大きく温暖化に寄与しており、その信頼度は極めて高いことがわかります。また、メタンによる温暖化も見過ごせません。ここでの人為起源エアロゾルは鉱物粒子、硫酸塩、硝酸塩、有機炭素、**黒色炭素**（**ブラックカーボン：すす粒子**、図3・24）を考えており、黒色炭素以外のエアロゾルによる直接効果の放射強制力は負で、すべてまとめても地球の寒冷化に寄与しています。しかし、黒色炭素だけは放射強制力が正で温暖化に寄与しています。そのため、放射強制力のとりうる値の幅が広く、不確実性は大きいといえます。

矢印の長さからわかるように、さらに不確実性が大きいのは（第一種）間接効果です。間接効果は寒冷化に寄与するとはいう

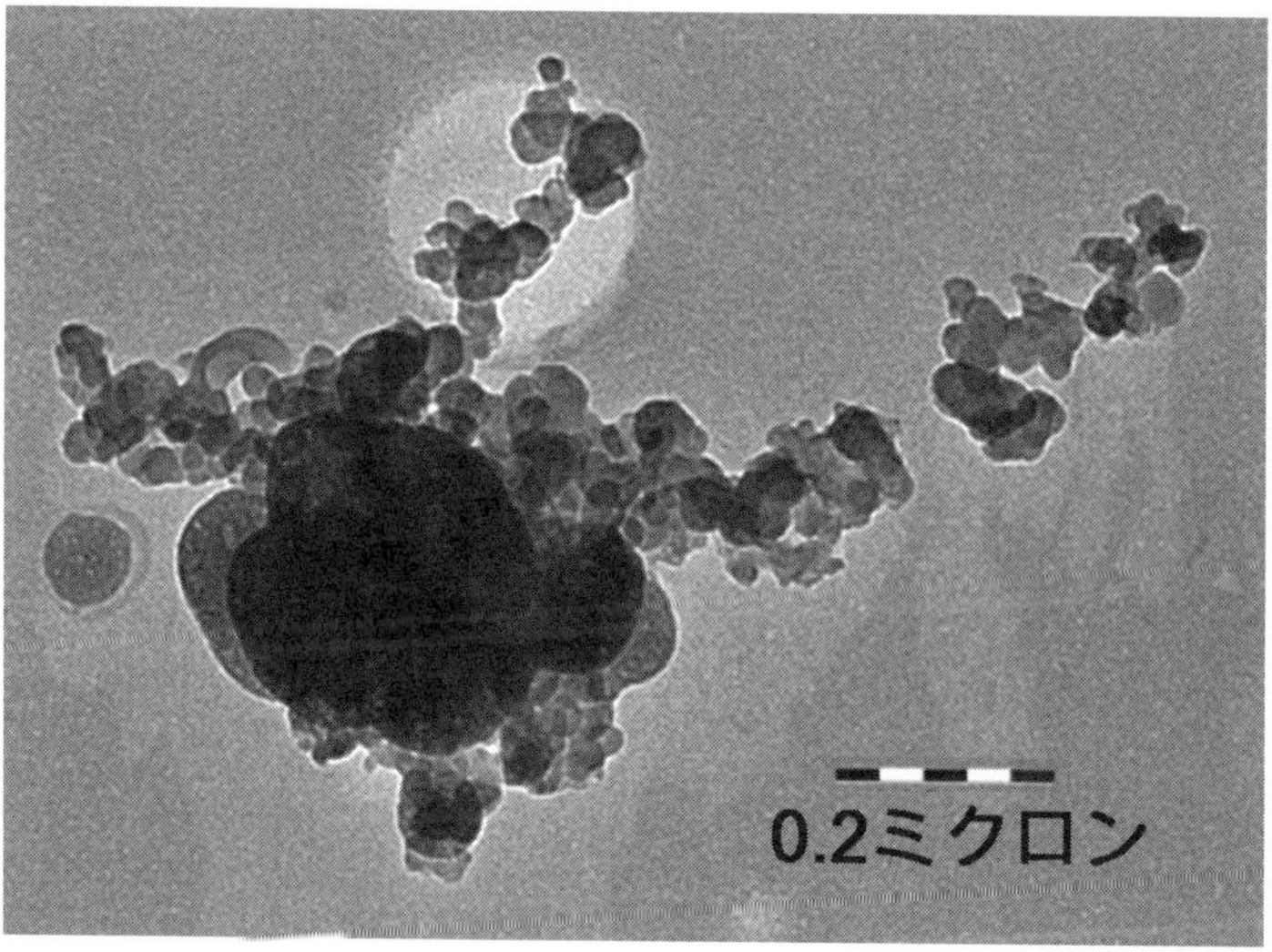
0.2ミクロン

図3・24　黒色炭素の電子顕微鏡写真。財前祐二さん提供。

ものの、どの程度の効果があるかはまだよくわかっていないのが現状です。また、ここで省略したものもすべて足し合わせた全放射強制力は、1750年に比べて、1950年ですでに正で、2011年は約4倍もの値になっています。ただしやはり不確実性は大きいため、特に間接効果や黒色炭素による直接効果がどのように地球の温暖化・寒冷化に寄与するか、またその将来予測はどうなるのかを追究していくことが必要です。

人工降雨・降雪のサイエンス

意図的気象改変である「**人工降雨・降雪**」と聞くと、みなさんはどのようなものを想像されるでしょうか？　水資源を支える人類の夢でしょうか。それともよくわからない怪しい技術でしょうか。

人工降雨・降雪は、核形成しやすいエアロゾルを雲にまく**シーディング**（種まき：seeding）を基本にしています。自然界の氷晶核の数は非常に少ないため、人工的に氷晶核をシーディングすることで雲内での氷晶核形成を促せます。また、過冷却雲粒がたくさんある雲を急激に冷却して氷晶を発生させれば、その氷晶が成長して降水に結びつけることができるのです。人工降雨・降雪は、特に冷たい雨のプロセスを持つ雲に対して有効性が認められています。

よく勘違いされるのですが、人工降雨・降雪は快晴のときにやっても無意味です。人工降雨・降雪が対象とするのは、雨を降らせるのに十分な過冷却雲粒を持っているのに自力では雨粒を作れないような雲（**有効雲**）です。つまり、人工降雨・降雪を効果的に行なうためには、有効雲にターゲットを絞り、核形成能力の高いエアロゾルや雲を冷却する物質をシーディングすることが必要なのです。人工降雨・降雪の研究とエアロゾルの第二種間接効果の研究は、エアロゾルが核形成を通して雲の降水効率などを変化させるという観点で表裏一体です。そのため、同一の研究グループがこれらの研究をセットで行なうことが往々にしてあります。

現在、世界の約40カ国で水資源を得るための人工降雨・降雪が実用化されています。特にアメリカ中西部の乾燥地帯では、毎年冬に人工降雪を行ない、農業用水を確保しています。人工降雨・降雪でメジャーな手法はふたつあり、ひとつは**ドライアイス**（固体の二酸化炭素）を航空機で雲に散布する方法です（図3・25）。二酸化炭素が昇華する温度はマイナス78・5℃なので、ドライアイスが雲にまかれれば急激に冷やされた水蒸気が凝結、凍結して多くの氷晶が発生します。するとそれらの氷晶は昇華成長や雲粒捕捉成長などで急速に成長し、降水をもたらします。航空機から**液体炭酸**（えきたいたんさん）（液体の二酸化炭素）を散布する方法もありますが、ドライアイスに比べて雲内で氷晶ができるまでに時間がかかり、雲内の限られた領域にしか氷晶が発生しないため、航空機からの散布では液体炭酸よりもドライアイスのほうが有効であることがわかっています。

また、もうひとつのメジャーな手法として、地上から**ヨウ化銀**（かぎん）を発煙（はつえん）して雲に送り込む方法があり、航空機を使うドライアイスシーディングよりも低コストであるために広く使われています。ヨウ化銀の粒子は結晶構造が氷に近いために非常に高い氷晶核能力を持っていて、マイナス5℃程度でも氷晶核形成が起こります。ヨウ化銀は身体に悪そうなイメージがありますが、発煙したヨウ化銀は大気中

図 3・25　シーディングに用いる航空機（B200T）。齋藤篤思さん提供。

図 3・26　地上発煙によるヨウ化銀のシーディング。東京都水道局の管理する小河内ダムの発煙装置。

で非常に薄くなるため、健康被害などの影響はありません。さすがにヨウ化銀の結晶の塊を食べたりすれば下痢をするかもしれないという程度です。図３・26は、東京都奥多摩町の小河内(おごうち)ダムに東京都水道局が設置しているヨウ化銀の発煙装置です。日本国内では東京都のみが人工降雨のための地上発煙装置を持っています。２０１３年8月21日に東京都が渇水対策の一環として発煙装置の試験運転を行ない、話題になりました。

人工降雨・降雪が怪しげな技術だと思われがちなのは、実際に降った雨がシーディングした結果なのか、それとも自然現象なのか評価が難しいという背景があります。そのため、東京都が発煙装置の試験運転を行なった際も「発煙装置と降雨の因果関係は科学的に証明できない」という、人工降雨研究に詳しくない専門家のコメントが見られました。しかし、降水量にして何ミリメートルの増雨効果があった、と科学的に評価する方法が実はあるのです。

２００６〜２０１０年度にかけて、気象研究所の村上正隆博士が中心となって、人工降雨・降雪を総合的に研究するプロジェクトが行なわれました（文部科学省 ２０１１、村上ほか ２０１５）。このプロジェクトの一環として、気象庁が天気予報の作成にも使用している**数値予報モデル**を使って、航空機や地上発煙によるシーディングのシミュレーションを行なうための開発がなされました。**数値シミュレーション**（**数値予報**）とは、物理法則に基づいて風や気温、雲、雨などの時間変化をコンピュータで計算し、将来の大気の状態を予測する方法のことです（第6章4節：２９２ページ）。数値予報モデルはこの計算に用いるプログラム群のことを指しています。

数値シミュレーション内でシーディングをした場合の結果がレーダーや航空機などによる観測結果と一致していれば、実際に起こった現象を再現できているといえます。数値シミュレーションでシーディングをするかしないかは簡単に切り替えることができるので、シーディングをしなかった場合と比較することで、増雨効果の定量的な評価ができるのです。

この研究プロジェクトの取り組みのひとつとして、冬の北陸地方での山岳性の降雪雲を対象としたシーディング効果の評価が行なわれました。図3・27は、

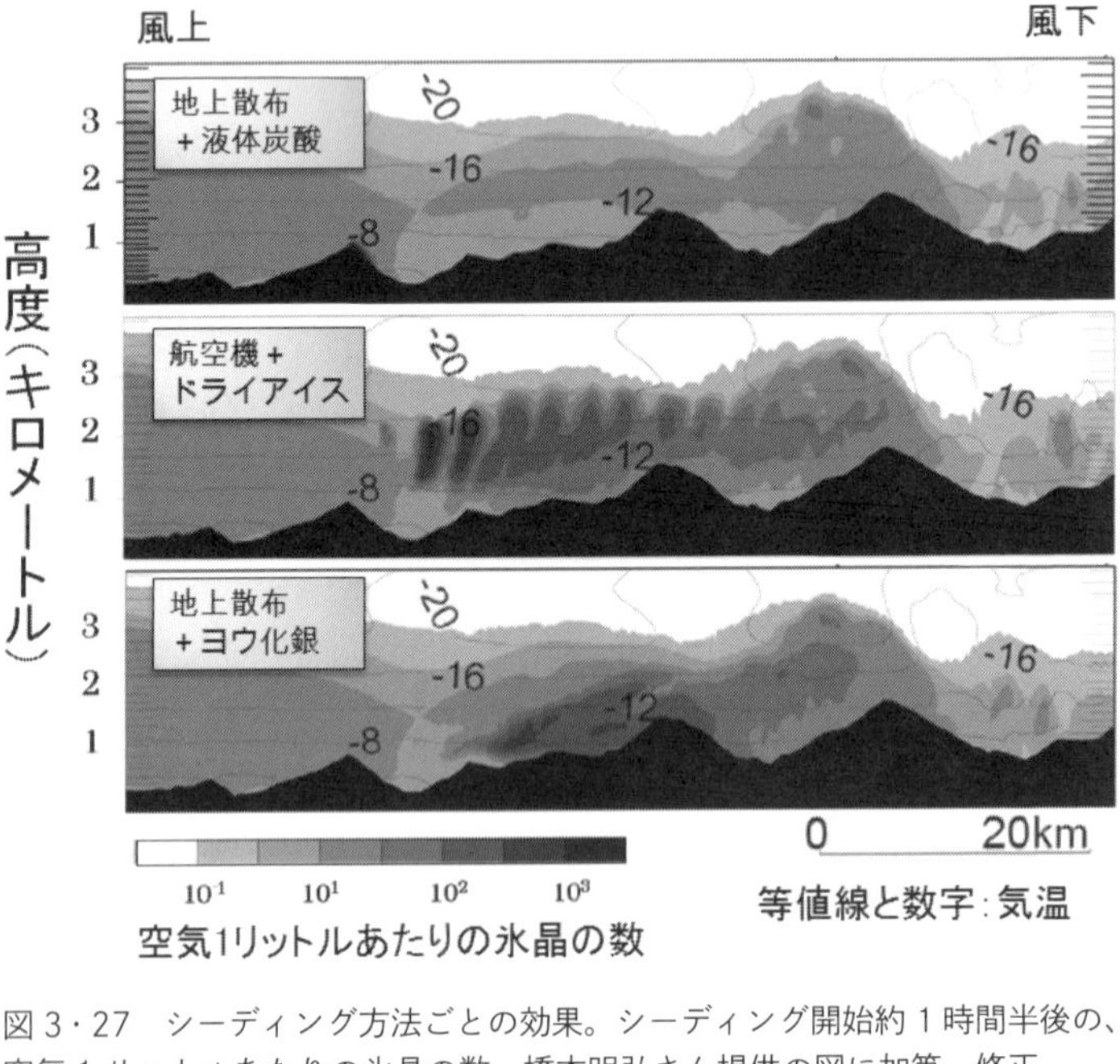

風上
風下
地上散布
+液体炭酸
航空機+
ドライアイス
地上散布
+ヨウ化銀
高度(キロメートル)
3
2
1
-20
-16
-12
-8
0
20km
空気1リットルあたりの氷晶の数
等値線と数字:気温

図3・27　シーディング方法ごとの効果。シーディング開始約1時間半後の、空気1リットルあたりの氷晶の数。橋本明弘さん提供の図に加筆、修正。

シーディング方法を変えて数値シミュレーションを行なった結果です。図の塗り分けはシーディング開始約1時間半後の空気1リットルあたりの氷晶の数を表しています。

まず、地上から液体炭酸を散布する方法（図3・27上段）では、その効果が雲には及ばず、シーディングをしない場合とほとんど変わりませんでした。一方、航空機によるドライアイスシーディング（図3・27中段）と地上からのヨウ化銀シーディング（図3・27下段）をした数値シミュレーション結果では、どちらの場合も雲内の氷晶の数が約1000個まで増えていることがわかります。

航空機によるドライアイスシーディングをひと冬の期間行なった場合と、行なわなかった場合の地上降水量の違いを示したのが図3・28です。風上側の新潟県では降水量が減少し、群馬・新潟県境付近では風上側での減少量よりも大きな降水量の増加が見てとれます。これは、シーディングによって風上側では水蒸気が消

降水量
減少
降水量
増加
等値線と数字：
標高（メートル）
0
50km
max=230.69 min=-86.76
-220
-140
-60
60
140
220
（ミリメートル）

図3・28　群馬・新潟県境でのひと冬を通した航空機ドライアイスシーディングによる地上降水量の変化。橋本明弘さん提供の図に加筆。

費されて降雪が減り、風下側では効率的に降雪粒子が成長したために降雪量が増えたことを意味します。この付近にあるダムの集水域で平均した降水の増加量は166ミリメートルで、シーディングしなかった場合の総降水量の約17%でした。このように、ある程度の期間、有効雲に対してシーディングを続けることで、ダムの貯水率を維持する増雪が期待できます。

ただし、すでに渇水になっているような夏におけるヨウ化銀の地上発煙では、融解層高度が5キロメートル以上になるため、ヨウ化銀粒子が氷晶核としてはたらく高度に達するまでに薄まってしまうという難しさがあります。積乱雲が発達する際の上昇流によってヨウ化銀粒子が吸い上げられれば、雲内で氷晶核としてはたらくことができます。しかし、積乱雲はいつもダムの集水域で発生するわけではないので、渇水を何とかできる降水量を得るためには工夫が必要です。このような背景から、最近では渇水になってから対応するのではなく、有効雲が出現する季節のうちに人工降雨・降雪を行なうことで、安定的に水資源を確保しようとする研究が進められています。

コラム1　氷晶を室内で作る実験

私は2年ほど新潟の気象台に勤務していたことがあります。そこで冬の日本海側の豪雪を体験してエラい目に遭いましたが、現在も雪を見るとテンションが上がります。豪雪地帯での暮らしが長い方は雪の季節になるとゲンナリするそうですが、太平洋側など雪の少ない地域にお住まいの方は雪が降ってくると多少なりとも気分が高揚するのではないでしょうか。

ここでは、夏でも室内で氷晶を作ることができる実験を紹介します。手軽にできる実験なので、ぜひチャレンジして氷晶を観察してみてください。

まず、準備するものは次の通りです。

・ペットボトル（500ミリリットル、炭酸飲料などの凹凸の少ないもの）
・発泡スチロールの箱（一辺がおよそ15センチメートルの立方体）
・ドライアイス（1箱につき2キログラム程度）
・釣り糸（直径0・1ミリメートル以下：03号がオススメです）
・プラスチックの消しゴム
・はさみ、カッター、軍手

この実験装置は、平松和彦さんが考案したもので、**「平松式ペットボトル人工雪発生装置」**とよばれます。この装置では、ペットボトル内で釣り糸を核として氷晶が発生し、室温で氷晶の観察をすることができます。

実験準備の手順としては、まず発泡スチロールの箱のふたにカッターで円状の穴を開けます。このとき、**穴の大きさはペットボトルの大きさそのままではなく、少し余裕を持たせます**（もしくはふたの他の部分に小さな穴を開けておきましょう）。ドライアイスは温かくなると気体になり、固体のときに比べて体積が約750倍にもなるので、密閉すると非常に危険だからです。

使用するペットボトルは、上部が丸く凹凸のないものを選びましょう。これは、観察するところ（上部）に霜がつかないようにするためです。まず、ペットボトルの中に水を入れてよく振ってから水を捨てます。このとき、ペットボトルの内側に水滴が多少残っている程度がちょうどいいです。その後、ペットボトルの中に息をよく吹き入れ、あらかじめ消しゴムを釣り糸（50センチメートルくらい）に止めたものをセットし、栓をします。2本の釣り糸がなるべく平行になり、ぴんと張った状態にしておくのがポイントです。消しゴムは表面の粗い砂消しゴムではなく、表面の滑らかなプラスチックのものにしましょう。

一箱あたりに使うドライアイスは2キログラム程度で、ペットボトルを箱の中央に立ててからドライアイスを入れ、ふたをします（**ドライアイスを扱うときは、必ず軍手をしてください**）。ペットボトルの上部3分の1（丸くなっている部分）が外に出るようにします。実験装置は、図C・1、C・2のようになります。実験をするとき、ドライアイスが大量に昇華すると二酸化炭素が発生して酸欠状態になるので、**必ず換気をしてください。**

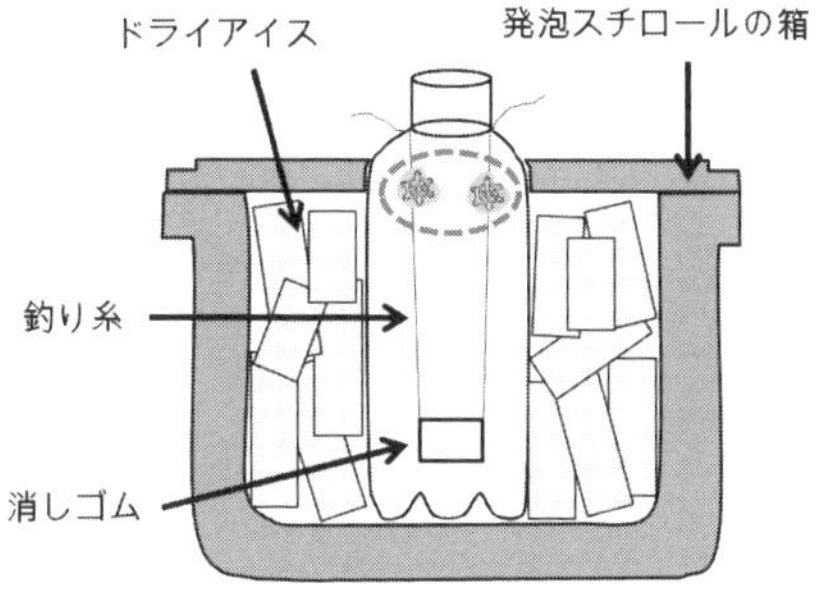
ドライアイス
発泡スチロールの箱
釣り糸
消しゴム
図C・1　実験装置の断面図。

図C・2　実験装置の外観。

氷晶を観察できるのは、図C・1に示している破線部あたりです。ドライアイスの温度がおよそマイナス80℃であるのに対して、室温はおよそ20℃です。このように下層で冷たく、上層で温かくなっているので、ペットボトル内では非常に安定な空気の層ができます。なお、氷晶ができる位置付近ではペットボトル下部に向かって1センチメートルあたり6～7℃くらいの割合で温度が下がります。小林ダイヤグラム（図3・16：

140ページ）によると、マイナス15℃付近で樹枝状結晶が発生し、それよりも低温や高温であれば針状や角柱状などの氷晶が生じます。

平松式人工雪発生装置では、装置をセットしてから数分で釣り糸の下部から霜がついてきます。10～15分で樹枝状結晶が観察でき、うまくいくと図C・3のようになります。1センチメートル以上の樹枝状結晶を作るには、20分以上はかかります。また、時間が経つと樹枝状氷晶が

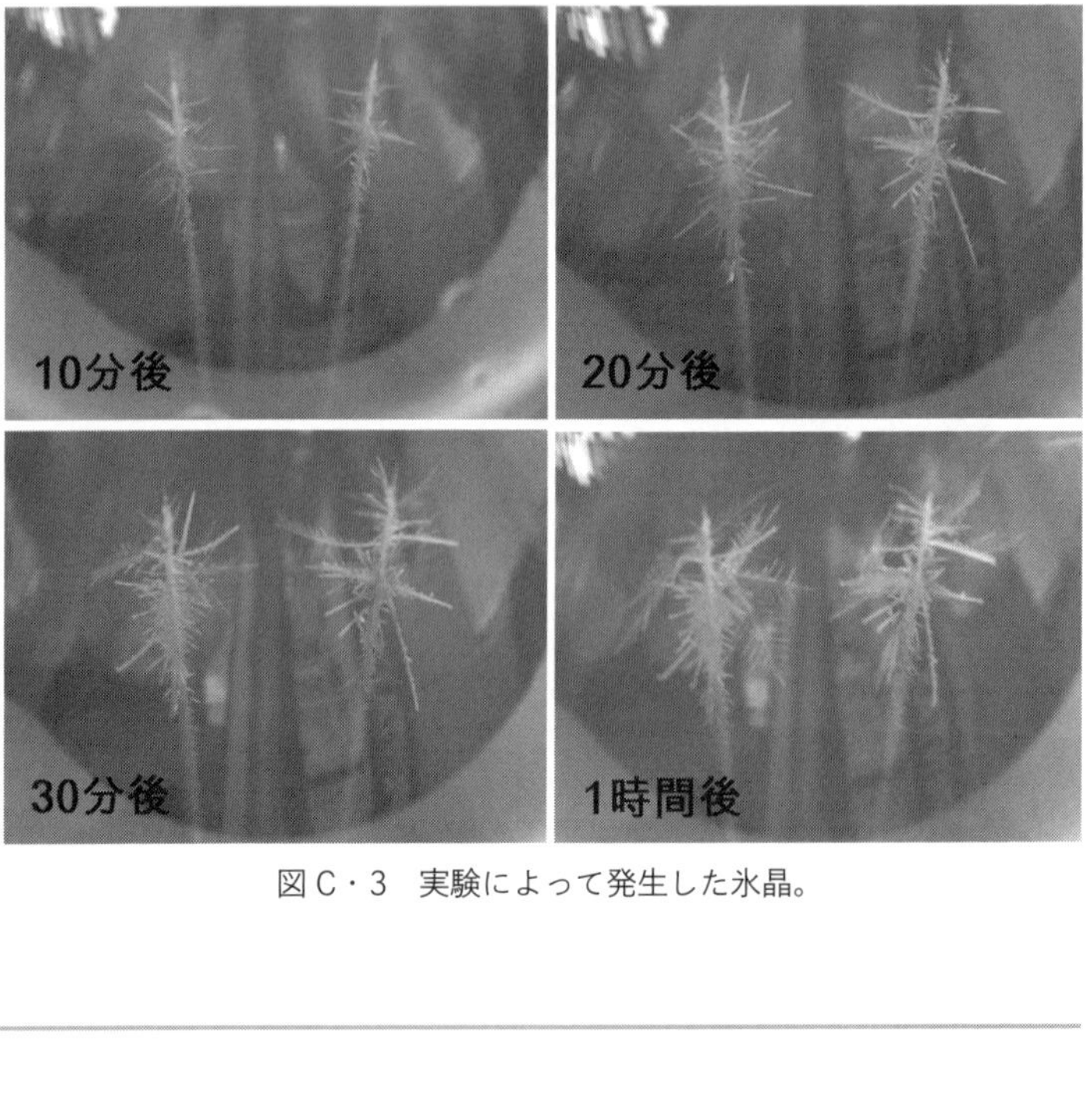

10分後
20分後
30分後
1時間後

図C・3　実験によって発生した氷晶。

成長し、先端が角柱状になったりもします。角柱状の氷晶を形成させるには40分以上放置しましょう。

いかがでしょうか？　実験するための材料の調達がやや面倒かもしれませんが、ドライアイスはお近くのスーパーなどで仕入れてもいいでしょう。わりと手軽な実験なので、お子様の自由研究に使えます。雪国出身だけど雪の少ない太平洋側に引っ越して雪が恋しい、という方にもオススメです。

コラム2　飛行機雲のサイエンス

飛行機雲（contrail）は、誰しも見たことのある馴染み深い雲だと思います。しかし、飛行機雲が発生するメカニズムは十分に理解されているわけではありません。ここでは、飛行機雲と関連する雲の仕組みについて紹介します。現在のところ、飛行機雲のメカニズムは次のように説明されています。

航空機が飛んでいる上空10キロメートルなどの高度は、とても低温です。このような環境で航空機のエンジンが周囲の空気を吸い込んで圧縮・燃焼させ、300～600℃の排気ガスを放出すると、その空気は周囲の空気によって急激に冷やされます。また、航空機の主翼などの後ろには空気の渦ができて、部分的に気圧と気温が下がります。これらの原因によって排気ガスを含んでいる空気が冷却されて過飽和に達し、排気ガスからなるエアロゾルが氷晶核形成することで、飛行機雲をなす氷晶が発生すると考えられます。

周囲の空気が乾燥していれば発生した氷晶は昇華して一瞬で消えてしまいますが、ある程度湿っていればそのまま飛行機雲として存在することができます。この場合、昇華成長によって氷晶が成長し、図C・4のように飛行機雲の氷晶が落下している様子がよく見られます。

一方、飛行機雲とは逆に、航路の雲が消えてしまう**消散飛行機雲**（distrail）

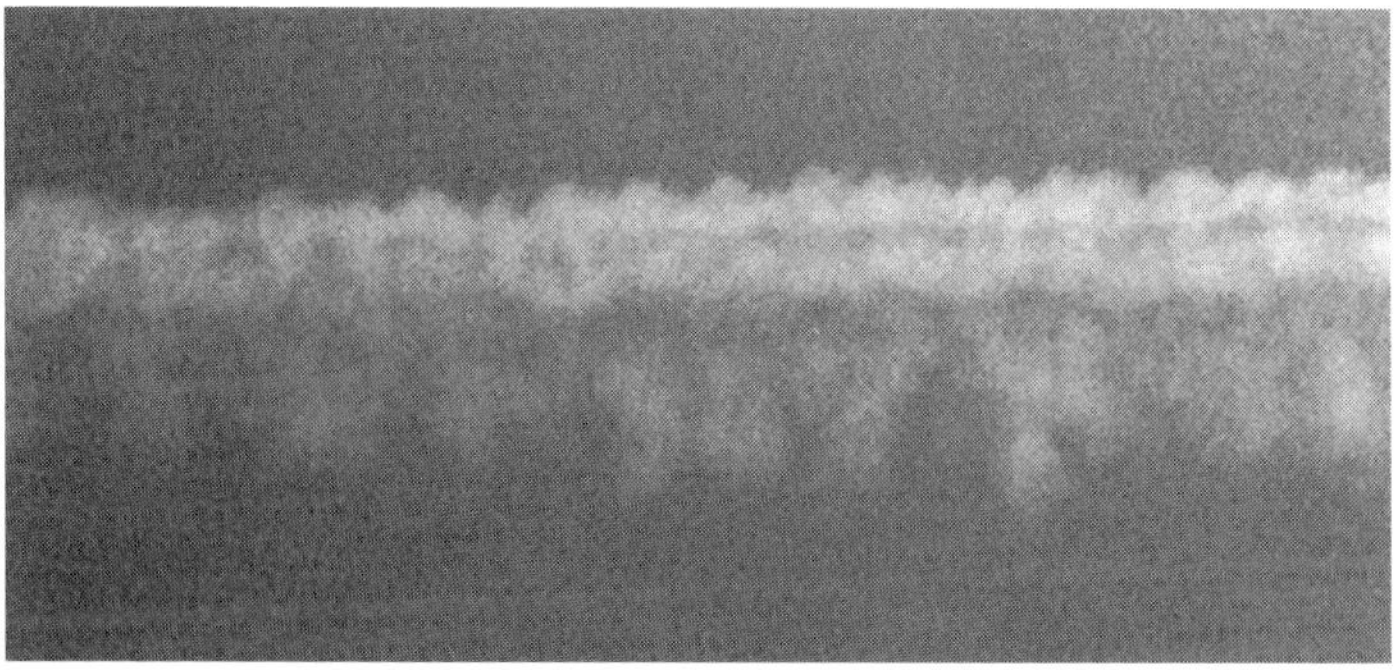

図C・4　氷晶が成長して落下している飛行機雲。

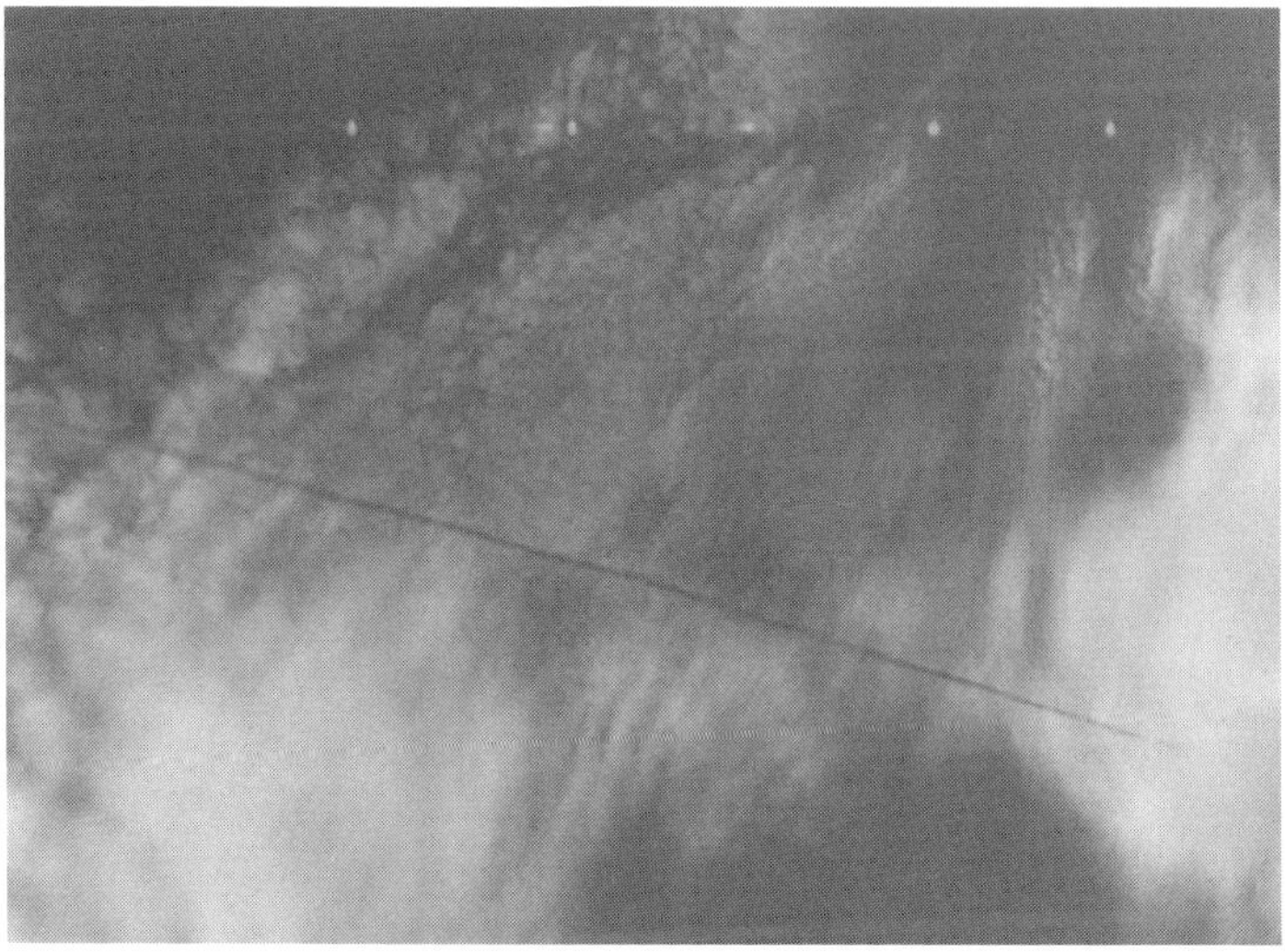

図C・5　消散飛行機雲。2013年7月20日、神奈川県。勝俣昌己さん提供。

という雲もあります（図C・5）。消散飛行機雲は雲の状態によって主に3つのメカニズムで発生すると考えられています。

ひとつ目は、主に氷晶で形成された雲の中を航空機が通過する場合、航空機から排出される高温な排気ガスによって周囲の空気の相対湿度が下がり、雲をなす氷粒子が昇華して消散飛行機雲が形成されます。

ふたつ目は、主に過冷却水滴で形成された雲の中を飛行機が通過する場合、航空機の通過によって気流が乱れ、過冷却水滴の凍結などで氷晶が形成されます。すると、水よりも氷の飽和水蒸気量は小さいため、氷晶が周囲の水蒸気を奪って急成長し、落下して消散飛行機雲が形成されます。

3つ目は氷晶・過冷却水滴のどちらで形成された雲の場合でも、航空機が通過したことによって気流が乱れると、上下の乾燥した空気と雲が混ざります。すると、雲粒子を含む空気が未飽和となって雲粒子が昇華・蒸発し、消散飛行機雲が発生します。

消散飛行機雲のふたつ目のメカニズムと同じ理由で、空にぽっかり穴が開いたような**穴あき雲**（fallstreak hole, hole punch cloud）が形成されることがあります（図C・6）。穴あき雲の真ん中に見えるモヤッとした雲は、氷晶が落下して形成された尾流雲です。消散飛行機雲や穴あき雲はけっこうレアなので、見ることができた方はラッキーです。

図C·6　穴あき雲。2004年10月18日、茨城県つくば市。三隅良平さん提供。

ぜひ写真を撮って私に送り付けてください。

飛行機雲は、航空機の排気ガスのエアロゾルが核形成して発生する航跡雲のひとつです。いくつもの飛行機雲が成長して広がりや厚みが増すと、上層雲として広い範囲を覆うようになります（図C・7）。

実はIPCCの第4次報告書では、飛行機雲は人為起源エアロゾルによる雲としてわずかながらも地球温暖化に寄与しているとまとめられていま

図C・7　2016年3月17日に黄海から東シナ海を覆う飛行機雲。NASA EOSDIS Worldviewの気象衛星Terraによる可視画像。

した。

しかし、飛行機雲が気候変動に及ぼす影響はまだよくわかっていません。というのも、飛行機雲が発生する環境を室内実験などで再現するのが困難で、発生メカニズムを十分に調べることが難しいためです。核形成プロセスも含め、飛行機雲の発生メカニズムを理解することが今後必要です。

第4章

雲の性格と一生

十種雲形から想像できるように、雲は種類によって広がり方や寿命などの個性があります。これらの個性を反映して、雲は主に**層状性**（stratiform）と**対流性**（convective）に分類されます。層状性の雲は広範囲で長生きし、対流性の雲は局所的で短命です。第3章では微物理の観点で雲の誕生や成長を述べてきましたが、本章では個々の雲のスケールで雲の性格と一生について紹介します。

1 雲を生み出すチカラ

空気を持ち上げる上昇流

雲が発生するためには、上昇流による空気の持ち上げと断熱冷却が必要です。大気中で上昇流が発生するにはいくつか原因があります。

まず、日中の太陽放射によって地表面が加熱される状況を考えます（図4・1）。このとき、地表面の状態や雲の分布によっては地表面の加熱に強弱ができます。部分的に加熱されて周囲に比べて相対的に軽くなった空気は、浮力によって上昇流を作ります。これは**対流**とよばれ、積雲や積乱雲の引き金になります。

対流の他に、低気圧の中心やシアラインなどでの下層の風の収束（第1章4節：62ページ）、山の斜面での空気の滑昇（第2章2節：91ページ）、前線による空気の持ち上げ（図1・36：67ページ、

図2・7：98ページ）でも上昇流は発生します。このようにして生まれた上昇流によって、下層の空気は持ち上げられて飽和し、水蒸気が凝結して雲が発生します。

雲の発達と大気の状態

次に、どのように雲内部で上昇流が強まり、雲が発達するのかを紹介します。条件付き不安定な大気のなかで、何らかの持ち上げメカニズムによって上昇する未飽和の湿潤空気のパーセルくんを考えます（図4・2）。なお、図のように横軸に気温、縦軸に高度をとって気温と露点温度を示したものは**エマグラム**（emagram）とよばれます。エマグラムという名前は、この図が大気の安定度を調べるために使われていたことから、単位面積（質量）あた

下層空気の加熱による対流
部分的にアツく
なって浮くよ！
サーマルくん
高温
高温

図4・1　対流による上昇流のイメージ。

りのエネルギー図（energy per unit mass diagram）を略して命名されたものです。

パーセルくんは、まず乾燥断熱減率で冷えながら上昇します。パーセルくんは、持ち上げられ始めた高さの露点温度を通る飽和混合比の等値線と交わる高さまで上昇すると、*飽和して凝結します。この高度は**持ち上げ凝結高度**（Lifted Condensation Level：LCL）とよばれ、雲底高度の目安です。さらに上昇するパーセルくんは、凝結して雲を作りながら湿潤断熱減率で冷えていきます。周囲の気温がパーセルくんの温度より低くなる高度に達すると、パーセルくんに浮力がはたらくようになるので、持ち上げメカニズムなしでも自力で上昇できるようになります。この高度を**自由対流高度**（Level of Free Convection：LFC）とよびます。

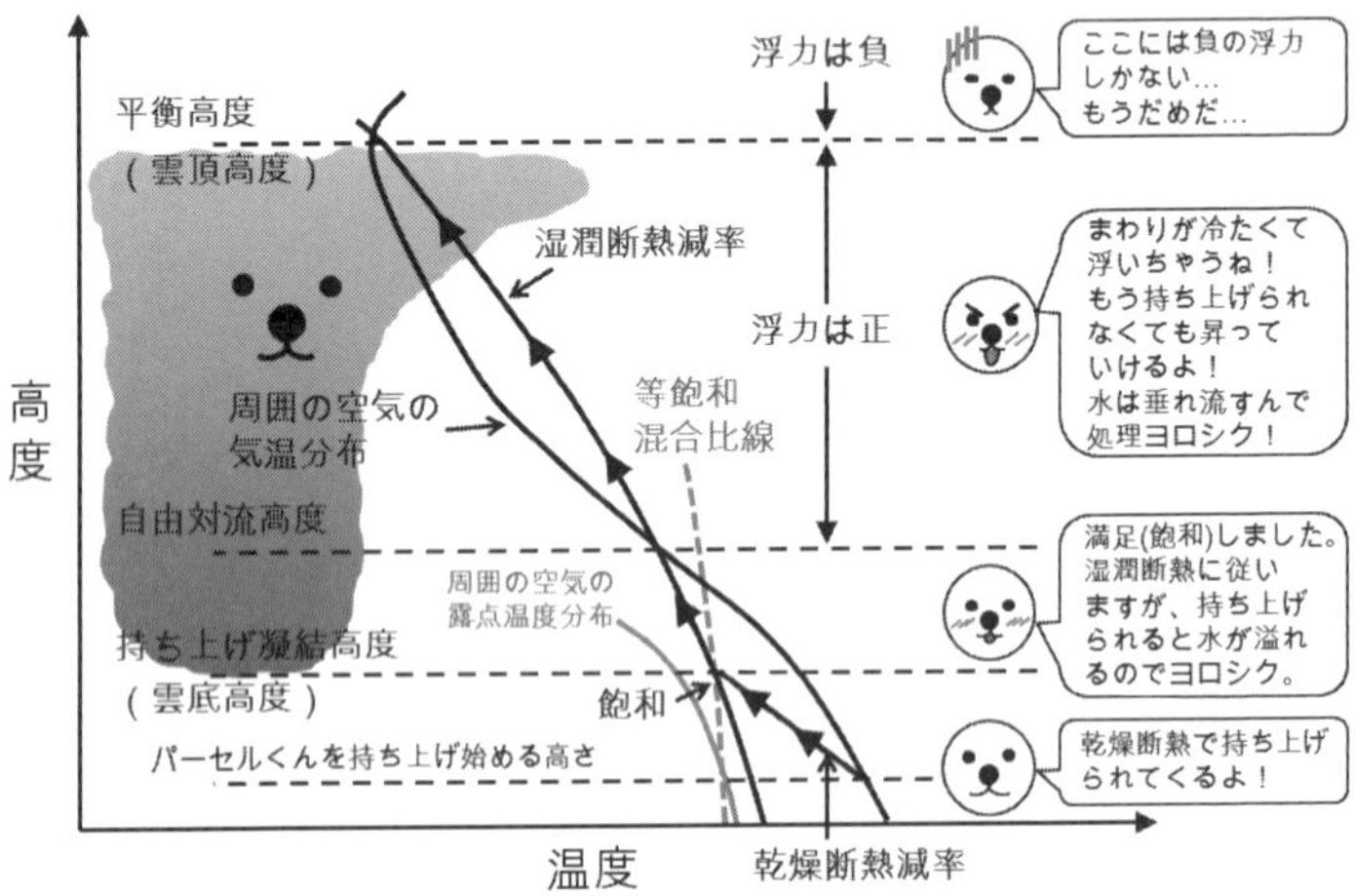

浮力は負
ここには負の浮力しかない…もうだめだ…
平衡高度
（雲頂高度）
湿潤断熱減率
浮力は正
まわりが冷たくて浮いちゃうね！もう持ち上げられなくても昇っていけるよ！水は垂れ流すんで処理ヨロシク！
高度
周囲の空気の気温分布
等飽和混合比線
自由対流高度
満足(飽和)しました。湿潤断熱に従いますが、持ち上げられると水が溢れるのでヨロシク。
周囲の空気の露点温度分布
持ち上げ凝結高度
（雲底高度）
飽和
パーセルくんを持ち上げ始める高さ
乾燥断熱で持ち上げられてくるよ！
温度
乾燥断熱減率

図4・2　湿潤空気が持ち上げられたときの状態の変化。

＊パーセルくんが断熱過程で上昇する際、凝結しなければ水蒸気混合比は一定という特徴があります。一方、飽和混合比は気圧と気温の関数なので、パーセルくんが飽和混合比の等値線上の気圧（高度）と気温を持ったとき、パーセルくんの水蒸気混合比が飽和混合比と等しくなり、飽和するわけです。

さらにパーセルくんが上昇すると、周囲の気温がパーセルくんの温度と同じになる高度に達します。ちょうどその高度では、パーセルくんにはたらく浮力がゼロになります。この高度は**平衡高度・中立高度・浮力がなくなる高度**（Level of Neutral Buoyancy：LNB）とよばれ、雲頂高度の目安になります。多くの場合、平衡高度の上には、上空ほど気温が高くなる**逆転層**とよばれる層がありま す。パーセルくんは平衡高度を超えても上昇しますが、周囲の空気よりも重くなるので復元力がはたらいて上昇は止まり、雲もそれ以上は発達できません。アンビル（かなとこ雲）を伴う積乱雲では対流圏界面が平衡高度、成層圏が逆転層に対応しています。

天気予報では「上空に寒気が入って不安定」「大量の水蒸気が流入して不安定」などということがあります。ここで、大気がどのように不安定化するかを考えてみましょう。

まず上空に寒気が入って低温化するとき、図4・3左のように気温減率が大きくなります。下層の気温や水蒸気量が変わらなければ持ち上げ凝結高度は変わりませんが、自由対流高度が下がるため、少しの持ち上げでも空気は自力で上昇できるようになります。このとき平衡高度も高くなるので、雲はより高い高度まで発達できるようになります。一方、気温減率は変化せずに下層の水蒸気量が増えた場合は、下層の露点温度が気温に近づきます。そのぶん、少し空気を持ち上げただけで持ち上げ凝結高度と自由対流高度に達するようになります。平衡高度が高くなるため、雲頂高度も高くなります。

このように、上空の寒気や下層の水蒸気の供給によって不安定化した大気は、雲がより発達しやすい環境を作ります。逆に、上空に乾燥した空気が流入する場合は、雲粒の蒸発冷却によって上昇する空気自身が冷やされてしまうため、雲の発達が抑制されることが知られています。

2　対流性の雲

積雲を作る対流

対流は、太陽放射などで部分的に高温になった下層の空気が浮力によって上昇することです。この下層の高温な空気は**熱気泡**（ねっきほう）（サーマル）とよばれ、熱気泡による上昇流で積雲などの雲が作られます（図４・４）。熱気泡は浮力で上昇して地表面付近から離れ、その中心付近で上昇流が最大となります。上昇流があるとそこを補う空気が必要になるため、図のような下降流や熱気泡に上部や横から入り込む流れが生じます。また、熱気泡が通過

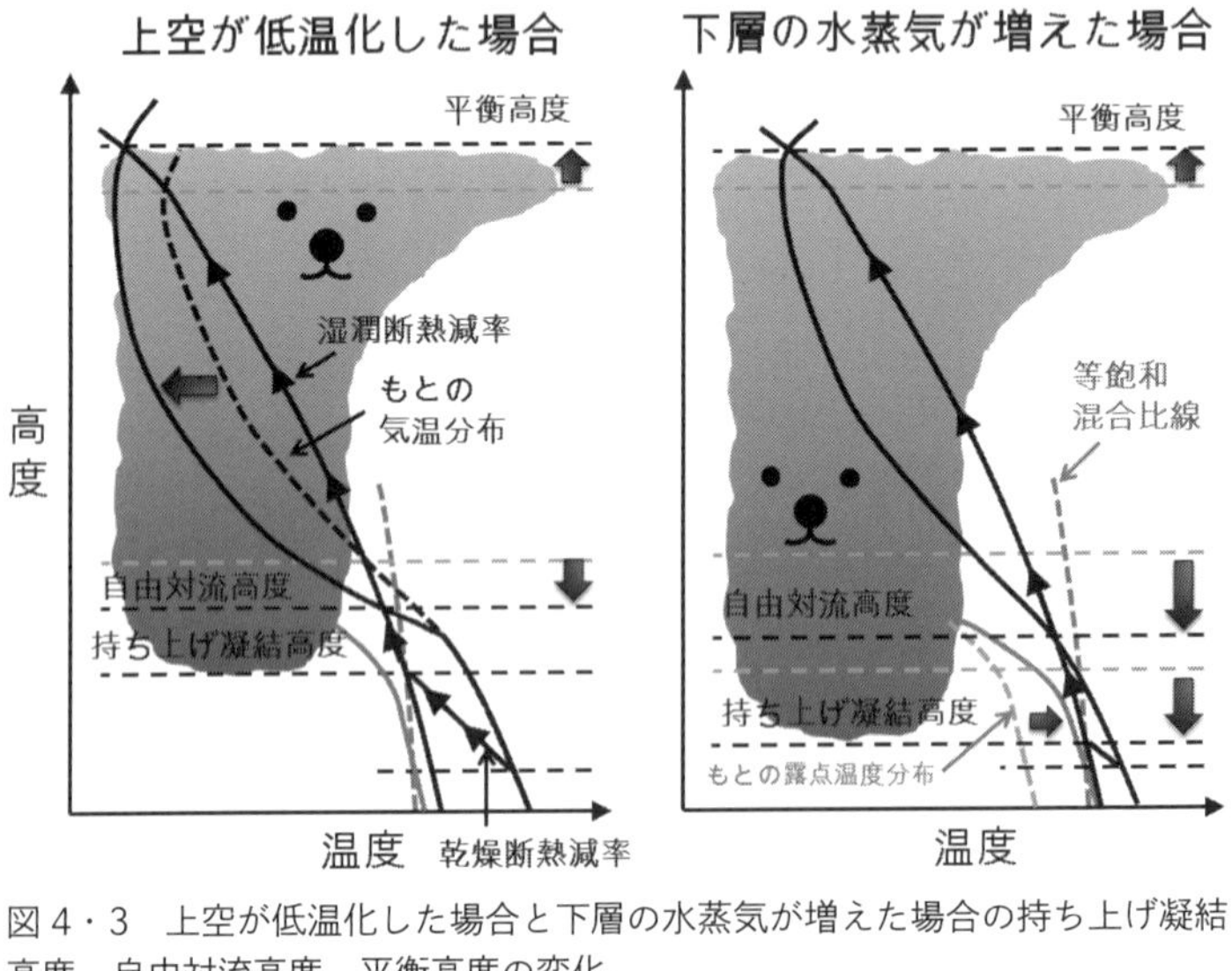

上空が低温化した場合
下層の水蒸気が増えた場合
平衡高度
湿潤断熱減率
もとの
気温分布
高度
自由対流高度
持ち上げ凝結高度
温度
乾燥断熱減率
平衡高度
等飽和
混合比線
自由対流高度
持ち上げ凝結高度
もとの露点温度分布
温度

図４・３　上空が低温化した場合と下層の水蒸気が増えた場合の持ち上げ凝結高度、自由対流高度、平衡高度の変化。

した後は空気が乱れるため、積雲はモクモクした形状になります。好天積雲（図1・14：36ページ）のような雲では熱気泡が持ち上げ凝結高度を超えはするものの、自由対流高度に達する前に雲粒が蒸発してしまっています。そのため、雲の上部は丸っぽいドーム状になり、下部は持ち上げ凝結高度に対応してほとんど平らなのです。

地表面が一様に加熱される場合には、大

空気の流れ
サーマルくん
アツくなって
上昇しているよ！
中心に近いほうが
上昇流は大きいよ！
上昇すると空気が
足りなくなるから、
まわりに下降流を
作って補おう！
積雲
サーマルくんが
通った後は空気が
乱れて、モクモク
しちゃうね。

図4・4　熱気泡と積雲。

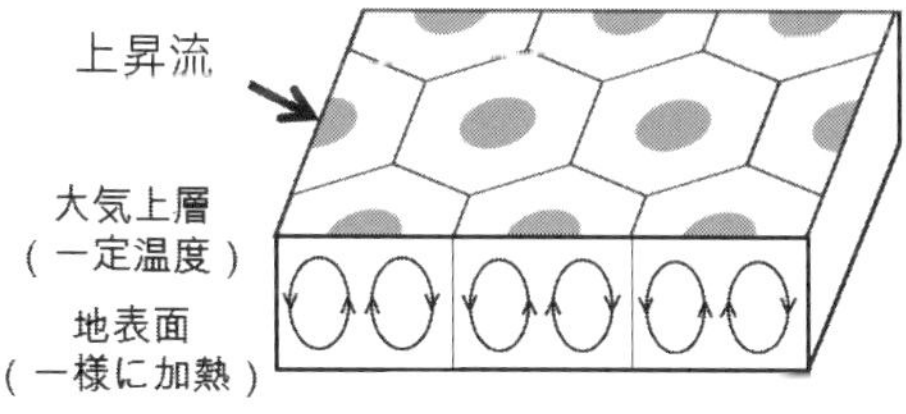

上昇流
大気上層
（一定温度）
地表面
（一様に加熱）

図4・5　セル状対流。

気の上層との温度差が大きくなります。この温度差がある値を超えると、上昇流と下降流が規則的に並んだ**セル状対流**（**ベナール対流**）が発生します（図4・5）。「セル」というのは「細胞」という意味で、細胞状対流ともいいます。

図4・6は、2013年9月11日のペルー沖の衛星写真です。びっしりと敷き詰められたような雲と、蜂の巣のような雲の2種類が見られます。前者は**クローズドセル対流**、後者は**オープンセル対流**とよばれるセル状対流によって発生した雲です。

これらのセル状対流での雲の違いは、空気の混ざり合い（**混合**）が強い高さと、セル内の気温の高度分布が関係していると考えられています

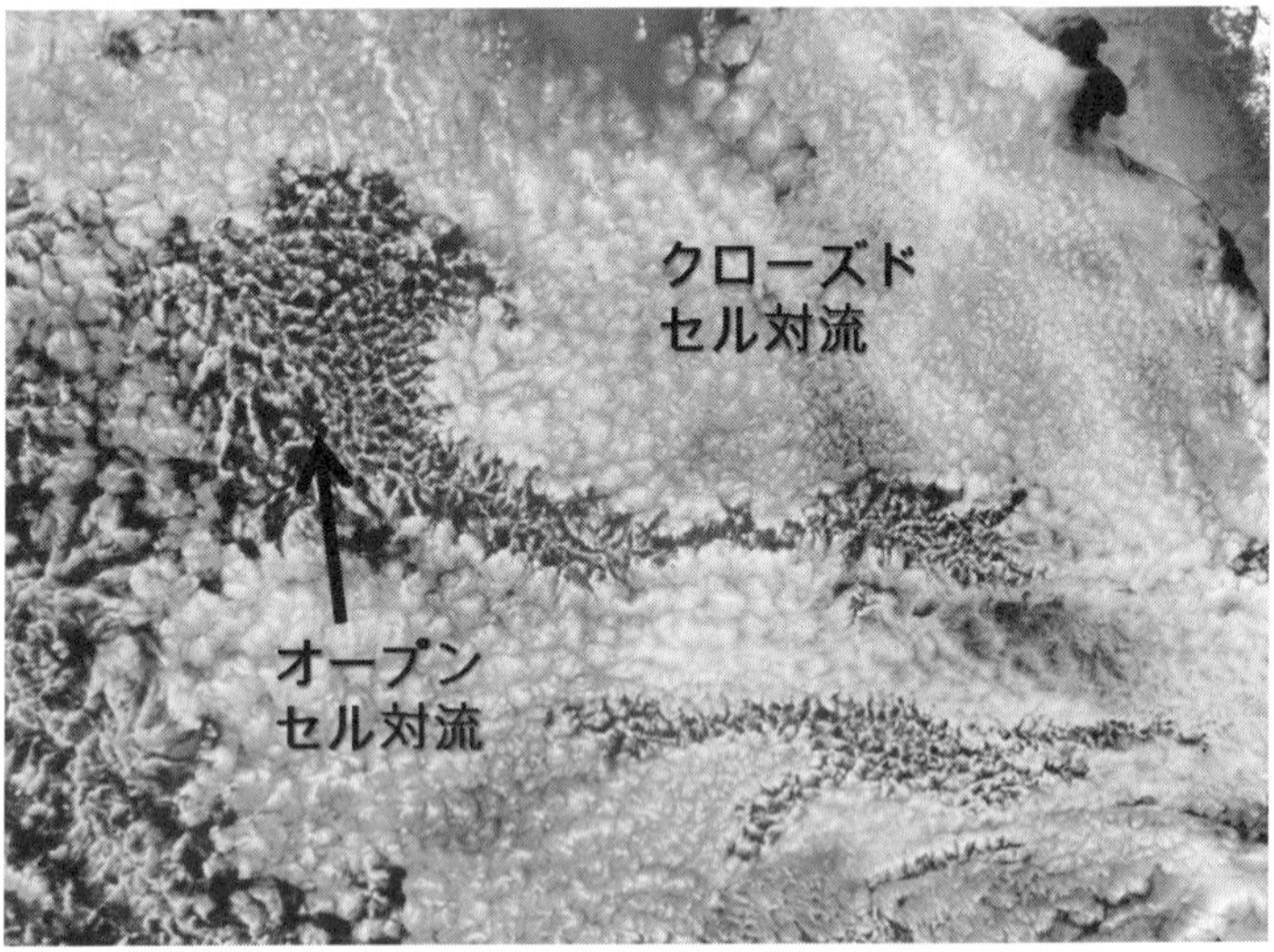
クローズド
セル対流
オープン
セル対流

図4·6　2013年9月11日にペルー沖で発生したオープンセル対流とクローズドセル対流に伴う雲。NASA EOSDIS Worldviewの気象衛星Aquaによる可視画像。

（図4・7）。ひとつのセルで考えると、クローズドセル対流では雲頂付近、オープンセル対流では地表面付近で混合が強く、混合の強い部分では気温の高度変化が小さくなっています。気温の減率が大きいほど大気の状態は不安定であるため、クローズドセル対流では地表面付近、オープンセル対流では雲頂付近が相対的に不安定です。

このような状況で、クローズドセル対流ではセルの中心で上昇流、オープンセル対流では下降流が生じます（浅井1996）。上昇流に対応して雲が形成されるため、クローズドセル対流ではセルを覆うように雲が発生し、オープンセル対流ではセルの縁で雲が発生するのです。これらのセル状対流

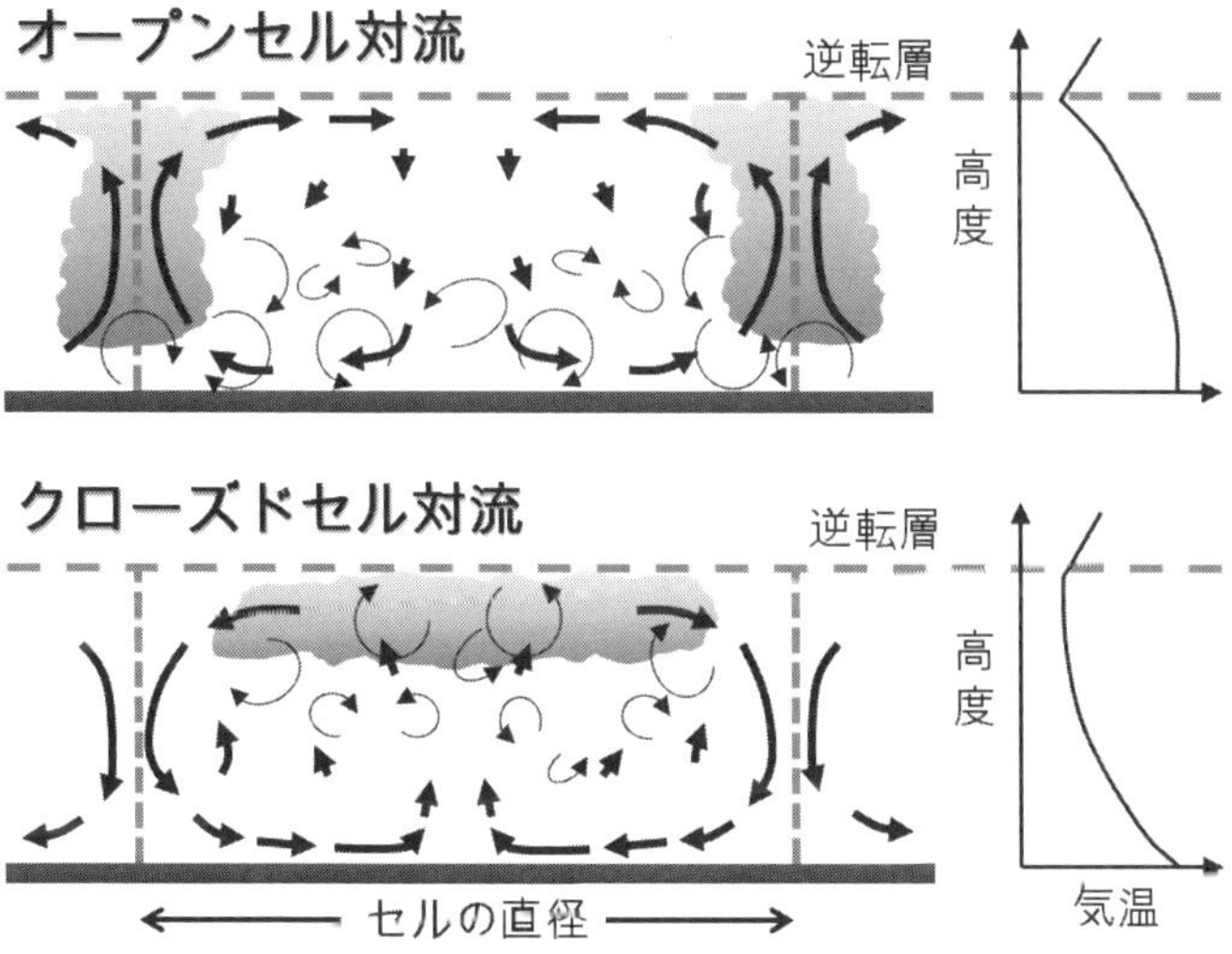

オープンセル対流
逆転層
高度
クローズドセル対流
逆転層
高度
セルの直径
気温

図4・7　オープンセル対流とクローズドセル対流の構造。

は海洋上でよく見られますが、地表面付近が温まりやすく空気が強く混合しやすい陸上では、おおむねオープンセル対流が観測されます。

セル状対流が発生するような状況で、鉛直シア（高度方向の風のずれ）がある場合は、**水平ロール対流**という時計回りと反時計回りに回転する渦のペアが発生します（図４・８）。このとき、ロール状の渦の間には上昇流と下降流が交互にあり、その上昇流域で雲が発生すると**クラウドストリート**とよばれる雲の列ができます。冬の日本海に現れる筋状の雲などがこれにあたります（第５章４節：２４４ページ）。

夏の晴れた日の関東平野では、日中に地上気温が高くなるにつれて好天積雲が発生することがよくあります。風がほとんどない静穏な場合は、関東平野の広い範囲でオープンセル対流による好天積雲が発生します（図４・９a）。図をよく見てみると、ちょうど霞ヶ浦という湖の位置で好天積雲が発生していないことがわかります。これは霞ヶ浦の影響でその地域のみ地上気温が上がらず、対流が起こらなかったた

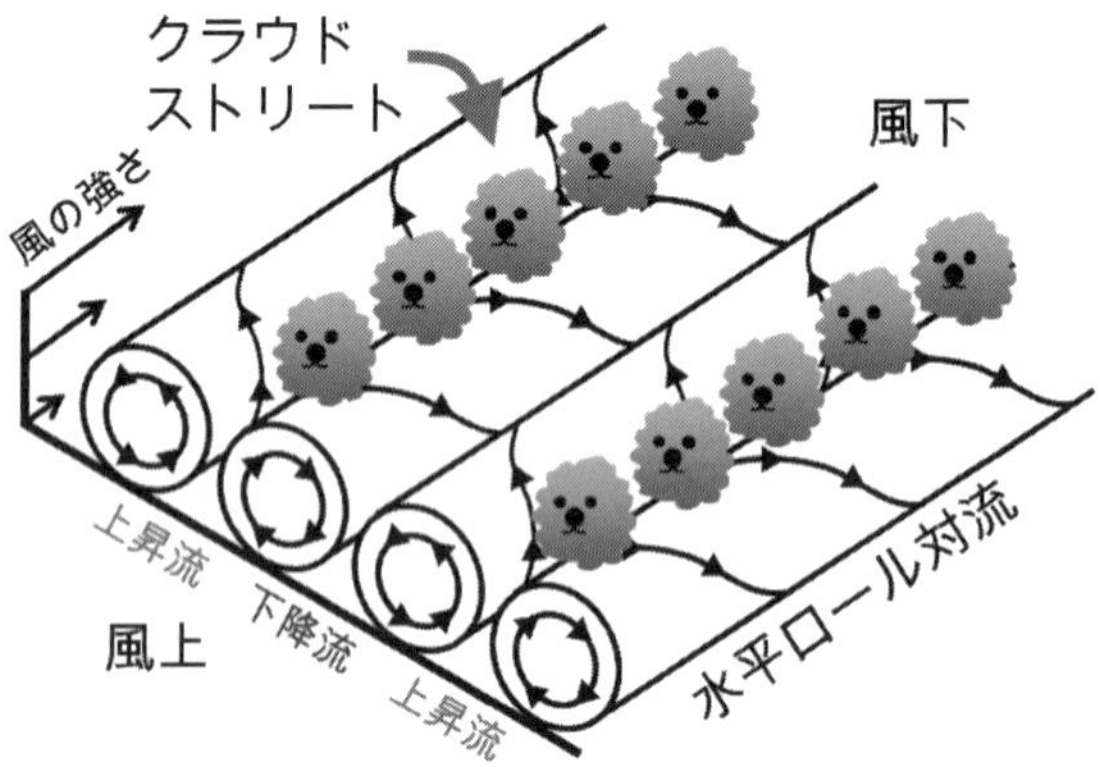
クラウドストリート
風下
風の強さ
上昇流
下降流
上昇流
風上
水平ロール対流

図４・８　水平ロール対流とクラウドストリート。

めです。同様に、海岸線に沿って雲のない地域があるのは、ここに相対的に冷たい海風が侵入してきていることを意味しています。

海風は東京湾、相模湾、九十九里沖、鹿島灘などさまざまな方向から関東平野に吹き込みます。これらの海風と高温な都心部に向かう風によって、東京湾や相模湾沿いには海風前線が形成されます（図4・9b）。特に東京湾と相模湾からの海風が収束しやすい環状八号線沿いに形成される雲列は、**環八雲**として古くから知られています。また、これらの海風同士の収束や海風前線は局地豪雨の発生にも重要であることがわかってきています（第5章3節：237ページ）。

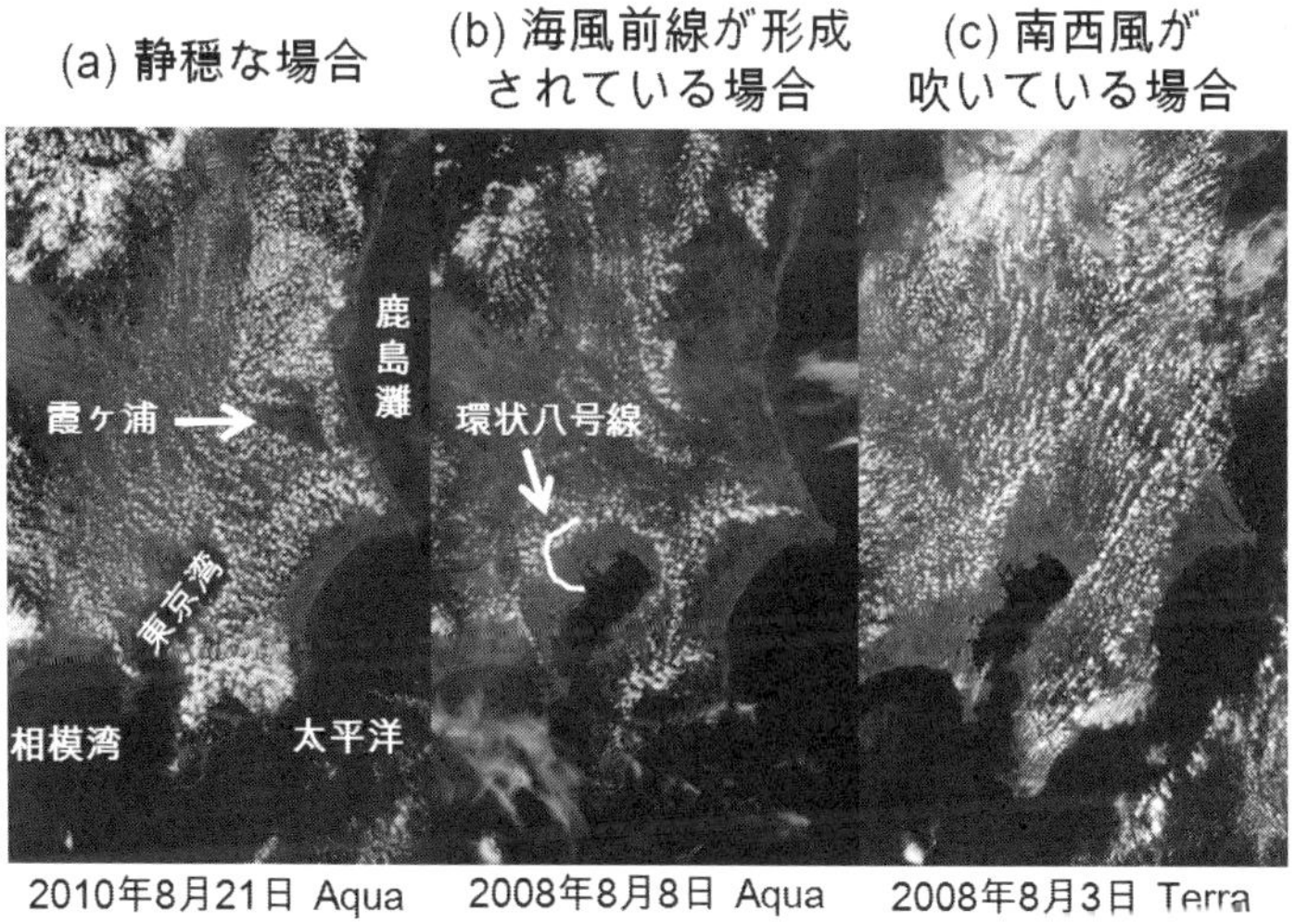
(a) 静穏な場合
(b) 海風前線が形成されている場合
(c) 南西風が吹いている場合
鹿島灘
霞ヶ浦
東京湾
相模湾
太平洋
環状八号線
2010年8月21日 Aqua
2008年8月8日 Aqua
2008年8月3日 Terra

図4・9　夏の関東平野に現れる好天積雲。NASA EOSDIS の気象衛星 Aqua、Terra による可視画像。

一方、大気下層で風が吹いていて鉛直シアがある場合には水平ロール対流が発生するため、クラウドストリートが形成されます（図4・9c）。このように、対流による積雲は地上気温や大気下層の風の影響を受け、さまざまなかたちで現れるのです。

積乱雲は自虐的？　積乱雲の一生

積乱雲は上空に向かって勢いよく発達する様子から、かなりアクティブな雲のように思えます。積乱雲は単一の上昇流と下降流を持つ**対流セル**（**単一セル**）である場合と、複数の上昇流や下降流の集合体である**多重セル対流**の場合があります。はじめに、対流セルの積乱雲の一生を追いかけてみましょう。

まず何らかの持ち上げメカニズム（図4・10①）によって下層の空気が持ち上げ凝結高度まで上昇すると、雲が発生します（図4・10②）。対流セルの一生を上昇流・下降流を目安に分けると、雲が発生して上昇流が支配的なこの段階から対流セルは発達期（積雲期）にあります。空気はさらに持ち上げられて自由対流高度に達し、自力で上昇できるようになります（図4・10③）。その後、空気の上昇とともに対流セルは上空にも水平方向にも大きくなります。融解層より上空では冷たい雨のプロセスで氷晶が発生し、雲内で降水粒子が形成されます。

すると、降水粒子のローディングと昇華・融解・蒸発による潜熱吸収で冷たい下降流が形成されます（図4・10④）。対流セル内で上昇流と下降流が共存しているこの段階は、対流セルの成熟期とよばれます。さらに雲頂高度が高くなり、雲は対流圏界面に達します（図4・10⑤）。行き場を失った上昇流は対流圏界面下部で水平方向に広がり、アンビル（かなとこ雲）が発生します。このとき地上では降水が強まっており、雲内の下降流は上昇流を相殺するように強まります。

　上昇流を失った対流セルは下降流に支配され、下降流が地上まで達して冷気外出流を形

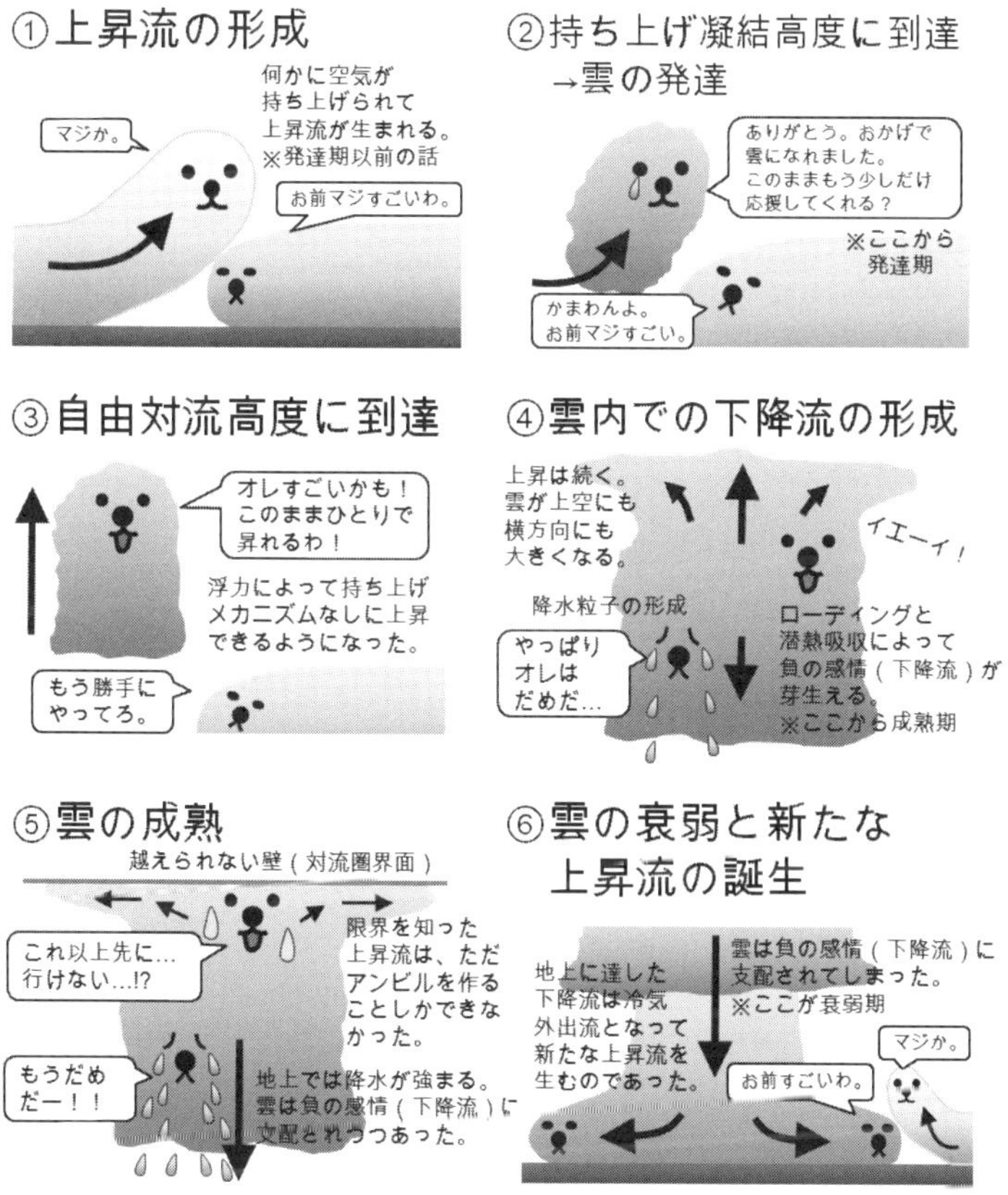
①上昇流の形成
何かに空気が
持ち上げられて
上昇流が生まれる。
※発達期以前の話
マジか。
お前マジすごいわ。
②持ち上げ凝結高度に到達
→雲の発達
ありがとう。おかげで
雲になれました。
このままもう少しだけ
応援してくれる？
※ここから
発達期
かまわんよ。
お前マジすごい。
③自由対流高度に到達
オレすごいかも！
このままひとりで
昇れるわ！
浮力によって持ち上げ
メカニズムなしに上昇
できるようになった。
もう勝手に
やってろ。
④雲内での下降流の形成
上昇は続く。
雲が上空にも
横方向にも
大きくなる。
イエーイ！
降水粒子の形成
やっぱり
オレは
だめだ…
ローディングと
潜熱吸収によって
負の感情（下降流）が
芽生える。
※ここから成熟期
⑤雲の成熟
越えられない壁（対流圏界面）
これ以上先に…
行けない…!?
限界を知った
上昇流は、ただ
アンビルを作る
ことしかできな
かった。
もうだめ
だー！！
地上では降水が強まる。
雲は負の感情（下降流）に
支配されつつあった。
⑥雲の衰弱と新たな
上昇流の誕生
雲は負の感情（下降流）に
支配されてしまった。
※ここが衰弱期
地上に達した
下降流は冷気
外出流となって
新たな上昇流を
生むのであった。
マジか。
お前すごいわ。

図4・10　対流セルの積乱雲の一生。

成します（図4・10⑥）。対流セル内で下降流が支配的になる段階は衰弱期とよばれます。冷気外出流は新たに下層の空気を持ち上げ、上昇流を形成して次の雲が生まれます。また、冷気外出流は地上で広がるため、対流セルへの下層の水蒸気の供給がなくなり、対流セルは衰弱していきます。なお、対流セルによっては対流圏界面に達しないものや、対流圏界面に達する前に下降流が形成されるものもあります。

このように単一の対流セルの積乱雲は、自身の生み出した下降流によって自滅してしまいます。これを自己破滅型とよぶこともあり、対流セルの寿命は1時間程度と長くありません。この手の積乱雲が竜巻などの突風を起こすことは少なく、アクティブというよりはむしろ自虐的な雲なのです。ここでは鉛直シアが小さい状況を想定していますが、鉛直シアが大きい場合はスーパーセルとよばれる特殊な積乱雲が発生することがあり、強い竜巻の原因となります（第5章1節）。

空気の汚さで積乱雲は変わる

積乱雲などの対流セルに対するエアロゾルの第二種間接効果は、これまであまりよくわかっていませんでした。しかし、最近になって航空機観測や数値予報モデルの結果から、徐々にその仕組みが理解されてきました。図4・11は、雲凝結核としてはたらくエアロゾルが少なく空気が綺麗な環境と、エアロゾルが多くて汚い環境における対流セルの発達の違いを示しています。特に後者は、大気汚染物質などが多い都市における対流セルに対応しています。

　エアロゾルが少ない場合、対流セルの発達期において雲核形成するエアロゾルも少ないため、発生する雲粒の数も多くありません。このとき雲粒ひとつあたりで消費できる水蒸気量は多くなるため、雲粒は大きく成長できます。すると早い段階で雨粒まで成長し、下降流を形成するので下層での水蒸気の供給が断たれます。成熟期では、融解層を超えて対流セルが発達し、氷晶や霰が形成されます。しかし、雨粒が多く形成されたために水蒸気を多く消費してしまい、形成される氷晶や

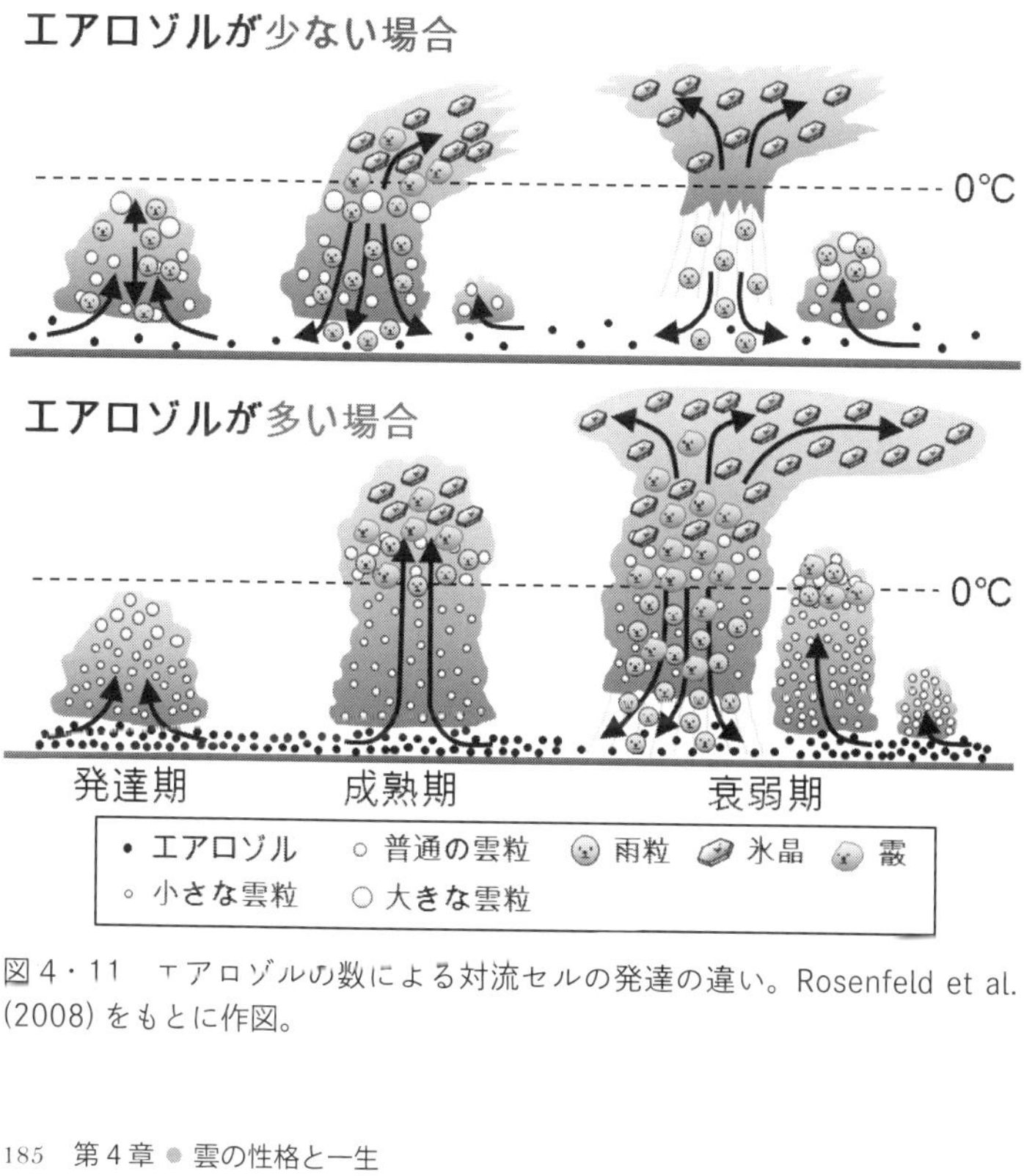

エアロゾルが少ない場合
0℃
エアロゾルが多い場合
0℃
発達期
成熟期
衰弱期
エアロゾル
普通の雲粒
雨粒
氷晶
霰
小さな雲粒
大きな雲粒

図4・11　エアロゾルの数による対流セルの発達の違い。Rosenfeld et al. (2008) をもとに作図。

霰は多くありません。このとき、地上での降水はピークを迎えています。その後、衰弱期では地上降水が弱まり、対流セルは消滅します。

一方、エアロゾルが多い場合には、発達期で発生する雲粒の数が多いため、互いに水蒸気を奪い合ってなかなか雲粒は成長できません。ようやく融解層を超えた高さで氷晶や霰が形成され、衝突併合成長で雨粒も現れ始めます。このとき、対流セル内での下降流はまだ存在せず、下層からの水蒸気の供給はエアロゾルが少ない場合よりも長く続きます。その後、成長した霰や雨粒が落下しますが、雲粒の数が多いので雲粒を捕捉しやすく、成長も速くなります。その結果、地上での降水量はエアロゾルが少ない場合よりも増えるのです。降水粒子が増えたことで降水粒子のローディングや蒸発・昇華が強まるため、冷たい下降流や冷気外出流も強まり、新たに生まれる対流セルも増えます。

このように、空気が綺麗か汚いかによって、対流セルの微物理過程が変化し、地上での降水量が変わるのです。しかしこれは雲凝結核のみを考えた議論であり、氷晶核は考慮されていないことに注意が必要です。エアロゾルの第二種間接効果の話は、本章4節に続きます。

つながる心が雲の力！　多重セル対流

多重セル対流（**マルチセル対流**）は、発達の段階の異なる複数の対流セルで構成される積乱雲です。鉛直シアが小さい環境では複数の対流セルがあってもさほど長続きしませんが、鉛直シアがある程度大きければ組織化して多重セル対流になることができます（図4・12）。

多重セル対流内部では、発達期・成熟期・衰弱期の対流セルが並んでいて、成熟期の対流セルによって生み出された冷気外出流がこれらの対流セルの先頭に新しい対流セルを生み出します。その結果、衰弱期の対流セルが消滅しても新しい対流セルが生まれ、多重セル対流内で世代交代が起こるのです。このため多重セル対流の寿命は長く、強雨や雹、弱い竜巻などの原因となります。

通常、対流セルは大気中層の風に流され、風と同じ方向に移動します。しかし、多重セルは多くの場合、異なる動きをすることがわかっています。下層と中層の風が異なり、鉛直シアの大きい多重セル対流を考えます（図4・13）。下層の風は多くの水蒸気を含んでいて、冷気外出流の先端で持ち上げられて多重セル対流内に水蒸気を供給します。すると、風上側で新しい対流セルが発生・発達しますが、個々の対流セルはおおむね中層の風

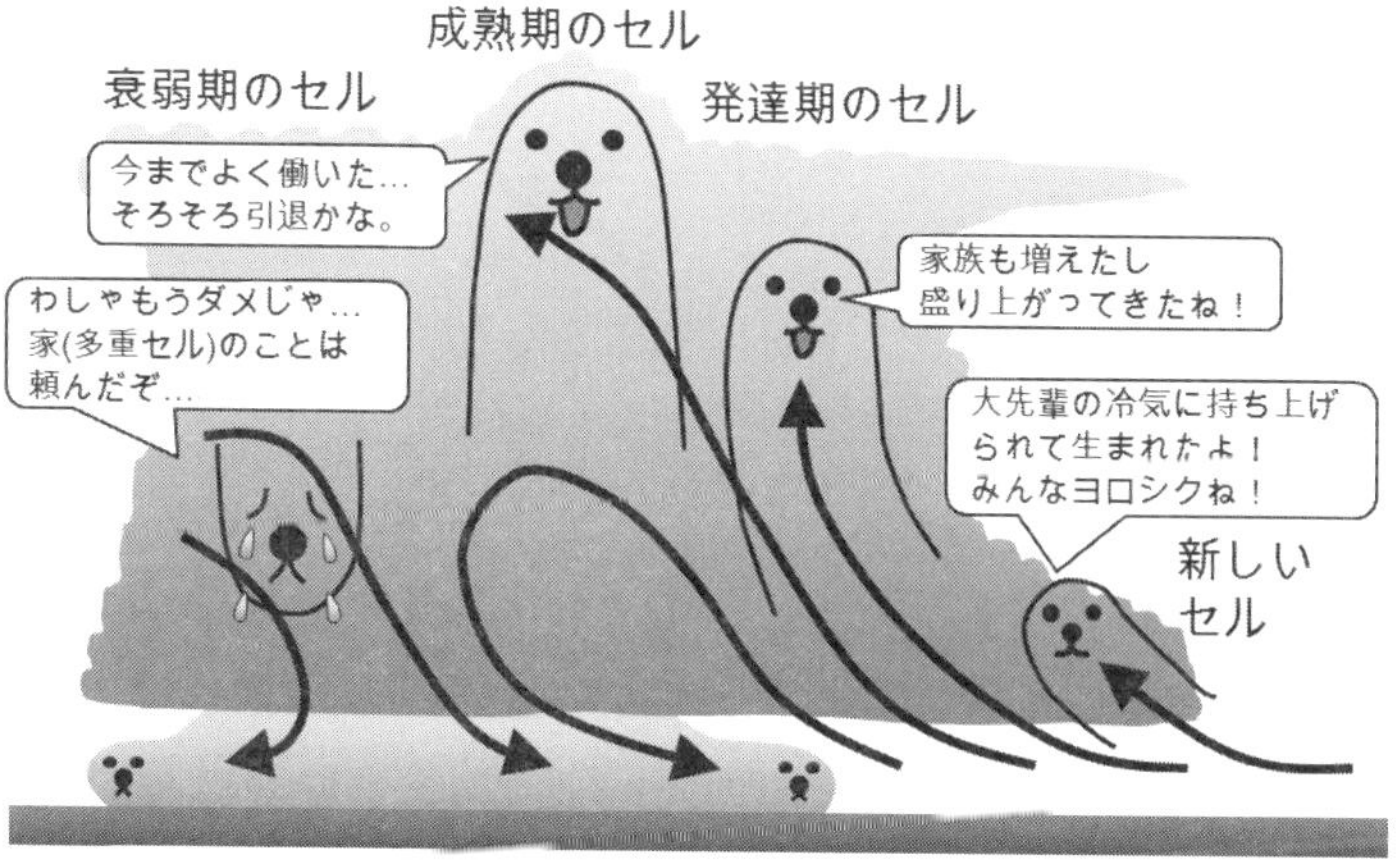

成熟期のセル
衰弱期のセル
発達期のセル
今までよく働いた…
そろそろ引退かな。
わしゃもうダメじゃ…
家(多重セル)のことは
頼んだぞ…
家族も増えたし
盛り上がってきたね！
大先輩の冷気に持ち上げ
られて生まれたよ！
みんなヨロシクね！
新しい
セル

図4・12　多重セル対流の構造。

に流されて移動しています。成熟した対流セルは冷気外出流を作りながら下層の風の風下側で衰弱し、多重セル全体としては中層の風よりも新しい対流セルが発生する方向にずれて移動していきます。多重セルの移動速度は、鉛直シアの大きさによって変わります。移動速度が遅いながらも世代交代が起こっているような長寿命の多重セル対流は、局地豪雨をもたらして都市型水害などの原因となることがあります。

積乱雲が作るさまざまな対流システム

対流セルが形成する積乱雲は、組織化することでさまざまな**対流システム**（convective system）を作ります。ここで、現象の水平方向の広がりを**水平スケール**、寿命や周期などを**時間スケール**とよぶことにします。図4・14は、水平スケールの分類と、積乱雲が関わる現象の時間・水平スケールの関係を表しています。

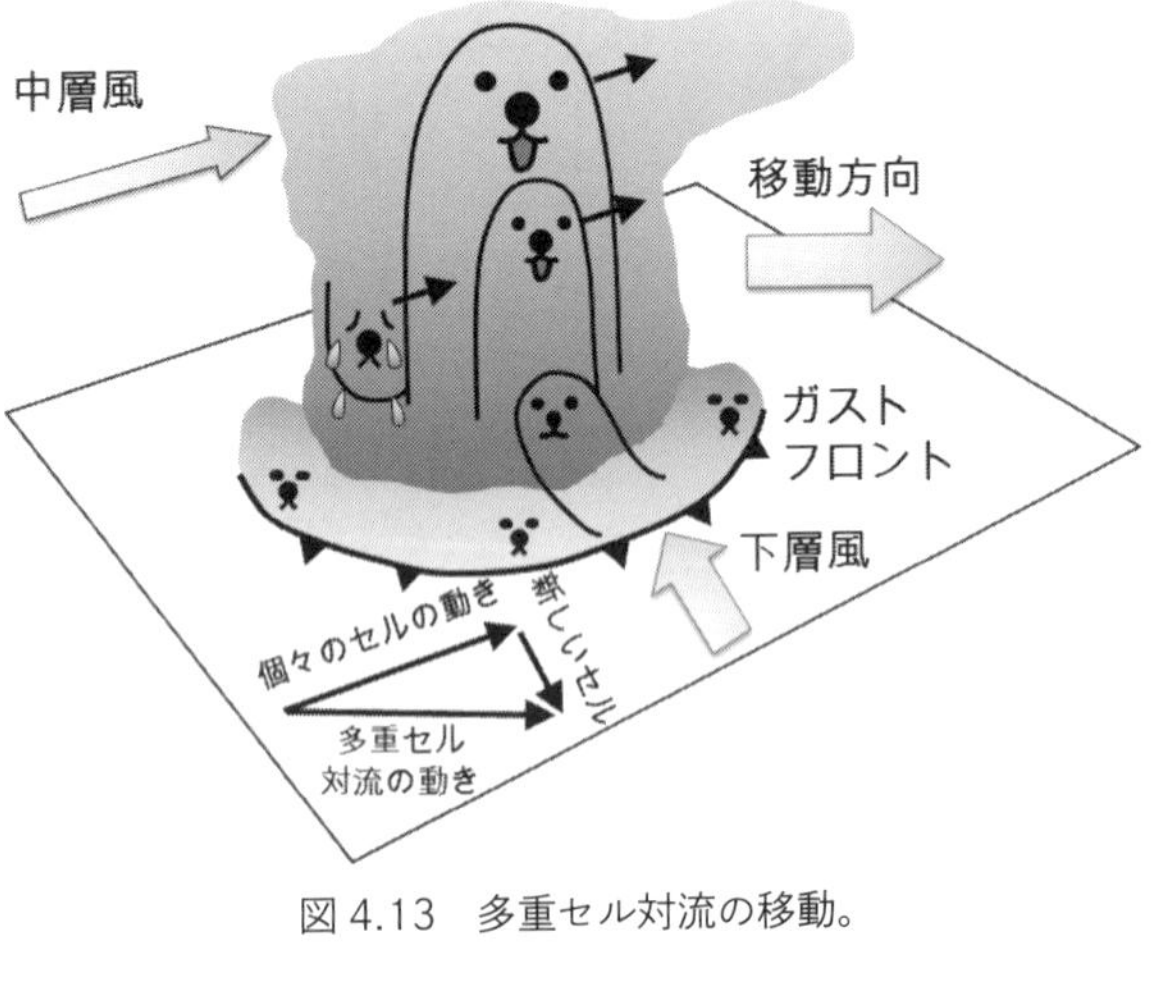
中層風
移動方向
ガスト
フロント
下層風
個々のセルの動き
新しいセル
多重セル
対流の動き

図4.13　多重セル対流の移動。

水平スケールの分類は研究者によって異なりますが、本書では図のように分けます。天気図上に現れる低気圧や前線などの約1000~1万キロメートルの水平スケールを**総観**(そうかん)**スケール**といいます。約1~1000キロメートルをメソスケールとよび、大きいほうから**メソα**(アルファ)、**メソβ**(ベータ)、**メソγ**(ガンマ)**スケール**と分類します。竜巻などのさらに小さい水平スケールは**マイクロスケール**と分類されます。

積乱雲(対流セル)はメソγスケールで、積乱雲に関係する現象や対流システムの水平スケールと時間スケールは、おおむね比例するような関係にあります。多重セル対流やスーパーセル(第5章1節)の水平スケールは数十~100キロメートルで、寿命は1~数時間です。集中豪雨をもたらす線状降水帯(せんじょうこうすいたい)(第5章3節)とよばれる対流システムは、数時間以上の寿命と50~300キロメートルの水平スケールを持っています。

また、さまざまなサイズや発達段階の積乱雲によって形成されるメソβ~メソαスケールの対流システムである**クラウドクラスター**や、熱帯でク

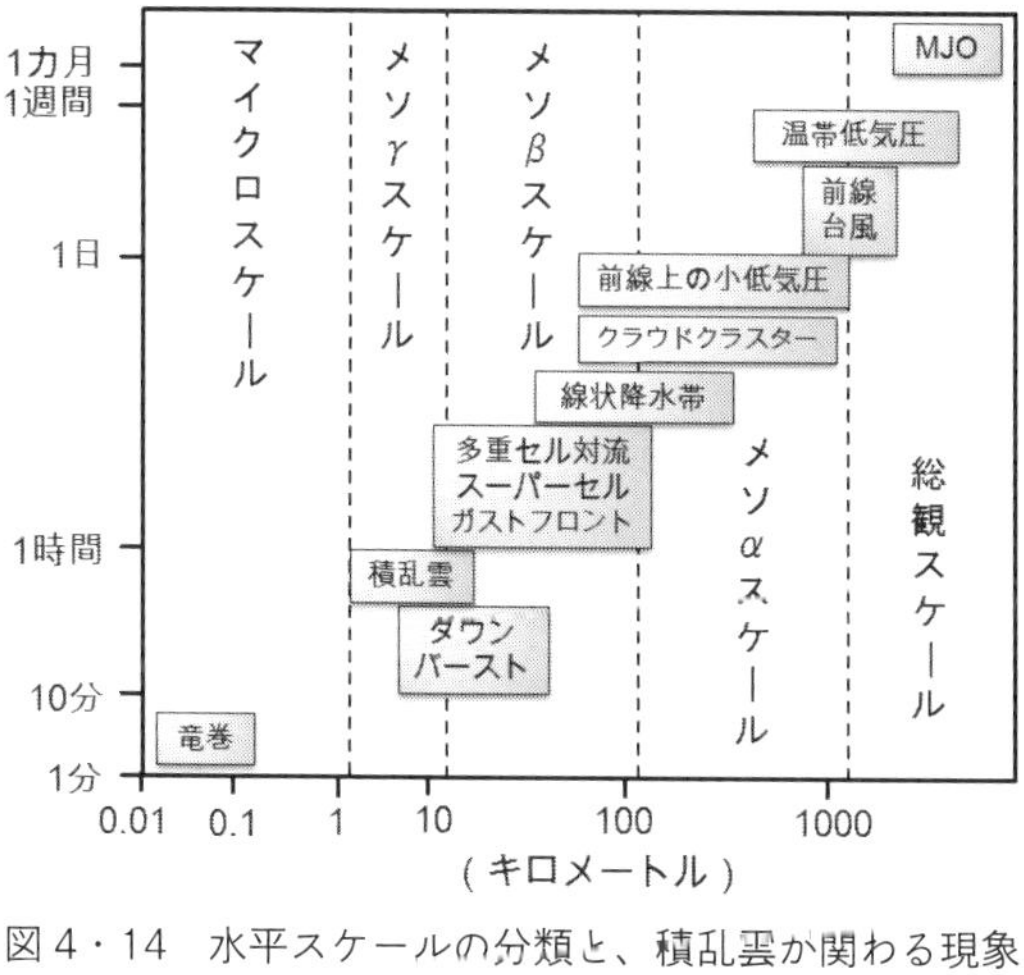
1カ月
1週間
1日
1時間
10分
1分
0.01
0.1
1
10
100
1000
(キロメートル)
マイクロスケール
メソγスケール
メソβスケール
メソαスケール
総観スケール
MJO
温帯低気圧
前線
台風
前線上の小低気圧
クラウドクラスター
線状降水帯
多重セル対流
スーパーセル
ガストフロント
積乱雲
ダウンバースト
竜巻

図4・14 水平スケールの分類と、積乱雲が関わる現象の時間・水平スケールの関係。

ラウドクラスターによって形成される**マッデン・ジュリアン振動**（Madden-Julian Oscillation：ＭＪＯ）という現象も存在します。ＭＪＯは水平スケールが数千キロメートルで、30～60日程度の周期性を持つ大気の振動です。ＭＪＯが発生することで、太平洋赤道域の日付変更線付近から南米のペルー沖にかけての海域の海面水温が高くなる**エルニーニョ現象**の発生が促進されることがわかっています。エルニーニョ現象は地球の気候に影響を及ぼす一方、台風や線状降水帯、スーパーセルなどは気象災害の原因になります。このように、積乱雲が作る対流システムはさまざまなスケールの現象に深く関係しており、いろいろな観点から研究が進められています。

3　層状性の雲

霧の正体

朝起きて窓を開けると真っ白な霧に覆われていた、という経験はみなさんもあるかと思います。**霧**（fog）の正体は、「地面に達している状態の**層雲**」です。霧も雲と同様で、核形成や凝結成長のプロセスを経て作られています。霧は主に6つに分類されており、基本的には空気の冷却、水蒸気の供給、そして異なる温度を持つ湿潤空気の上下方向の混合が霧の発生プロセスには重要であると考えられています。

図 4・15　放射霧が発生する様子。2012 年 12 月 4 日夕方、茨城県つくば市。

図 4・16　太平洋を覆う薄い海霧。2010 年 8 月 10 日、千葉県銚子市。

平野や盆地では**放射霧**（ほうしゃぎり）という霧がよく発生します。放射霧では夜間の放射冷却などで地面付近の空気が冷え、雲粒が生成されます（図4・15）。雨上がりの晴れた夜などに発生しやすいのは、降雨によって下層が湿るためです。放射霧は日の出後には太陽放射で下層の気温が上がるため、雲粒が蒸発して消滅します。盆地で発生した放射霧（**盆地霧**）を山の上から見たものは**雲海**（うんかい）とよばれます。

次に、**海霧**（うみぎり）に代表される**移流霧**（**混合霧**）が知られています。海霧は冷たい海面上に温かく飽和に近い空気が流入するときに生じます（図4・16）。このとき、下層の空気がある高さまで上下に混合している状態（**混合層**）であれば、海面上で冷やされた空気が混合によって上方向に運ばれ、混合層全体を冷やしていきます。すると混合層内の空気は過飽和となり、雲粒が生成されます。通常、雲凝結核としてはたらくエアロゾルは陸上に比べて海上では数が少なく、また陸上のものよりも海上に豊富にある海塩粒子のほうが粒径は大きいので、霧を構成する雲粒も海霧のほうが大きいことがわかっています。

さらに、山の斜面に沿って空気が上昇し、断熱冷却で飽和して発生する霧は**滑昇霧**とよばれます。図1・13（35ページ）のような層雲で斜面に接しているものが滑昇霧にあたります。また、温暖前線の前面や寒冷前線の後面、前線通過時などに発生する霧は**前線霧**といいます。前線霧は雨粒が蒸発して小さくなることで発生した雲粒で形成されます。温かい水面上に相対的に冷たい空気が流れ込むことで発生する**蒸気霧**とよばれる霧もありますが、これについてはコラム3で紹介します。

霧は層雲の雲底が低下することでも発生します（**雲底低下型の霧**、図4・17）。層雲内は混合層になっており、気温減率はやや小さくなっています。* 混合層の上部には、高気圧の下降流による空気の断熱昇温などで形成された逆転層があることがほとんどです。逆転層があると雲はその下部までしか発達できません。これは、放射霧や移流霧でも同様です。雲頂では放射冷却が起こり、雲上部が冷やされます。すると雲頂付近の雲粒が成長して落下し、雲頂付近で冷やされた空気も落ち込むことで下降流が形成されます。雲底下まで落下した雲粒が蒸発すると、雲底下は冷やされて水蒸気も増えます。その結果、層雲の雲底が下がり、地上に達して霧になるのです。

濃い霧（**濃霧**（のうむ））は見通しを悪くするため、交通などに大きな影響を与えます。また、酸性雨と同様な酸性の霧が植生に悪影響を及ぼすという観点から、地球環境の研究でも霧の詳細なメカニズムの解明が求められています。霧は雲と同様にエアロゾルの雲核形成を基本としていますが、地表面や乱流、化学、放射の観点からも研究が進められています。

空をくもらせる層積雲

関東地方では、北に中心を持つ高気圧に覆われると局地的にくもり空になることがあります。このとき関東地方では高気圧からの冷たい北東風が吹いていることから、このくもり空は「**北東気流の曇天**」とよばれます。

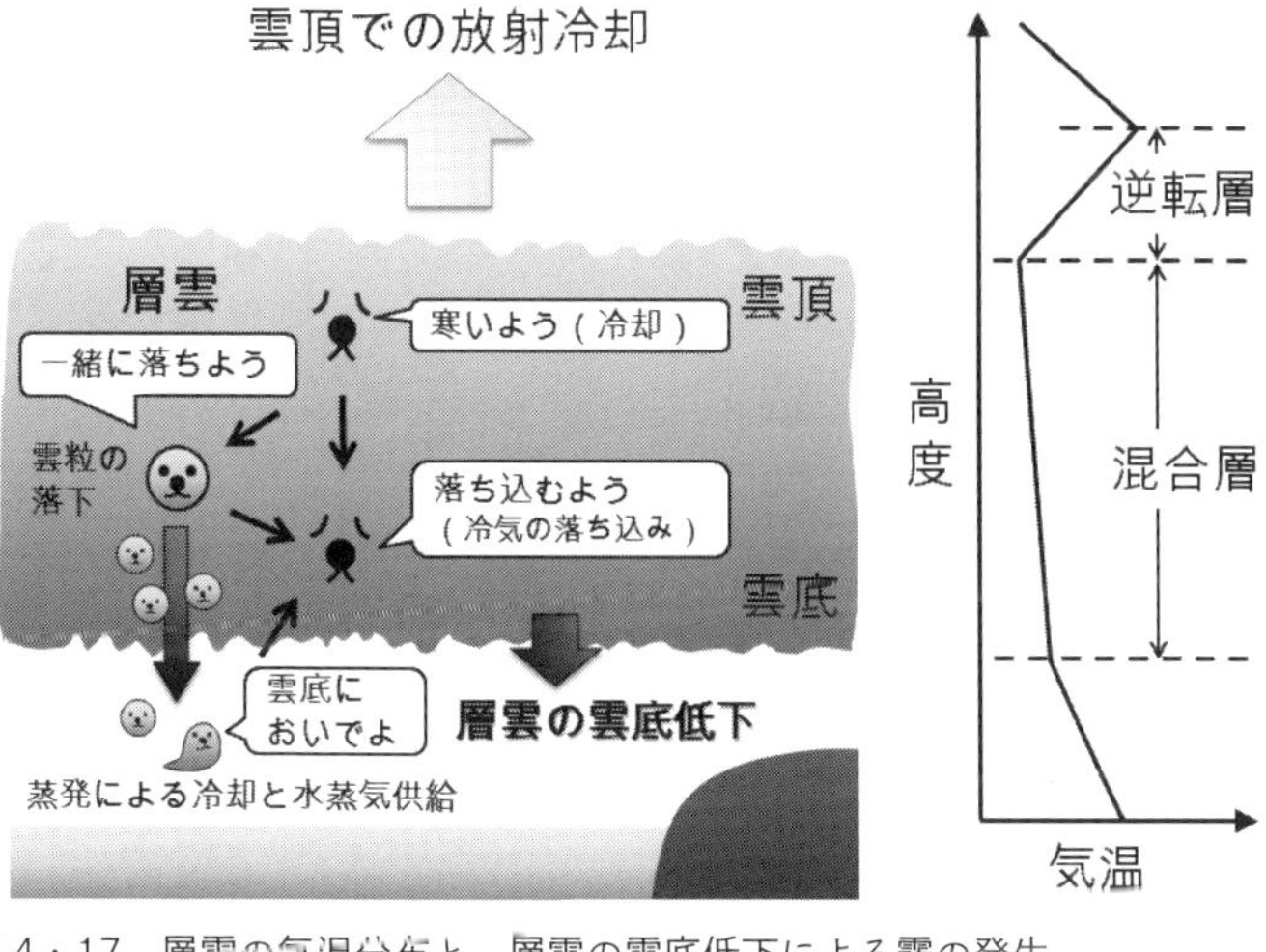

雲頂での放射冷却
層雲
雲頂
寒いよう（冷却）
一緒に落ちよう
雲粒の
落下
落ち込むよう
（冷気の落ち込み）
雲底
雲底に
おいでよ
層雲の雲底低下
蒸発による冷却と水蒸気供給
逆転層
高度
混合層
気温

図4・17　層雲の気温分布と、層雲の雲底低下による霧の発生。

＊乾燥した混合層では温位（空気塊を1000hPaまで断熱変化させたときの温度）、雲内の混合層では相当温位（空気塊中の水蒸気がすべて凝結したときの潜熱と温位の和）という物理量が一定になっています。

同様に東北地方の太平洋側では、夏場に北海道の北東にあたるオホーツク海に高気圧がある場合、「**やませ**（山背）」とよばれる冷たい北東または東風が吹きます（図4・18）。このとき東北地方太平洋側の沿岸や平野は雲に覆われ、冷たい風や雲による低温・日照不足で農作物に影響が出ます。これらの曇天は、多くは**層積雲**によってもたらされます。

層積雲はその名の通

やませに伴う
層積雲

図4・18　2013年7月16日にやませに伴って発生し、東北地方沿岸を覆う層積雲。NASA EOSDIS Worldviewの気象衛星Terraによる可視画像。

り、層状性の雲でありながら、対流性の積雲に似た発生の仕方をする下層雲です。海上で発達する層積雲の構造を見てみると（図４・19）、大気下層に海面から熱と水蒸気が供給されることで、上昇した湿潤空気が凝結して雲粒を作っています。このとき、層雲と同様に層積雲は、通常は逆転層下に形成されています。雲底で放出された潜熱は層積雲の下部を温め、雲内部の上昇流が強まります。一方、層雲と同様に雲頂では放射冷却が起こります。さらに、雲頂に高気圧の乾いた下降流が混合することで、雲粒が蒸発して周囲の空気を冷やします。雲頂での放射冷却や雲粒の蒸発による冷却で冷たくなった空気は下降流を生み、さらに雲頂での乾燥空気との混合を促進することで、層積雲の雲頂が積雲のように

モクモクした形になったり、雲の隙間ができ

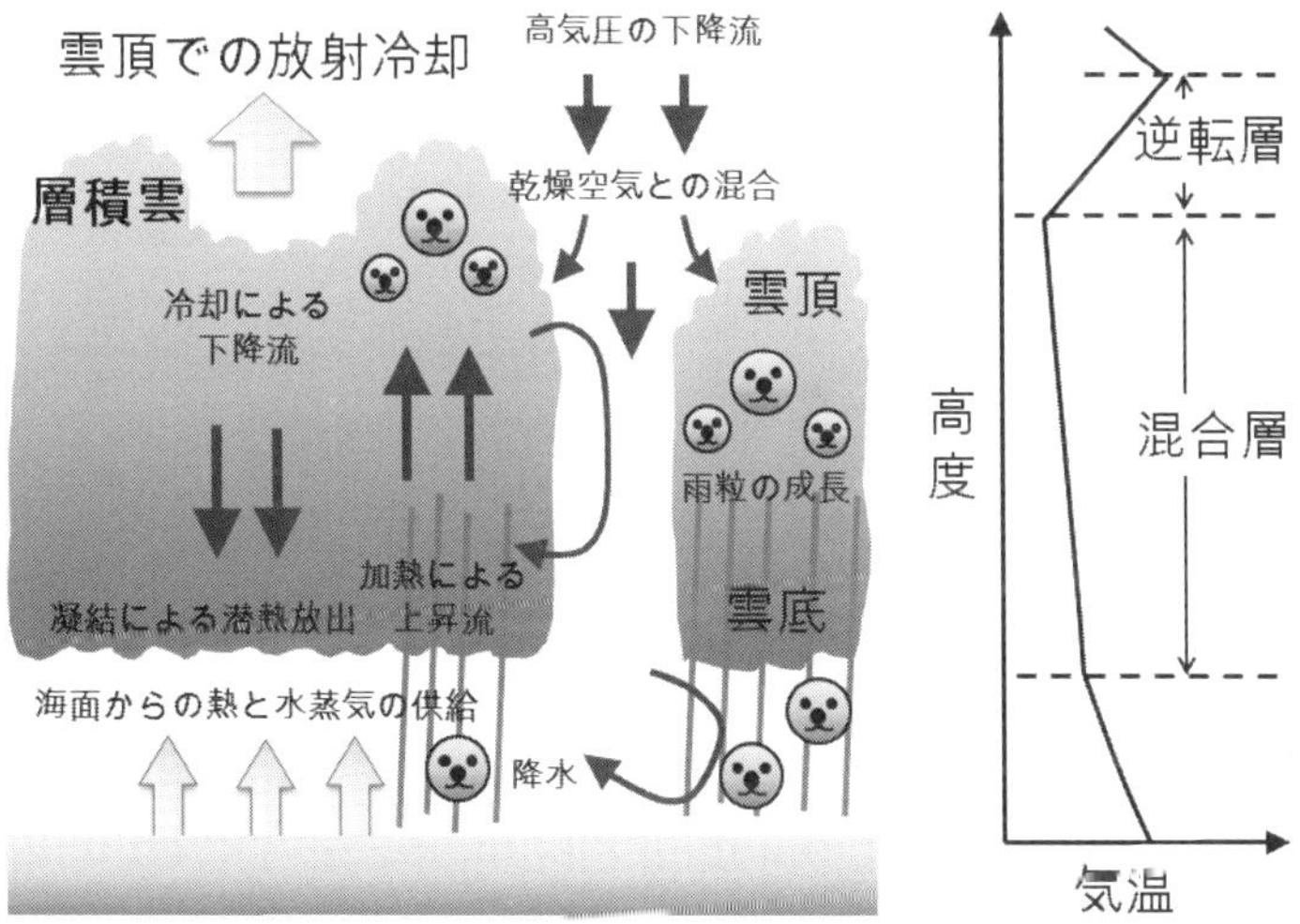
雲頂での放射冷却
高気圧の下降流
層積雲
乾燥空気との混合
冷却による
下降流
雲頂
雨粒の成長
加熱による
上昇流
凝結による潜熱放出
雲底
海面からの熱と水蒸気の供給
降水
逆転層
混合層
高度
気温

図４・19　層積雲の構造。

ます。また、層積雲内部の上昇流によって雲粒が雨粒にまで成長し、弱い降水をもたらすこともあります。曇天のときは「どんよりしてるなぁ」くらいにしか考えませんが、ふと立ち返ってその仕組みを考えると、「あの隙間は乾燥空気がやらかしたところだな」と、空の表情を汲み取ってほくそ笑むことができます。

巻雲の性格と生まれ方

巻雲はしばしば筆で刷いたような形をしています。これは**ストリーク**とよばれ、巻雲を作っている氷晶が成長しながら落下し、風に流されているものです（口絵1）。一方、巻雲のような上層雲はいったん形成されると、下層雲と比べて長寿命です。その原因は、水よりも氷に対する飽和蒸気圧のほうが低いことにあります。水滴が蒸発してしまう相対湿度でも氷は昇華しないという性質が、巻雲を長生きさせています（第1章3節：49ページ）。また、巻雲を含む上層雲は地球全体で約20％の空を覆っているといわれています。そのため、巻雲の発生プロセスや光学特性は地球の放射収支に影響を及ぼしています。

巻雲を形成する氷晶は、基本的に均質核形成で形成されたものであると考えられてきました。しかし最近の研究では、日本付近の巻雲内の氷晶は均質核形成だけでは説明できず、他にも二次氷晶や不均質核形成のプロセスがはたらいている可能性があることがわかってきています（Orikasa *et al.* 2013）。

日本付近では、春や秋に上空のジェット気流に伴って巻雲がよく発生します。このような巻雲を**ジェット巻雲**といいます。ジェット巻雲にも種類があり、ジェット気流と平行に並ぶ直線的な巻雲は**シーラ**

ストリーク、ジェット気流に垂直に並んでいて縁が波打ったような形をしている巻雲は**トランスバースライン**とよばれます。

図4・20は、2011年5月2日に気象衛星で観測されたジェット巻雲です。実はこの日、西日本や東日本、韓国などで大規模な**黄砂**が観測されていました。黄砂を形成する鉱物・土壌粒子は、ゴビ砂漠やタクラマカン砂漠などの東アジアの砂漠域で強風によって舞い上げられ、上空の西風によって日本まで運ばれます。黄砂粒子は氷晶核としてはたらくため、ジェット巻雲に影響を及ぼしている可能性が非常に高いのです。しかし、このような巻雲が発生するのは高度10キロメートル以上であるため、直接観測するのが難しく、まだわかっていない部分が多く残されています。

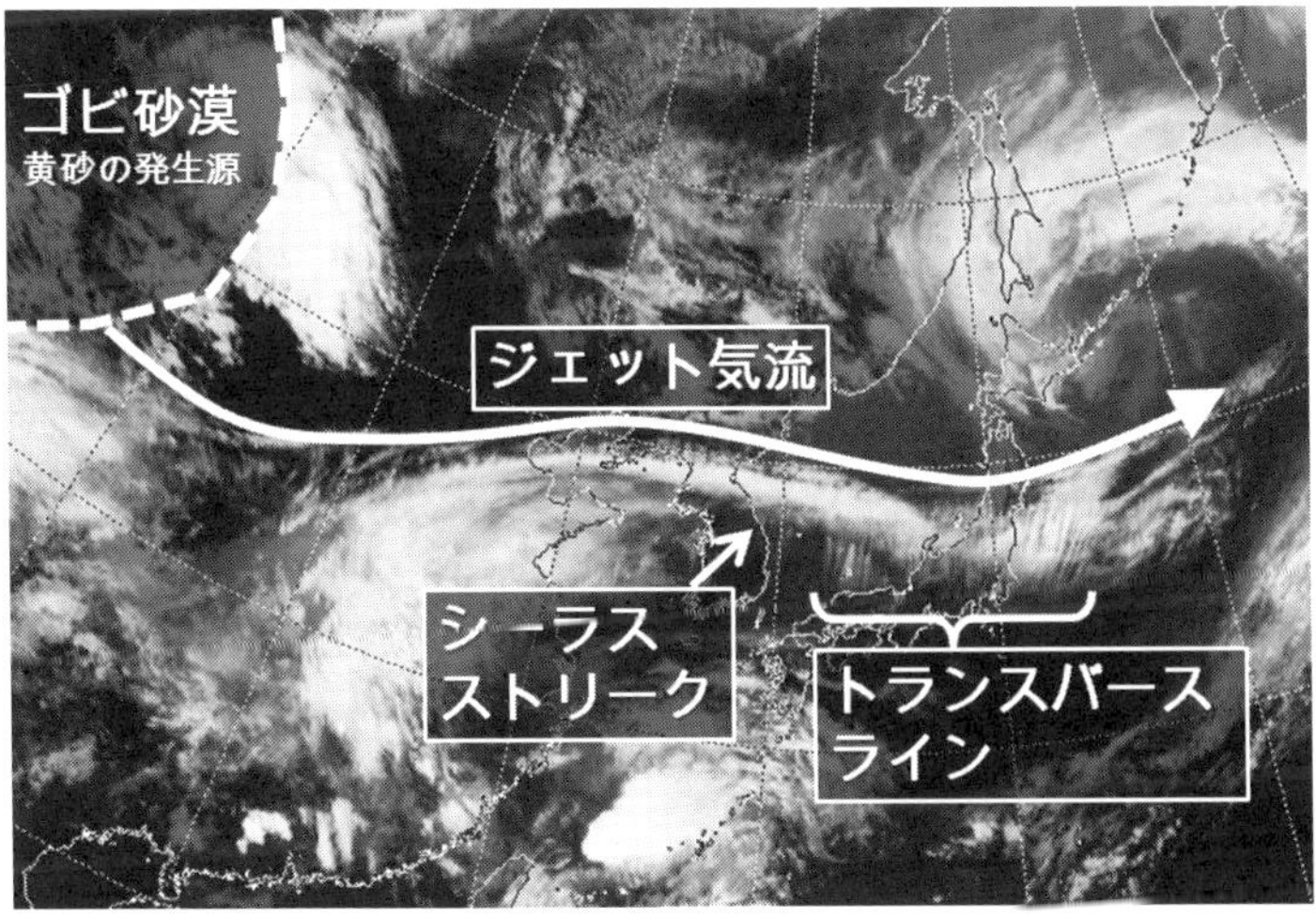
ゴビ砂漠
黄砂の発生源
ジェット気流
シーラス
ストリーク
トランスバース
ライン

図4・20　ジェット巻雲。2011年5月2日16時の気象衛星ひまわりの赤外画像。

4　雲の性格とエアロゾルの関係

「エアロゾルは降水量を増やすか減らすか？」というエアロゾルの第二種間接効果の問いは、未解決の問題です（第3章4節）。最近、この問題に対してこれまで取り組まれてきた数多くの研究をまとめた論文が発表されました（Khain 2009）。その研究では、融解層高度が高い場合の雲や対流システムに着目し、雲凝結核としてはたらくエアロゾルが降水量をどのように左右しているかをまとめています（図4・21）。

背の低い水雲の積雲や層積雲は、エアロゾル増加によって雲粒の数が増え、雲粒が水蒸気を奪い合ってなかなか成長できなくなるために降水量は減ります（第3章4節：150ページ）。一方、湿潤な都市などでの積乱雲では、エアロゾルの増加によって降水粒子の

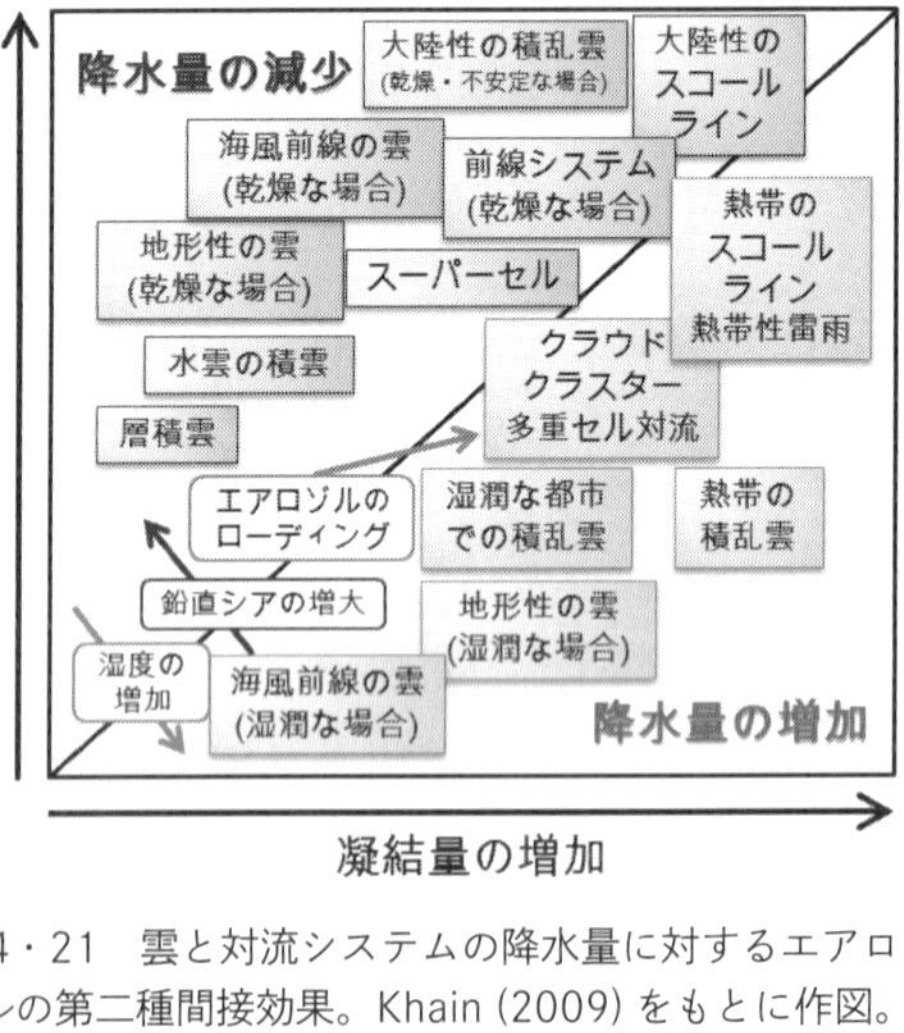
降水量の減少
大陸性の積乱雲
(乾燥・不安定な場合)
大陸性の
スコール
ライン
海風前線の雲
(乾燥な場合)
前線システム
(乾燥な場合)
熱帯の
スコール
ライン
熱帯性雷雨
地形性の雲
(乾燥な場合)
スーパーセル
水雲の積雲
クラウド
クラスター
多重セル対流
層積雲
エアロゾルの
ローディング
湿潤な都市
での積乱雲
熱帯の
積乱雲
鉛直シアの増大
地形性の雲
(湿潤な場合)
湿度の
増加
海風前線の雲
(湿潤な場合)
降水量の増加
凝結量の減少
凝結量の増加

図4・21　雲と対流システムの降水量に対するエアロゾルの第二種間接効果。Khain (2009) をもとに作図。

成長が遅れるために、雲への水蒸気の供給が増えます。その結果、積乱雲内の降水粒子がより大きく成長でき､強まった冷気外出流によって新たに発生する対流セルも増えるため､降水量は増えます（本章2節：184ページ）。

同じような積乱雲であっても、下層の水蒸気量や不安定度によって、エアロゾル増加が降水量に及ぼす影響は異なります。たとえば、下層が乾燥している大陸性の積乱雲では、水蒸気の供給はさほど変わらず、冷気外出流が下層の乾燥した空気を持ち上げても新たな対流セルは発生しにくいために降水量は減ります。下層が湿っている熱帯の積乱雲では、これとは逆に降水量は増えます。

また、空気中の巨大なエアロゾルによっても降水粒子と同様にローディングが起こります。エアロゾルのローディングは降水粒子の蒸発量を増やし､下降流を強めます。その結果、クラウドクラスターやスコールライン（第5章3節：229ページ）などの複数の対流セルによる対流システムでは、新たな対流セルが発生しやすくなって降水量が増えます。このような二次的な対流セルの発生は、鉛直シアの大きさによっても異なります。鉛直シアの大きいスーパーセル（第5章1節）などでは、新たな対流セルは発生せず、降水量としては減ります。多重セル対流は鉛直シアがある程度大きい環境で発達しますが、複数の対流セルで形成されているためにエアロゾルのローディングによる下降流の強化と二次的な対流セルの発生のほうが効き、降水量としては増えるのです。

このように、雲の種類や下層の水蒸気量、鉛直シアによって、雲凝結核としてはたらくエアロゾルによる雲と対流システムの降水量への影響は異なります。ここで注意すべきなのは、この分類は大きな不確実さをいくつも含んでいることです。まず、巨大粒子の雲凝結核が実際にどのような分布をしているかわかっていないことがあげられます。大きな雲凝結核が活性化すれば生成される雲粒も大きいので、雲粒の凝結成長の速度が変わります。また、水滴や氷晶の衝突による成長や、雲内での乱流の効果などの雲物理過程の不確実さもこの分類結果に影響を及ぼします。さらに、この分類では氷晶核は考えていません。氷晶核による核形成プロセス自体がよくわかっていないため、氷晶核の降水量への影響の議論はまだできていません。低気圧や台風などの水平スケールの大きな対流システムについても最近議論され始めていますが、まだわかっていないことが非常に多いというのが現状です。

コラム3　おみそ汁の気象学

日本人といえばおみそ汁ですね。素晴らしい和の文化です。一見、本書とは関係なさそうなおみそ汁にも、実はとても興味深い気象学が隠れています。

そのひとつがセル状対流です。おみそ汁を注いだお椀の中では、下層が温かく、おみそ汁の表面は空気に接しているので冷やされるため、温度差ができます。するとセル状対流(図4・5：177ページ)が発生します。図C・8は、わかりやすいようにフライパンでおみそ汁を加熱しているときの写真です。お椀に入ったアツアツのおみそ汁を食べる前に少し眺めてみると、おみそ汁の中に上昇流と下降流の領域があるのがわかると思います。

そしてもうひとつは、おみそ汁の湯気に隠れています。そもそも湯気とは何かというと、温かい水が蒸発して発生する

図C・8　おみそ汁で発生したセル状対流。

高温・湿潤な空気が上昇する際に周囲の空気と混ざって冷やされ、過飽和となってできた雲粒です。湯気は上昇していくうちに周囲の乾燥した空気と混ざり、湯気をなす雲粒は蒸発して見えなくなります。これは、相対的に温かい水面上に冷たい空気が流入してきたときに発生する**川霧**（かわぎり）などの**蒸気霧**（じょうきぎり）と同じプロセスです。夏の暑い日の通り雨のあとに熱いアスファルトから発生する湯気（図C・9）や、冬に日本海で発生する湯気（図C・10）、寒い日に吐いた息が白くなるのも同じ理由です。

湯気が発生する際には、雲核形成が起こっています。そのため、雲凝結核としてはたらくエアロゾルがほとんどない環境では、沸騰しているお湯からも湯気はまったく発生しません。逆にエアロゾルまみれの場所では、湯気が激しく発生します。おみそ汁を使うと、このような湯

図C・9　日中の雨上がりにアスファルトから発生する湯気。

気の核形成を確かめる実験が簡単にできます。

まずアツアツのおみそ汁を用意します。そこに、火をつけたお線香を近づけてみましょう。するとおみそ汁から立つ湯気が明らかに白く濃くなるのがわかります（図C・11）。これは、お線香が燃焼して発生したエアロゾルが雲凝結核としてはたらいているためです。実際にやってみると、お線香の白い煙がおみそ汁の湯気に重なる前から湯気が激しく立つようになりますが、これはお線香から発生したエアロゾルが煙として見える濃さになっていなくても雲凝結核としてはたらいているためです。

このように、日本の伝統的なおみそ汁から、対流や雲核形成などのプロセスを垣間見ることができます。何気ないところで、おみそ汁と雲は関係しているのです。ここでは簡単な紹介になってしまい

図C・10　日本海で生じる湯気。2008年11月20日、新潟県新潟市。長峰聡さん提供。

ましたが、おみそ汁の気象学をもっと知りたい方は『茶わんの湯』（寺田寅彦）をぜひ読んでみてください。

Before
After

図C・11　湯気の立つおみそ汁に火のついたお線香を近づける実験。

第5章

気象災害を引き起こす雲

雲はいいヤツばかりではなく、なかには落雷や竜巻などの激しい突風をもたらす凶悪な雲や、対流システムとして集中豪雨や豪雪をもたらす連中もいます。本章では、気象災害を引き起こす雲について紹介していきます。

1　竜巻をもたらす積乱雲

竜巻とは？

竜巻（たつまき）（tornado）とは何か？　答えは「地上に生じる空気の激しい渦」です（図5・1）。気象庁の観測指針では、竜巻は「積雲または積乱雲から垂れ下がる柱状または漏斗（ろうと）状の雲を伴う激しい鉛直軸の渦」とされています。竜巻は積乱雲などの雲を必ず伴っていて、上空に雲のない渦は竜巻ではありません。鉛直軸の渦（**鉛直渦**）とは、上下方向を軸にして水平方向に風が回転する渦のことです。これに対し、水平方向を軸として上下方向に風が回転する渦を**水平渦**とよびます。また、空中にあって地上に達していない鉛直渦に伴う漏斗状の雲は**漏斗雲**（ろうとぐも）（funnel cloud）といいます。

気象庁の観測指針では竜巻は地上に達していない渦も含んでいますが、アメリカ気象学会の定義では地上に達している渦としています。本書では、アメリカ気象学会と同様に、積雲・積乱雲から垂れ下がる地上に達した鉛直渦を竜巻とよぶことにします。日本での竜巻は85％が反時計回り、15％が

図5・1　2012年5月6日、茨城県つくば市で発生した竜巻。吉澤健司さん提供。

時計回りであると報告されています（Niino *et al.* 1996）。一方、アメリカではほとんどの竜巻が反時計回りで、700個に1個ぐらいが時計回りであるとされています（Wakimoto 1983）。本書では、北半球の竜巻について述べることにします。

竜巻の強さは、被害状況によって**藤田（F）スケール**という指標でF0～F5の6段階に分けられます。この指標は、竜巻博士とよばれる藤田哲也博士（1920～1998）によって考案されたものです。藤田スケールの数字が大きいほど強い竜巻で、日本では、たとえば2012年5月6日の茨城県つくば市の竜巻がF3に分類され、それより強い竜巻は報告されていません。藤田スケールや日本での竜巻の発生状況の詳細については、気象庁の解説ページ（http://www.jma.go.jp/jma/kishou/know/toppuu/tornado0-0.html）や「竜巻等の突風データベース」（http://www.data.jma.

go.jp/obd/stats/data/bosai/tornado/）をご覧ください。

竜巻の基本的なメカニズムは、**角運動量保存の法則**で説明されます（図5・2）。角運動量保存の法則とは、空気がある半径で回転しているときに、回転する空気の質量とその回転半径の2乗、そして角度の時間変化量（**角速度**）をかけたものが保存されるというものです。フィギュアスケートのスピンがよい例で、選手が前に伸ばした足や腕を身体に引き寄せると回転速度が大きくなります。竜巻は、ある鉛直渦を積乱雲の上昇流が上空に引き伸ばすことで発生します。竜巻の発生に必要な強い鉛直渦の生成は、この他にも水平渦が上昇流によって立ち上げられることや、鉛直渦同士が合体することでも起こります（図5・3）。後者は、正確にはある鉛直渦に他の鉛直渦が流れ込む（**移流**）ことによっています。

これらの要因で竜巻の渦が強まると、回転している空気は**遠心力**で渦の外側に引っ張られるため、竜巻の中心付近の気圧は低下します。アメリカの強い竜巻（F5）では、142メートル／秒に達する最大風速や、約10秒間で約100ヘクトパスカルもの気圧低下が観測されています。漏斗雲が発生するのは、強い鉛直渦に巻き込まれた空気の気圧が下がり、気温が低下するために過飽和となって水蒸気が凝結するからなのです。

では、竜巻の中の世界を覗いてみましょう。竜巻はその強さ（回転速度）によって構造が異なることがわかっています（図5・4）。回転速度が小さい場合には竜巻内部はすべて上昇流となっています（単一セル渦）。しかし、ある程度の回転速度になると竜巻中心の気圧が下がり、気圧の低い側に

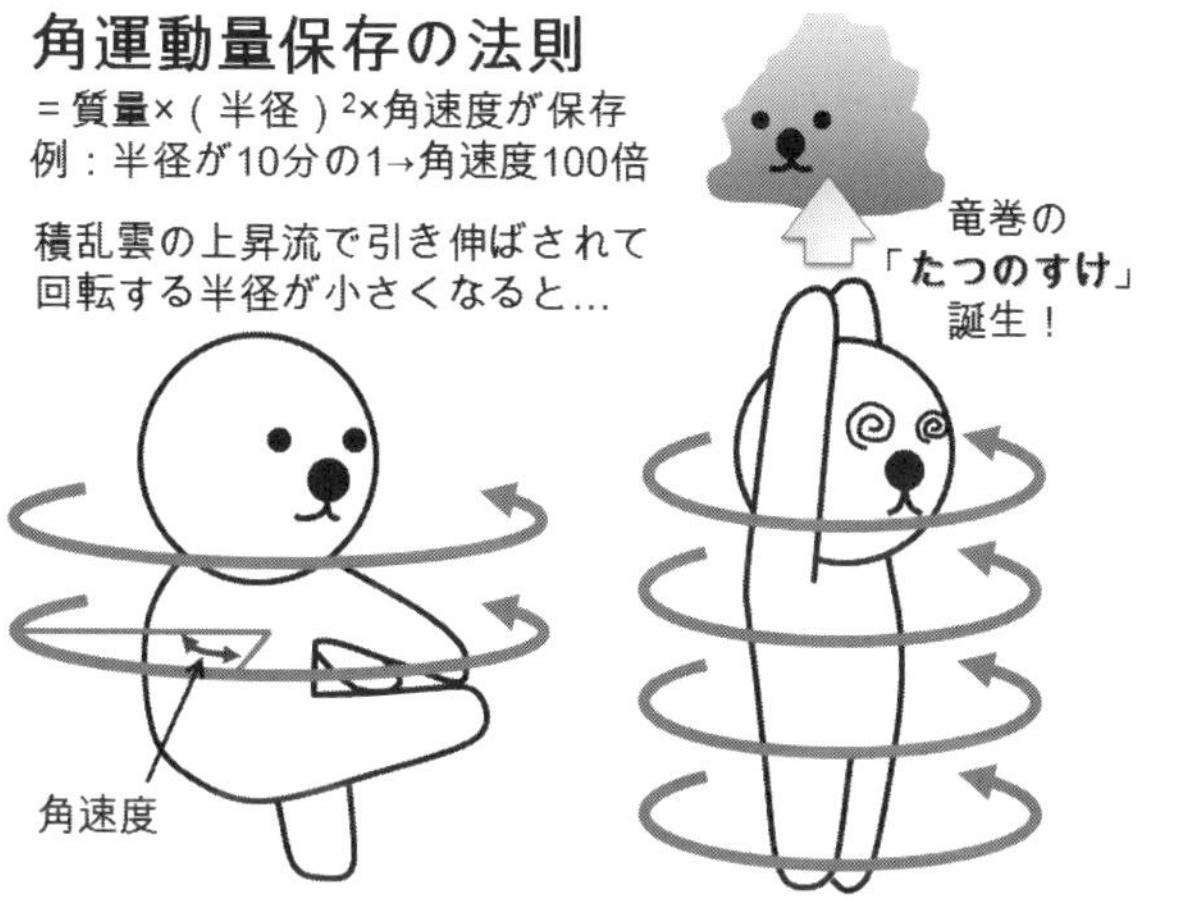
角運動量保存の法則
=質量×（半径）²×角速度が保存
例：半径が10分の1→角速度100倍
積乱雲の上昇流で引き伸ばされて
回転する半径が小さくなると…
竜巻の
「たつのすけ」
誕生！
角速度

図５・２　鉛直渦の引き伸ばしと角運動量保存の法則。

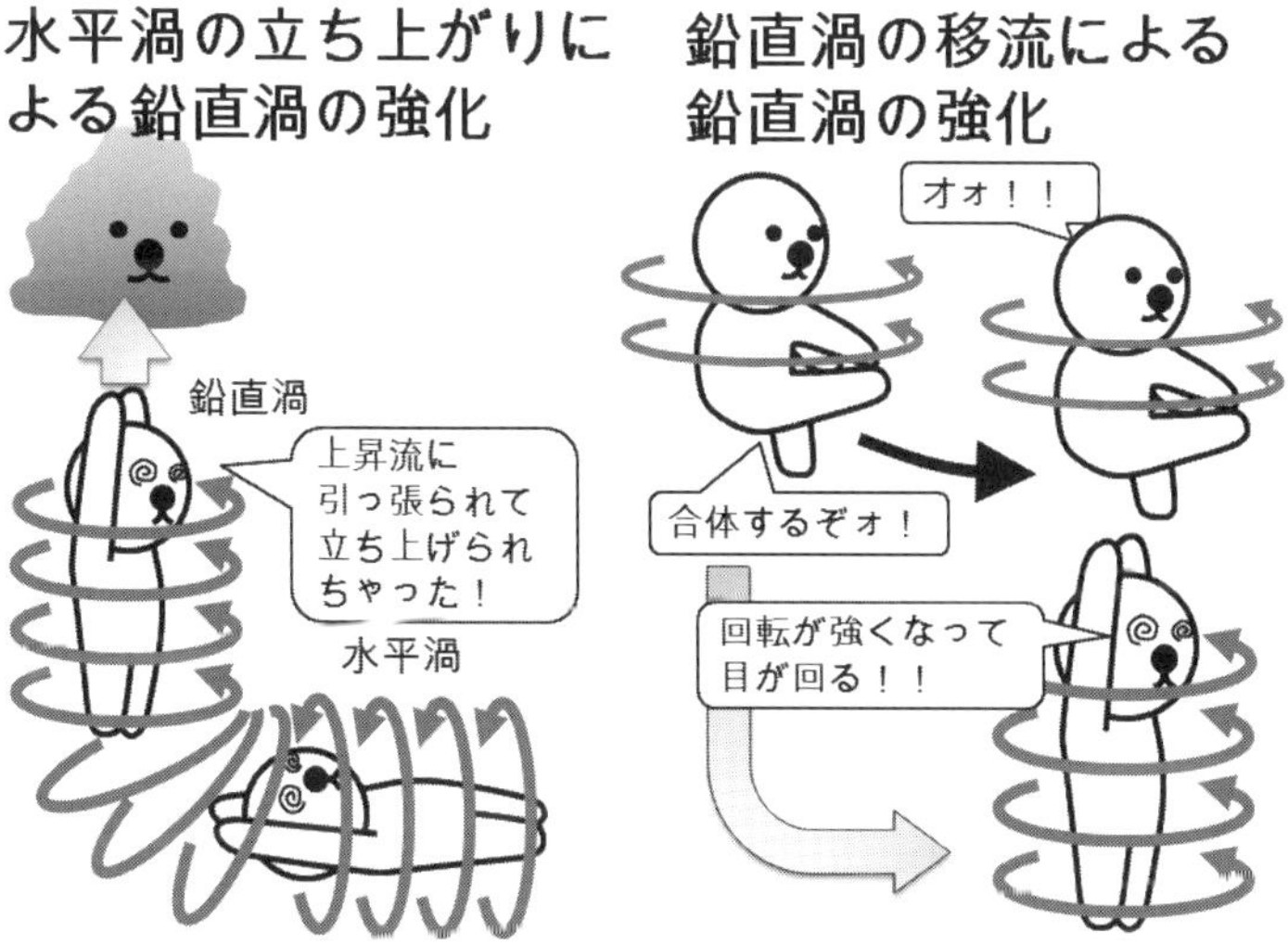
水平渦の立ち上がりに
よる鉛直渦の強化
鉛直渦の移流による
鉛直渦の強化
鉛直渦
上昇流に
引っ張られて
立ち上げられ
ちゃった！
水平渦
オォ！！
合体するぞォ！
回転が強くなって
目が回る！！

図５・３　水平渦の立ち上がりと鉛直渦の移流による鉛直渦の強化。

向かう流れとして下降流が生じます（二重セル渦）。さらに回転速度が大きくなってこの下降流が地面に達すると、竜巻の中により小さな複数の**吸い込み渦**とよばれる渦が発生します。これは**多重渦構造**とよばれ、F3以上の強い竜巻で観測されています。

強い竜巻の黒幕！　スーパーセル

強い竜巻は、**スーパーセル**（supercell）という特殊な積乱雲に伴って発生します（口絵14）。このような竜巻は**スーパーセル竜巻**とよばれます。2012年5月6日の茨城県つくば市の竜巻も、スーパーセル竜巻だったことがわかっています（口絵3、図5・1）。スーパーセルが発生するためには、大気の状態が非常に不安定であることに加え、大気下層の鉛直シアの存在が重要です。

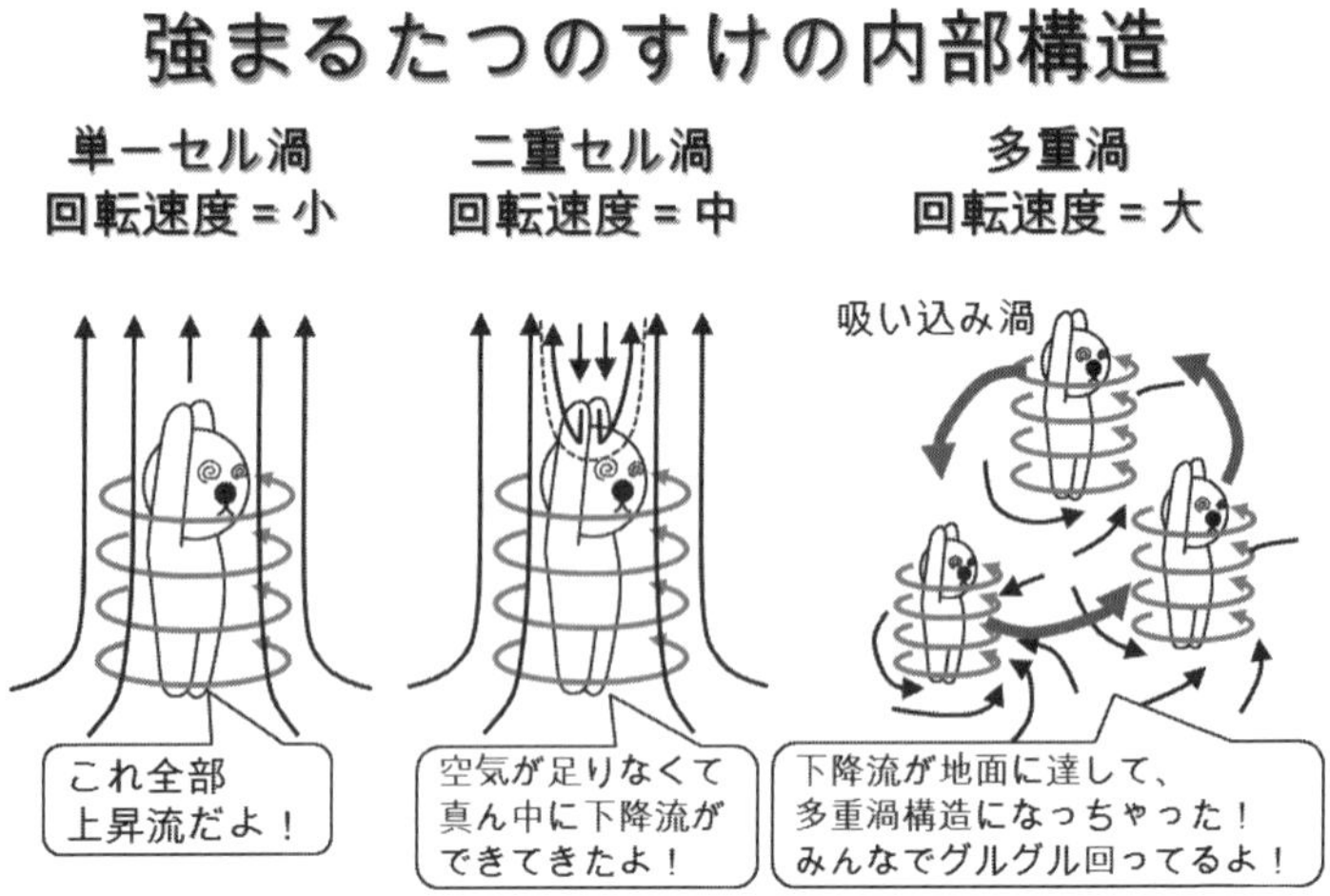

強まるたつのすけの内部構造
単一セル渦
回転速度＝小
二重セル渦
回転速度＝中
多重渦
回転速度＝大
吸い込み渦
これ全部
上昇流だよ！
空気が足りなくて
真ん中に下降流が
できてきたよ！
下降流が地面に達して、
多重渦構造になっちゃった！
みんなでグルグル回ってるよ！

図5・4　回転速度の増加に伴う竜巻内部の流れの変化。

成熟期にある典型的なスーパーセルの内部を見てみましょう（図5・5）。まずスーパーセルが発生する気象状態（環境場）として、たとえば図のように下層から上層に向かって南東風、南西風、西風のように時計回りに吹く風で鉛直シアが大きくなっています。スーパーセルに吹き込む高温で湿潤な下層風はスーパーセル内で上昇流を作り、スーパーセル上部で上層風と同じ向きになります。また、下層の鉛直シアによって水平渦が作られています。この水平渦が上昇流によって立ち上げられることで、スーパーセル内の中層には反時計回りと時計回りの直径数キロメートルの鉛直渦のペアが形成されます。このうち、反時計回りの鉛直渦は**メソサイクロン**とよばれます。普通の

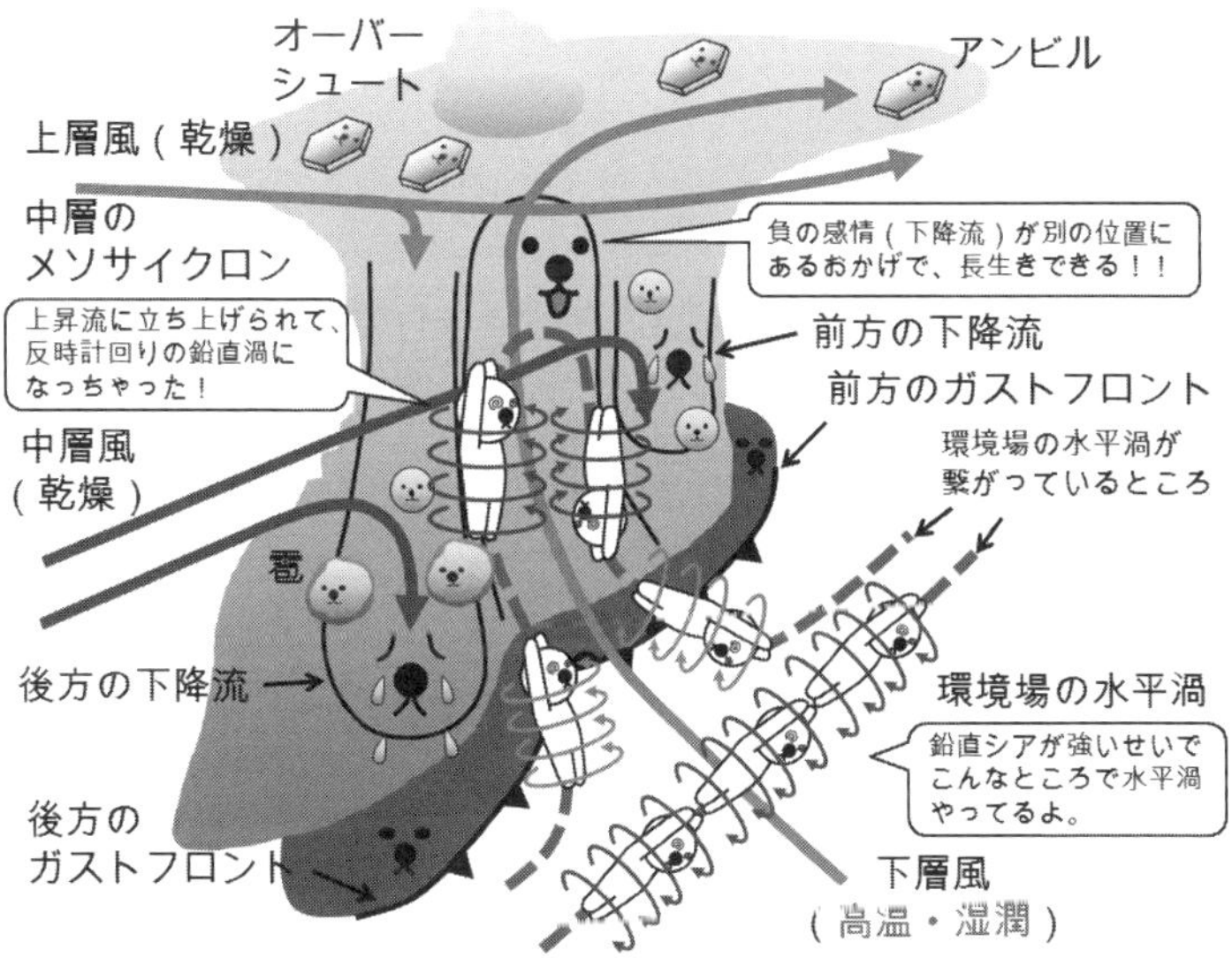
オーバーシュート
アンビル
上層風（乾燥）
中層のメソサイクロン
負の感情（下降流）が別の位置にあるおかげで、長生きできる！！
上昇流に立ち上げられて、反時計回りの鉛直渦になっちゃった！
前方の下降流
前方のガストフロント
中層風（乾燥）
環境場の水平渦が繋がっているところ
雹
後方の下降流
環境場の水平渦
鉛直シアが強いせいでこんなところで水平渦やってるよ。
後方のガストフロント
下層風（高温・湿潤）

図5・5　成熟期のスーパーセルの構造。

積乱雲の上昇流は空気の浮力で作られますが、これに加えてスーパーセルの場合はメソサイクロンの中心で気圧が下がるため、メソサイクロン中心に向かう空気の流れによって上昇流が強まります。このため、強いスーパーセルでは上昇流の速度が50メートル／秒に達することもあり、オーバーシュートも観測されます（口絵3）。

次に、レーダーで観測されるスーパーセルの構造を見てみましょう（図5・6）。レーダーは電波を送信して降水粒子に散乱された電波（**エコー**）を受信して降水の強さなどを観測しており、エコーが強い部分は降水粒子が多くあることを意味します（第6章3節：278ページ）。スーパーセルを上から見たとき、上昇流がある場所には下層ではエコーは観測されません。これは、上昇流が非常に強いと降水粒子が落下できないためです。また、上昇流のすぐ北側には**フックエコー**とよばれる鉤(かぎ)状のエコーが見られます。このエコーは、

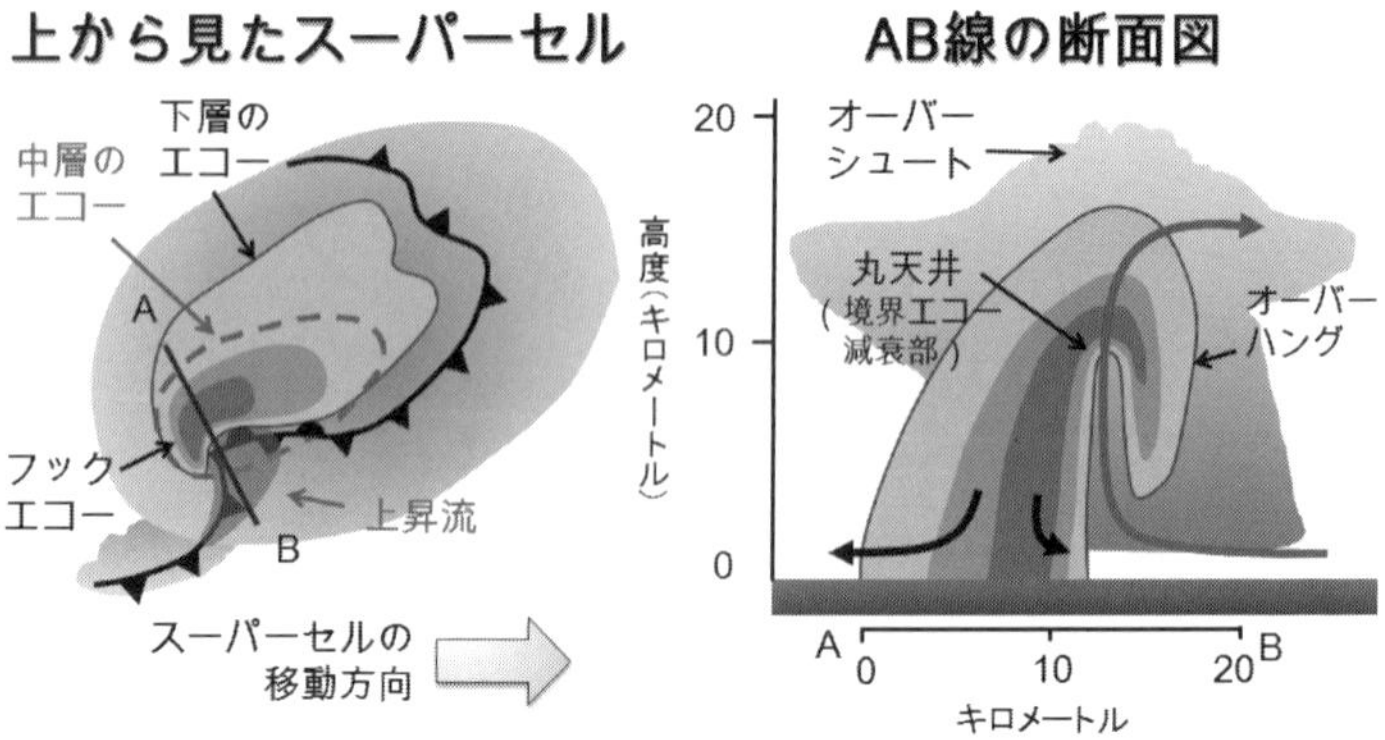
上から見たスーパーセル
下層の
エコー
中層の
エコー
A
フック
エコー
上昇流
B
スーパーセルの
移動方向
AB線の断面図
20
10
0
高度（キロメートル）
オーバー
シュート
丸天井
（境界エコー
減衰部）
オーバー
ハング
A
0
10
20
B
キロメートル

図5·6　成熟期のスーパーセルを上から見たときと、断面で見たときの構造。

メソサイクロンの反時計回りの流れによって降水粒子が流されることなどで形成されます。スーパーセルの断面を見てみると、上昇流域のある高さで**丸天井**（**境界エコー減衰部**）とよばれるエコーの壁があり、丸天井の前方には突き出た形（**オーバーハング**）をしたエコーが見られます。丸天井は、降水粒子が落下するのを上昇流がちょうど食い止めている部分で、強いエコーがあるところとエコーがない（減衰している）ところの境目にあたります。これらは典型的なスーパーセルの特徴です。

オーバーハングしたエコーの領域では上昇流がやや弱く、降水粒子が落下できます。落下した霰が丸天井を作る強い上昇流で上空に持ち上げられ、また落下するという上下方向の運動を繰り返すと、霰は雹に成長できます。このように、スーパーセルは雹を作りやすい環境でもあります。

一方、発達したスーパーセル内部には、前方と後方にふたつの下降流が存在します（図5−5）。後方の下降流はフックエコーに対応しており、降水粒子のローディングや、乾燥した中層風が吹き込むことによる雲や降水粒子の昇華・蒸発冷却で発生します。スーパーセル内部に吹き込んだ上・中層風によって降水粒子はスーパーセル前方にも流され、同様に下降流を形成します。このように、スーパーセル内部では上昇流と下降流が分離されているため、上昇流は下降流に弱められずにスーパーセルは長寿命になるのです。

これらふたつの下降流によって、スーパーセルの前方と後方にはガストフロントが形成されます。前方のガストフロントを作る冷気と高温な下層風がぶつかると、その温度差によって浮力の違いが生じて水平渦が作られます（図5・7）。この水平渦が中層のメソサイクロン直下の上昇流に立ち上げられ、下層にもメソサイクロンを作ります。そうするとだんだんと地面に近いところで下層のメソサイクロンによる水平渦の立ち上げが起こり、より下層の反時計回りの鉛直渦を作ります。しかしこれだけでは地上での竜巻になるには不十分なのです。

竜巻が発生するために必要なのは、スーパーセル後方の下降流です。後方の下降流は、霰や雹によるローディングや降水粒子の蒸発、昇華が強くはたらくために前方の下降流よりも強いという特徴があります。スーパーセル後方の強い下降流によって環境場の水平渦の立ち上げが地上にまで引き下ろされることで、地上で反時計回りの鉛直渦が発生します（図5・8）。この反時計回りの鉛直渦が下層のメソサイクロンの強い上昇流で引き伸ばされると、竜巻にな

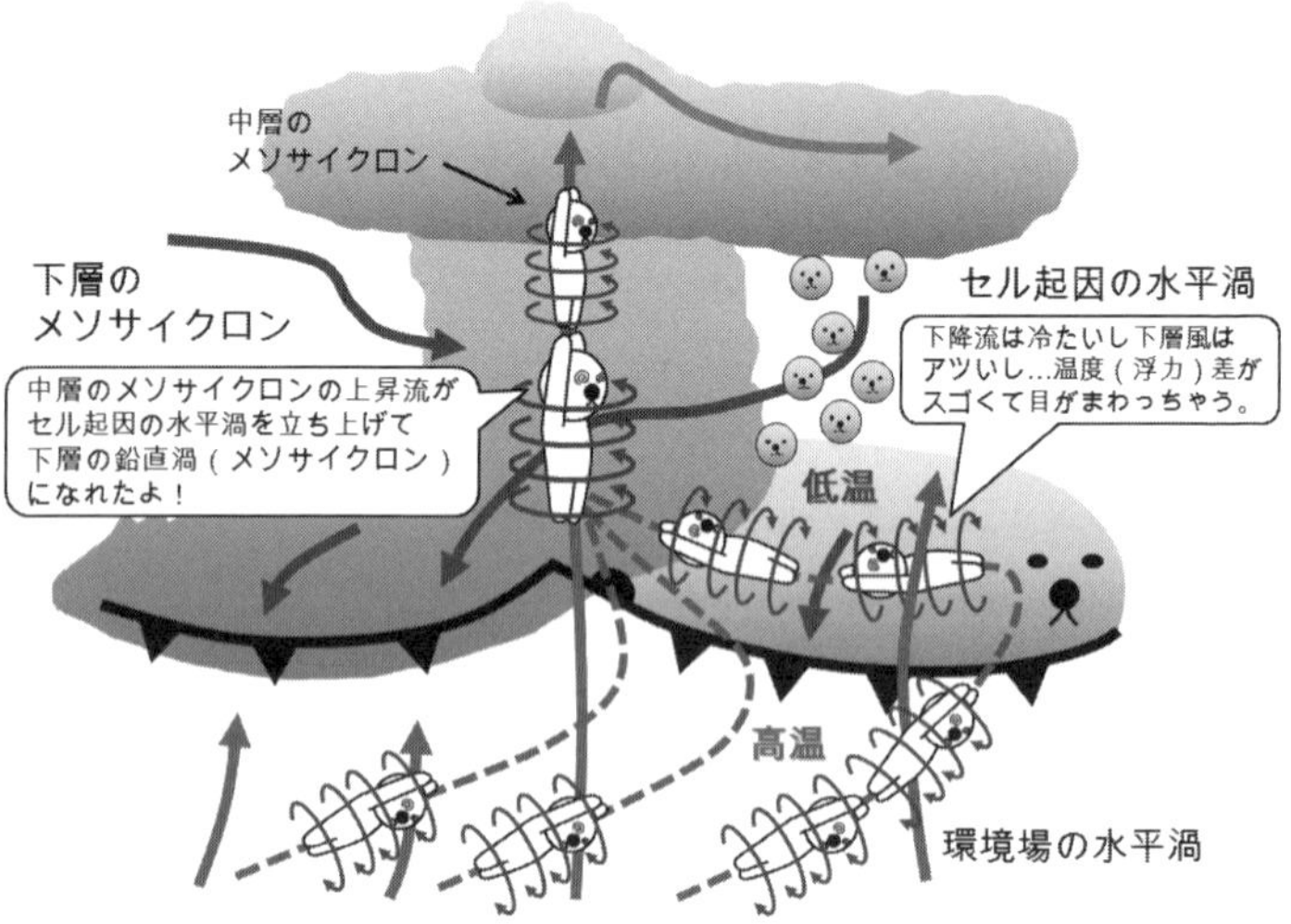
中層の
メソサイクロン
下層の
メソサイクロン
セル起因の水平渦
下降流は冷たいし下層風は
アツいし…温度（浮力）差が
スゴくて目がまわっちゃう。
中層のメソサイクロンの上昇流が
セル起因の水平渦を立ち上げて
下層の鉛直渦（メソサイクロン）
になれたよ！
低温
高温
環境場の水平渦

図5・7　下層のメソサイクロンの発生メカニズム。

るのです。アメリカで発生するほとんどの竜巻が反時計回りなのは、このようなスーパーセル竜巻が極めて多いからであると考えられます。

しかし、すべてのスーパーセルが竜巻をもたらすわけではありません（荒木ほか2015）、アメリカではメソサイクロンがあっても竜巻が発生するのは約25％と報告されています（Trapp *et al.* 2005）。また、前述のプロセス以外にも、スーパーセル竜巻の発生に重要なメカニズムが提唱されています（Mashiko *et al.* 2009など）。たとえば、前方のガストフロントよりも温度差の大きい後方のガストフロント上で発生した水平渦の立ち上げが、竜巻を作る地上の鉛直渦の生成に大きな役割を果たしているという説明もされています

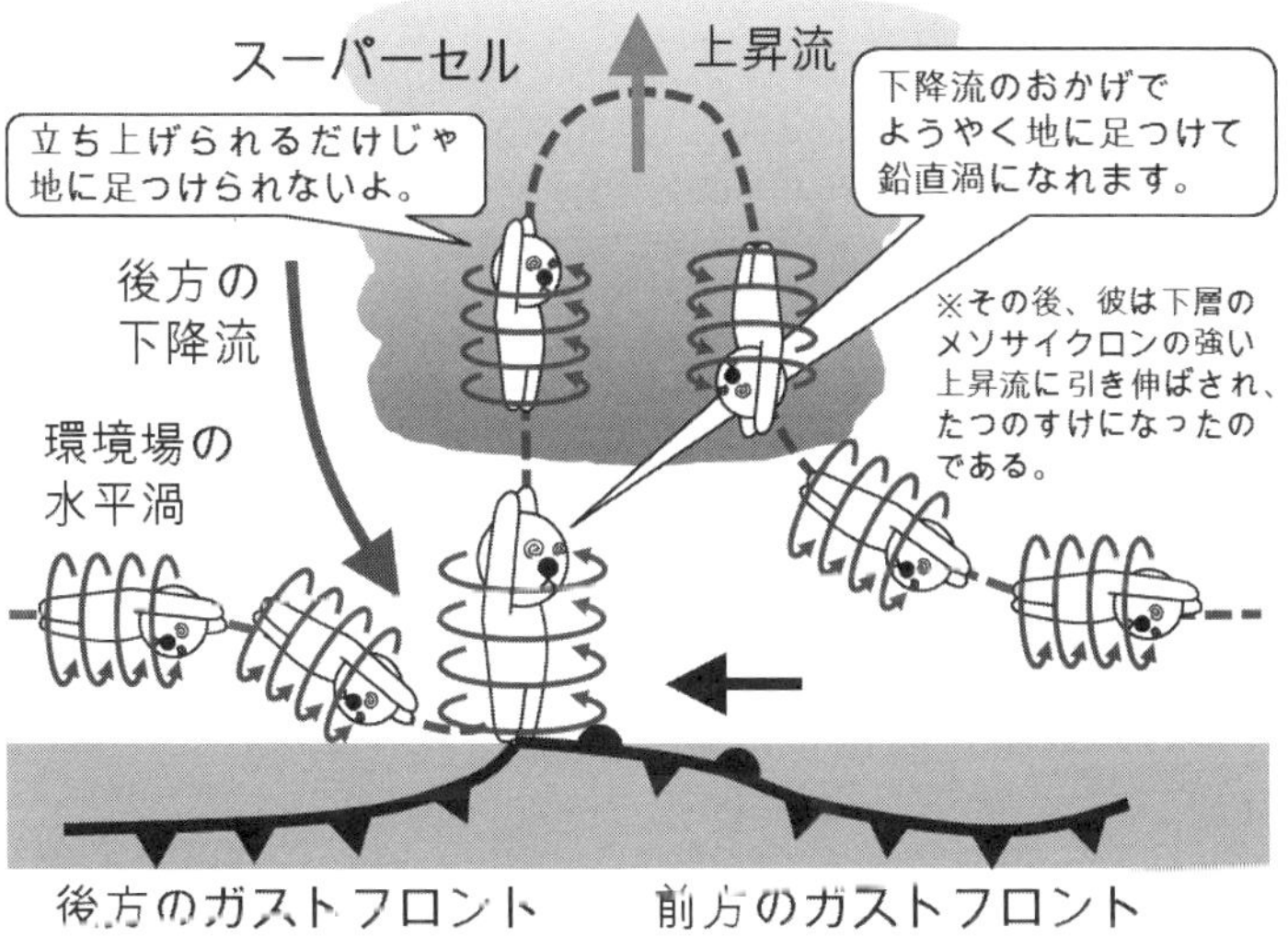
スーパーセル
上昇流
立ち上げられるだけじゃ地に足つけられないよ。
下降流のおかげでようやく地に足つけて鉛直渦になれます。
後方の下降流
環境場の水平渦
※その後、彼は下層のメソサイクロンの強い上昇流に引き伸ばされ、たつのすけになったのである。
後方のガストフロント
前方のガストフロント

図5・8　後方の下降流によって地上の鉛直渦ができる仕組み。

(Markowski *et al.* 2012など)。本書で紹介したスーパーセル竜巻や下層のメソサイクロンのプロセスは多様なプロセスのうちの一部で、すべてのスーパーセル竜巻で共通しているわけではありません。竜巻は水平スケールが小さく寿命も短いため、観測すること自体が困難で、未知の多い現象であるとされてきました。しかし最近では、大規模なコンピュータを使った非常に高分解能な数値シミュレーション（益子 2013）や新しい観測技術（Araki *et al.* 2014, Yamauchi *et al.* 2013）によって、スーパーセル竜巻の詳細な環境場や構造が明らかになってきています。今後、竜巻という現象の理解や予測技術の開発がより進められていくことが望まれています。

スーパーセルがなくても竜巻は起こる

竜巻をもたらす雲がスーパーセルでなくても、弱い竜巻は発生します。このような竜巻は**非スーパーセル竜巻**といいます。非スーパーセル竜巻のうち、陸上のものは**陸上竜巻**（landspouts）、海や湖などの水面上のものは**水上竜巻**（waterspouts）ともよばれます。

非スーパーセル竜巻はスーパーセル竜巻と異なり、通常は鉛直シアの小さい環境で発生すると考えられています。また、非スーパーセル竜巻の発生には、地上の局地的な前線（**局地前線**）が必要不可欠です（図5・9）。局地前線上では冷たい風と温かい風が収束しており、収束による上昇流で積乱雲が発生します。一方、これらの風が図のように収束している場合、ちょうど局地前線上では反時計回りの流れが発生します。これによって**マイソサイクロン**とよばれる小規模な反時計回りの鉛直渦が発生します。積乱雲がたまたまマイソサイクロン上に移動してくれば、積乱雲の持つ上昇流でマイソサイクロンは引き伸ばされ、竜巻になります。

アメリカでの海上竜巻に限定した統計的な研究によると、約15％の海上竜巻が時計回りであると報告されています（Davies-Jones 1981）。これは、日本の竜巻の統計結果と近い割合です。実際、日本では典型的なスーパーセル竜巻そのものの報告や調査例は数が少ない状況です。日本国内で多く発生する竜巻のメカニズムはまだわかっていないことも多く、実態解明が期待されています。

厳密には、スーパーセルがある場合でも非スーパーセル竜巻と同様なプロセスで竜巻が発生することがあるため、非スーパーセル竜巻は**非メソサイクロン竜巻**ともよばれます。竜巻の原因となるメソサイクロンは、竜巻発生前にレーダーで検知

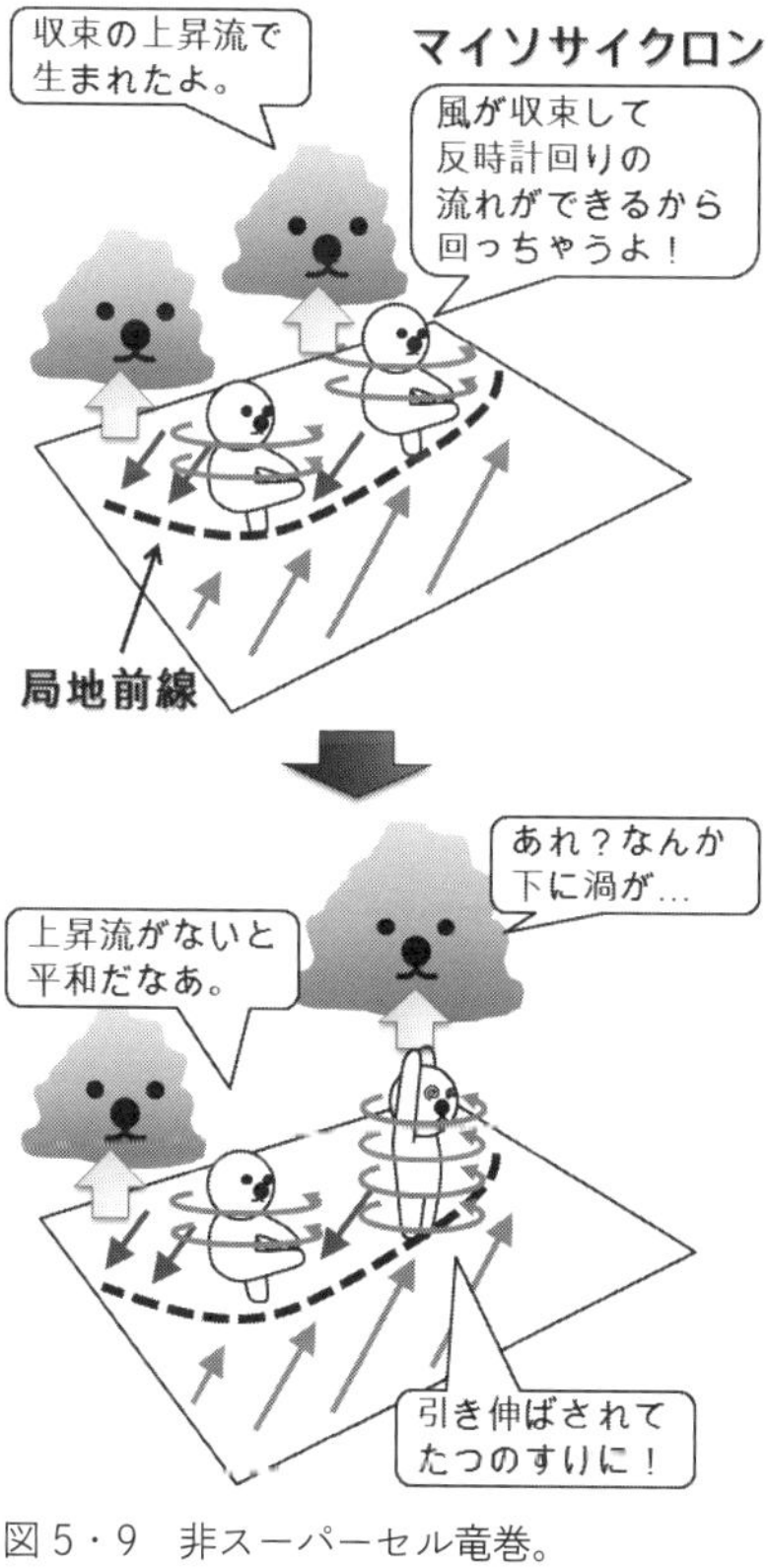
マイソサイクロン
収束の上昇流で生まれたよ。
風が収束して反時計回りの流れができるから回っちゃうよ！
局地前線
あれ？なんか下に渦が…
上昇流がないと平和だなあ。
引き伸ばされてたつのすりに！

図５・９　非スーパーセル竜巻。

できることがありますが、非スーパーセル竜巻はメソサイクロンを伴わずに地上から発達するため、事前にレーダーで検知できません。弱い竜巻といっても被害をもたらすことに変わりはないため、予測手法の開発が進められています。

竜巻と似て非なるもの

よく竜巻と混同される地上の鉛直渦に、**塵旋風**（じんせんぷう）（**ダストデビル**）というものがあります（図5・10）。晴れた日に学校の

図5・10　2007年3月20日に成田空港で発生した塵旋風。松浦武さん提供。

校庭などで発生し、運動会の最中にテントが吹き飛ばされる様子がたまに撮影されています。塵旋風は竜巻と違って雲を伴いません。

太陽放射で地面付近の空気が温められると熱気泡が発生します。地上で建物や木などによって風が乱れ、たまたま発生した弱い鉛直渦が熱気泡の上昇流に引き伸ばされると塵旋風が発生します。塵旋風の回転は時計回り、反時計回りのどちらもあります。渦中毒の人は塵旋風の中にも入りたがりますが、ケガをするので近づくのはやめましょう。

2　雷雲の中で起こっていること

雲放電と対地放電

夏の夕暮れなどに、遠くのほうからゴロゴロと鳴る**雷**（かみなり）の音をみなさんも聞いたことがあると思います。私は幼少の頃、雷の鳴っている日に実家の窓から光る空を見ていました。そのとき、実家のすぐ近所に雷が落ちたのです。目の前が真っ白になると同時に、爆発音のようなすごい音を聞いたのを今でも鮮明に覚えています。この節では、雷の仕組みについて紹介します。

積乱雲が発達するとき、雷が発生することがあります。雷は3種類に分類され、雷の光だけが観測される**電光**、ゴロゴロという雷の音だけが観測される**雷鳴**、それらが両方観測される**雷電**があります。積乱雲の中では雲や降水粒子の種類によって電気の量（**電荷**）が局所的に偏っており、それを解消（**中和**）しようとして電気が放出（**放電**）されて雷が発生します。この放電現象には雲の中や雲と周囲の空気との間で起こる**雲放電**と、雲と地面との間で起こる**対地放電**（**落雷**）があります（口絵15）。

放電現象が起こるとき、数センチメートル程度の細い経路に大量の電気が流れるため、その経路の空気は実に3万℃にも加熱されます。このとき、電気が流れる経路が発光して見えるものが電光です。また、一瞬で加熱された空気は急激に膨張しますが、周囲の空気に冷やされて急激に圧縮します。このような膨張と圧縮によって空気が振動するために音の波が発生し、雷鳴が聞こえるようになるのです。電光は光の速さで瞬時に伝わりますが、雷鳴は音速（約340メートル／秒）で伝わります。そのため、空が光ってから雷鳴が聞こえるまでにかかった秒数に340をかけると、放電位置までの大まかな距離がわかります。

雲粒子と電荷分離

放電現象が起こるためには雲の中での電荷の偏りが必要です。電荷は正と負の極性に分けられ、雲の中でこれらの極性が分かれて存在するようになることを**電荷分離**とよびます。実は、電荷分離と雲粒子は非常に深い関係があります。

電荷分離のプロセスは、基本的には積乱雲中の上昇流と雲粒子の落下速度の違いによって、大小の粒子が雲の下方・上方にそれぞれ移動することで起こるとされています。しかし、雲粒子が電荷を持つまでのプロセスにはいろいろな説があります。雲粒子に大気中の電荷を持った原子（**イオン**）が吸着したり、氷晶同士の衝突・分裂、水滴の凍結・融解・分裂、雲粒子中に含まれるエアロゾルの効果など、提唱されているプロセスは多種多様です。そのなかで、現在有力と考えられている説を紹介します（図5・11）。

まず、水（H_2O）の分子がイオン化すると**水素イオン**（**陽子・プロトン：H^+**）と**水酸化物イオン**（OH^-）に分かれます。これらはそれぞれ正と負に**帯電**（物体が電荷を帯びること）しており、水素イオンのほうが冷たいところに動きやすく、水酸化物イオンは逆に温かいところに留まりやすいという性質があります。これは正確には、氷晶の温かいところで水素結合が崩れ、水素原子が隣の酸素原子と結合し直すことで、水素イオンが温かいほうから冷たいほうに移動しているように見えるのです。この性質から、粒子中に温度の偏りがあるときに冷たいほうが正、温かいほうが負に帯電します（**温度勾配帯電**）。

また、雲の中での電荷分離には霰が重要な役割を果たしています。個々の霰をよく見てみると、内部には雲粒捕捉成長の際に発生した小さな気泡があります。霰が融解するとき、この気泡がはじけて小さな水滴が飛び出します。このとき水滴と一緒に水酸化物イオンも飛び出すため、霰は正に帯電するといわれています（**融解帯電**）。

雲粒捕捉成長をしている霰は、周囲の過冷却雲粒の数によって帯電の仕方が変わると考えられてい

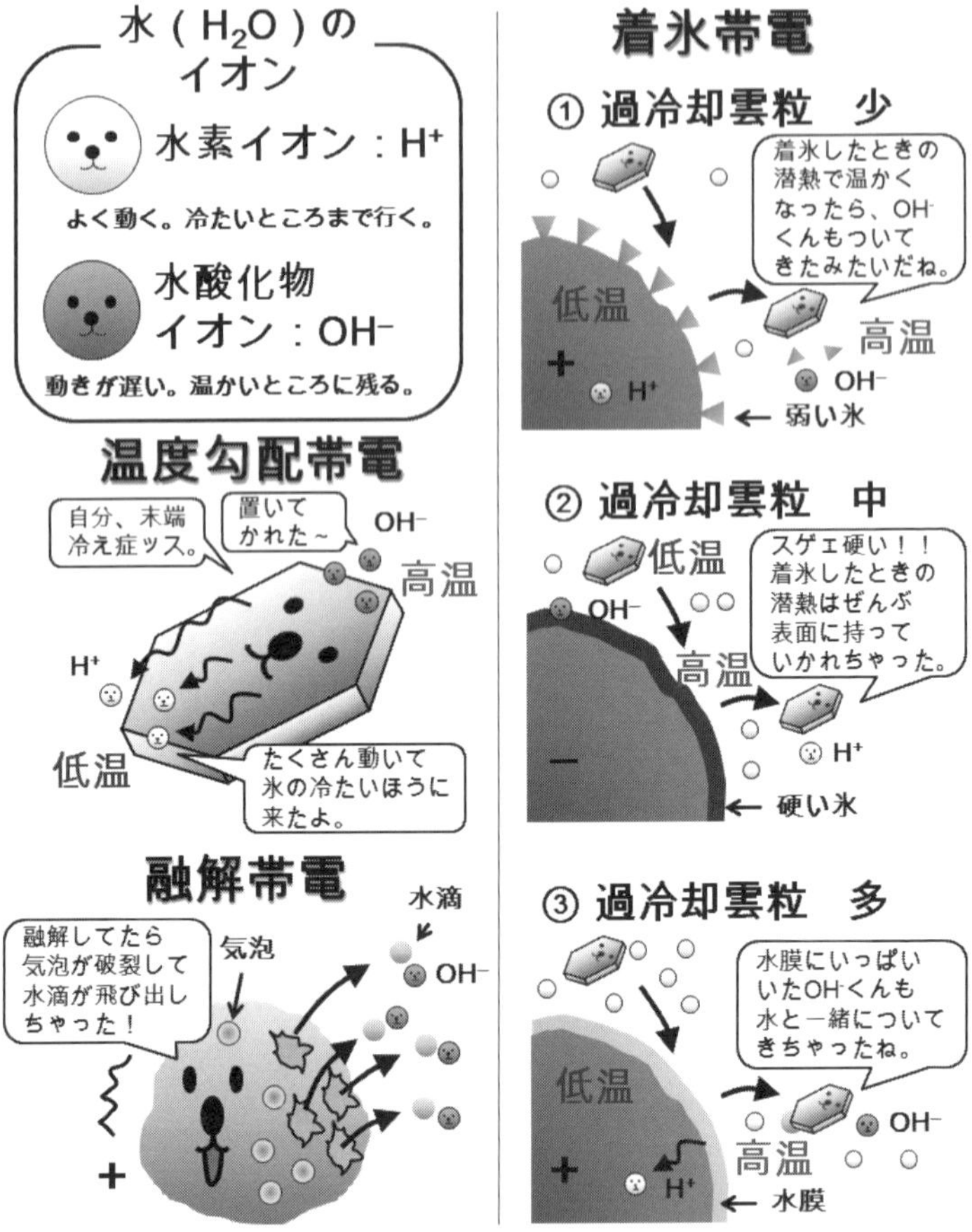
水（H_2O）のイオン
水素イオン：H^+
よく動く。冷たいところまで行く。
水酸化物イオン：OH^-
動きが遅い。温かいところに残る。
温度勾配帯電
自分、末端冷え症ッス。
置いてかれた～
OH^-
高温
H^+
低温
たくさん動いて氷の冷たいほうに来たよ。
融解帯電
融解してたら気泡が破裂して水滴が飛び出しちゃった！
気泡
水滴
OH^-
+
着氷帯電
① 過冷却雲粒　少
着氷したときの潜熱で温かくなったら、OH^-くんもついてきたみたいだね。
低温
高温
+
H^+
OH^-
← 弱い氷
② 過冷却雲粒　中
低温
OH^-
高温
スゲェ硬い！！着氷したときの潜熱はぜんぶ表面に持っていかれちゃった。
−
H^+
← 硬い氷
③ 過冷却雲粒　多
水膜にいっぱいいたOH^-くんも水と一緒についてきちゃったね。
低温
高温
OH^-
+
H^+
← 水膜

図５・11　雲粒子が電荷を持つまでのプロセス。

ます。過冷却雲粒が少ないとき（図5・11①：空気1立方メートルあたり0・01～0・2グラム）は、霰表面の氷が脆くて弱いため、氷晶が霰と衝突すると霰表面の氷が破壊されます。このとき、着氷と同時に潜熱が霰表面の氷に放出され、破壊された氷と一緒に水酸化物イオンが飛び出してしまうので、冷たい霰は正に帯電します。

過冷却雲粒が中程度にあるとき（図5・11②：空気1立方メートルあたり0・1～3グラム）は、霰表面には硬い氷の層ができます。氷晶が衝突すると潜熱が霰表面の氷に持っていかれるため、氷晶と一緒に水素イオンが飛び出して霰には水酸化物イオンが残り、霰は負に帯電します。

さらに過冷却雲粒が多い（図5・11③：空気1立方メートルあたり2グラム以上）と、霰表面には水膜が生じます。水膜のほうが温かいので水酸化物イオンが多くあり、ここに氷晶が衝突すると水酸化物イオンを持っていくために霰は正に帯電します。

これらのプロセスは**着氷帯電**（ちゃくひょう）（高橋 1987）とよばれ、通常は過冷却雲粒が中程度にある積乱雲内部では、マイナス10℃より低温の霰は負、高温の霰は正に帯電することがわかっています。

対地放電が起こるまで

雲の中で電荷分離が起こると、これを中和するために放電が起こります。対地放電がどのように発生するかを考えてみましょう（図5・12）。雲の中で雲粒子が成長するとき、前述の着氷帯電によって、過冷却雲粒の少ない上層は正、マイナス10℃以下の中層は負、それより下の高温な層は正に帯電します。対地放電が起こる前の雲は、このような**三極構造**を持っています。

すると、まずは雲の中層の負電荷が下層の正電荷のほうに移動して雲内の中和を始めます。雲の下層に移動した負電荷は、下層の正電荷を中和してさらに雲底下まで伸び、枝分かれしながら地表に向かいます。さらに、この負電荷は20～50メートル進んで約0・0005秒止まり、また同じくらい進むという面白い特徴を持っています。この負電荷はステップを踏むように後に続く負電荷を先導するため、**ステップトリーダー**(stepped leader：**段階型前駆放電**)とよばれています。

ステップトリーダーは普通、人間の目には見えません。ステップトリーダーが段々と地表に近づくと、地表の正の帯電が強くなり、木のような高い場所から正電荷が上に伸びてい

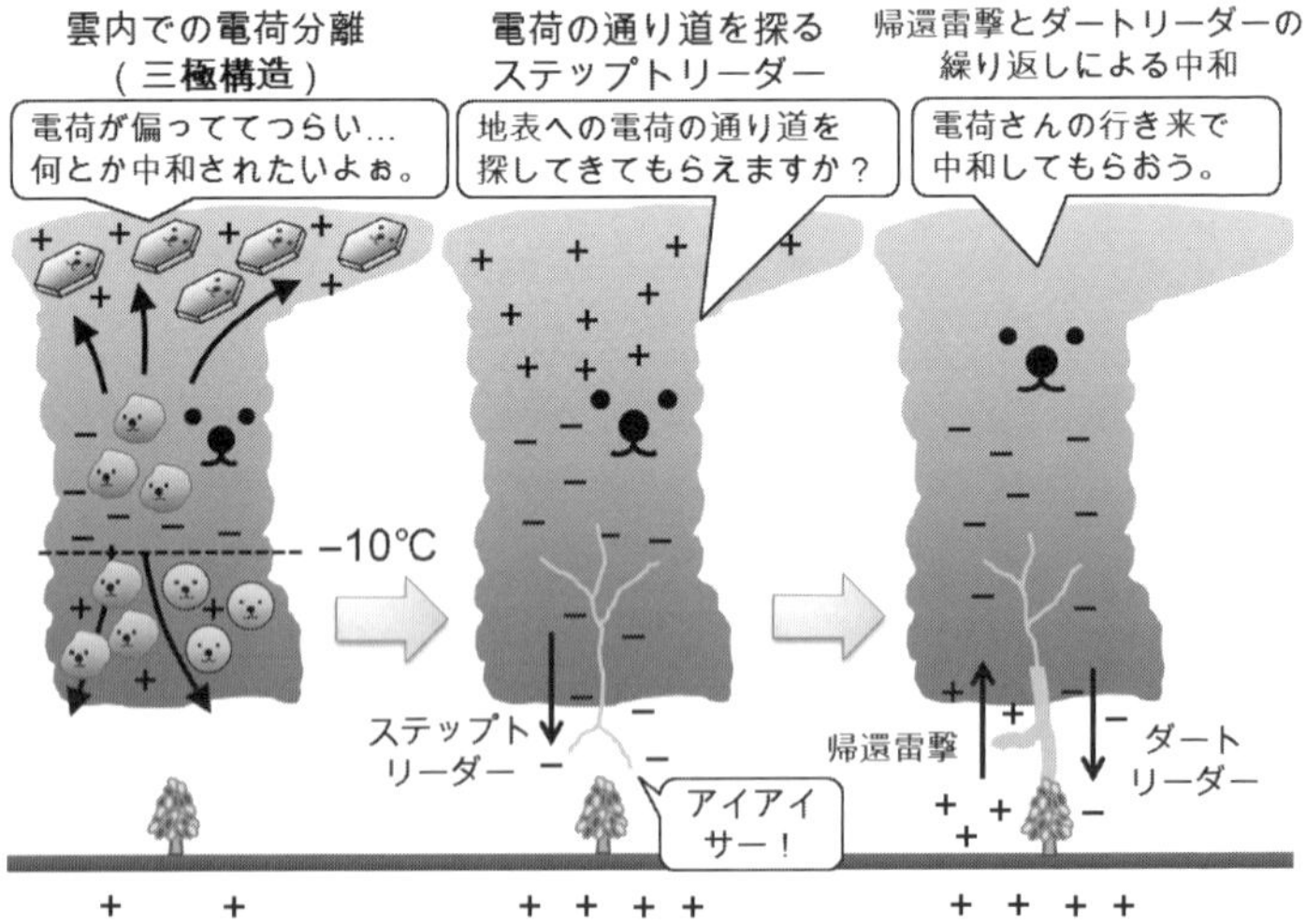

雲内での電荷分離
(三極構造)
電荷が偏っててつらい…
何とか中和されたいよぉ。
−10℃
電荷の通り道を探る
ステップトリーダー
地表への電荷の通り道を
探してきてもらえますか？
ステップト
リーダー
アイアイ
サー！
帰還雷撃とダートリーダーの
繰り返しによる中和
電荷さんの行き来で
中和してもらおう。
帰還雷撃
ダート
リーダー

図5・12　対地放電のメカニズムのイメージ。

きます。そしてステップトリーダーと地表からの正電荷が出会うと、放電経路ができあがります。すると地表から大量の正電荷が放電経路を通って雲に流れます。これを**帰還雷撃**(きかんらいげき)といいます。帰還雷撃のすぐ後、雲から地表に向かう負電荷の流れが発生します。この負電荷の流れはステップを踏んだりせずに矢(ダーツ)のように地表に向かうことから、**ダートリーダー**(dart leader:**矢型前駆放電**(やがたぜんくほうでん))とよばれています。ダートリーダーが地表に達すると再度帰還雷撃が起こり、帰還雷撃とダートリーダーが繰り返されて雲の電荷の偏りが中和されるのが対地放電なのです。

対地放電は一瞬の出来事で、1回の対地放電にかかる時間は約0・5秒です。1回の対地放電の間に、雲と地表の間でどれくらいの速さで各放電が起こるのか少し見てみましょう(図5・13)。雲の放電が高度3キロメートルから始まるとすれば、ステップトリーダーが地表付近の正電荷と出合って放電経路ができるまで、約0・02秒かかります。その後、帰還雷撃は0・00006~0・00007秒というとても短い時間で地表から雲に向かいます。帰還雷撃からダートリーダーが起こるまでの時間は0・03~0・04秒で、ダートリーダーが雲から地表に達してから0・001~0・002秒で次の帰還雷撃が発生します。対地放電の約90%は帰還雷撃を2回以上含むという報告があり、なかには20回以上の帰還雷撃を含む対地放電も確認されています。

この例は夏の積乱雲による対地放電を表していて、中和される電荷が主に負であることから**負極性落雷**とよばれます。逆に冬の積乱雲は背が低く、上層の正電荷が引き金になることもあるため、正電荷が主に中和される**正極性落雷**と負極性落雷が両方起こるとされています。しかし、いろいろな雲で

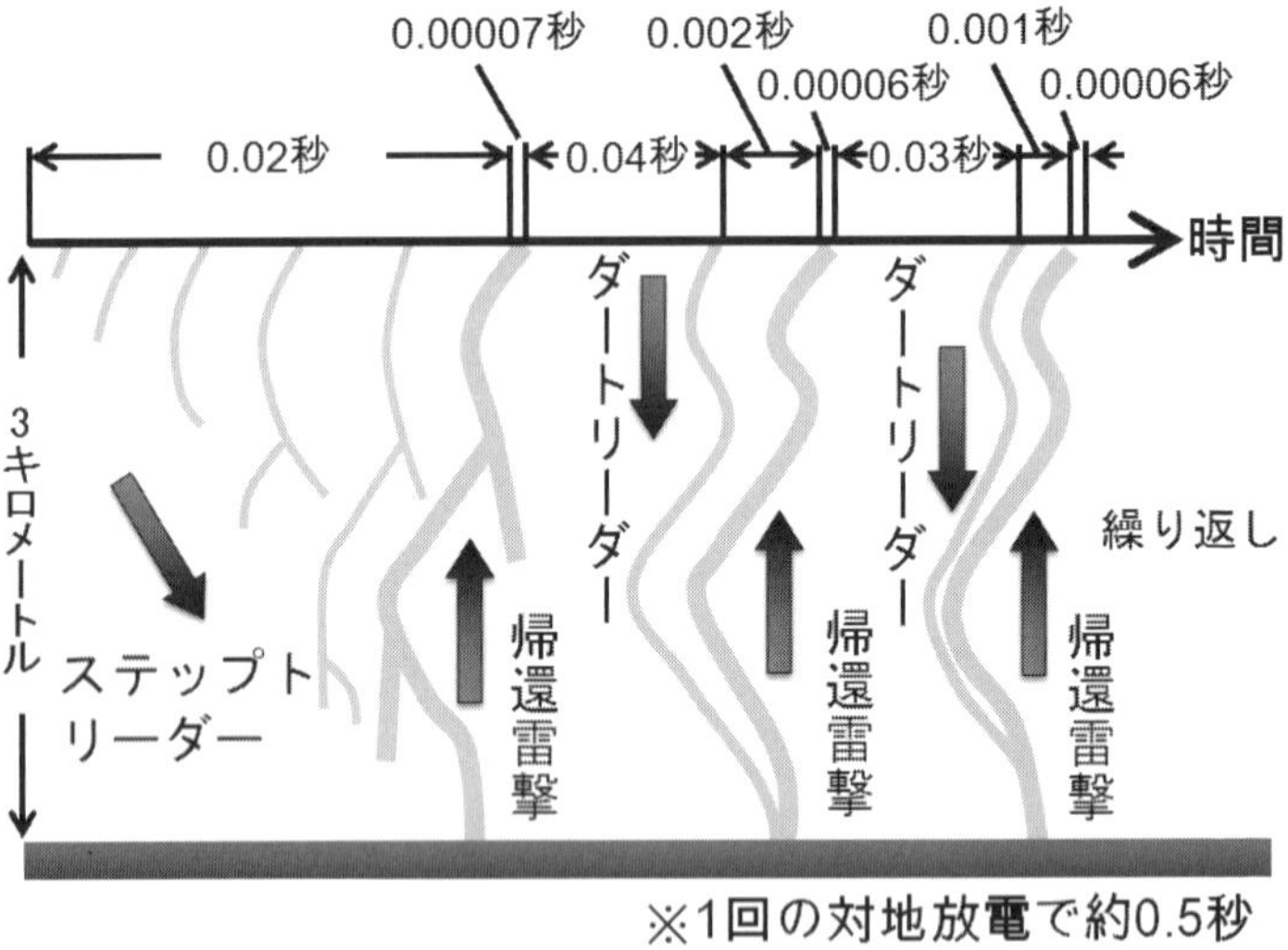
0.00007秒
0.002秒
0.001秒
0.00006秒
0.00006秒
0.02秒
0.04秒
0.03秒
時間
3キロメートル
ステップトリーダー
ダートリーダー
ダートリーダー
帰還雷撃
帰還雷撃
帰還雷撃
繰り返し
※1回の対地放電で約0.5秒

図5・13　対地放電に含まれる各放電の時間経過。

木とか背が高いものの足元は危険だよ！保護範囲は比較的危険は小さいけど、なるべく早く建物や車の中に移動しよう。
45°
保護範囲
4メートル以上離れる

図5・14　保護範囲の場所。

の対地放電の実態はまだわかっていないことも多く、現在も研究が進められています。

対地放電はとても危険なため、屋外で雷鳴が聞こえたときは、鉄筋コンクリートの建物や自動車内などの安全な空間に避難しましょう。そのような空間が近くにない場合は、電柱や鉄塔、木などの背の高い物体の一番上を45度以上の角度で見上げる範囲で、その物体から4メートル以上離れた位置（**保護範囲**：図5・14）に姿勢を低くして退避してください。

3 豪雨をもたらす対流システム

豪雨の危険性

「1時間に100ミリの猛烈な雨」を体験した方はそう多くないと思います。気象に携わる私も1回だけしかありません。この強さの雨の中では、まるで滝の中にいるような息苦しい圧迫感があり、視界は完全に奪われ、雨粒が地面を叩きつける轟音（ごうおん）以外は聞こえません。

そもそも**降水量**は何かというと、「降った雨が流れ去らずにそのまま溜まった場合の水の深さ」を表しています。イメージしやすいように1メートル四方の正方形内で考えると、1時間で降る雨が1ミリ（メートル）の場合、1時間に1リットル、つまり1キログラムの雨が降るということになります。1時間に100ミリの雨が降る場合は、100キログラムの水が1メートル四方の領域に降るのです。畳半分くらいの領域に1時間に1回、それも数十キロメートルにわたる水平スケールで小ぶりな**力士**が降ってくると思えば、どれだけ危険か簡単に想像がつくと思います（図5・15）。

本書では、災害をもたらすような大雨のことを「**豪雨**」とよびます。通常、ひとつの積乱雲が降らせる雨は数十ミリ程度です。1時間に100ミリを超えるような豪雨が起こるためには、複数の積乱雲が組織化した対流システムの存在が必要不可欠です。

集中豪雨と線状降水帯

「**集中豪雨**（しゅうちゅうごうう）」という言葉には厳密な定義はなく、研究によってまちまちです。本書では気象

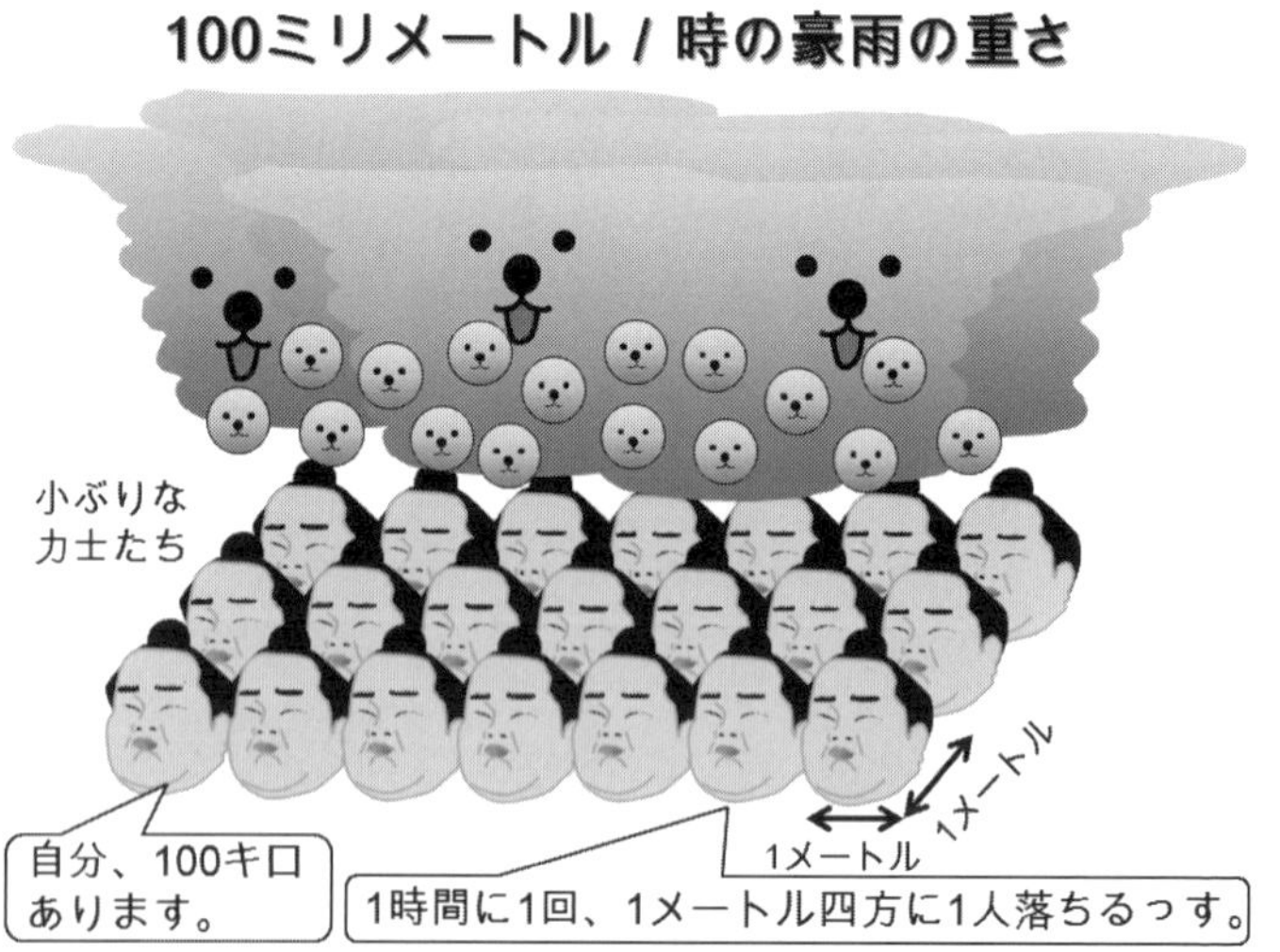
100ミリメートル / 時の豪雨の重さ
小ぶりな
力士たち
1メートル
1メートル
自分、100キロ
あります。
1時間に1回、1メートル四方に1人落ちるっす。

図5・15　1時間に100ミリの猛烈な雨の重さのイメージ。

庁にならい、「狭い範囲で数時間にわたって強い雨が降り、100～数百ミリの雨が降ること」を集中豪雨とよぶことにします。日本における集中豪雨を引き起こす対流システムのひとつとして、**線状降水帯**（せんじょうこうすいたい）が知られています（吉崎・加藤 2007）。

　線状降水帯は主に3つに分類され、内部構造や形態が異なります（図5・16）。**スコールライン型**とよばれるタイプでは、下層風と中層風が逆向きになっていて、それらの風に直交するように対流セルが並んでいます。これは、熱帯域やアメリカ中西部で観測されることの多い**スコールライン**と同じ特徴を持っています。「**スコール**（squall）」というと熱帯域などでの雨を連想しがちですが、実はスコールは雨ではなく風のことです。スコールは、航海用語で局地的な嵐（雨を伴わないも

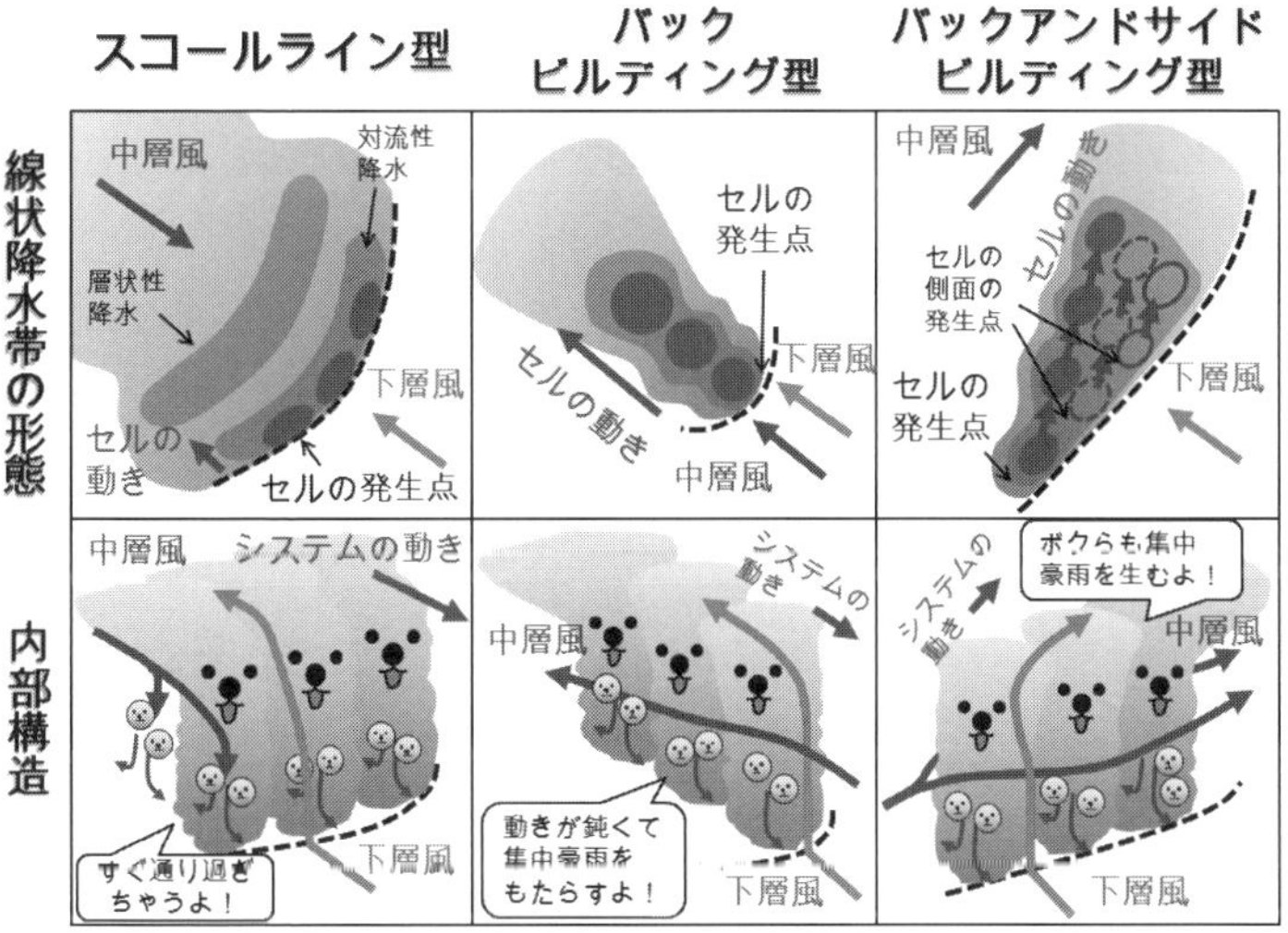

スコールライン型
バック
ビルディング型
バックアンドサイド
ビルディング型
線状降水帯の形態
内部構造
中層風
対流性
降水
層状性
降水
下層風
セルの
動き
セルの発生点
セルの
発生点
下層風
セルの動き
中層風
中層風
セルの動き
セルの
側面の
発生点
下層風
セルの
発生点
中層風
システムの動き
すぐ通り過ぎ
ちゃうよ！
下層風
システムの
動き
中層風
動きが鈍くて
集中豪雨を
もたらすよ！
下層風
システムの
動き
ボクらも集中
豪雨を生むよ！
中層風
下層風

図5・16　典型的な線状降水帯の分類と内部構造。瀬古（2010）をもとに作図。

のも含みます）を指すほか、一般的には突然吹き出し、数分間持続する8メートル／秒以上の風速を持つ風のことを意味します。スコールとガストは突然吹き出す風として似ていますが、持続時間などで区別されます（第1章3節：44ページ）。線状に並んだ対流セルからの冷気外出流（スコール）によって風の変化も線状に起こることから、このような対流システムはスコールラインとよばれているのです。

スコールライン型の後方から吹き込む中層風は降水粒子の昇華・蒸発による冷却を起こし、下降流を強めます。この下降流による冷気外出流が下層風とぶつかって収束するため、新たな対流セルがスコールライン型の前方で発生します。スコールライン型は下層風が吹いてくる方向にある程度の速度で移動するため、短時間の強雨や風の急変をもたらしますが、集中豪雨の原因とはなりません。

線状降水帯のなかでは、特に**バックビルディング型**と**バックアンドサイドビルディング型**が集中豪雨をもたらしやすいことが知られています。バックビルディング型では下層風と中層風が同じ向きで、対流セルもその方向に流されます。しかし、風上側の対流セルの冷気外出流が下層風と収束し、同じ場所で新たな対流セルが生まれます。対流システムとしては風上側に移動しますが、移動速度が小さいために同じような場所で対流セルの世代交代が繰り返され、集中豪雨が発生します。2013年7月28日の山口・島根の大雨や2012年7月の九州北部豪雨、2011年7月の新潟・福島豪雨などでも積乱雲のバックビルディングによって線状降水帯が形成されていたことがわかっています。

バックアンドサイドビルディング型では、下層風と中層風が直交するように吹いており、対流セルはちょうどその間の方向に流されます。中層風の風上側にはバックビルディング型と同様な対流セル

にんじん雲
対流セルの発生点
図5・17　2013年7月28日0時の気象衛星ひまわりの赤外画像。

の発生点がありますが、流された対流セルの冷気外出流によって、下層風の風上側で新たな対流セルが発生します。対流セルの側面でも対流セルが発生するため、バックアンドサイドビルディング型と名付けられました。この対流システムも動きは遅く、対流セルの世代交代によって集中豪雨をもたらすのです。

バックビルディング型やバックアンドサイドビルディング型の線状降水帯は、気象衛星の赤外画像ではにんじんのような形の雲（**にんじん雲**）として現れます（図5・17）。にんじん雲はこれまで**テーパリングクラウド**（tapering cloud）と呼ばれることが多くありましたが、現在ではこの呼び方は推奨されていません（小倉2013）。にんじん雲の尖った部分が対流セルの発生点で、発達した対流セルに伴って発生したアンビルが風下側ほど広がっています。

集中豪雨をもたらしやすいバックビルディング型やバックアンドサイドビルディング型の線状降水帯が形成されるためには、下層風が大量の水蒸気を含んでいて大気の状態が不安定であることと、適度な鉛直シアが存在することが必要だとわかっています（図5・18）。無風で鉛直シアがない場合、ある積乱雲が発達すると周囲の水蒸気を消費しますが、新たな水蒸気が供給されないため、繰り返し積乱雲が発生するのは困難です。これは、無風でなくても鉛直シアがなければ、積乱雲にとっては同じ状況です。

一方、鉛直シアが大きい場合は積乱雲が中層風に流されてしまいます。

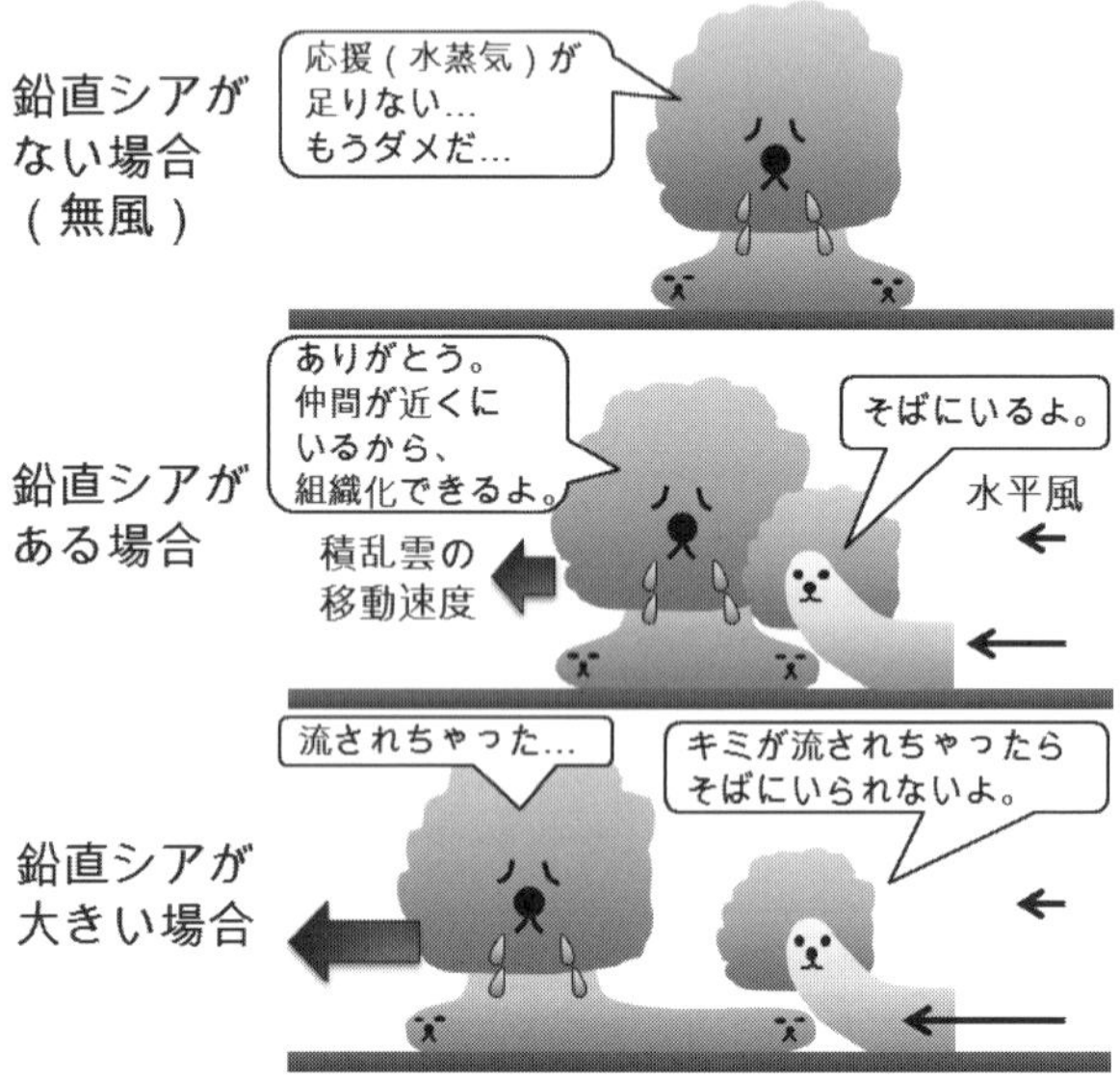
鉛直シアがない場合（無風）
応援（水蒸気）が足りない…もうダメだ…
鉛直シアがある場合
ありがとう。仲間が近くにいるから、組織化できるよ。
そばにいるよ。
水平風
積乱雲の移動速度
鉛直シアが大きい場合
流されちゃった…
キミが流されちゃったらそばにいられないよ。

図5・18　鉛直シアと水蒸気の供給の関係。

下層で供給された水蒸気が古い積乱雲からの冷気外出流とぶつかって新たな積乱雲を作りはしますが、そのときはすでに古い積乱雲は離れてしまっているために組織化できません。適度な鉛直シアがあれば、古い積乱雲のすぐそばで新たな積乱雲が繰り返し発生できるため、バックビルディング型やバックアンドサイドビルディング型などの線状降水帯が形成されるのです。

アメリカではバックビルディング型に加え、名前は異なりますがバックアンドサイドビルディング型に似た対流システムが極端な豪雨をもたらすと報告されています（Schumacher and Johnson 2005）。しかし、ここで紹介した線状降水帯の構造はあくまで典型的なものであり、実際に集中豪雨をもたらす個々の線状降水帯の環境場や構造は少し異なる可能性があります。そのため、現在でも豪雨災害をもたらす対流システムのメカニズムの研究が進められています。

ゲリラ豪雨とはよばせない！　局地豪雨の仕組み

ここ何年かで**「ゲリラ豪雨」**という言葉を頻繁に耳にするようになりました。みなさんも口にしたことがあるのではないでしょうか。かつて現場で予報作業をしていた私にとっては、これほど屈辱的な言葉はありません。ではなぜ私が屈辱的だと感じているのか？　少し立ち入った話をします。

まず「ゲリラ」という言葉には、突然発生する、予測困難、局地的などの意味合いがあります。もともとゲリラ豪雨という言葉は、現代のように観測網が充実していなかった１９７０年代にリアルタイムでの観測が難しい豪雨という意味で使われはじめました。レーダーや地上での観測網が発達してきた現代では、予測の難しい豪雨という意味合いに変わってきています。しかし残念なことに、気象情報で雨が降ることをよびかけているにもかかわらず、それを見ていない人にとって突然降ってきた雨がゲリラ豪雨とよばれることがかなり多いようです。声を大にして言っておきますが、**予測できている豪雨はゲリラ豪雨ではありません！** たしかに現代の科学を持ってしても予測の難しい豪雨はあります。ゲリラ豪雨は予測の難しい豪雨のことなので、予測できるようにしてしまえば、それはゲリラ豪雨ではなくなるのです。ゲリラ豪雨を撲滅するために、研究者たちは日々戦っています。

しかし、予報作業をしていた立場からすると、頭をフル回転して作った気象情報が使われず、挙げ句に予測できている豪雨までゲリラ豪雨とよばれてしまっていることが屈辱的なのです。食事を用意して「ご飯できたよ！」と何度もよびかけたのに、しばらくしてから「ご飯まだ？　お腹空いてるんだけど」といわれることに近い感覚です。ここでは一般的に正確な予測が難しい1時間程度の大雨のことを**局地豪雨**（**局地的大雨**、口絵16）とよび、局地豪雨をもたらす対流セル発生の仕組みを紹介します。

対流セルの発達には、下層の空気が自由対流高度まで持ち上げられることが必要です。これは**対流の起爆**（convection initiation）とよばれ、局地豪雨に必要不可欠なメカニズムです。対流の起爆を引き起こす上昇流の成因（第4章1節）のなかでも、特に下層の収束と前線による持ち上げが重要です。これらは原理的には同じで、異なる性質を持つ空気がぶつかる前線上で上昇流が発生します。しかし実際には、局地前線などの前線上のすべての場所で対流セルが発達するわけではありません。局地前線上での対流セルの発達位置を決めるのは、下層の鉛直シアや、局地前線と水平ロール対流、地形、森林や都市などの土地利用が異なる地域との位置関係が重要であると考えられています（Weckwerth and Parsons 2006）。

さらに対流セルが発達しやすい場所として、前線同士の交差点である**トリプルポイント**（triple point）があげられます。アメリカのノースカロライナ州で発生した積乱雲を対象にした統計的な研究では、ガストフロント同士が融合したときの90％、衝突したときの80％、交差したときの１００％で対流の起爆や強化が起こったと報告されています（Koch and Ray 1997：図５・19）。トリプルポイントによる対流の起爆と強化は、総観スケールの前線同士や局地前線であるガストフロントと海風前線、ガストフロント同士が交差することなどで起こります。

日本でのトリプルポイントによる対流の起爆の例を図５・20に示します。この事例では、関

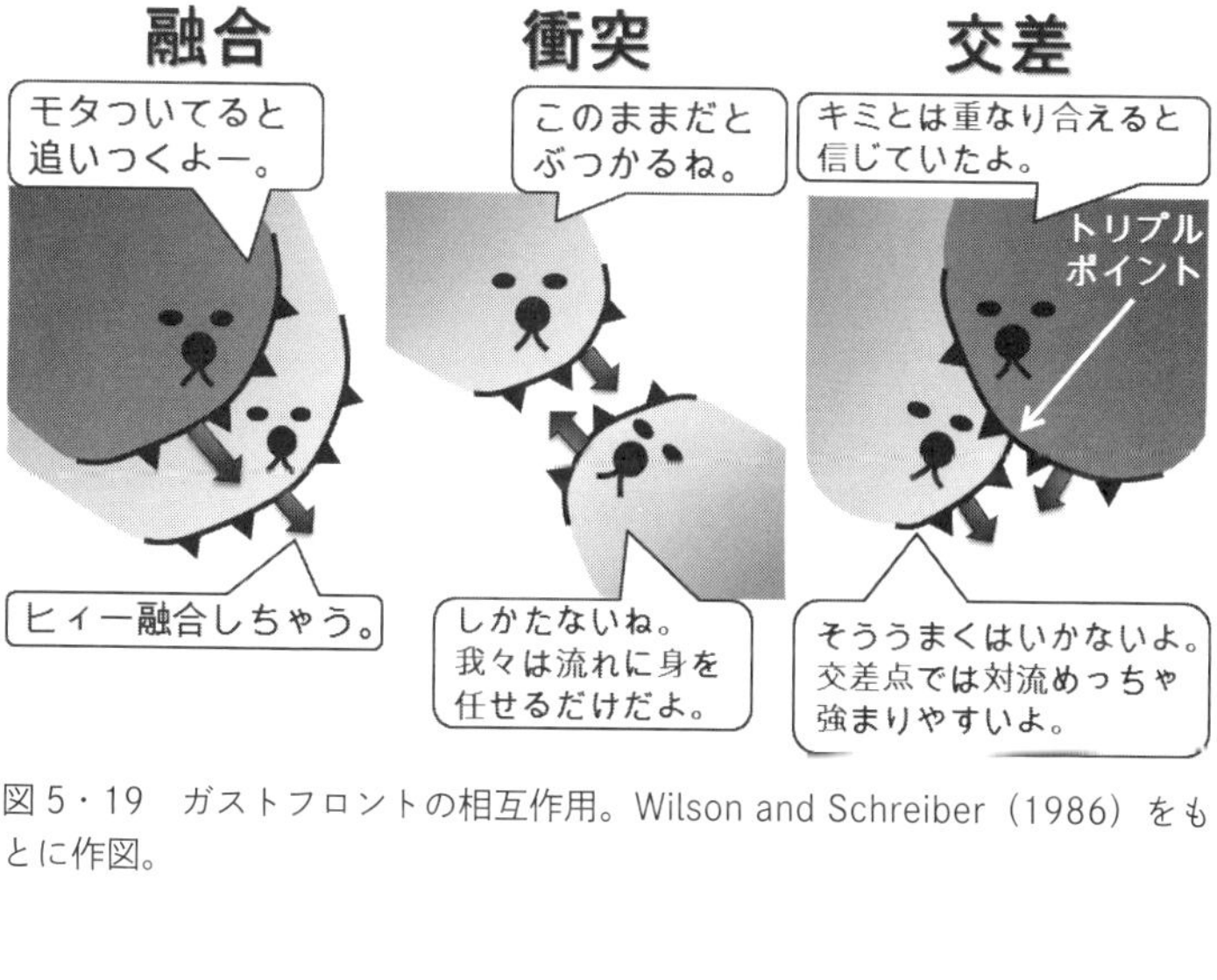
融合
モタついてると
追いつくよー。
ヒィー融合しちゃう。
衝突
このままだと
ぶつかるね。
しかたないね。
我々は流れに身を
任せるだけだよ。
交差
キミとは重なり合えると
信じていたよ。
トリプル
ポイント
そううまくはいかないよ。
交差点では対流めっちゃ
強まりやすいよ。

図５・19　ガストフロントの相互作用。Wilson and Schreiber（1986）をもとに作図。

東平野の千葉市付近で対流セルが発生し、その後に組織化して局地豪雨が発生しました（Araki *et al.* 2015a）。実は対流セルが千葉市で発生する1時間半以上前から、図のように東京湾を囲む海風前線と、鹿島灘からの北東風と太平洋からの南東風が収束した**千葉市ライン**とよばれる局地前線が交差し、トリプルポイントが千葉市付近で形成されていたのです。このようなトリプルポイントの存在は気象庁の「**アメダス**」という地上気象観測だけではわからず、さらに高密度な環境省「**そらまめ君**」の地上気象観測値を使うことで初めてわかったものです。

139.5°
140.0°
140.5°
36.0°
35.5°
35.0°
千葉市
ライン
鹿島灘
トリプル
ポイント
東京湾
海風の
収束
相模湾
東京湾の
海風前線
太平洋
25 km
30
20
10
0
ミリメートル
/ 時
○ < 0.5
1
2
メートル / 秒

図5・20　2009年8月9日に関東平野で局地豪雨を引き起こしたトリプルポイント。矢羽は気象庁アメダスと環境省「そらまめ君」（http://soramame.taiki.go.jp/）で観測された地上の風。塗り分けは気象庁の気象レーダーで観測された降水分布。Araki et al.（2015a）をもとに作図。

また、図5・20では東京湾と相模湾からの海風が収束している局地前線も見られます。これらの海風と鹿島灘の北東風が収束し、大雨が発生した事例も報告されています（藤部ほか２００２）。東京などの大都市で発生する局地豪雨は、これらのような局地前線の相互作用に加え、土地利用の違いなどによって都市部が高温になる**ヒートアイランド現象**に伴う熱的低気圧が生む風の流れなども関係しているという報告もあります。しかし、事例によって原因は異なり、より多くの事例について詳細な解析を進めることが必要です。

環境省「そらまめ君」は主に都市域を中心に地上の気温・相対湿度・風の高密度な観測をしています。最近では、このほかにも「**ドコモ環境センサーネットワーク**」（設置場所一覧 http://alert.n-kishou.jp/esnmarket/）という地上気象観測網が展開され、気象庁のアメダスを補完するように、山地を含む全国約２６００カ所（２０１４年5月現在）で地上の気温・相対湿度・風・降水量が観測されるようになりました。このようなこれまでにない高密度な地上気象観測の登場によって、さまざまな局地豪雨のメカニズムの解明や予測精度の向上が期待されています。

局地豪雨の仕組みを十分に理解し、天気予報に使う数値予報モデルに足りないものをすべて補えば、原理的にはゲリラ豪雨とよばれる予測の難しい局地豪雨はなくなります。これが実現するのはまだまだ先になりますが、みなさんが気象情報をうまく利用できる社会づくりとともに、ゲリラ豪雨という言葉がこの世からなくなる未来を私は夢見ています。

地形性豪雨と雲

豪雨が起きやすい場所はあるのでしょうか？　はい、実はあるのです。豪雨は地形の影響を大きく受けます。図5・21は、2011年の台風第12号が接近・上陸した際に観測された7日間の総降水量の分布です。この台風は、9月3日に四国に上陸して北上し、日本海に抜けていきました。図から南アルプスや四国の山地の南東斜面で総降水量が600ミリを超える地域があるのがわかります。紀伊半島では1000ミリに達し、特に奈良県では、1800ミリをも超える雨が観測されていました。これらの豪雨によって多くの土砂災害や河川の氾濫が発生し、全国で合計82名もの方が亡くなりました（内閣府 2012）。台風がこれらの山地の西側を北上する場合、このような**地形性豪雨**

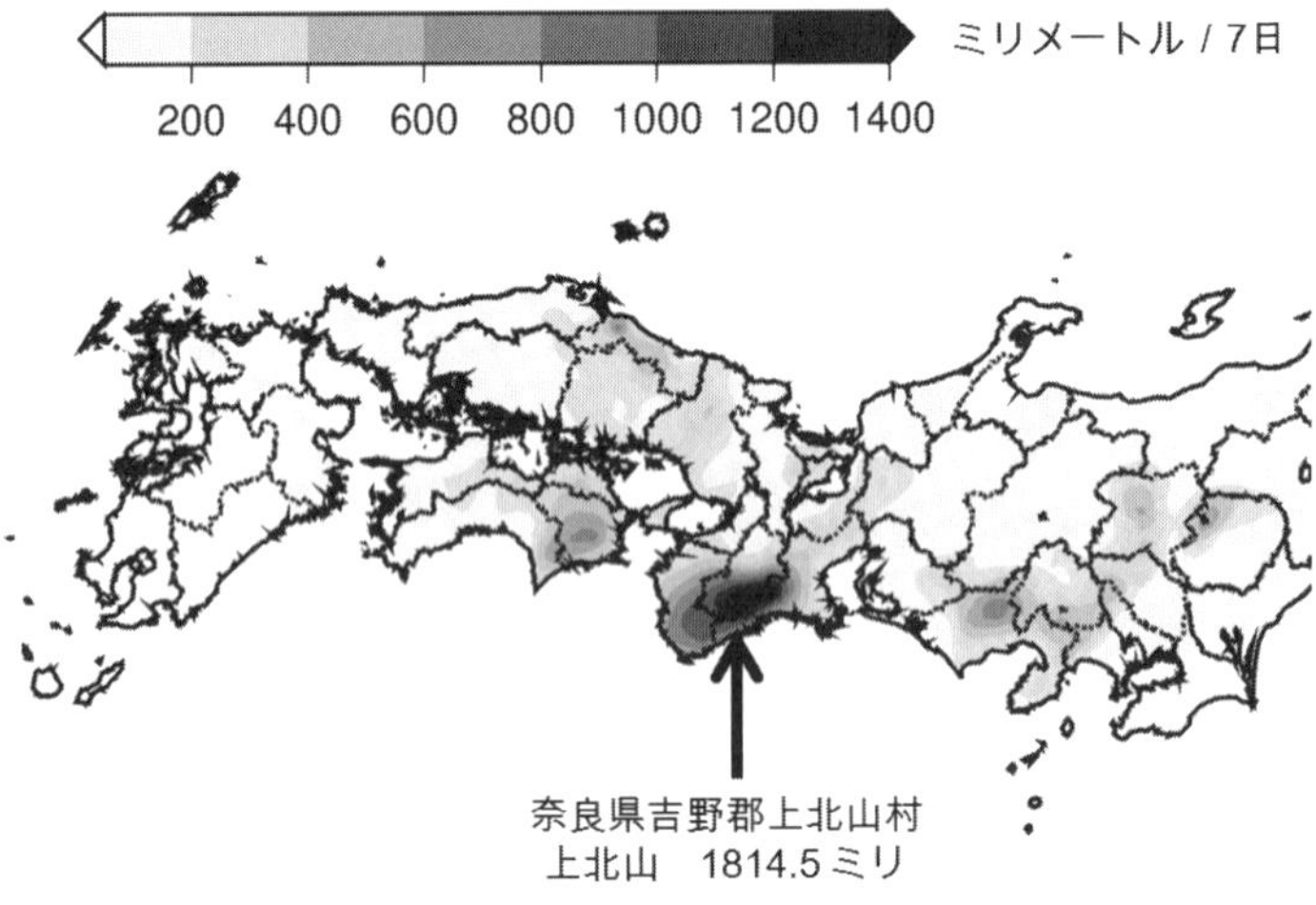

ミリメートル / 7日
200
400
600
800
1000
1200
1400
奈良県吉野郡上北山村
上北山　1814.5ミリ

図5・21　2011年8月30日～9月5日の7日間の総降水量。

が発生することは昔から知られています。

　地形性豪雨が起こるとき、山地で何が起こっているのでしょうか？　山地の斜面では空気の滑昇による上昇流の発生だけでなく、実際にはもっと複雑なメカニズムが雲を変質させ、降水量を増やしています（Houze 2010）。

　まず、積乱雲が海上から流入してくる状況を考えると、陸上のほうが海上よりも障害物が多く、地上での摩擦が大きいため下層風が弱まります（図5・22）。これによって下層で風の収束が生じ、上昇流が生まれるために雲がより発達し、雨粒が成長できるようになります。海上でさほど発達していなかった雲が上陸した途端に発達することがあるのはこのためです。また、下層風が弱められたことによって雨粒は雲の前方で落下できるようになります。落下する降水粒子の冷気外出流は風上側に流れ、下層風と収束することでも上昇流を

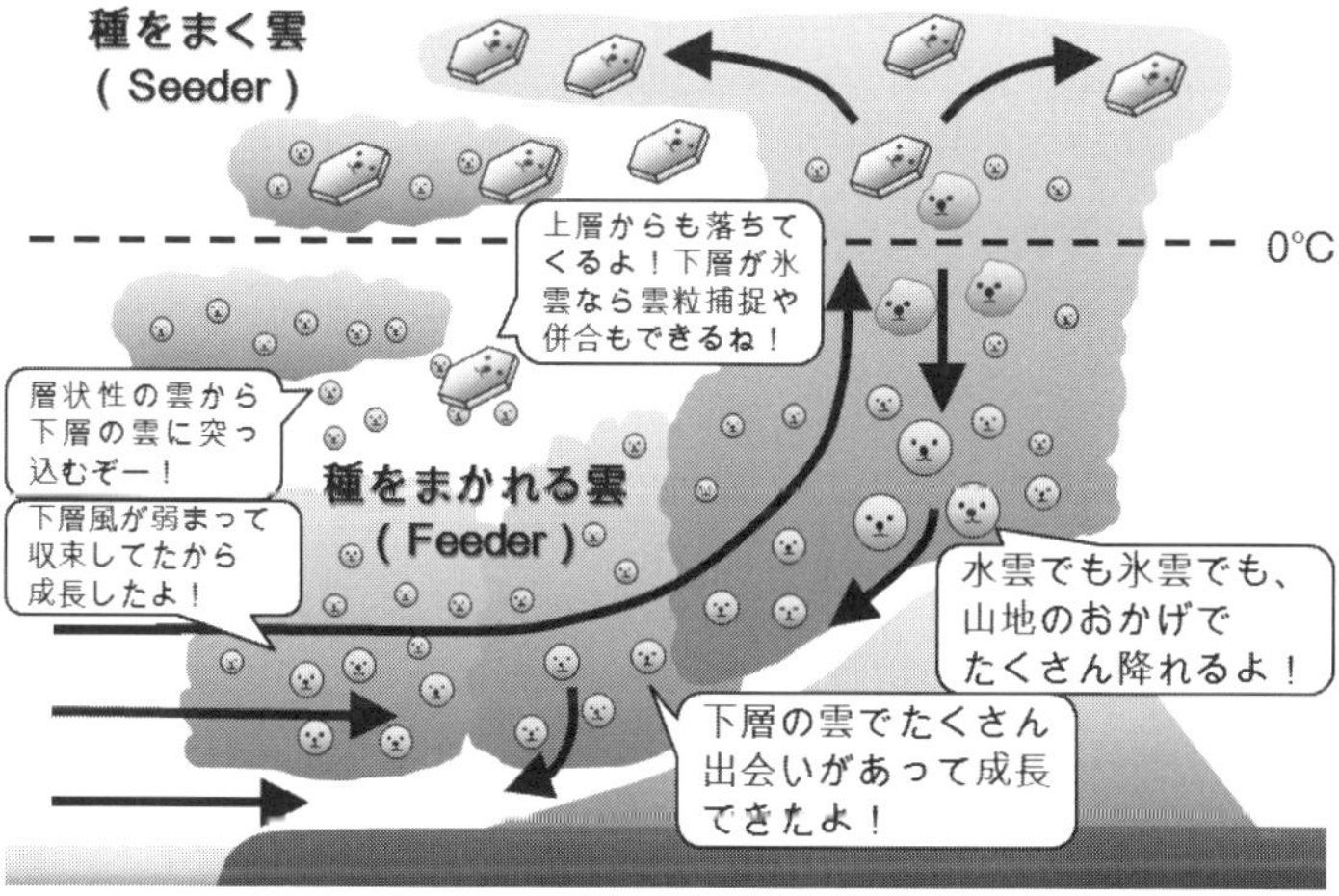

種をまく雲
(Seeder)
0℃
上層からも落ちてくるよ！下層が氷雲なら雲粒捕捉や併合もできるね！
層状性の雲から下層の雲に突っ込むぞー！
種をまかれる雲
(Feeder)
下層風が弱まって収束してたから成長したよ！
水雲でも氷雲でも、山地のおかげでたくさん降れるよ！
下層の雲でたくさん出会いがあって成長できたよ！

図5・22　山地における豪雨・豪雪とシーダー・フィーダー効果。

生み、積乱雲が発達します。さらに山地の斜面での空気の滑昇による上昇流が、積乱雲を発達させて降水量を増やしているのです。集中豪雨をもたらす線状降水帯と同様、地形性豪雨では一見対流システムが停滞しているように見えますが、その内部では対流セルの世代交代が起こっています。

地形性豪雨にはもうひとつ特筆すべき特徴があります。発達した積乱雲が融解層を超え、上層で成長した氷晶がとけながら落下すると、下層の雲粒を効率的に捕捉できるようになります。すると衝突併合成長によって下層で雨粒が効率的に成長でき、地上降水量が増えます。このような増雨の効果は、上層の雲が種をまく雲（seeder）、下層の雲が種をまかれる雲（feeder）としてはたらくことによるため、**シーダー・フィーダー効果**（seeder feeder effect）とよばれます。

これは地形性の降水に限らず、中層や上層に層状性の雲がある場合にはどこでも起こります。中層雲が水雲の場合や下層雲が氷雲である場合にも同様に増雨・増雪が起こります。冬の日本海側の山地で豪雪となるのは、地形による上昇流の生成に加えて、シーダー・フィーダー効果によって氷晶の雲粒捕捉成長や併合成長が促進されるためです。

ここでは典型的な地形性豪雨のメカニズムを紹介しましたが、雲の種類や山地に吹き込む風の向き、多様な山地の地形によっては、降水が集中する理由は複雑化し、わかっていないことが多くあります。さらに、数値予報モデルにおける雲物理過程の不確実さが、地形性豪雨・豪雪の正確な予測を難しくしています。今後、各地域で発生する地形性豪雨・豪雪のパターンやメカニズムなどが詳細に調べられることが望まれます。

4　豪雪と降雪雲による対流システム

降雪雲ができるまで――気団変質と山雪

毎年のように冬には、日本海側の山地を中心に1メートルを超える雪が降ります。なかでも北陸地方は豪雪地帯として知られており、場所によっては数メートル以上の積雪が観測されることも珍しくありません。

最近では、2010年から2011年にかけての冬に全国的な大雪によって多くの災害が発生しました。これは「平成23年豪雪」とよばれており、新潟県長岡市での雪観測によると25年ぶりの豪雪だったと報告されています（中井・山口 2012）。「**豪雪**」の定義はありませんが、本書では災害をもたらす大雪を豪雪とよぶことにします。図5・23は、

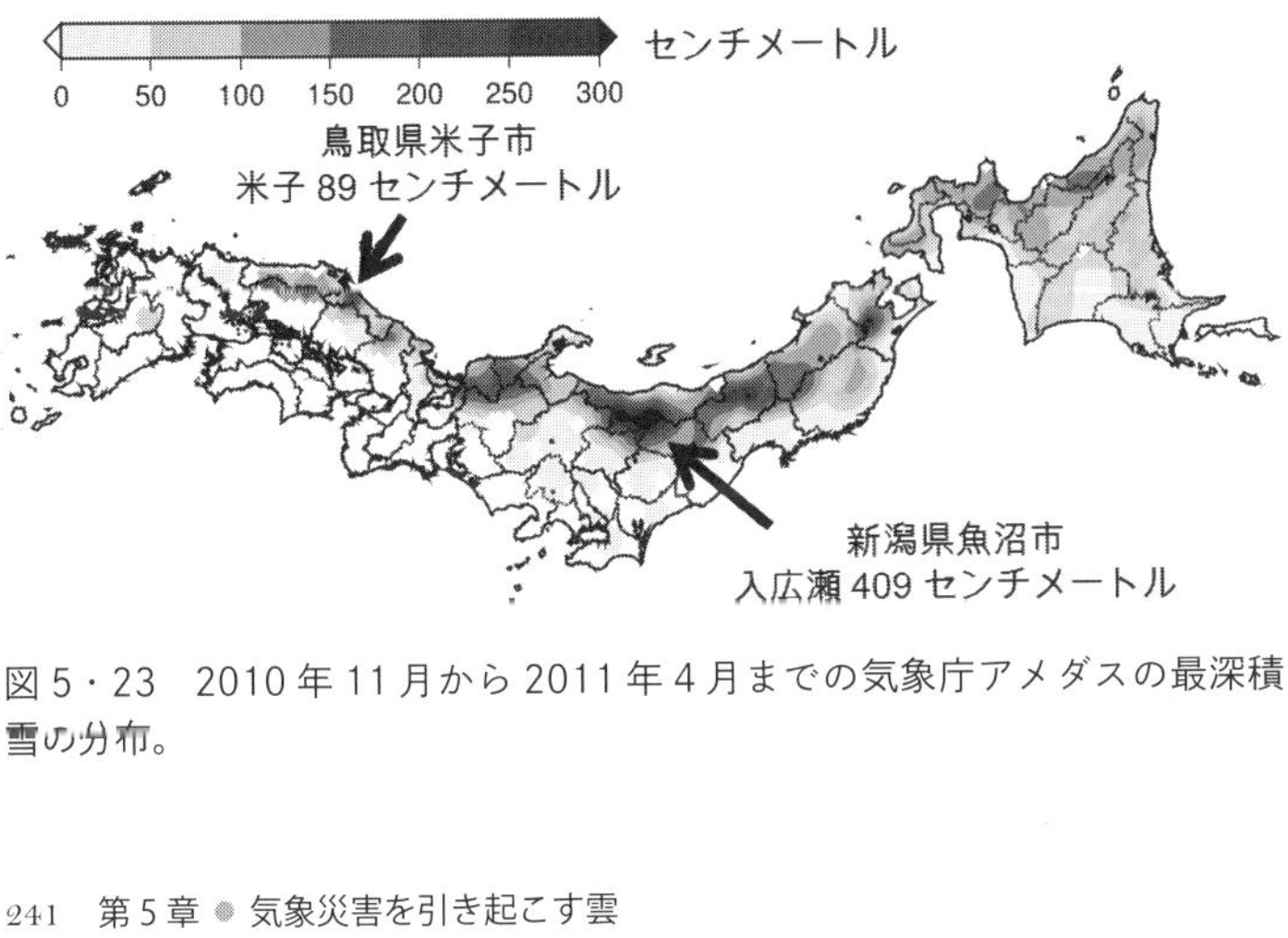
センチメートル
0
50
100
150
200
250
300
鳥取県米子市
米子 89 センチメートル
新潟県魚沼市
入広瀬 409 センチメートル

図5・23　2010年11月から2011年4月までの気象庁アメダスの最深積雪の分布。

2010年11月から2011年4月までに観測された最大の積雪の深さ（**最深積雪**）の分布を表しています。新潟県魚沼市では最深積雪が4メートルを超え、山形県や石川県、福井県の山地でも2メートル以上の最深積雪が観測されました。

4メートルの積雪がどのくらい危険なものか、すぐには想像しがたいと思います。6メートル四方の家屋に4メートルの積雪がある状態を考えてみましょう（図5・24）。新たに降り積もった雪であれば、1センチメートルの積雪を約1ミリメートルの降水量に換算できます。しかし実際には、雪はその上に積もった雪の重みで圧縮されるため、重量としてはこの3倍くらいに増えます。そのため、ここでは1センチメートルの積雪を3ミリメートルの降水量に換算します。すると、屋根の上の1メートル四方の広さに小ぶりな力士（100キログラム）が12人（1・2トン）も積み重なっていることになり

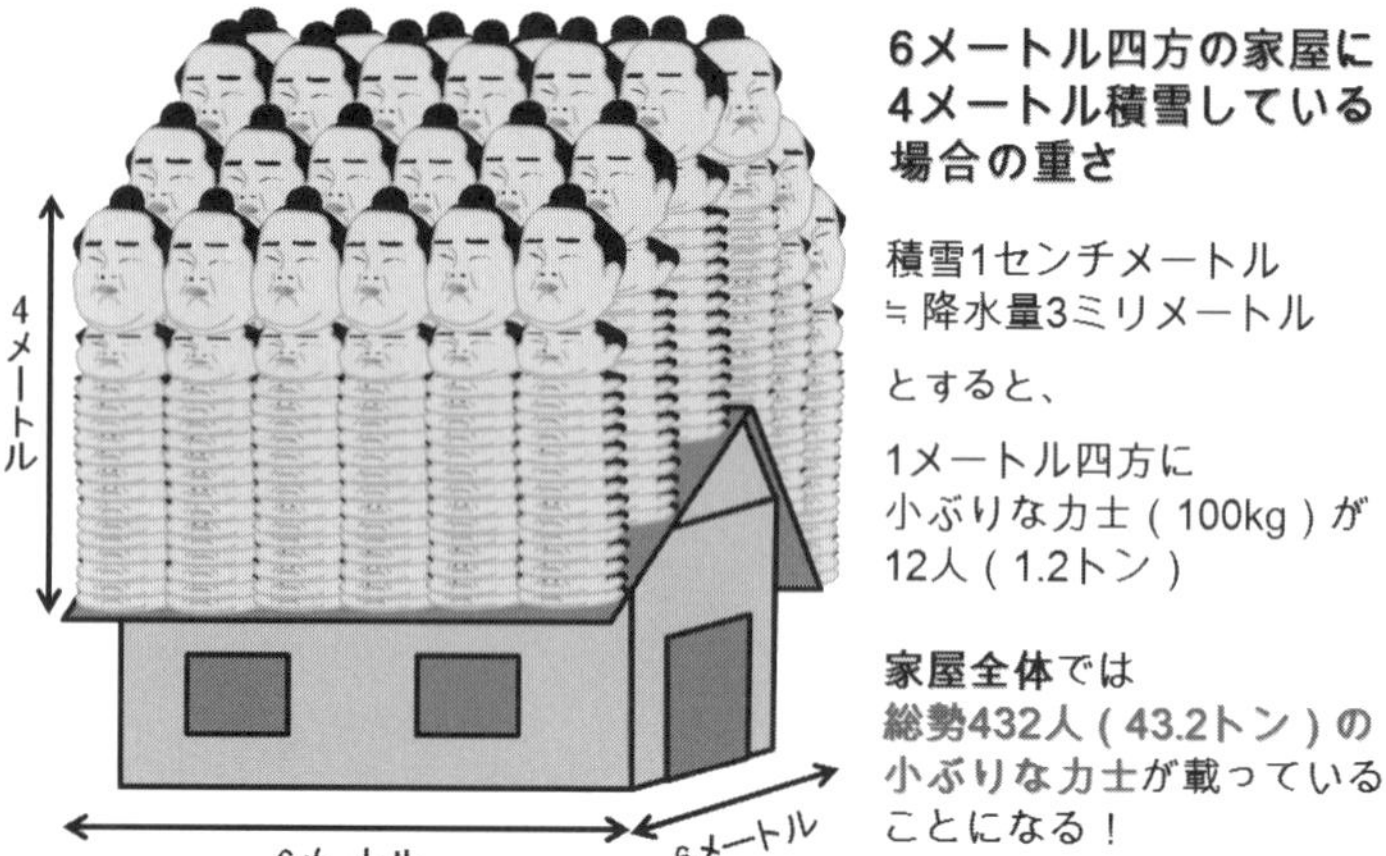

4メートル
6メートル
6メートル
6メートル四方の家屋に
4メートル積雪している
場合の重さ
積雪1センチメートル
≒降水量3ミリメートル
とすると、
1メートル四方に
小ぶりな力士（100kg）が
12人（1.2トン）
家屋全体では
総勢432人（43.2トン）の
小ぶりな力士が載っている
ことになる！

図5・24　4メートルの積雪の重さのイメージ。

ます。6メートル四方の家屋全体で考えると、なんと総勢432人（43・2トン！）の小ぶりな力士が載っていることになるのです。これでは、雪かきをしないと家屋が潰れてしまいます。

　このように山地で豪雪となるのは、前節で紹介したように山地で発生する上昇流やシーダー・フィーダー効果が原因です。では、これらの豪雪をもたらす**降雪雲**がどのように発生するかを考えてみましょう（図5・25）。冬のユーラシア大陸では放射冷却によって地上の気温がマイナス30℃以下にもなります。そのため、大陸では地上のほうが上空よりも気温が低くなり、地上からある高さまで逆転層（**接地逆転層**）がある状況になります。このような状況で日本の南を南岸低気圧が北東進したあとに

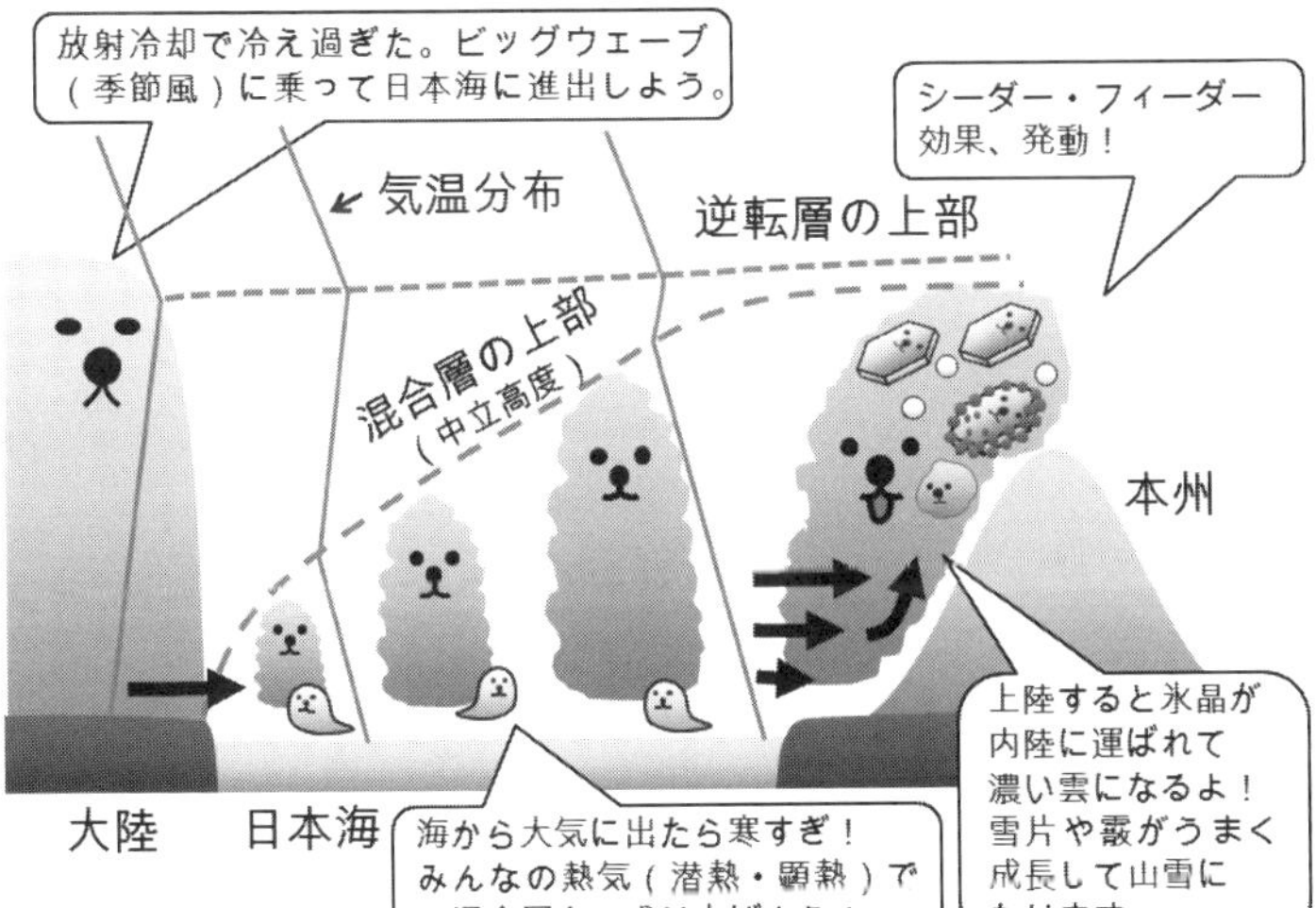
放射冷却で冷え過ぎた。ビッグウェーブ（季節風）に乗って日本海に進出しよう。
気温分布
シーダー・フィーダー効果、発動！
逆転層の上部
混合層の上部（中立高度）
本州
上陸すると氷晶が内陸に運ばれて濃い雲になるよ！雪片や霰がうまく成長して山雪になります。
大陸
日本海
海から大気に出たら寒すぎ！みんなの熱気（潜熱・顕熱）で（混合層を）盛り上げよう！

図5・25　気団変質と山雪のイメージ。

は、日本付近はいわゆる**西高東低**の冬型の気圧配置になります。すると日本海では**季節風**（**モンスーン**）とよばれる総観スケールの北西風が吹き、大陸から冷たい空気が吹き出します。冬の日本海の海面の水温は数℃～十数℃なので、日本海に吹き出した下層の冷たい空気は海面に温められ（顕熱供給）、海面の海水が蒸発して水蒸気が供給（潜熱供給）されます。海水の水蒸気への相変化に必要な潜熱は海から奪われるため、下層の空気は潜熱を供給されたことになります。これにより、下層の空気が加熱・加湿され、混合層が発達します。私たちからすると冬の日本海は寒すぎてとても泳ぐ気にはなりませんが、大陸から吹き出した冷たい空気にとってはお風呂のような存在なのです。

このとき水平ロール対流（図4・8：180ページ）が発生し、降雪雲の列（クラウドストリート）が日本海上で形成されます。季節風が日本海上を吹く距離が長いほど、大気下層は加熱・加湿されて混合層は発達します。このように季節風が海面の影響を受けて変質することを**気団変質**とよんでいます。季節風が強いとき、気団変質によって発達した降雪雲は上陸して山地に進むと、シーダー・フィーダー効果によって多くの降雪をもたらすようになります。このとき、降雪雲の雲頂高度は上陸前とさほど変わりはないのですが、降雪雲は陸地と山地の影響を受けて、より効率的に降雪粒子を成長させやすい雲に変化しているのです。このようにして山地に降る雪は**山雪**とよばれ、上空の寒気が強いと大気の状態が不安定化して降雪雲がより発達するため、山雪型の豪雪が発生します。

図5・23をもう一度見直してみると、平成23年豪雪時の鳥取県米子市での最深積雪は89センチメートルでした。山雪型の豪雪は数メートルに達するため、この数字は小さく見えるかもしれませんが、

実は米子での最深積雪の平年値は25センチメートルなのです。しかもこの雪は、2010年の大晦日から2011年元日にかけて、わずか1日足らずの間に積もりました。米子の標高はたった7メートルなので山雪は起こりません。このように海岸平野部で集中的に降る雪を**里雪**（さとゆき）とよびます。このような里雪はなぜ降るのでしょうか？　これには、降雪雲が作る対流システムが深く関係しています。

冬の日本海上の対流システムと里雪

冬の日本海上では、非常に興味深い降雪雲の列が発生します（図5・26）。大陸からの寒気の吹き出しとともに日本海上では筋状の雲が発生します。このとき、季節風と平行に並ぶ筋状の雲を**平行型**（へいこうがた）

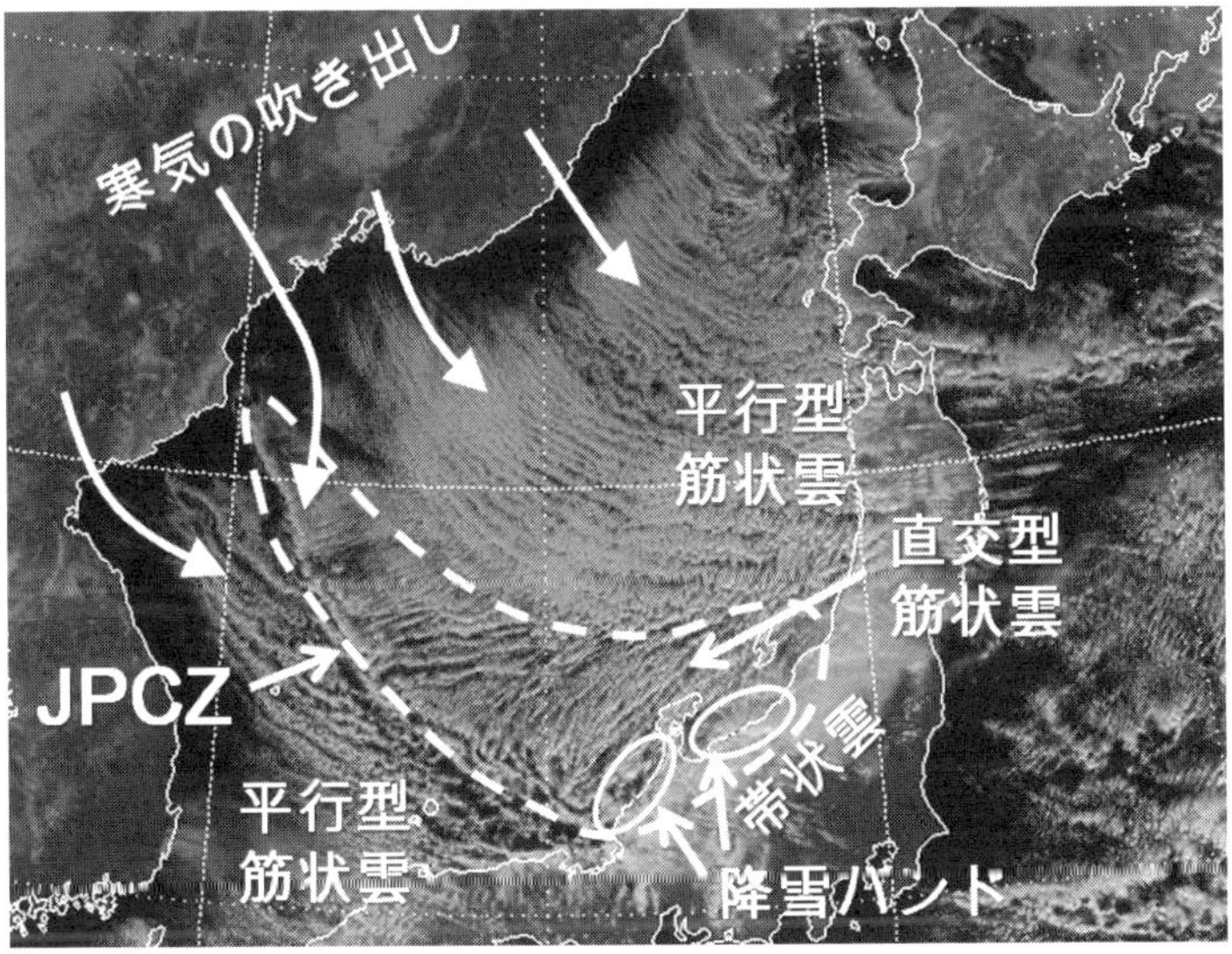
寒気の吹き出し
平行型
筋状雲
直交型
筋状雲
JPCZ
帯状雲
平行型
筋状雲
降雪バンド

図5・26　2010年1月14日の気象衛星ひまわりの可視画像。

筋状雲とよびます。一方、図中の朝鮮半島の付け根あたりから北陸地方にかけて帯状の雲（**帯状雲**）があり、そのなかに季節風と垂直な向きの雲列（**直交型筋状雲**）が見てとれます。帯状雲の西端にあたる領域では、季節風が朝鮮半島北部の山脈を迂回し、大気下層で収束が起こっています。この収束域は**日本海寒帯気団収束帯**（Japan sea Polar air mass Convergence Zone：**JPCZ**）とよばれ、JPCZ上では下層収束による上昇流で対流性の降雪雲が発達します。

　これらの対流システム内部がどうなっているか見てみましょう。図5・27は、南西から北東方向の断面で見た対流システムの構造を表しています。帯状雲を挟むように南西側と北東側には平行型筋状

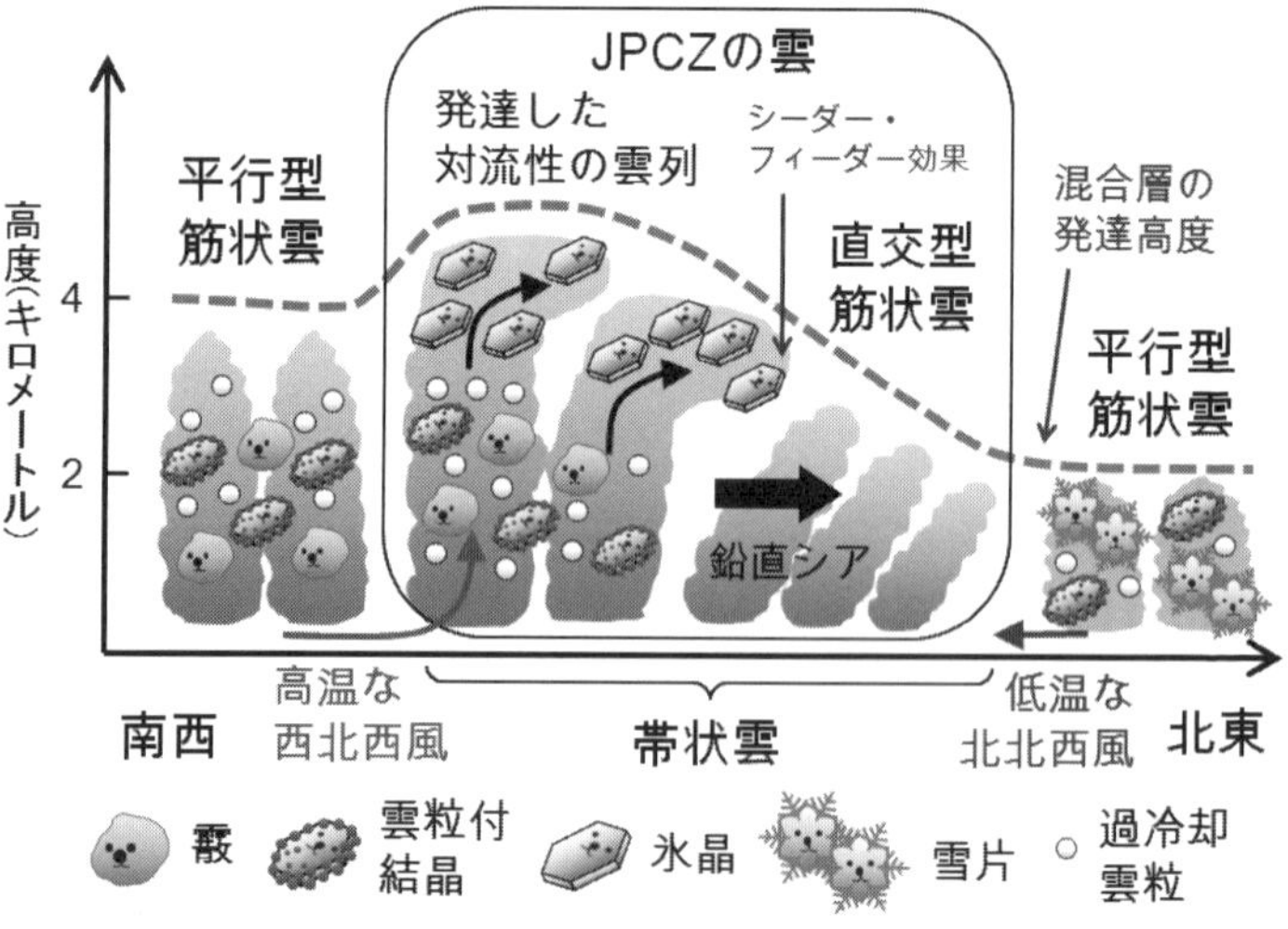

JPCZの雲
発達した
対流性の雲列
シーダー・
フィーダー効果
平行型
筋状雲
高度(キロメートル)
4
2
直交型
筋状雲
混合層の
発達高度
平行型
筋状雲
鉛直シア
南西
高温な
西北西風
帯状雲
低温な
北北西風
北東
霰
雲粒付
結晶
氷晶
雪片
過冷却
雲粒

図5・27　冬の日本海に現れる雲の構造。村上ほか（2005a、b、c）、Eito et al.（2010）をもとに作図。

雲がありますが、それらの雲の発達高度は南西側のほうが高いことがわかっています。これは、北東側の大気下層では相対的に冷たい北北西風が吹いているのに対し、南西側では海面水温が高いために温かい西北西風が吹いているからです。このため、南西側の平行型筋状雲のほうが対流性は強く、雲内部では雲粒捕捉成長に伴う雲粒付結晶や霰が観測されています。逆に北東側では、雲粒付結晶の他に併合成長に伴う雪片が観測されています。

一方、ＪＰＣＺの直上ではさらに対流性の強い降雪雲があります。この雲域では下層で南西側の平行型筋状雲と同様に霰の雲粒捕捉成長が観測されていますが、雲上部では過冷却雲粒は見られず、氷晶のみが観測されています。この氷晶が中層の西寄りの風に流され、帯状雲内の直交型筋状雲に対してシーダー・フィーダー効果をもたらしていると考えられています。また、平行型筋状雲は南東を向いた鉛直シアを持つ季節風による水平ロール対流で発生しますが、ＪＰＣＺの北東側では高度３キロメートル程度の中層が南西風になっていて、北東を向いた鉛直シアが形成されています（Eito *et al.* 2010）。そのため、北東を向いた鉛直シアに沿って直交型筋状雲が形成されるのです。

では、これらの降雪雲による対流システムによって、里雪がどのようにもたらされるかを考えてみます。まず、帯状雲が流入する新潟県の上越地方や石川県から福井県にかけての海岸平野部（図５・26）では、**降雪バンド**とよばれる対流システムによって里雪型豪雪となることがあります（図５・28）。

降雪バンドでは、季節風と陸から海に向かう陸風の下層での収束が大きなはたらきをしています。この下層収束が維持されれば、積乱雲のバックビルディングのように同じ場所で降雪雲の世代交代が起こるため、降雪バンドのある地域で集中的に雪が降るのです。下層収束が形成・維持されるメカニズムは大きく分けてふたつあります。まずひとつは、陸上で放射冷却や積雪による冷却によって形成される冷気の層によるものです。この冷気の温度は日本海上の大気下層の気温よりも低くなるため、冷気による陸風が発生します。このとき季節風が弱ければ、季節風は冷気層を破壊せずに冷気層に乗り上げて上昇流を形成します。さらに降雪粒子の昇華によって大気下層は冷やされて冷気層が維持されます。このため、降雪バンドの原因となる下層収束が維持されて里雪型豪雪が発生するのです。

また季節風がある程度強い場合でも、季節風が本州の山地にぶつかって曲げられ、

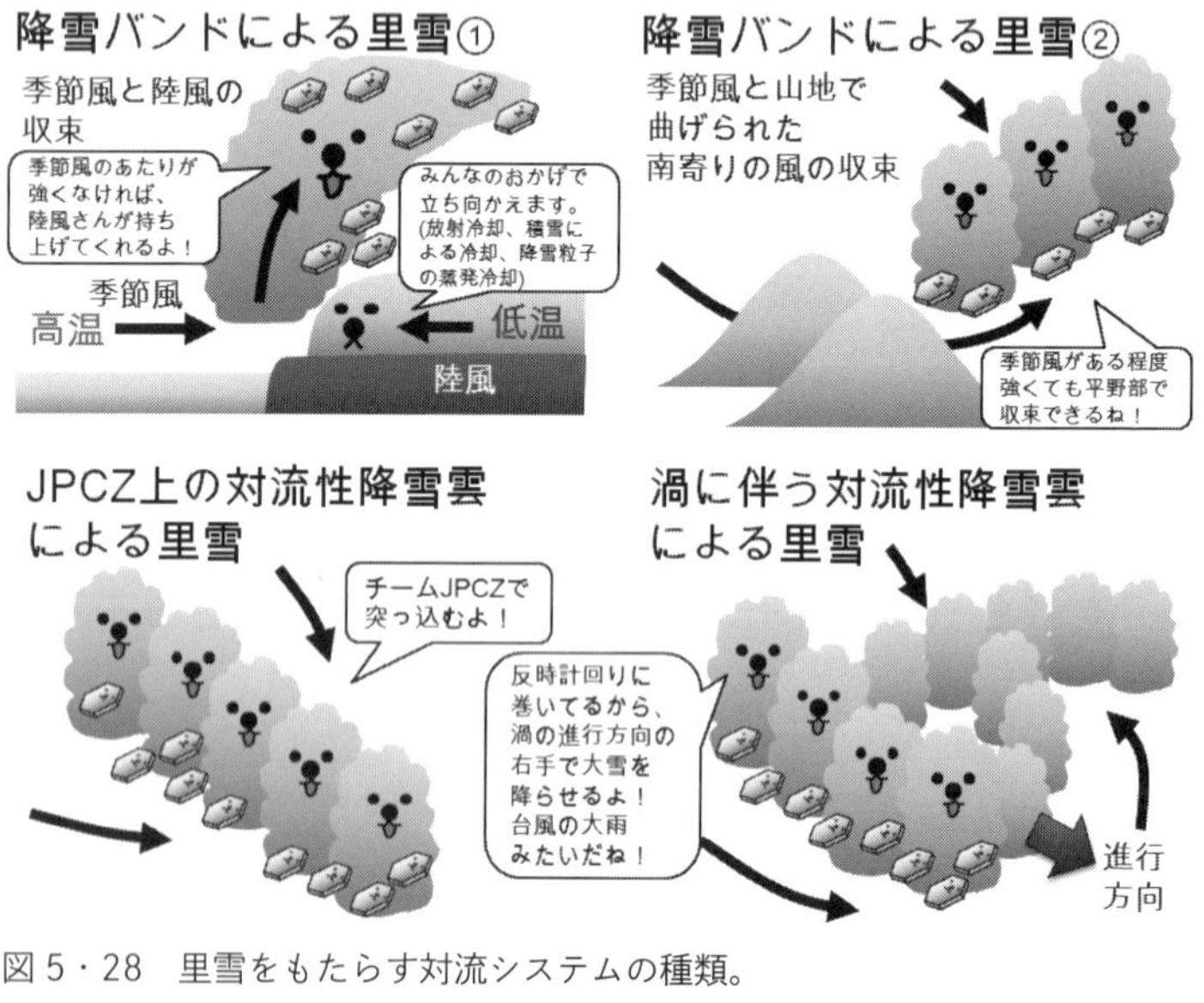

降雪バンドによる里雪①
季節風と陸風の収束
季節風のあたりが強くなければ、陸風さんが持ち上げてくれるよ！
みんなのおかげで立ち向かえます。(放射冷却、積雪による冷却、降雪粒子の蒸発冷却)
季節風
高温
低温
陸風
降雪バンドによる里雪②
季節風と山地で曲げられた南寄りの風の収束
季節風がある程度強くても平野部で収束できるね！
JPCZ上の対流性降雪雲による里雪
チームJPCZで突っ込むよ！
渦に伴う対流性降雪雲による里雪
反時計回りに巻いてるから、渦の進行方向の右手で大雪を降らせるよ！台風の大雨みたいだね！
進行方向

図5・28　里雪をもたらす対流システムの種類。

南寄りの風に変化することで陸風は発生します。この場合は同じような季節風が吹き続けていれば下層収束と降雪バンドは維持され、里雪型豪雪となります。この他に、対流性の強いＪＰＣＺ上の降雪雲の流入が持続する場合や、この後述べるＪＰＣＺ上で発生する渦に伴う対流性降雪雲の流入によっても里雪型の雪が降ります。２０１０年大晦日から２０１１年元日にかけて鳥取県米子市で観測された里雪型豪雪は、ＪＰＣＺ上の対流性降雪雲の流入が持続したことで引き起こされていました（中井・山口 ２０１２）。このような里雪型豪雪は、山雪型と同様に上空の強い寒気の流入など、降雪雲がより発達しやすい環境で起こります。

降雪雲が織りなす渦

ＪＰＣＺ上では、さまざまな水平スケールの渦が発生することが知られています（口絵17）。その水平スケールはメソγ～メソαスケールで、大きく発達した渦は天気図上で低気圧として解析されることもあります。発達した渦は豪雪だけでなく暴風雪をもたらすため、海水のしぶきや雪が内陸の電線を破損し、停電の原因にもなります。このような渦は**寒気団内低気圧**や**ポーラーロー**、**渦状擾乱**などとよばれますが、本書では単に渦とよぶことにします。

ＪＰＣＺ上での渦の発生メカニズムは、通常は非スーパーセル竜巻とおおむね同じであると説明されます。ＪＰＣＺが局地前線としてはたらき、メソγ～メソβスケールの渦列が形成されるのです（図５・29）。メソβ～メソαスケールの渦になると、しばしば暴風雪をもたらす強い渦になります。

図５・30は、数値シミュレーションで再現された渦を示しています。海面の高度に補正した気圧（**海面気圧**）が低い部分が渦の中心で、この部分に対応して高度５００メートルで気温が局所的に高くなっていることがわかります。これは**暖気核**（だんきかく）とよばれ、実は台風の特徴でもあるのです。図５・29の北東側の渦中心には台風に似た眼の構造も見てとれます。暖気核の存在によって渦の中心気圧が下がり、渦周辺での風速の増大や下層収束の強化、対流性降雪雲の発達が引き起こされ、これによって潜熱がさらに放出されるために暖気核と渦が発達します。渦の発達には台風と同じく海面からの潜熱・顕熱の供給も重要なことがわかっています。

一方、ＪＰＣＺ上の渦はしばしば温帯低気圧と同じような前線構造を持ちます（図５・

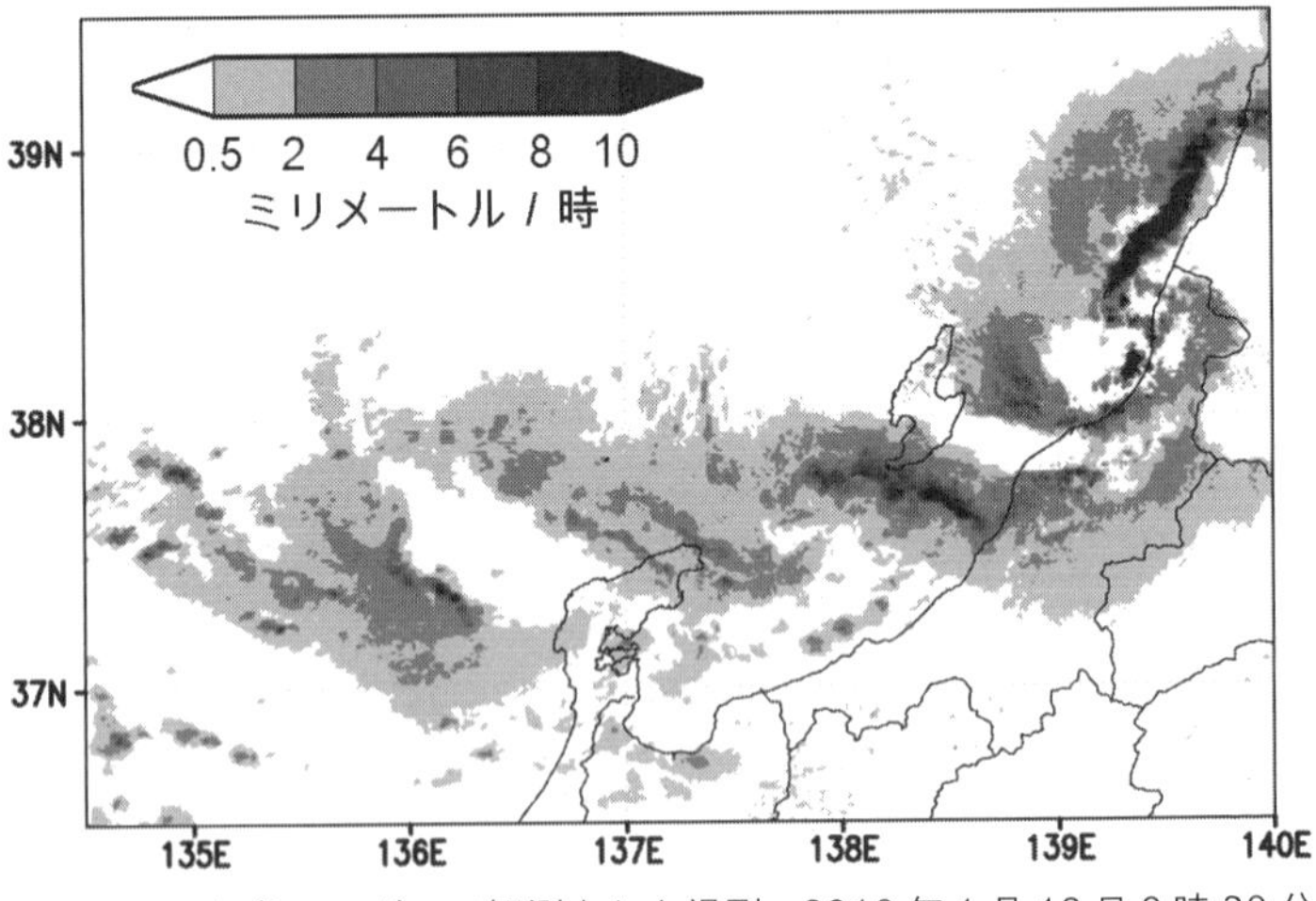
0.5 2 4 6 8 10
ミリメートル / 時
39N
38N
37N
135E
136E
137E
138E
139E
140E

図５・29　気象レーダーで観測された渦列。2010年１月13日９時30分の降水分布。荒木ほか（2011）をもとに作図。

30）。実際、渦の発達は凝結による潜熱放出や海面からの熱供給といった台風と同様な発達メカニズムだけでは説明できないことがわかっています（荒木・新野 2012）。暴風雪をもたらす規模の渦の発生・発達に何がどのくらい寄与しているかという定量的な理解が待たれています。

関東甲信地方の豪雪と南岸低気圧

冬の関東平野などの太平洋側はスカッと晴れていて空気が乾燥していることが多いのですが、毎年何度か雪が降ります。そのなかでも関東甲信地方でまとまった積雪となるのは、本州の南海上を**南岸低気圧**が発達しながら北東進していくパターンであることが知られています。2014年2月の8〜9日と14〜15日にかけて、発達した南岸低気圧の接近に

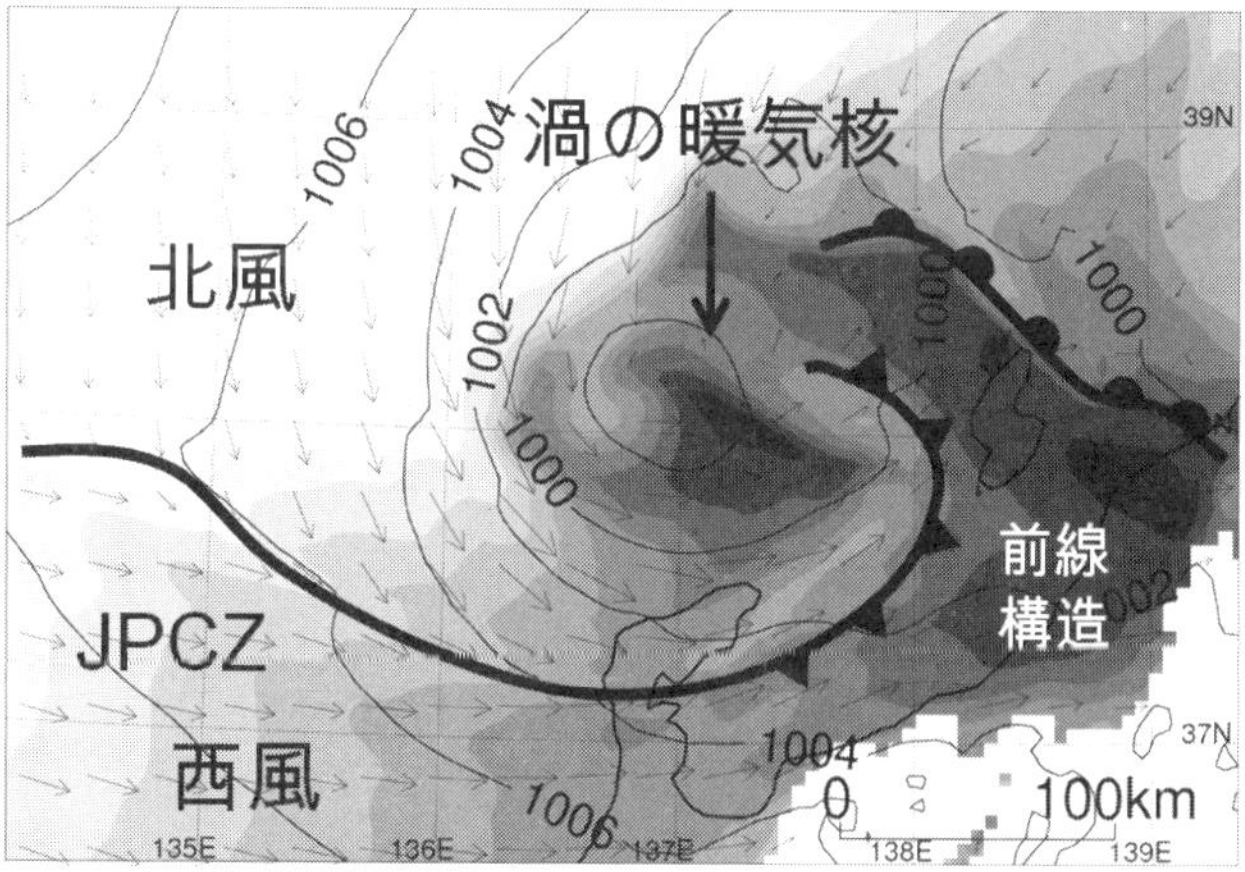

渦の暖気核
北風
JPCZ
西風
前線
構造
1006
1004
1002
1000
0
100km
39N
37N
135E
136E
137E
138E
139E
-6.0
-4.0
-2.0
0.0
℃
50メートル / 秒

図5・30　数値シミュレーションで再現されたJPCZ上の渦。塗り分けは高度500メートルの気温、矢印は同じ高度の風、等値線は海面気圧。荒木・新野（2012）をもとに作図。

よって関東甲信地方では歴史的な豪雪となりました。これらの事例をもとに、関東甲信地方での豪雪と南岸低気圧との関係について述べたいと思います。

まず2月8〜9日にかけては、関東甲信地方の広い範囲で豪雪となりました。東京では8日夜遅くに45年ぶりの積雪27センチメートル、千葉でも9日未明に1966年からの観測史上最大の積雪33センチメートルを観測しました。茨城県つくば市では9日未明に69年ぶりに積雪26センチメートルを観測し、関東平野がまるで雪国と化しました（図5・31）。この豪雪の影響で交通事故や停電が多発し、多くの人的被害も発生しました。

南岸低気圧は8日21時には房総半島沖に達し、中心気圧は988ヘクトパスカルと非常に発達していました(図5・32)。24時間前と比べると、なんと18ヘクトパスカルも中心気圧が低下していたのです。急速に発達して暴風雨・暴風雪をもたらす温帯低気圧は、**爆弾低気圧**とよばれます（気象庁は「急速に発達する低気圧」と表現します）。爆弾低気圧の定義は研究者によってさまざまですが、本書では「24時間で24ヘクトパスカル×sin(緯度)÷sin(60度)以上の中心気圧の低下がある低気圧」を爆弾低気圧とよぶことにします。この基準値は北緯30度なら約14ヘクトパスカル、北緯40度なら約18ヘクトパスカルです。この事例の南岸低気圧は、8日21時と9日3時に爆弾低気圧の基準を満たしていました。

一方で2月14〜15日にかけては、関東甲信地方の特に内陸部で8〜9日を超える豪雪となりました。15日にかけての最深積雪は、山梨県甲府市で114センチメートル、山梨県河口湖で143センチメートル、長野県飯田市で81センチメートル、群馬県前橋市で73センチメートル、埼玉県熊谷市で

図 5・31　2014 年 2 月 8 日 21 時頃の茨城県つくば市の様子。

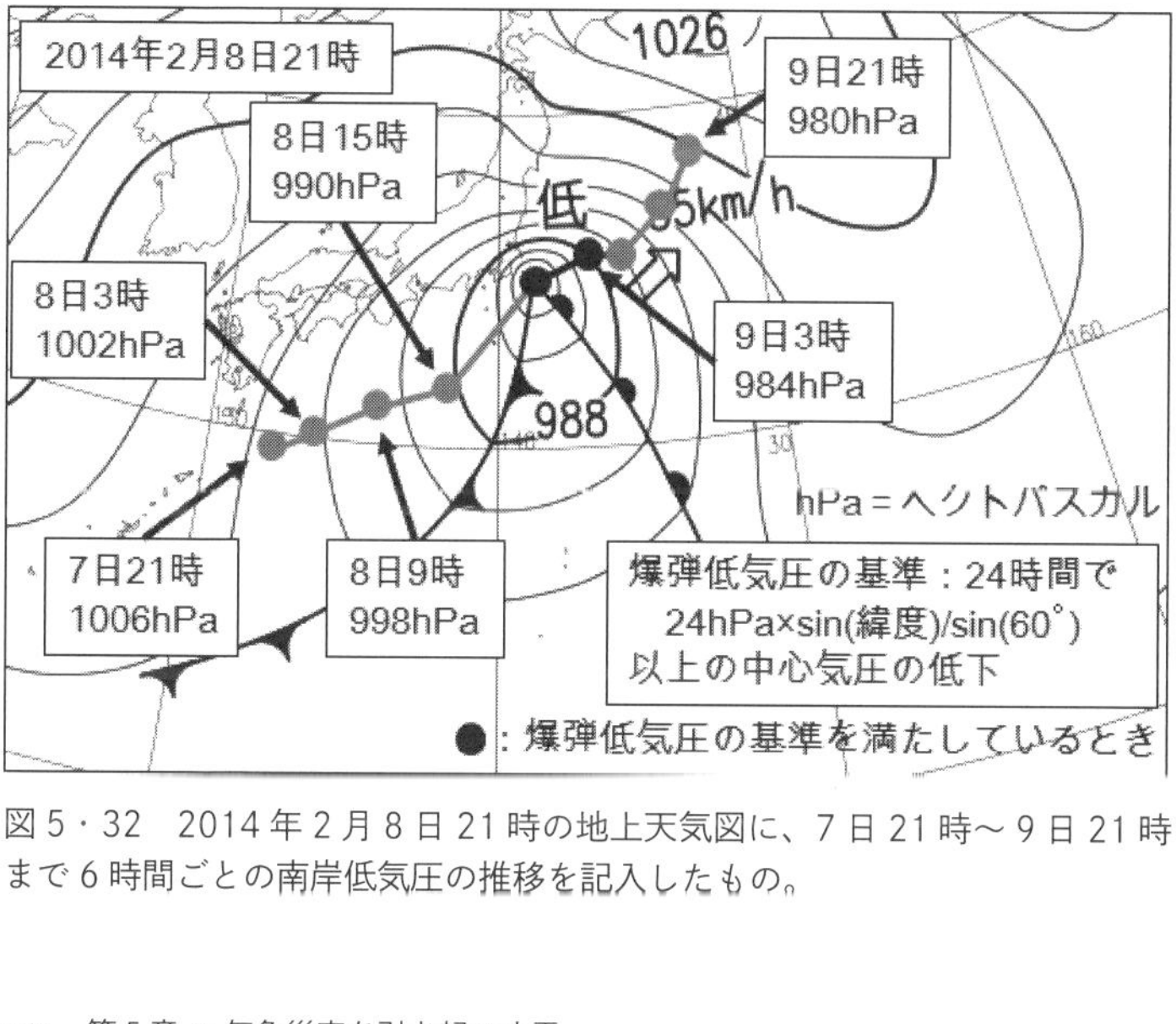
2014年2月8日21時
1026
9日21時
980hPa
8日15時
990hPa
低
5km/h
8日3時
1002hPa
9日3時
984hPa
988
hPa = ヘクトパスカル
7日21時
1006hPa
8日9時
998hPa
爆弾低気圧の基準：24時間で
24hPa×sin(緯度)/sin(60°)
以上の中心気圧の低下
●：爆弾低気圧の基準を満たしているとき

図 5・32　2014 年 2 月 8 日 21 時の地上天気図に、7 日 21 時～ 9 日 21 時まで 6 時間ごとの南岸低気圧の推移を記入したもの。

62センチメートルなどと、信じ難い値が観測されました。これらは観測史上の最深積雪を大幅に上回る値で、甲府と前橋、熊谷、飯田での積雪観測が約120年続いていたことを考えると歴史的な豪雪であったことがわかります。上空から山梨県を撮影した写真（図5・33）からは、富士山の東側で積雪が多く、甲府市や周辺市町村がすっかり雪に覆われていることがわかります。また、熊谷市に隣接する深谷市では、15日朝には車が完全に雪に埋もれてしまい、とても関東平野とは思えない光景が広がりました（図5・34）。

この豪雪により、数日間にわたる集落の孤立や車両の立ち往生が発生し、雪の重みによる家屋の倒壊などで多数の人的被害が発生しました。積雪深だけ見ると北陸地方に比べれば大したことはなさそうに見えますが、普段から雪が少なく、北陸地方のように十分な雪対策がなされていない地域で大量の雪が降ったために、災害の規模が大きくなったのです。

また、東京でも15日未明に8日と同じ27センチメートルの積雪となる豪雪となりました。しかし、東京からあまり遠くない茨城県つくば市と千葉県成田市では、それぞれ15日に110、124ミリメートルの日降水量を観測し、2月としては記録的な豪雨となりました。15日朝の時点では、関東平野で大雪警報と大雨警報が同時に発表されるという異様な事態になっていたのです。

実はこの事例では、南岸低気圧が15日朝にちょうど関東平野を通過していました（図5・35）。南岸低気圧の西側では豪雪、東側では豪雨になっていたのです。この南岸低気圧は15日3時に998ヘクトパスカル、9時に996ヘクトパスカルと、それぞれ24時間で14ヘクトパスカルの中心気

韮崎市
甲府市
(アメダス)
山梨市・甲州市
笛吹市
河口湖(アメダス)
富士吉田市
山中湖村
南アルプス市
中央市
御殿場市
富士山
北
愛鷹山
裾野市

図5・33　2014年2月16日の静岡県上空からの山梨県方面の写真。新井勝也さん提供の写真に加筆。

図5・34　2014年2月15日8時過ぎの埼玉県深谷市での積雪。菊地隆貴さん提供。

圧の低下がありました。しかし、これは爆弾低気圧の基準を満たしていませんでした。

では、関東甲信地方の豪雪と低気圧の関係に迫ってみます（図5・36）。大気下層で気温の南北の差が大きく、地上の南岸低気圧が寒気を伴う上空の気圧の谷のすぐ東側にあると、南岸低気圧は発達します（第1章4節：66ページ）。南岸低気圧が爆弾低気圧級にまで発達するためには、さらに凝結による潜熱放出なども必要であると考えられています。また、南岸低気圧が発達するほど、低気圧に伴う流れが強まります。強化された高温・湿潤な南寄りの下層風は、温暖前線と寒冷前線に乗り上げて、降水・降雪をもたらす雲が発達します。低気圧の東側では下層が温かいために融解層高度が高く地上では雨になりますが、西側では融解層高度が低く、下層が低温

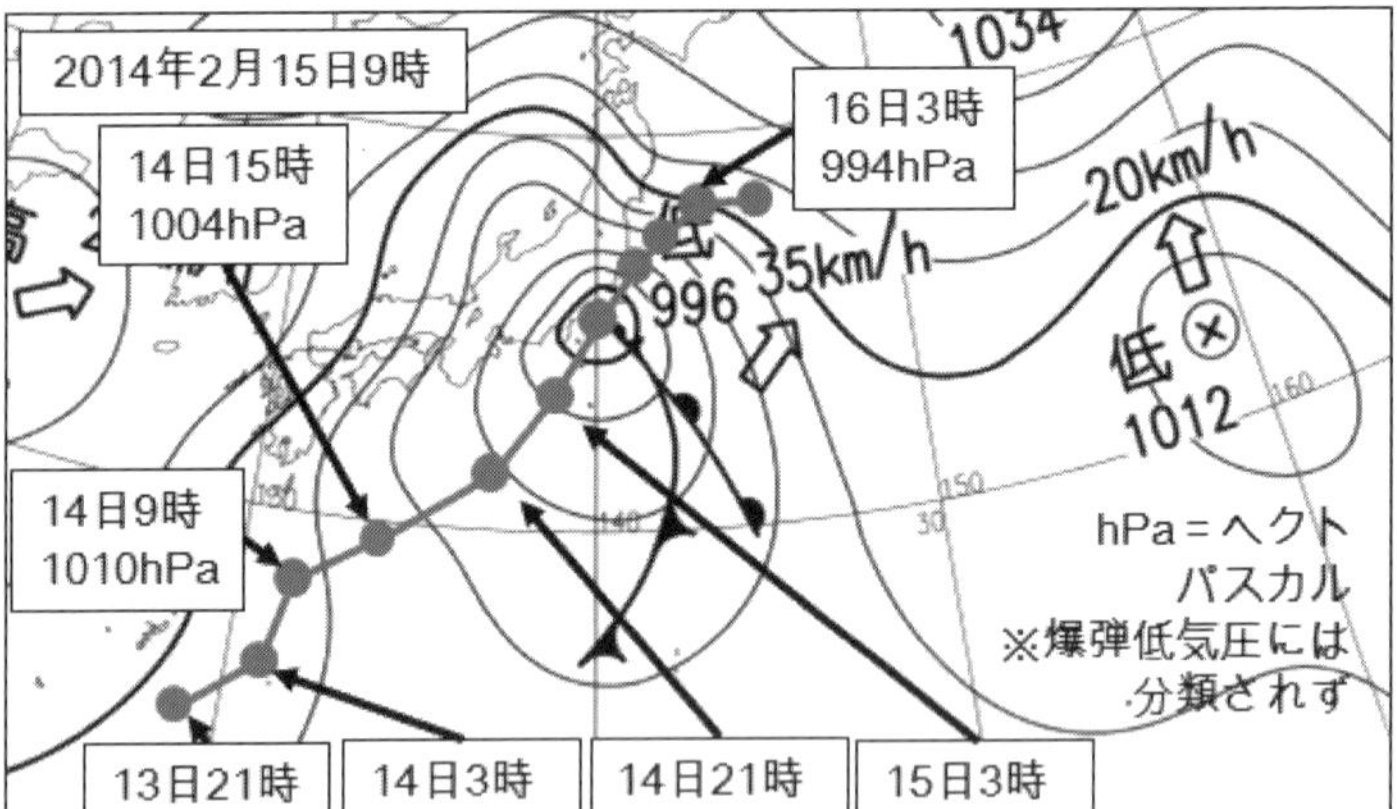
2014年2月15日9時
14日15時
1004hPa
16日3時
994hPa
1034
20km/h
35km/h
996
低
1012
14日9時
1010hPa
hPa＝ヘクト
パスカル
※爆弾低気圧には
分類されず
13日21時
1014hPa
14日3時
1012hPa
14日21時
1002hPa
15日3時
998hPa

図5・35　2014年2月15日9時の地上天気図に13日21時〜16日9時まで6時間ごとの南岸低気圧の推移を記入したもの。

な場合には地上では雪が降るのです。

南岸低気圧に伴って関東甲信地方で雪が降るとき、しばしば地上気温と融解層高度の低下が観測され、その原因は次のように考えられています（気象庁予報部　２０１３）。まず降雪粒子の融解と降水粒子の昇華・蒸発に伴う潜熱吸収によって大気が冷却され、融解層高度が下がります。すると、もともと低温な北寄りの下層風が冷却された大気下層の空気を移流し、関東甲信地方の下層で低温域が広がります。これが続けば大気下層の気温は下がる一方ですが、実際はある程度の低温が保たれます。これは、地面から大気下層への熱供給や水蒸気の凝結による潜熱放出、暖気の移流などによる加熱があるためです。これらがバランスして大気下層で低温な状態が維持されれば、効率的に降雪粒子が生

トラフくん
豪雨・豪雪と温帯低気圧の関係
キリッ
温低ちゃんの渦を強めるよ！
降水雲
温低ちゃんの東側では、高温で湿潤な下層風が激しくて融解層高度も高いよ。だから地上では豪雨になるんだ。
降雪雲
温低ちゃんの西側では融解層高度が低いと、降雪粒子がとけずに地上まで届くから関東でも豪雪になるよ。
低温な下層風
0℃高度(融解層)
温低ちゃん
トラフくんかっこいい！！目の前にいると燃えちゃう！
下層の気温を決めるもの
加熱：地面からの熱供給、降水粒子の凍結・凝結
冷却：降雪粒子の融解、降水粒子の昇華・蒸発
両方：寒気・暖気の移流
これらのバランスで低温が維持されると雪が降り続ける。
温低ちゃんはトラフくんのすぐ東にいると燃え上がり、トラフくんが通り過ぎるとしょぼくれてしまう。
※燃え上がりすぎると爆弾低気圧に…
高温で湿潤な下層風

図５・36　冬の関東甲信地方における南岸低気圧による豪雨・豪雪。

成・落下できるため、関東甲信地方でも豪雪が起こるのです。

２０１４年2月の両事例では、降雪前から関東甲信地方で下層が低温であったのに加え、降雪粒子の昇華冷却や北からの低温な空気の移流などの影響で下層の低温が持続したと考えられます。このとき、**Cold-Air Damming**（荒木２０１５ａ）や**沿岸前線**（荒木２０１５ｂ）とよばれるメソスケールの現象が長時間にわたって維持されたことが、記録的な豪雪の発生に重要だったと報告されています（Araki and Murakami 2015）。降雪前からの関東甲信地方の下層低温の理由としては、積雪により地表面付近が冷えやすかったことなどが考えられますが、今後の詳細な解析が必要です。

関東の雪は南岸低気圧の位置や発達具合、融解層高度や上昇流のごくわずかな違いで雨に変わることもあり、現在の数値予報モデルでは正確に予測できないこともあります。古くからの経験的な予報則では、南岸低気圧が八丈島の北を通れば関東平野では暖気移流による雨、八丈島の南を通れば寒気移流による雪が降り、本州から南岸低気圧が離れすぎると降水自体がなくなるといわれています。しかし実際には、２０１４年2月14～15日の豪雪のように予報則に当てはまらない場合もあり、最新の研究からは低気圧の進路や発達具合は単独で関東の降水相には関係せず、広い範囲で下層が低温であることが関東の降雪に重要であるともわかってきています（荒木ほか２０１６）。

このように関東の雪はまだわかっていないことも多いため、正確な予報の難易度が非常に高く、私が現場で予報をしていた頃も死に物狂いでした。関東甲信地方の雪の予測精度向上には、気温の高度分布の高頻度な観測に加え、氷晶の微物理過程を含む数値予報モデルの高度化などが必要です。

コラム4　飛行機から見る雲の楽しみ方

旅行や出張などで飛行機に乗る機会のある方は多いと思います。飛行機の窓から見える雲の姿は、普段地上から見ている姿とはちょっと異なります。ここでは、飛行機から雲を観察するときのコツを紹介します。

私が2013年3月18日午前に、東京都の羽田空港から石川県の小松空港へのフライトで撮影した雲を例にお話ししましょう。当日、前線を伴った温帯低気圧（日本海低気圧）が日本海上を北東進していました（図C・12）。飛行機はちょうど温暖前線の南側、寒冷前線の東側の空を飛び、小松空港に着いたときには地上では雨が降っていました。温帯低気圧の前線に伴う雲（図1・36：67ページ）を考えると、さまざまな雲が混在する場所を飛んでいたことが想像できます。

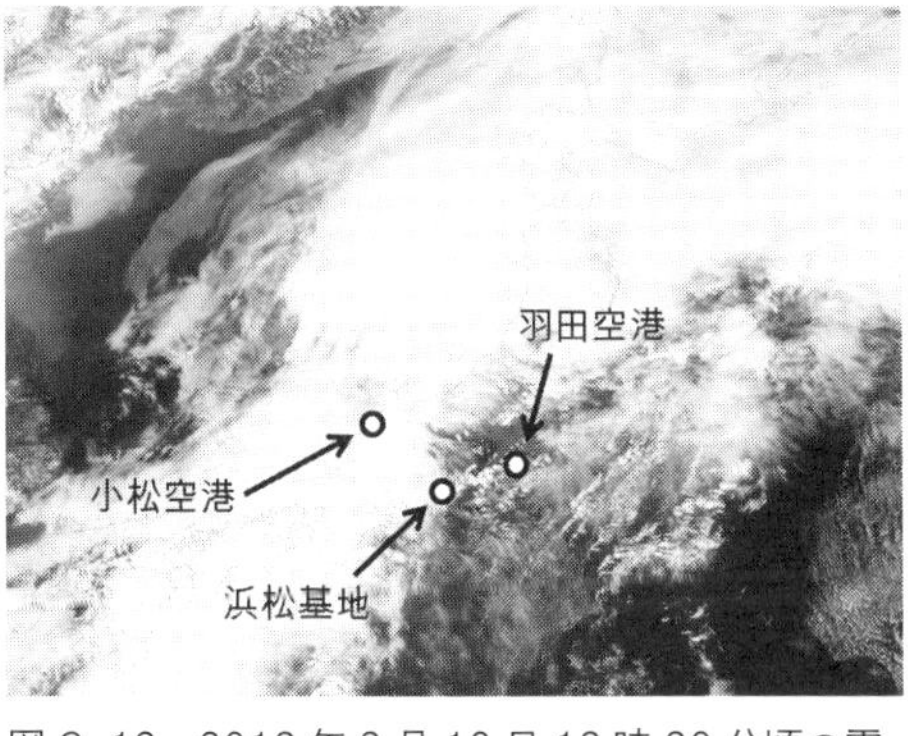
羽田空港
小松空港
浜松基地

図C・12　2013年3月18日12時30分頃の雲。NASA EOSDIS Worldview 気象衛星 Aqua による可視画像。

実際、飛行機の窓からは上層・中層・下層のすべての雲が見えました（図C・13）。地上から空を見上げるとき、下層雲が空を覆っていると、それよりも上空の雲は見えません。逆に気象衛星からは、上層雲があるとそれより下の雲は見えません。飛行機はちょうどその間を飛ぶので、飛行機が雲の中を飛んでいなければ、さまざまな高度にある雲を見ることができます。

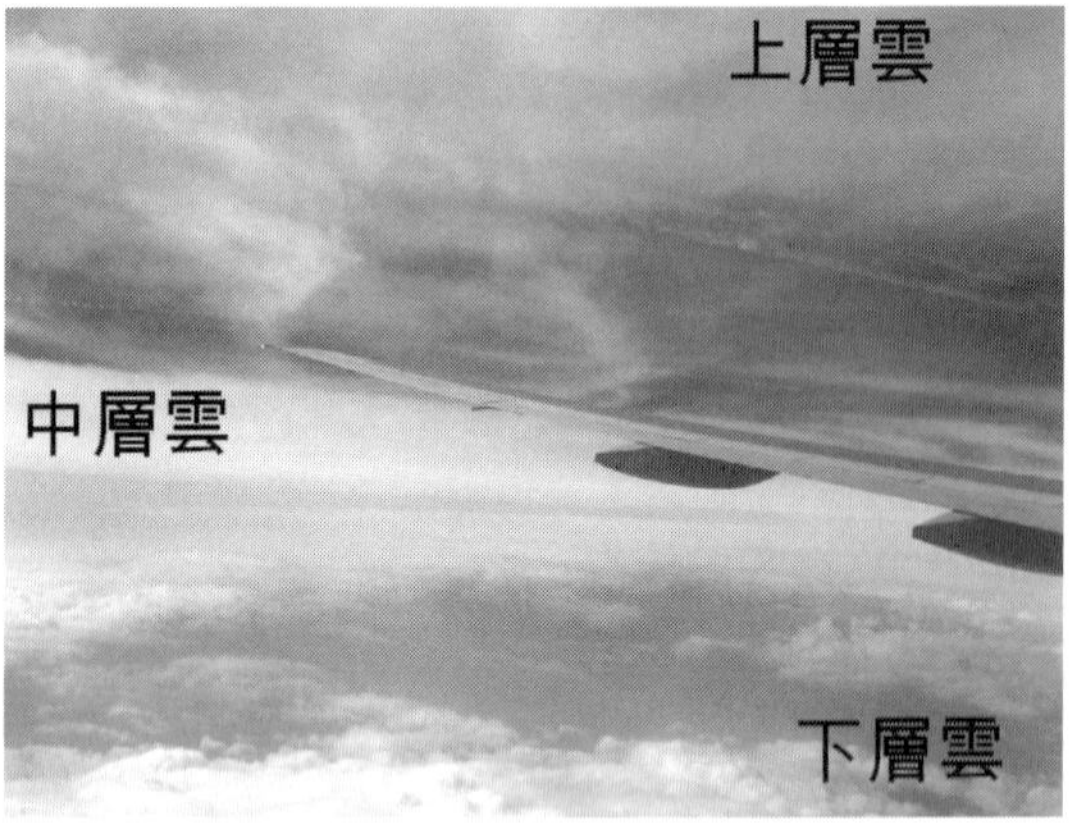
上層雲
中層雲
下層雲
図C・13　同日10時半前に飛行機から見た雲。

雲が一定の高さに広がっていれば、その高さの空気は湿っていることが想像できます。富士山などのように高さの目安になる山が見えていれば、下層雲に限ってはどのくらいの高さより下層で湿っているかを考えられます。実際、当日朝に航空自衛隊浜松基地（静岡県浜松市）で観測された相対湿度の高度分布（図C・14右）を見てみると、上層、中層、下層

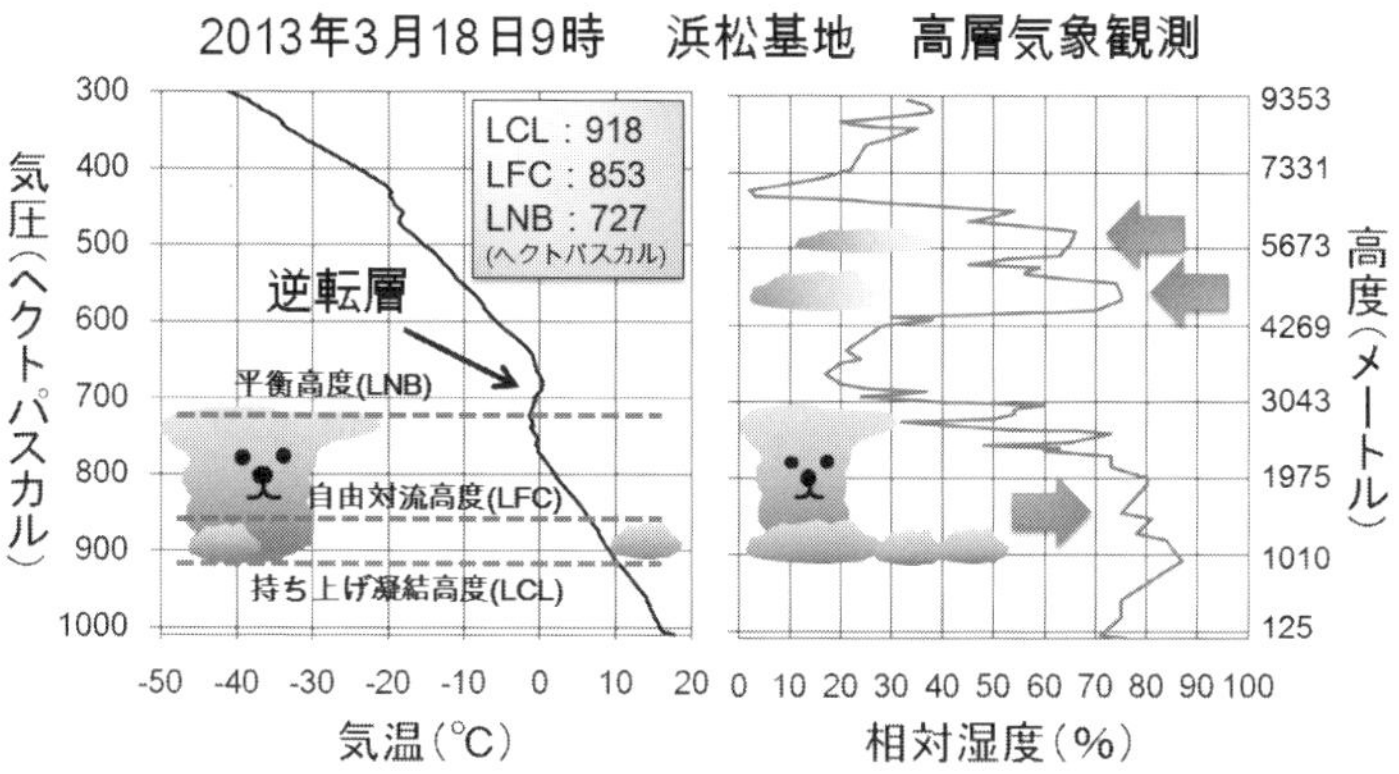
2013年3月18日9時　浜松基地　高層気象観測
LCL：918
LFC：853
LNB：727
(ヘクトパスカル)
逆転層
平衡高度(LNB)
自由対流高度(LFC)
持ち上げ凝結高度(LCL)
気圧(ヘクトパスカル)
高度(メートル)
気温(℃)
相対湿度(%)
300
400
500
600
700
800
900
1000
9353
7331
5673
4269
3043
1975
1010
125
-50 -40 -30 -20 -10 0 10 20
0 10 20 30 40 50 60 70 80 90 100

図 C・14　同日 9 時の浜松基地での高層気象観測結果。左は気温、右は相対湿度の高度分布。

図 C・15　同日 10 時半頃に飛行機から見た雲。一部の下層雲が発達している。

の雲に対応して相対湿度が高い層があることが確認できます。上中層雲から落下する氷晶が途中で昇華する尾流雲が飛行機から見られるような場合は、雲底下の空気が乾燥していることが想像できます。

　また、当日の下層雲は飛行機から見てもべたっと広がっていて、モコモコしている雲頂の高度も同じくらいでしたが、一部の雲はもう少し発達してアンビル（かなとこ雲）のような雲も形成されていました（図C・15）。

　このときの気温の高度分布を見てみると、高度約3キロメートルに逆転層がありました（図C・14左）。当日の気温と相対湿度の高度分布から、地上から高度500メートルまでの平均的な空気を持ち上げた場合の持ち上げ凝結高度、自由対流高度、平衡高度を計算すると、それぞれ918ヘクトパスカル（高度約1キロメートル）、853ヘクトパスカル（高度約1・5キロメートル）、727ヘクトパスカル（高度約3キロメートル）でした。このことから、一部で対流や山地による上昇流によって下層の空気が自由対流高度を超え、逆転層に対応する平衡高度まで発達したことがわかります。

　雲の広がり方を観察することで、このような大気の状態の高度分布を想像することができるのです。図C・14で示したような上空の大気の観測結果は気象庁（http://www.data.jma.go.jp/obd/stats/etrn/upper/）やワイオミング大学（http://weather.uwyo.edu/upperair/sounding.html）のウェブページで閲覧することができます。ワイオミング大学のページでは持ち上げ凝結高度、自由対流高度、平衡高度の情報も閲覧できますので、下層の空気の持ち上げメカニズムの強弱でどのくらいの高度まで雲が発達する大気の状態かを知ることができます。

それと、飛行機から見る大気光学現象も格別です。特に太陽が真後ろにあって飛行機の影が雲に映る場合には、飛行機の影の周囲に虹のような光の輪が現れる**ブロッケン現象**を見ることができます（図C・16）。これは雲粒によって太陽からの可視光線が回折されることで生じ、山の上などでも観測されます。他にも暈や幻日（第2章3節）などは、下層雲が邪魔をして地上からは見えないときでも飛行機からは見えることもあり、エキサイティングです。

飛行機の影

図C・16　飛行機から撮影したブロッケン現象。齋藤篤思さん提供。

飛行機に乗る前はバタバタしている場合が多いかもしれませんが、行き先の天気予報をチェックするときなどに地上天気図や気象衛星画像もついでに見てみましょう。どんな雲がありそうかを想像して、実際に飛行機から見える雲と比較してみると面白いと思います。フライトの後に飛行機から撮った写真を見つつ、当時の大気の状態を振り返って「この雲はだいたいこのくらいの高さにあったヤツだったのか」と思いを馳せることもできます。

第6章

雲をつかもうとしている話

一般的に「雲をつかむ」という言葉は、物事が漠然としてとらえどころがないとか、非現実的という意味で使われます。これは「雲」が「漠然としたもの」であって実際に「つかむことができない」と認識されているためです。しかし、現代の気象学はそんな雲の謎を解き明かし、まさに「雲をつかもう」としているのです。最終章では、私たち研究者が現在どのように「雲をつかもう」としているかを紹介します。

1　室内実験による雲の研究――雲生成チャンバー

「エアロゾルの雲や降水への影響を理解したい……そのためにはまずエアロゾルの種類ごとの核形成プロセスを知る必要がある」。気象研究所の村上正隆博士は、雲物理の研究を進めていくうちに、エアロゾルの間接効果を調べるための実験施設が必要であると考えました。そして、世界中の雲物理研究者たちとも意見交換を重ね、**「雲生成(くもせいせい)チャンバー」**（Tajiri *et al.* 2013）という実験装置を作り上げました（図6・1）。室内実験による雲研究ではいろいろな実験装置が使われますが、ここでは雲生成チャンバーについて紹介します。

「チャンバー（chamber）」は「部屋」という意味を持っています。雲生成チャンバーは、チャンバー（容器の役割をする部屋）内の空間を冷却・減圧して、地上から高度約25キロメートルまでの対流圏・成層圏の大気の状態を再現することができます。気温は常温～マイナス100℃、気圧は1050～

図６・１　雲生成チャンバーの施設。写真の前列中央が村上正隆博士、後列右が筆者。

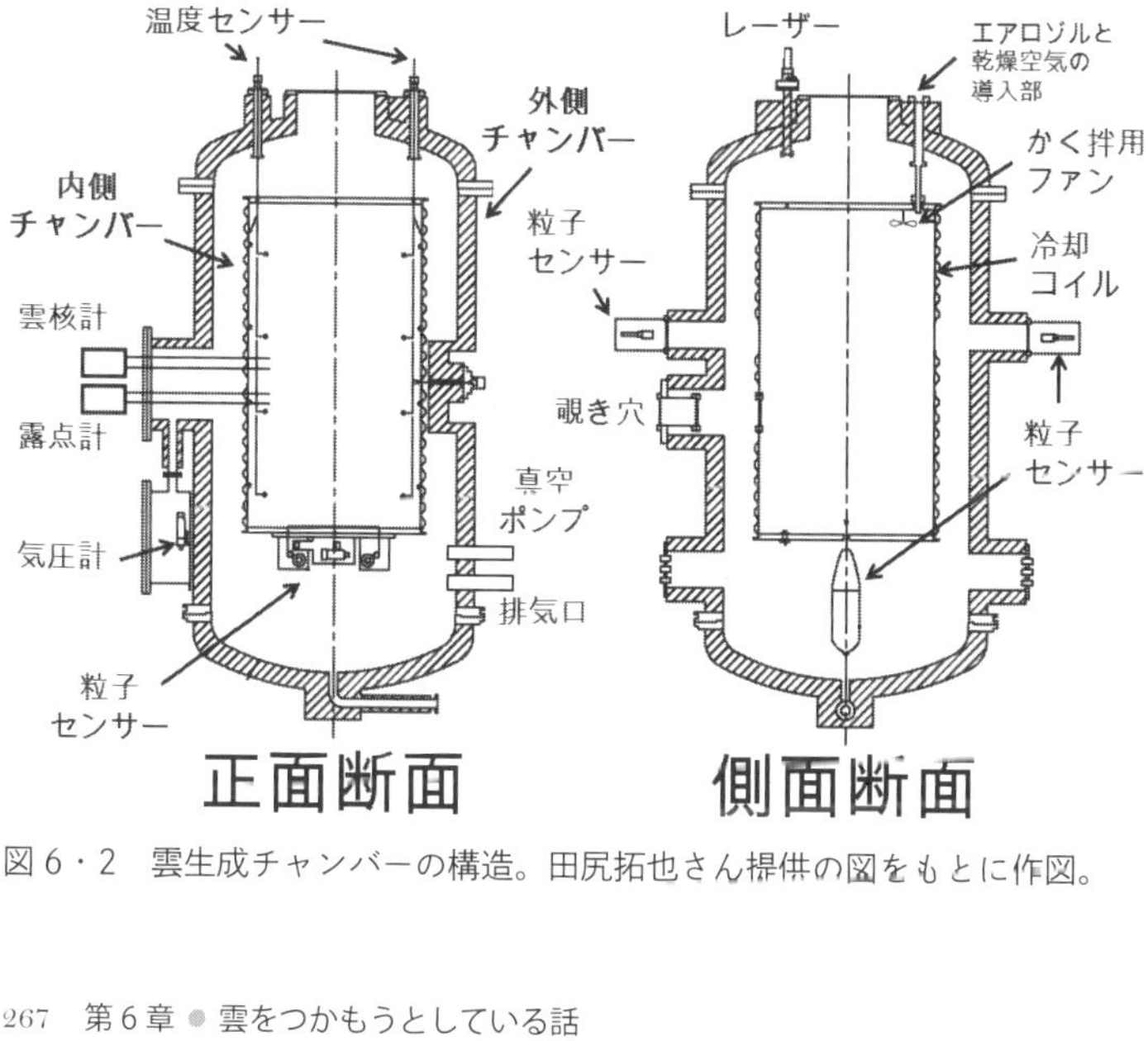
温度センサー
外側
チャンバー
内側
チャンバー
雲核計
露点計
気圧計
真空
ポンプ
排気口
粒子
センサー
正面断面
レーザー
エアロゾルと
乾燥空気の
導入部
かく拌用
ファン
粒子
センサー
冷却
コイル
覗き穴
粒子
センサー
側面断面

図６・２　雲生成チャンバーの構造。田尻拓也さん提供の図をもとに作図。

30ヘクトパスカルまでコントロールでき、これらを同時に制御することで、0・1~30メートル／秒の上昇流で空気が持ち上げられることに相当する断熱変化を再現できます。チャンバーは二重構造をしており、内側のチャンバーには不凍液を流す冷却コイル、外側のチャンバーには真空ポンプが取り付けられていて、それぞれチャンバー内の気温と気圧を制御します（図6・2）。

また、温度や露点温度、気圧などの大気の状態だけでなく、各種粒子センサーによって、チャンバー内で発生した雲粒子の大きさや数、形状を計測します。あらかじめ粒径や数、組成がわかっているエアロゾルをチャンバー内に入れて雲生成実験を行なうことで、エアロゾルの種類ごとの核形成プロセスを調べることができるのです。一定の上昇流に相当する気温・気圧変化を再現できるため、積乱雲や上層雲を含む対流圏内のすべての雲や、極成層圏雲の環境を再現して雲を生成することができます。このようにさまざまな条件でエアロゾルの核形成と雲粒子の成長プロセスを調べられる実験施設は、いまのところ世界にこれひとつしかありません。

雲生成チャンバーを使ってエアロゾルごとの氷晶核能力を調べた実験結果を図6・3に示しています。横軸は気温で、縦軸はすべての粒子数に対して氷晶核としてはたらいた粒子数を表しています。横軸右側ほど高温で氷晶核形成が起こりやすく、縦軸上側ほど多くの氷晶が発生することを意味しています。第3章4節（155ページ）で述べた通り、ヨウ化銀は非常に氷晶になりやすいことがわかります。それに次いで、人工的に作られたバイオエアロゾルが高い気温で氷晶になっています。代表的な鉱物粒子も、氷晶核として活性化する気温はマイナス18℃くらいからですが、人工バイオエアロゾルと同程度の数の氷晶が発生しています。その他、枯草菌というバクテリアやスギ花粉などのバイオエアロゾル、外気中に含まれるエアロゾルは、氷晶核として活性化する気温はばらつくものの、発生する氷晶の数はそれほど多くないことがわかります。

外気のエアロゾルの実験結果からもわかるように、通常の大気中に含まれる氷晶核の数は多くありません。実際の雲内での氷晶発生プロセスでは、その場にどんな氷晶核がどのような状態で存在するかがポイントになります。室内実験のアプローチからは、単一のエアロゾルだけでなく複数のエアロゾルの混合状態やその数による核形成能力の違いを追究していくことが求められています。

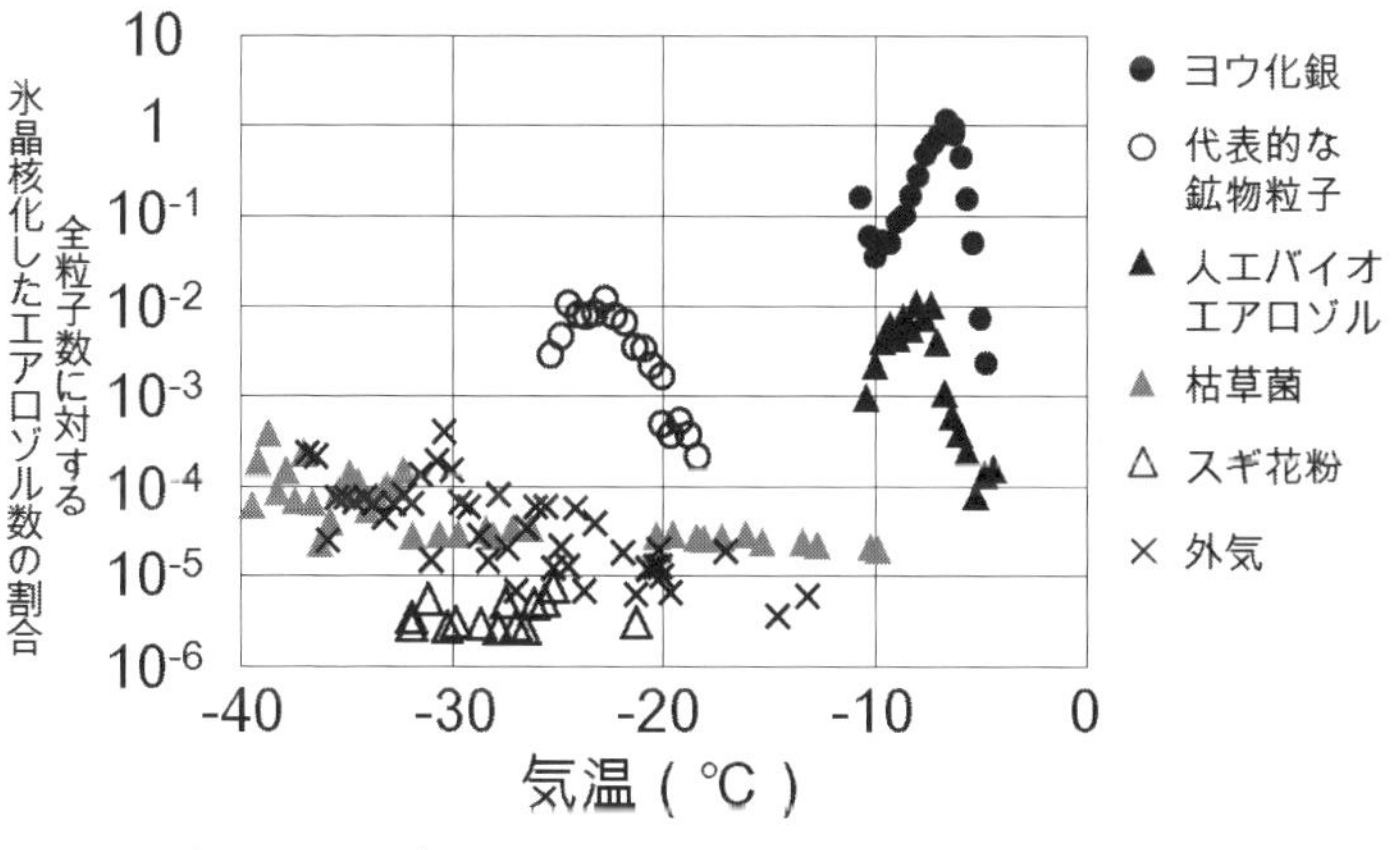

氷晶核化したエアロゾル数の割合
全粒子数に対する
10
1
10-1
10-2
10-3
10-4
10-5
10-6
-40
-30
-20
-10
0
気温(℃)
ヨウ化銀
代表的な鉱物粒子
人工バイオエアロゾル
枯草菌
スギ花粉
外気

図6・3　各種エアロゾルから氷雲を作る実験結果。田尻ほか（2014）をもとに作図。

2　雲の中に突っ込め！　雲の直接観測

航空機による雲の直接観測

実際に雲がどうなっているのかを知るためには、その場に行って雲を直接観測することが必要です。そのため、これまで航空機にさまざまな測器を取り付けて雲の中に突っ込んでいくという果敢な研究が行なわれてきました。航空機による雲の観測は、第4章や第5章で紹介した雲や対流システムの内部構造を理解するだけでなく、エアロゾルと雲・降水の関係を知るために必要不可欠な観測手法です。

実際に2013年夏に気象研究所で行なわれた**航空機観測**の装備を見てみましょう（図6・4）。航空機には気温や湿度、気圧、風のセンサーだけでなく、エアロゾル、雲、降水の各粒子の計測装置が装備されています。各装置で計測できる粒子の大きさが異なるため、複数の測器を装備しています。また、機内には外から取り込んだエアロゾルの粒子の大きさや数を測定する装置に加えて、その核形成能力を調べる**雲凝結核計**と**氷晶核計**という特殊な装置も搭載されています（図6・5）。

雲凝結核計は、雲核形成で発生した水滴を計測する装置です（ＤＭＴ社：http://www.dropletmeasurement.com/products/airborne/CCN など）。装置内部には円筒状のチャンバーがあり、その壁の温度を上下方向に変化させて、チャンバー内の空気の水過飽和度を設定します。

風速計
エアロゾル
取り込み口
雲粒・氷晶
計測装置
雲水量計
温湿度計
雲粒・氷晶
計測装置
エアロゾル
計測装置
氷水量計
雲水量計
エアロゾル
計測装置
降水粒子
計測装置

図 6・4　観測用航空機 B200T の装備。

氷晶核計　　雲凝結核計

図 6・5　氷晶核計と雲凝結核計。

ここに雲核形成の能力を調べたいエアロゾルを含む空気を引き込み、発生した水滴を数えます。これにより、設定した過飽和度で活性化する雲凝結核の大きさや数を計測できます。

また、氷晶核計は氷晶核形成で発生した氷晶を計測する装置です（Saito *et al.* 2011）。この装置内部には円環状に約1センチメートルの隙間の空いたチャンバーがあり、氷晶核としての能力を調べたいエアロゾルを含む空気をチャンバーの上部から引き込んで下部に流します。冷凍機によって低温に温度制御されたチャンバーの内壁と外壁には氷を張ることができ、チャンバーの上部と下部では氷の張り方を変えています。上部ではチャンバーの内壁と外壁の両方に氷を張り、壁の気温を制御して温度差をつけることで水や氷に対する過飽和度を設定します。ここで、核形成によって過冷却水滴や氷晶が発生します。下部では温度は上部と変えずに外壁の氷を張らないようにしており、氷過飽和でありながら水に対して未飽和な状況を作ります。すると過冷却水滴のみが蒸発し、発生した氷晶は昇華せずに残るため、氷晶核形成で発生した氷晶の大きさや数を計測できるのです。チャンバー内の温度によって、水に対する過飽和・未飽和を設定できるため、昇華凝結と凝結凍結の氷晶核形成のモードで活性化する氷晶核について調べることができます。

ここで示した航空機観測の装備はあくまで一例で、目的に応じて何を搭載するかは変わります。たとえば、地上のレーダーの届かない海上の対流システムを詳しく調べたい場合には、航空機にレーダーを搭載して観測するのが有効です。また、地上や衛星観測からの推定が難しい上空の二酸化炭素濃度の高度分布なども、専用の測定装置を搭載した航空機で観測可能です。航空機観測は好きな場所で好

図6・6　ゾンデ観測の様子。

きな時間に観測ができるため、目的とする現象の理解には有効なのですが、観測にかかる経費がハンパではありません。しかし、天気予報に使われる数値予報モデルが本当に現実的な雲を計算できているかや、レーダー観測で推定した物理量の精度を確かめるためには航空機観測は必須です。天気予報や気候変動予測の精度向上のためには、航空機を使ってエアロゾルや雲、降水の観測を積み重ねることが求められています。

風船に託した希望 ―― 雲粒子ビデオゾンデによる観測

上空の雲や大気を直接観測するための手段として、航空機による観測以外に、風船（ゴム気球）に測器を取り付けて上空に放つ**高層気象観測**もあります（図6・6）。ゴム気球に取り付けられる測器は**ゾンデ**とよばれるため、高層気象観測はゾンデ観測ともよばれます。「ゾンデ（sondə）」という単語はドイツ語で探査測定という意味で、医療分野の食物注入管や税関で使われる探り針もゾンデというそうです。この観測手法ではゾンデで観測した値が上空から地上に無線で送信され、地上にいながらにして上空の雲や大気の状態を知ることができます。英語で無線電波のことをラジオというため、気象分野でのゾンデは一般的に**ラジオゾンデ**ともよばれます。ゾンデ観測は航空機観測と比べると安価で実施でき、航空機では観測することのできない台風の内部や高い高度にある巻雲なども観測できるというメリットがあります。

実は毎日2回、日本時間の9時と21時に世界各国の約７００カ所で同時に上空の気圧、湿度、気温、風などを調べるラジオゾンデ観測が行なわれています。この観測結果は、世界各国の天気予報や気候変動の監視などに利用されています。通常のラジオゾンデ観測では約６００グラムのゴム気球が使われ、ヘリウムガス（もしくは水素ガス）を入れて膨らませます。測器と落下時に開くパラシュートを搭載したゴム気球は、空に放たれると約90分で高度30キロメートルに達します。すると、空気が薄くなるためにゴム気球が膨張し過ぎて破裂し、観測が終了します。

日々のラジオゾンデ観測では、雲は観測対象とはしていません。しかし、雲の微物理構造を理解するには、雲粒子を直接観測する必要があるため、１９８４年に気象研究所の村上正隆博士が中心となって**雲粒子ビデオゾンデ**（Hydrometeor Videosonde：**HYVIS**（ハイビス）, Orikasa and Murakami 1997）が開発されました。ＨＹＶＩＳには接写カメラと顕微鏡カメラが搭載されており、上空の雲粒子をフィルム上に採取して、その画像を撮影します。その画像をもとに雲粒子の形状や大きさ、数などを調べることができるのです。

HYVISには目的に応じていろいろな種類があり、粒子の大きさが1ミリメートル以下の氷晶などを観測したい場合には強制吸引型というHYVISが用いられます（図6・7）。このタイプでは

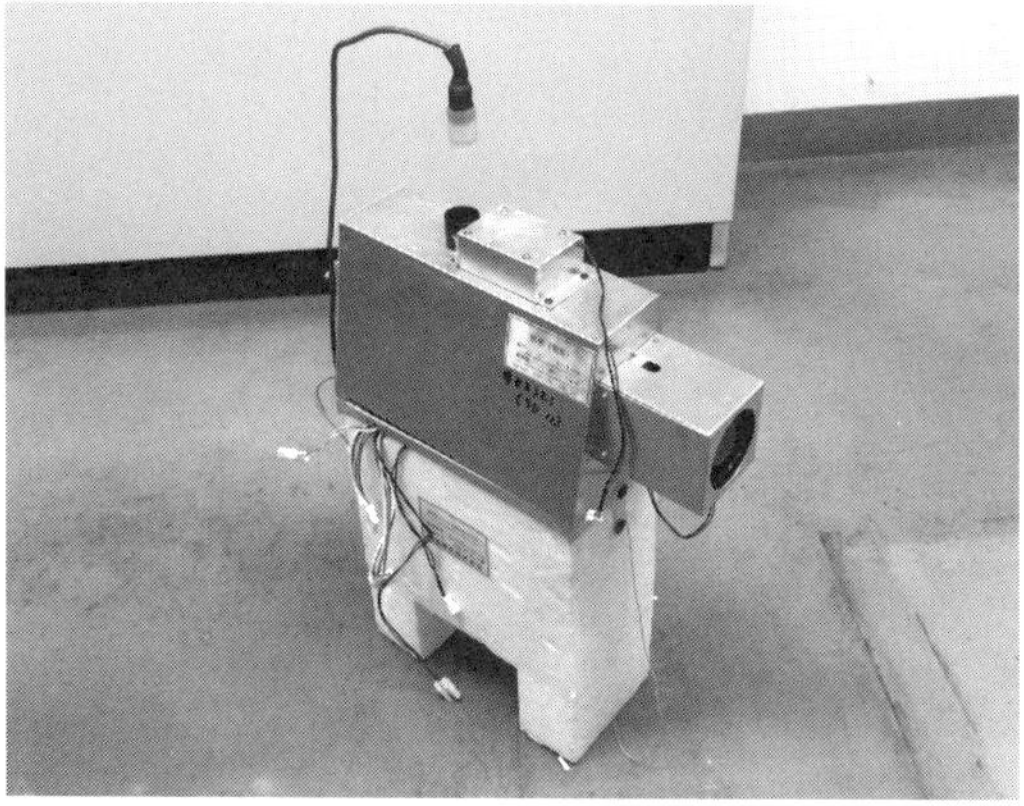

図6・7　強制吸引型 HYVIS。

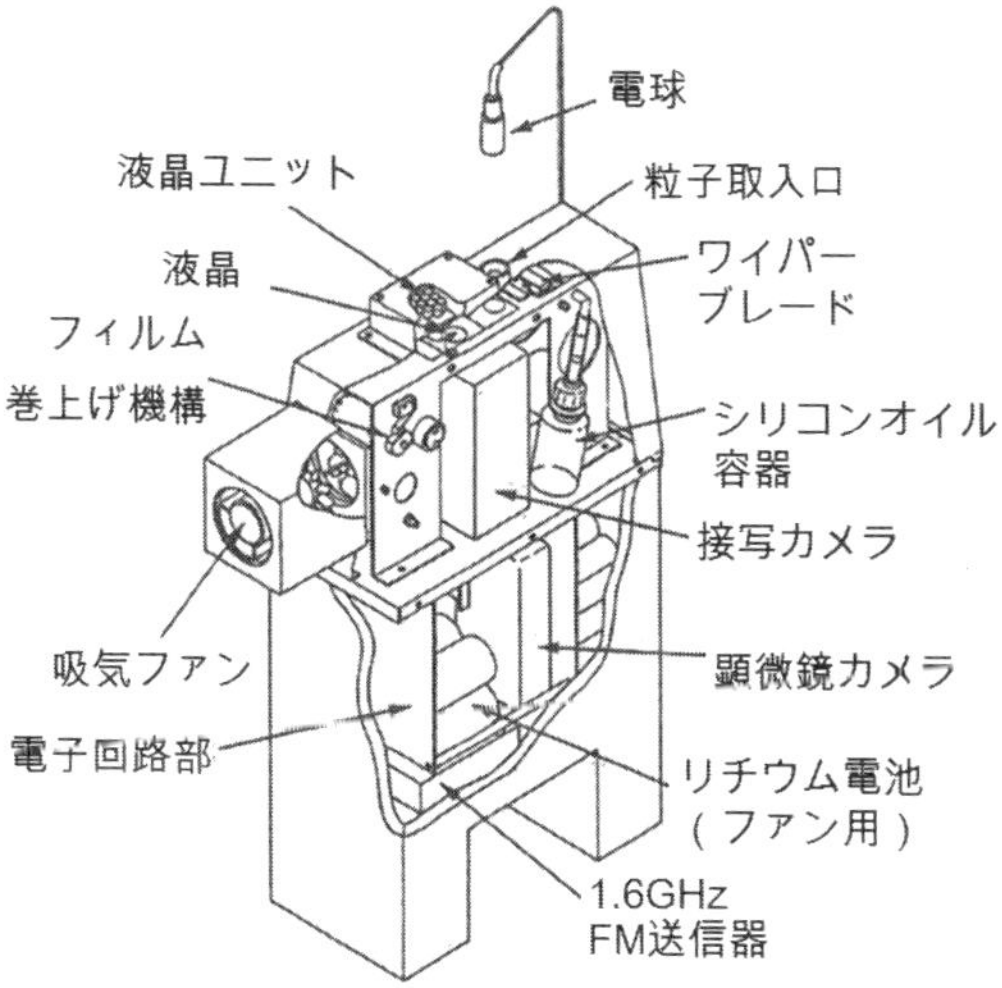

電球
液晶ユニット
粒子取入口
液晶
ワイパーブレード
フィルム巻上げ機構
シリコンオイル容器
接写カメラ
吸気ファン
顕微鏡カメラ
電子回路部
リチウム電池（ファン用）
1.6GHz FM送信器

図6・8　強制吸引型 HYVIS の構造。村上正隆さん提供の図をもとに作図。

空気を吸引することで多くの粒子を採取できるようにするため、吸気用のファンが取り付けられています（図6・8）。

また、数ミリメートルサイズの降雪粒子を観測したい場合には、粒子がフィルムに着いたときに壊れてしまうのを防ぐため、空中に浮いている状態で粒子の画像を撮ることができる非接触型のＨＹＶＩＳが使われます（図6・9）。この他に、夜間の観測に特化したものや、航空機から落下させるタイプのＨＹＶＩＳも開発されています。

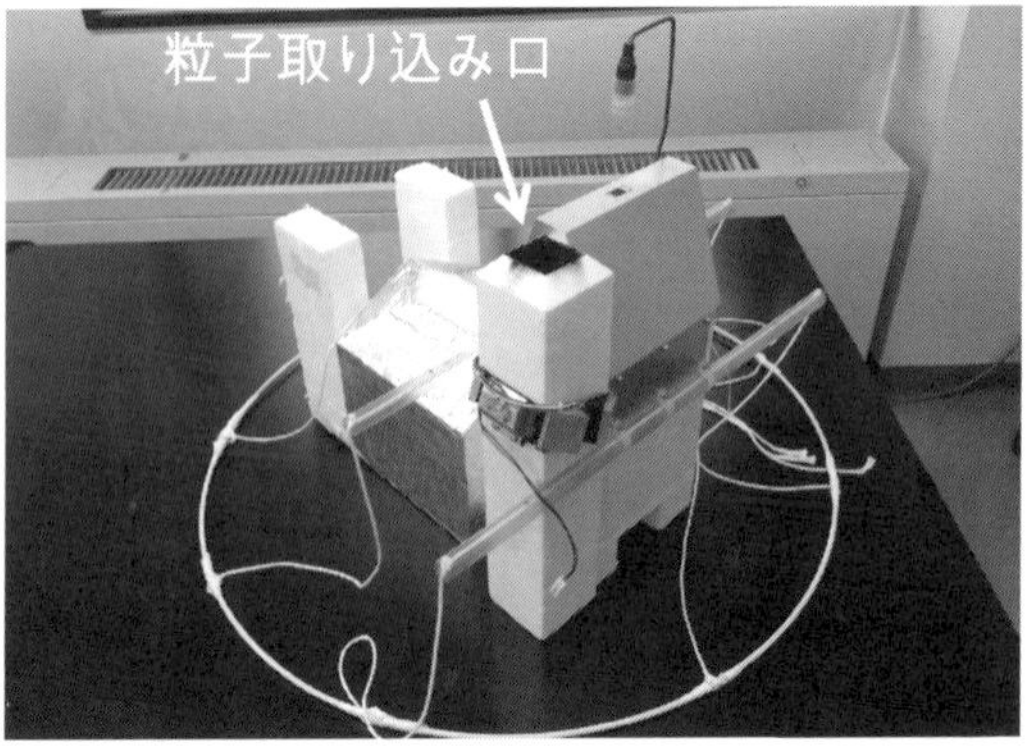
粒子取り込み口

図6・9　非接触型 HYVIS。

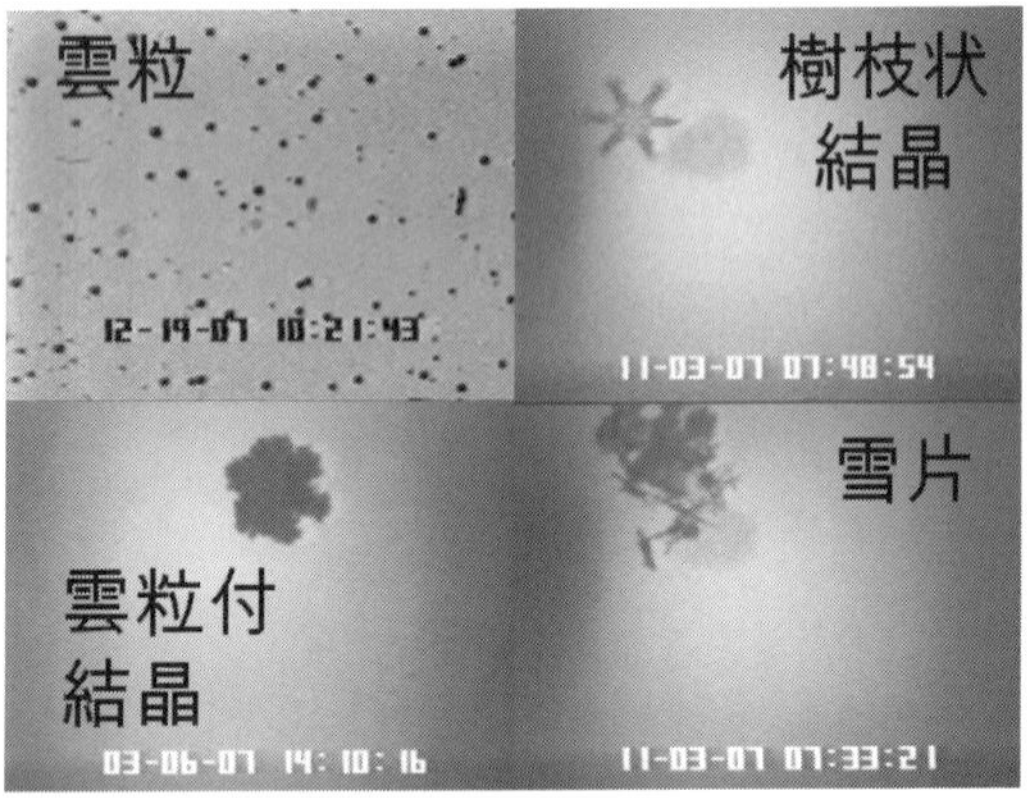
雲粒
12-19-07 10:21:43
樹枝状
結晶
11-03-07 07:48:54
雲粒付
結晶
03-06-07 14:10:16
雪片
11-03-07 07:33:21

図6・10　HYVIS で撮影された雲粒子。折笠成宏さん提供の画像をもとに作成。

実際にＨＹＶＩＳを使って観測された雲粒子の画像を図6・10に示しています。ＨＹＶＩＳを用いることで、大気の状態に加えて雲粒や氷晶などの雲の微物理構造がわかるようになります。さらにエアロゾルを測定するゾンデ観測も同時に行なえば、どのようなエアロゾルの環境下で形成された雲粒子なのかも知ることができるのです。

しかし上空の巻雲などを狙う場合には、地上からＨＹＶＩＳを飛ばしてその高度に達するまでに雲が移動してなくなってしまうこともあります。このような難しさはあるものの、ＨＹＶＩＳや他のゾンデ、レーダーなどを組み合わせて雲を観測することで、雲内部の本当の姿が見えてくるのです。極域や熱帯域などには微物理構造がまだわかっていない雲も多く、現在もＨＹＶＩＳによる雲の観測が続けられています。

3　離れた場所から雲を知る！　リモートセンシング

レーダーによる雲の観測

テレビの天気予報で「現在の雨雲の様子です」と言って見せられる降水分布は、**レーダー**（**radar**：radio detecting and ranging、電波探知測距）によって観測されています。レーダーは雲や雨を直接観測しているわけではなく、離れた場所から測定します。このことを**リモートセンシング**といいます。レーダーは標的に向かって電波（電磁波）を送信し、散乱・反射して戻ってきた電波（**エコー**）を受信して、標的の位置や動き、性質などを推定しているのです。

気象観測に用いられるレーダーにはさまざまな種類があり（図６・11）、送信する電波の波長によって観測できる粒子の大きさが異なります（図６・12）。レーダーが送信する電波の波長が長い（周波数が小さい）ほど遠くの雲や降水粒子を観測でき、波長が短い（周波数が大きい）ほど小さな粒子まで観測できるという特徴があります。数ミクロンから数ミリメートルの雲や降水粒子を観測するには、波長が数ミリメートルから数センチメートルの**ミリ波**や**マイクロ波**とよばれる電波が使われます。

これらの電波は、波長が短いほど通り道にある降水粒子の影響を受けて弱まってしまうため、強い雨が降っているとそれより遠くが観測できなくなります。電波の周波数帯（バンド）によって名前があり、気象庁が展開しているレーダーは、５分間隔で約２００キロメートル先まで観測できるＣバンドのレーダーです。国土交通省が展開するＸバンドのレーダーでは、１分間隔で約60キロメートル先まで観測可能です（コラム６：３１４ページ）。これらは降水粒子を対象にしていますが、雲を観測したい場合はKaやＷバンドなどのミリ波が使われます。Ｌバンドなどの長波長の電波は降水の影響を受けないため、大気中の風の乱れなどによって散乱した電波から上空の風を測定する**ウィンドプロファイラ**や、**ＧＰＳ**（Global Positioning System：全地球測位網）に用いられます。一方、ミクロン単位以下の波長のレーザー光を使ってエアロゾルや大気分子が散乱した電波から気温や水蒸気な

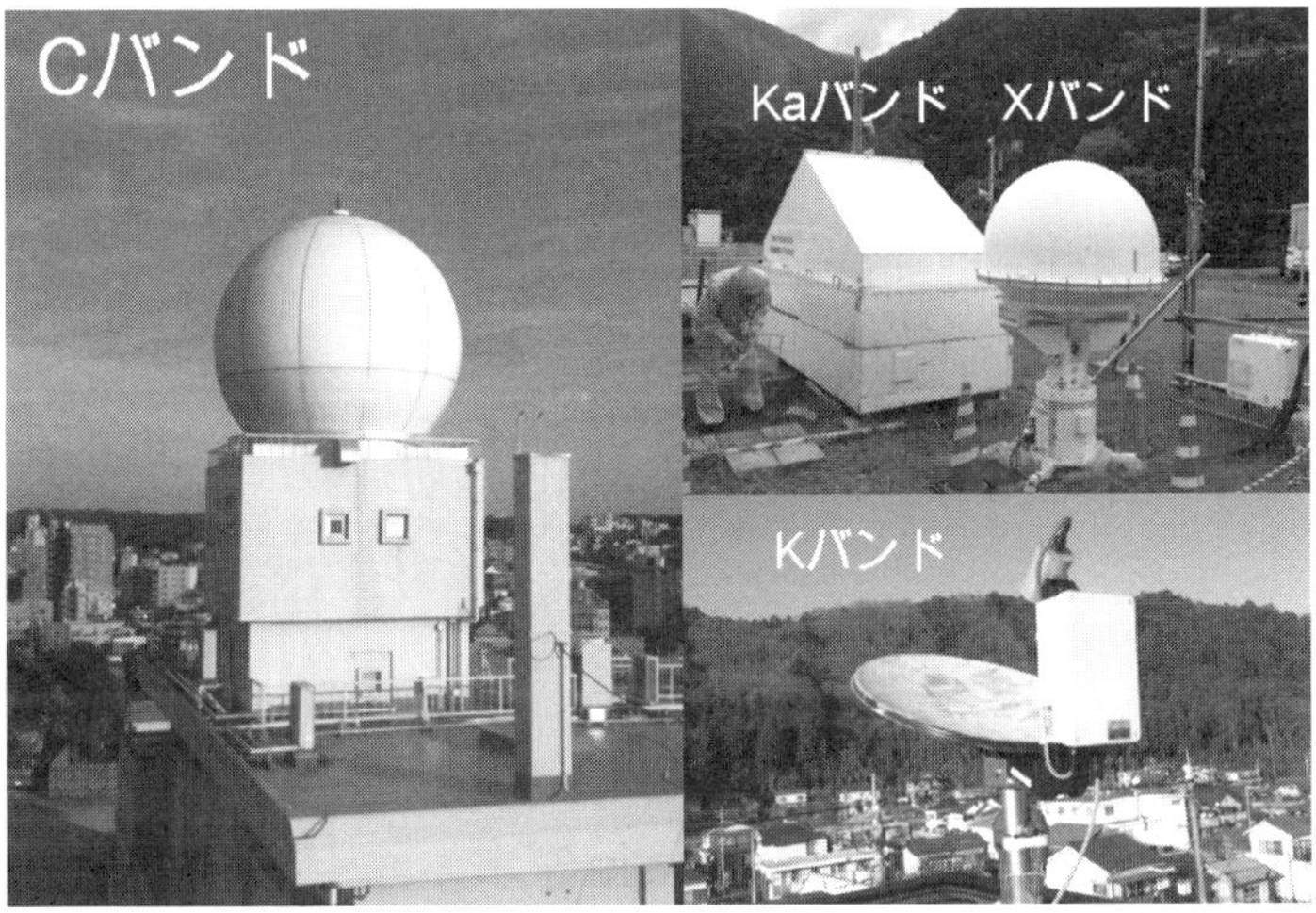
Cバンド
Kaバンド
Xバンド
Kバンド

図6・11　さまざまなドップラーレーダー。

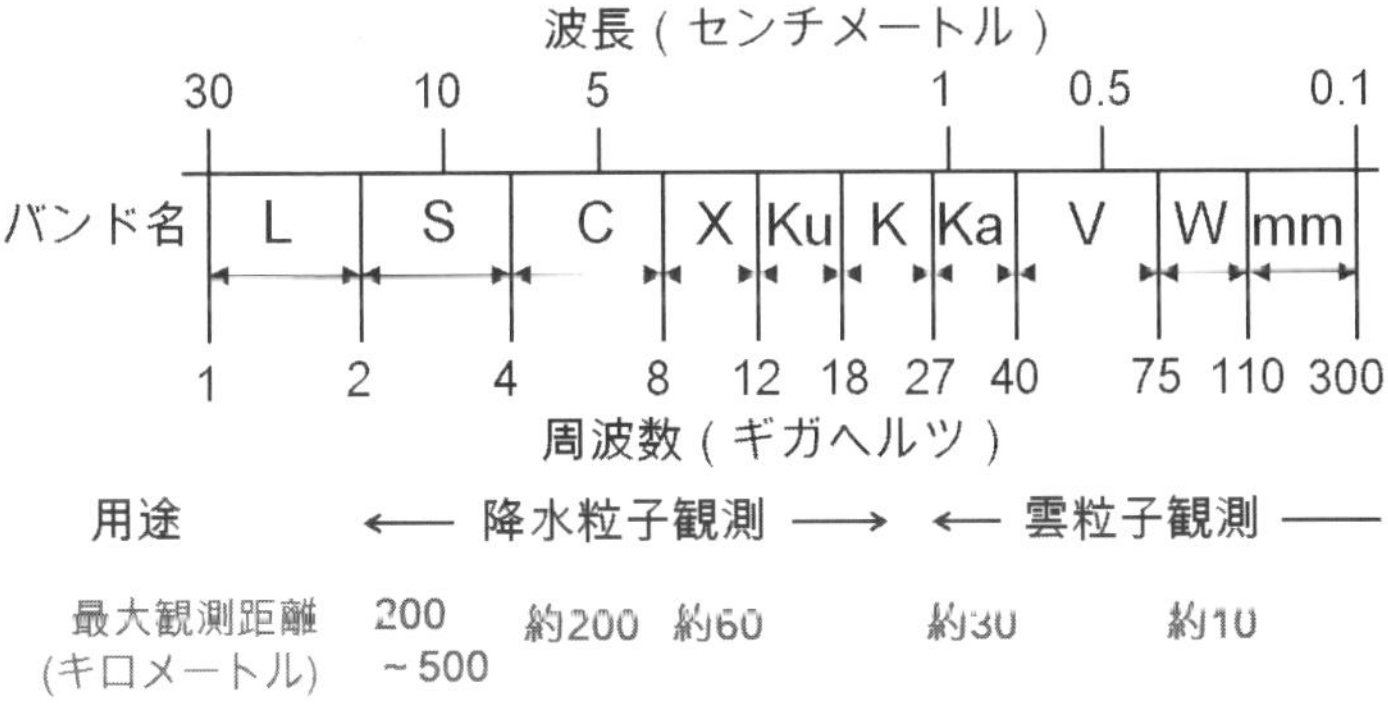
波長（センチメートル）
30
10
5
1
0.5
0.1
バンド名
L
S
C
X
Ku
K
Ka
V
W
mm
1
2
4
8
12
18
27
40
75
110
300
周波数（ギガヘルツ）
用途
降水粒子観測
雲粒子観測
最大観測距離
(キロメートル)
200
~500
約200
約60
約30
約10

図6・12　レーダーの各バンドの特徴。

どを推定する**ライダー**という観測装置もあります。

　昔のレーダーは、送信電波の強さに対する受信する電波の強さ（送受信電力比）から降水の強さのみを求めていました。現代では、送受信する電波の周波数の違いから雲内の風を求める**ドップラーレーダー**が主流です。ドップラーレーダーはその名の通り、救急車が通り過ぎるときに音の高さが変わる**ドップラー効果**の原理を利用したレーダーです。これにより、ビーム方向の雲や降水粒子の移動速度（**ドップラー速度**）を求めることができます（図6・13）。ドップラーレーダーが真上を向いている場合は、ドップラー速度を粒子の落下速度と近似する処理をすることで、観測されるドップラー速度の幅などから粒子の

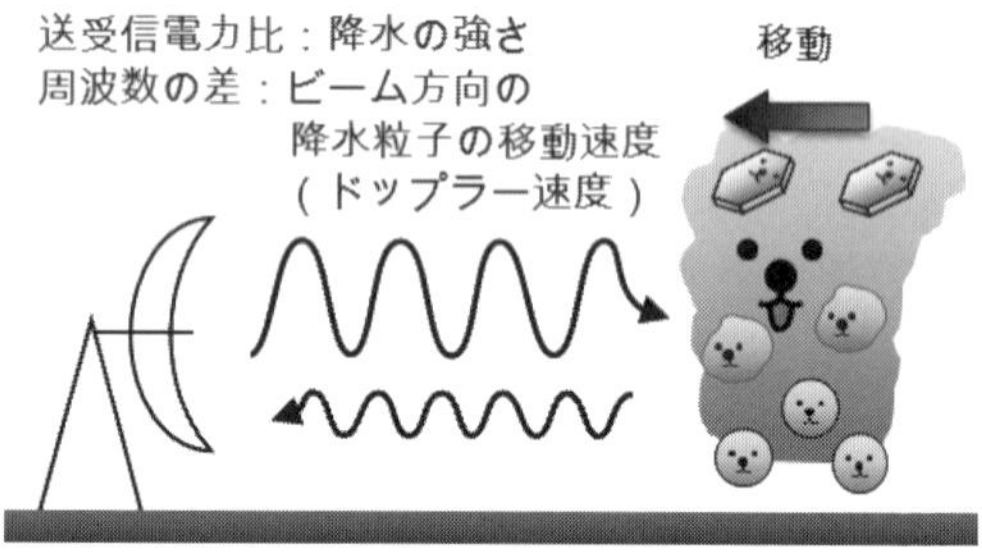

送受信電力比：降水の強さ
周波数の差：ビーム方向の
降水粒子の移動速度
（ドップラー速度）
移動

図6・13　ドップラーレーダーの原理。

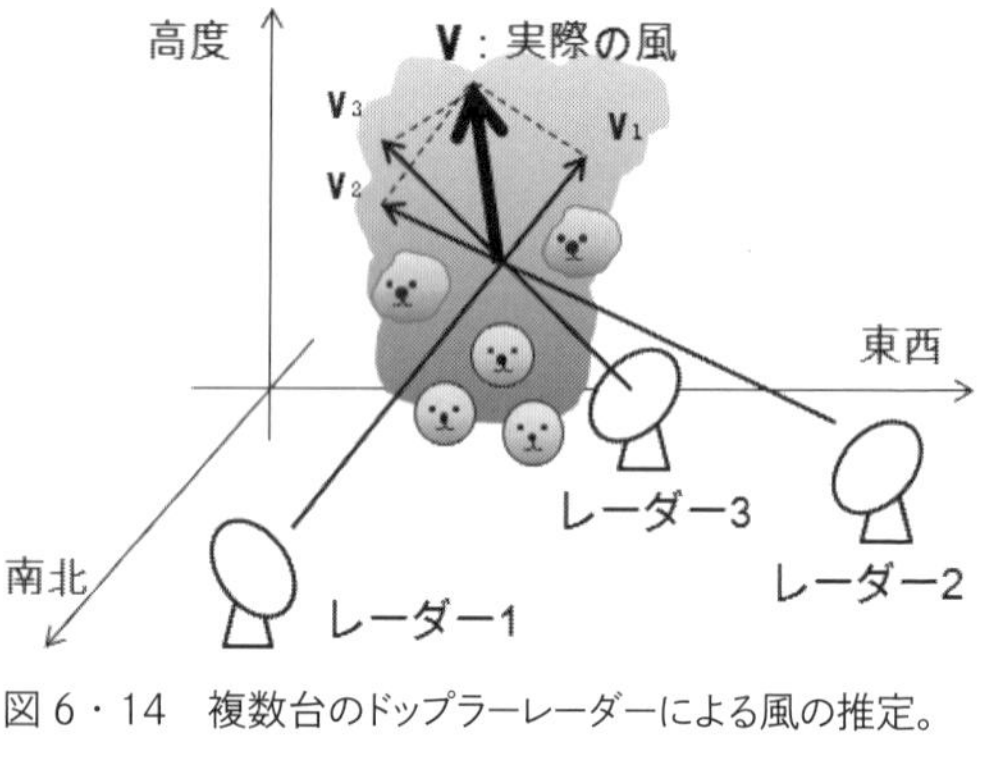

高度
V：実際の風
V_3
V_2
V_1
東西
南北
レーダー3
レーダー2
レーダー1

図6・14　複数台のドップラーレーダーによる風の推定。

大きさや数などの雲物理量も推定できます。

　さらに、単一のドップラーレーダーではビーム方向のドップラー速度しかわかりませんが、原理的には3台のドップラーレーダーがあれば東西、南北、上下の3次元的な風の場を推定できます（図6・14）。実際には、空気がある場所で突然生まれたり消えたりしないという当たり前の法則（**連続方程式**）を考慮することで、2台のドップラーレーダーでも3次元の風の場が得られます（石原2001）。

　ドップラーレーダーを使った風の場の観測は、メソサイクロンを検知することで竜巻の直前予測をしたり、ガストフロントなどの局地的な風の変化を捉えることで航空機の安全運航に役立てられています。

　図6・15は、竜巻周辺の風の場を2台のドッ

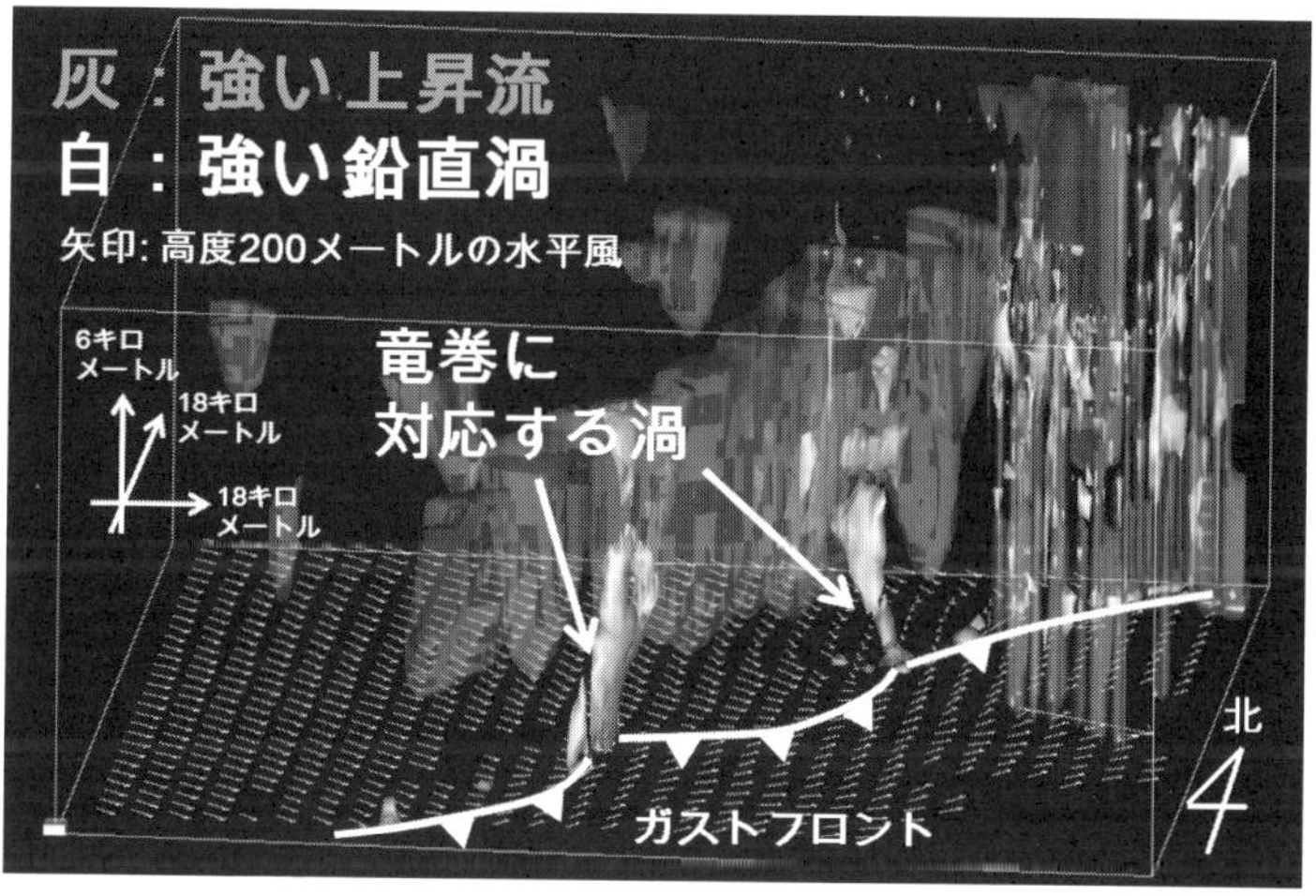

灰：強い上昇流
白：強い鉛直渦
矢印: 高度200メートルの水平風
6キロメートル
18キロメートル
18キロメートル
竜巻に対応する渦
北
ガストフロント

図6・15　2台のドップラーレーダーから推定した竜巻周辺の風の構造。荒木ほか（2012）をもとに作図。

プラーレーダーから推定したものです。水平風から計算した強い鉛直渦を白色、強い上昇流を灰色で立体表示しています。ガストフロント上でふたつの強い鉛直渦が上昇流に引き伸ばされている様子が見てとれます。このように、雲の中の風の場を知ることで、どのようなメカニズムで雲や対流システム、そのほか雲が関わる激しい大気現象が起こっているかを調べられるのです。

さらに、大気中での電波の屈折率の変化や昆虫によって降水がないときでもエコーが観測されることがあり、これらは**非降水エコー**（**晴天エコー**）とよばれます。非降水エコーは局地前線の位置に対応することがあるため、局地豪雨予測にも利用されつつあります。なお、気象庁は全国20カ所に配置してあるレーダーを順次ドップラーレーダー化し、2013年3月にすべてのレーダーがドップラーレーダーになりました。

最近では、**二重偏波**（**マルチパラメータ：MP**）**レーダー**による雲の観測研究が進められています。従来のレーダーでは電波の波は水平に振動しますが、二重偏波レーダーでは水平と垂直に振動するふたつの電波を送受信します。これによって降水粒子の形や種類を推定でき、降水の強さの観測精度も向上することが知られています。国土交通省のXバンドレーダーは、この二重偏波レーダーです。

2012年8月に情報通信研究機構、大阪大学、東芝によって、日本で初めて**フェーズドアレイ気象レーダー**が開発されました。従来のレーダーはアンテナの傾きを変えながら回転させて、さまざまな方向や高さの雲を観測しますが、このレーダーは多数の穴に小型のアンテナを並べており、わずか10〜30秒で3次元的な降水分布を観測することができるのです。気象研究所でも2015年7月からフェーズドアレイレーダーの研究運用を開始しており、集中豪雨や竜巻などの発生メカニズムの解明や予測が期待されています。

「放射は天から送られたメールである」

中谷宇吉郎博士が「雪は天から送られた手紙である」としたのは、雪をなす氷晶という手紙を読めば、その氷晶が成長した大気の気温や水蒸気量を知ることができるという背景があったためです。では雪をなす氷晶以外に天から送られた手紙はないのでしょうか？　実は、**放射**も天から送られた手紙なのです。大気の放射を読み解くことで、大気の気温や水蒸気量の高度分布を知ることができます。

そもそも放射はすべての物体が放出している電磁波のことです（第1章5節：72ページ）。大気中の空気の分子や水蒸気、雲も例外ではありません。放射はいろいろな周波数（波長）の電磁波が重なっており、物質によってその重なり方は異なります。そのため、各物質の放射の強さが周波数によってどのように変化するかがあらかじめわかっていれば、それらの物質に感度のある複数の波長の放射の強さを調べることで、各物質がどのくらい大気中に存在しているかを推定できるのです。

放射の強さを観測する測器は**放射計**とよばれ、気温や水蒸気などの物理量を推定することを目的として、マイクロ波領域の放射の強さを観測する**マイクロ波放射計**があります（図6・16）。この測器はレーダーのように電波の送信はせず、20～30と50～60ギガヘルツのうち、複数の周波数の放射の強さを数分単位で受信します。これらの周波数で観測される放射の強さは、大気中の酸素や水蒸気、

radiometrics
CORPORATION

図 6・16　マイクロ波放射計。Radiometrics 社の MP-3000A。

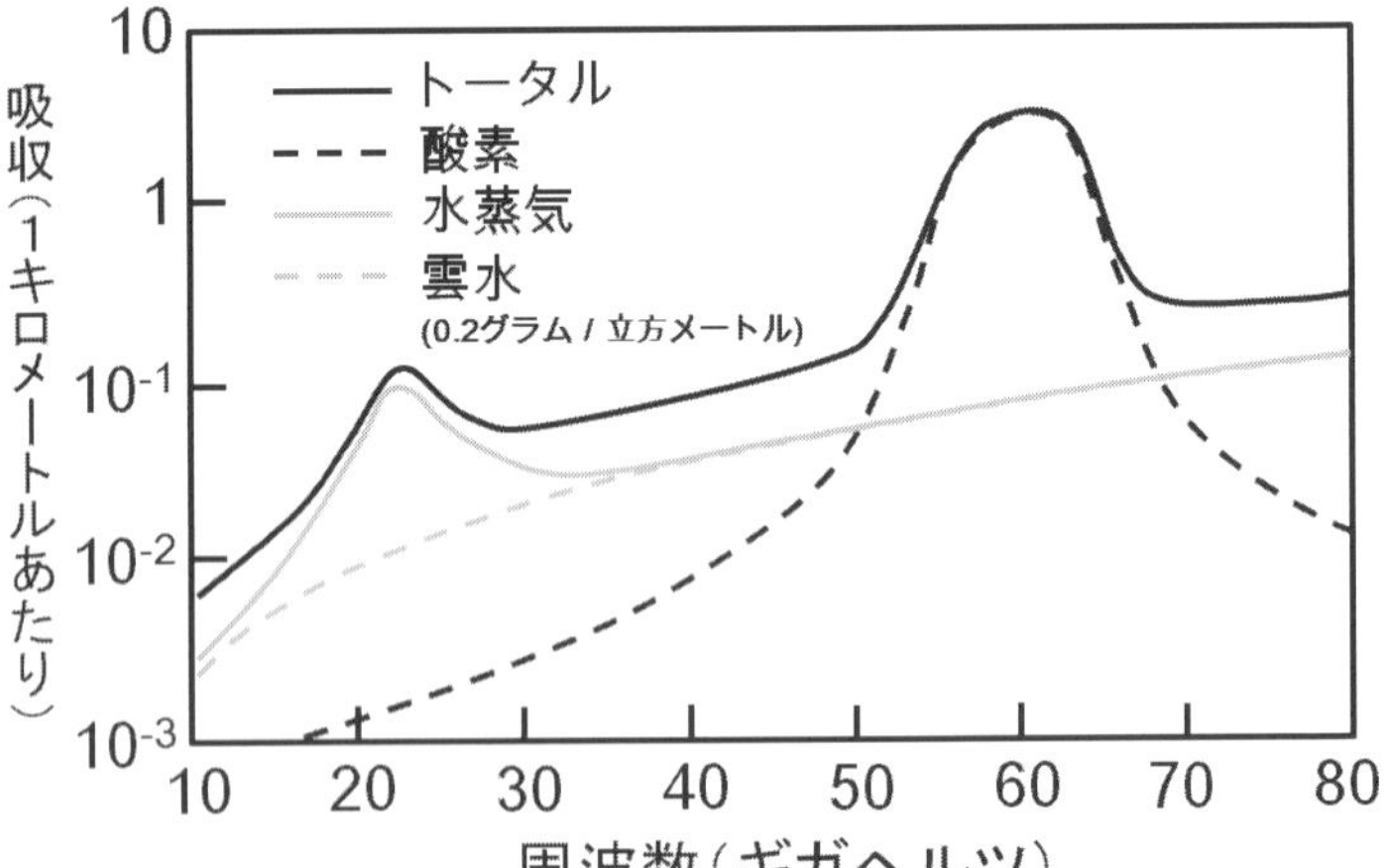
トータル
酸素
水蒸気
雲水
(0.2グラム / 立方メートル)
吸収（1キロメートルあたり）
10
1
10-1
10-2
10-3
10
20
30
40
50
60
70
80
周波数（ギガヘルツ）

図 6・17　水蒸気、酸素、雲水の吸収特性の例。石元（2015）をもとに作成。

雲水（雲の中にある液体の水）による放射と散乱が影響しています（図6・17）。図の縦軸は各物質の電磁波の吸収のしやすさを表していて、放射しやすい物質は吸収もしやすいため、各物質の放射の強さへの寄与と考えてかまいません。

図から、60ギガヘルツ付近の周波数で酸素の吸収が大きいことがわかります。気体の吸収の大きさは気温・気圧が関係するため、複数の周波数での放射の強さがわかれば、気圧（つまり高度）に対する気温分布を推定できます。一方、20ギガヘルツより少し大きい周波数で水蒸気の吸収が大きく、30ギガヘルツにかけて雲水の吸収が大きくなっています。20〜30と50〜60ギガヘルツの複数の周波数の放射の強さから逆算すれば、気温と水蒸気、雲水の高度分布が得られるのです。

これらの物理量の高度分布を計算する方法はいくつかあり、多くはマイクロ波放射計のメーカーが提供する**ニューラルネットワーク**（neural network）が使用されています。ニューラルネットワークは神経回路という意味で、人間の脳神経の構造などの特徴を模した仕組みのことを指しています。ここでのニューラルネットワークは、ラジオゾンデによる観測値の統計をもとにして、観測時刻ごとの放射の強さから各物理量の高度分布を求めています。この方法を使うと短時間で各物理量の高度分布を計算できるという長所がありますが、実際のラジオゾンデ観測と比較すると上空ほど誤差が大きく、計算結果の解釈に注意が必要です。

最近、マイクロ波放射計で観測される各周波数の放射の強さと数値予報モデルの結果を組み合わせることで、気温や水蒸気の高度分布を高精度に求める手法が開発されました（Araki *et al.* 2015b）。数値予報モデルは大気下層の誤差が比較的大きい傾向がありますが、この手法を用いることで、より現実的な大気の状態を求められます。

マイクロ波放射計を使うメリットは、低コストで数分単位という高頻度に大気の状態を解析できることです。ラジオゾンデ観測が毎日2回しか行なわれないのを考えれば、とんでもない頻度だということがわかります。最近、マイクロ波放射計と数値予報モデルの結果をもとに、竜巻のすぐ近くでの大気の状態の詳細な時間変化を世界で初めて調べる研究が行なわれました（Araki *et al.* 2014）。解析結果から計算した高度1キロメートルまでの平均的な空気を持ち上げた場合の自由対流高度の時間変化を図6・18に示しています。竜巻が発生したのは当日12時35〜53分でしたが、その時刻にかけて自由対流高度が低下し、大気の状態が不安定化していることがわかります。この

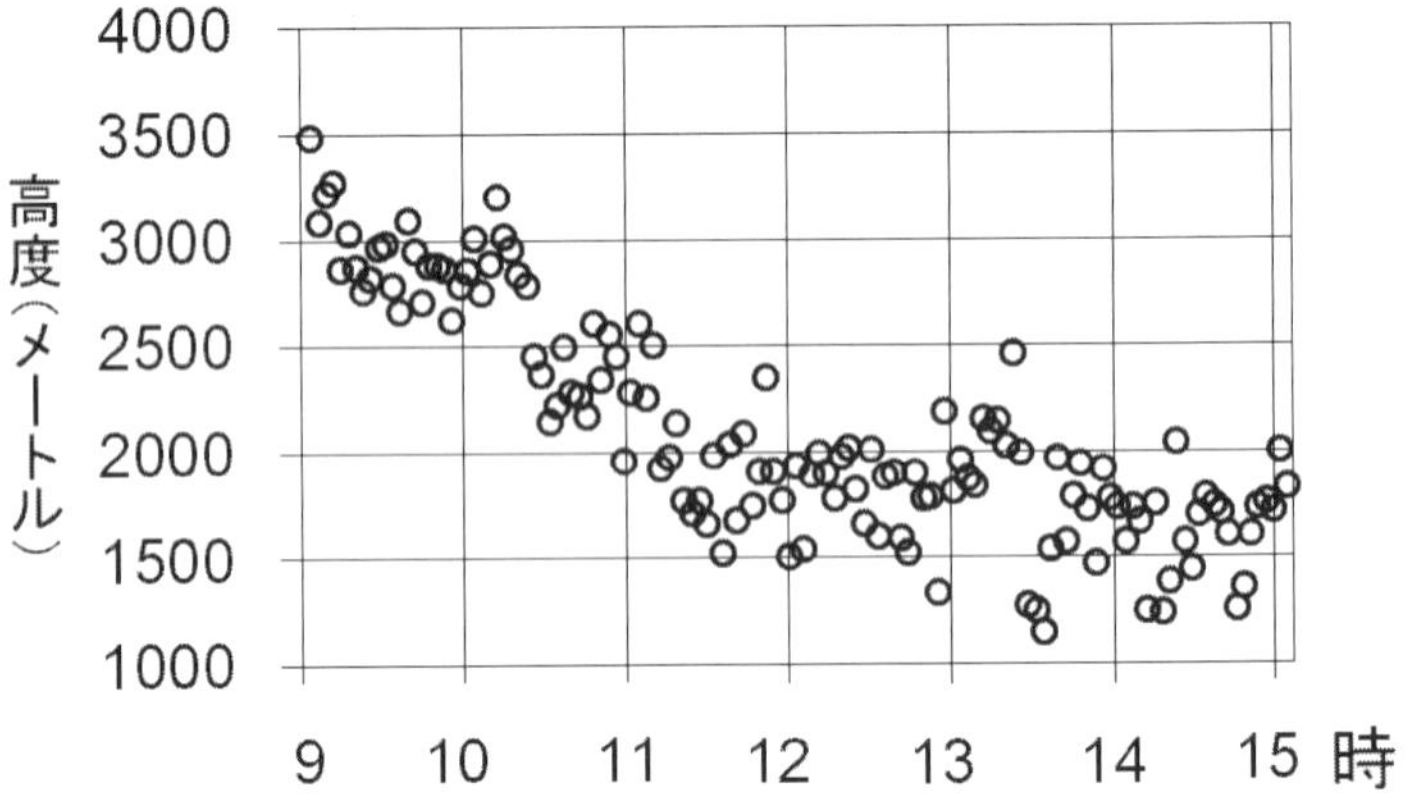

4000
3500
3000
2500
2000
1500
1000
高度（メートル）
9
10
11
12
13
14
15
時

図6・18　2012年5月6日、つくば竜巻近傍での自由対流高度の時間変化。Araki et al.（2014）の解析結果をもとに作図。

大気の状態を使って計算した、強い竜巻の起こりやすさを表す指数は、深刻な被害をもたらす規模（F2～F5）の竜巻が発生する可能性が高いことを示唆しており、実際に被害をもたらした竜巻の規模と整合的でした。

マイクロ波放射計の放射観測値という、数分単位で天から送られてくる手紙（電磁波なのでメールと考えてよいでしょう）をうまく読み解くことで、激しい大気現象の直前予測がよりうまくいく可能性が十分にあるのです。これらから「放射は天から送られたメールである」ということができ、現在はメールの解読技術（解析手法）の高度化が進められています。

宇宙から雲を見る気象衛星

地上のレーダーによる雲や雨の観測は、観測範囲に限界があるため、遠い海上やレーダーがない地域の状況はわかりません。そこで活躍するのが**気象衛星**です。気象衛星は地球の自転と同じ周期で公転する**静止衛星**と、北極や南極を通る**極軌道衛星**（きょくきどう）に分けられます。極軌道衛星のうち、地球上のある地点の上空を毎日同じ時間に通るものは**太陽同期軌道衛星**（たいようどうききどう）とよばれます。

気象衛星は、基本的に可視光線と複数の赤外線の周波数の電磁波を受信する放射計を搭載しています。図6・19は、静止気象衛星**ひまわり**7号の可視・赤外放射計の観測により作られた、同時刻の**可視画像**と**赤外画像**です。赤外放射は温度が高い物質ほど強いため、赤外画像では高い高度にある低温の雲ほど白く塗り分けられます。図では三陸沖と北海道東部の海上に、可視画像では見えていて赤外画像では見えない雲があります。これは、この海域でやませによる下層雲が発生していたためです。

これらの放射観測を応用することで、雲の型や温度だけでなく、海面水温、水蒸気やエアロゾルの積算量、火山灰、上空の風などが推定できます（隅部 2006）。さらに、雲の光学特性や代表的な雲粒の大きさ、雲水量の積算量などを推定する手法も開発されています（中島 2008）。

静止気象衛星は赤道上空の約3万6千キロメートルにあるのに対し、極軌道衛星は上空約350～900キロメートルの高さにあります。そのため、静止

可視画像
赤外画像

図6・19　2012年7月21日12時、気象衛星ひまわりの可視画像と赤外画像。

気象衛星は同じ場所を高頻度に観測できますが、その解像度は高くなく、極軌道衛星は低頻度観測ですが、高解像度の情報が得られます。ひまわりの可視光線、赤外線の放射観測の解像度は、赤道上でそれぞれ約1キロメートルと約4キロメートルですが、NASAの**Terra**（テラ）、**Aqua**（アクア）という極軌道衛星に搭載された可視・赤外放射計**MODIS**（モーディス）(Moderate Resolution Imaging Spectroradiometer)は、約250メートルの解像度を持っています。

また、ひまわり7号の放射計では、可視光線の特定の範囲の周波数の放射の強さをまとめて観測していたため、白黒の画像しか作れませんでした。MODISは赤、緑、青の可視光線に対応する周波数帯の放射の強さを観測しているため、実際に目で見たような色合いの画像を作成することができます。図6・20は、気象衛星Terraのmodisによる2014年2月16日の可視画像と雪の被覆率の解析結果です。これは第5章4節で紹介した関東甲信地方の豪雪直後の様子で、図5・33（25ページ）と同一日のものです。このように複数の周波数の放射の強さを高い解像度で観測できる放射計を使って、雪の被覆率をはじめとする地表面の状態を推定することも可能なのです。

気象衛星のなかには、レーダーやライダーを搭載しているものもあります。たとえば熱帯降雨観測衛星（Tropical Rainfall Measuring Mission：**TRMM**（トリム）：運用終了）にはKuバンドの降雨レーダーが搭載されています。TRMMに搭載されているマイクロ波放射計は、液体の水の放射に感度のある10～40ギガヘルツ帯と、氷の散乱に感度のある約85ギガヘルツの放射の強さを観測するため、レーダーと組み合わせて雲の性質を調べる研究も進められています。また、地球観測衛星**C.oudSat**（クラウドサット）

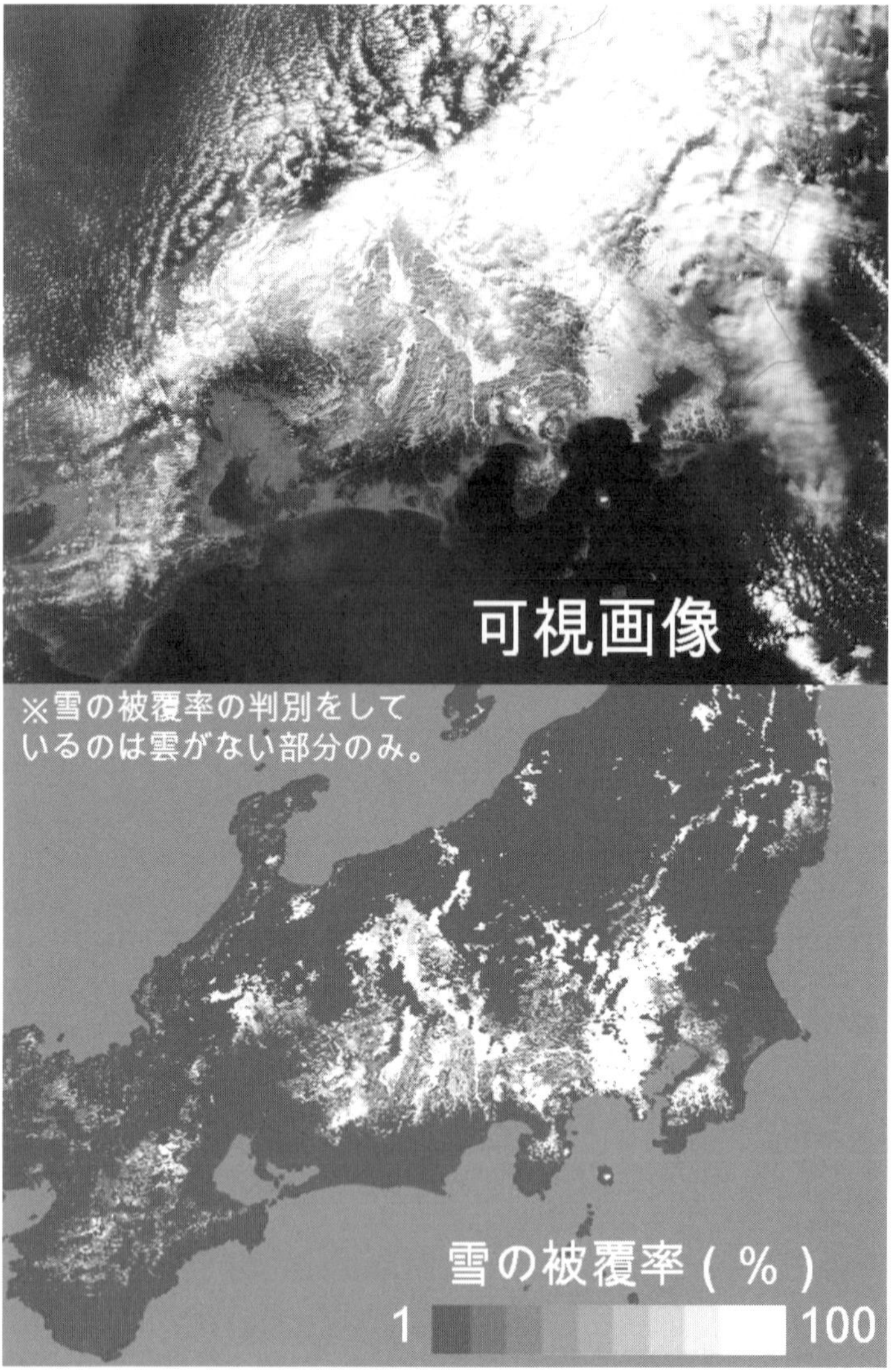
可視画像
※雪の被覆率の判別をしているのは雲がない部分のみ。
雪の被覆率（%）
1
100

図 6･20　2014 年 2 月 16 日の気象衛星 Terra の MODIS による可視画像（上段）と、雪の被覆率（下段）。NASA EOSDIS Worldview より。

のWバンドの雲レーダーや、地球観測衛星CALIPSO（Cloud-Aerosol Lidar and Infrared Pathfinder Satellite Observations）のライダーは、雲やエアロゾルの高度分布を推定できます。

現在、JAXAとNASAによって全球降水観測計画（Global Precipitation Measurement：GPM）が進められています。この計画では、KuバンドとKaバンドのふたつの周波数を持つ降水レーダーや、マイクロ波とミリ波の放射計を搭載した、GPM主衛星を2014年2月に打ち上げました。これにより、降水粒子の代表的な大きさや降水の強さ、雨と雪の推定精度向上が期待されています。

さらに、JAXAと欧州宇宙機関、情報通信研究機構は、雲とエアロゾルの相互作用の解明を目的としてEarthCARE（Earth Cloud, Aerosol, and Radiation Explorer）計画を進めています。この計画では、Wバンドの雲レーダー、ライダーなどを搭載した衛星を2016年に打ち上げ予定です。地球全体のエアロゾルや雲の3次元構造とその相互作用が観測できるようになれば、気候変動の理解が進むことが期待されます。

気象庁の静止気象衛星ひまわりも、2015年7月7日から8号の運用が始まりました。これまで地球全体の観測に1時間かかっていたものが10分になり、日本付近は常に2分半の時間間隔で観測できるようになりました。可視・赤外画像の解像度も2倍になり、可視光線の放射の強さを複数の周波数で観測できるようになったため、MODISと同様に実際に目で見たときの色合いの可視画像が配信されています。このような高頻度で応用性の高い観測により、積乱雲の発生・発達を広い範囲で検知できるようになるだけでなく、さまざまな分野に利用されてきています。

4　雲の謎解きから気象予測のさらなる高みへ

天気予報の仕組み

日々の**天気予報**がみなさんの手元に届くまでには、実は裏でさまざまなドラマが繰り広げられています。天気予報は、基本的に「**数値シミュレーション**（**数値予報**）」に基づいています。まず、数値シミュレーションとはいったい何なのかについて説明します。

数値シミュレーションは、これまでわかっている物理法則に基づいて風や気温、雲、雨などの大気の将来の状態を計算して予測することです。大気の物理法則は複雑なため、その計算量は膨大です。人間が手で計算しようとすると非常に時間がかかってしまうため、現実的ではありません。そのため、この計算はコンピュータ上で行ないます。コンピュータに計算させるためには、物理法則を数式で表して、どういうときにどの式で計算するなどの命令をする必要があります。この命令文のことを**プログラム**といい、大気の数値シミュレーションをするためには空気の流れ、雲物理や乱流、放射などの物理法則ごとに多くのプログラムを作ります。これら一式をまとめたものは**数値予報モデル**とよばれています。「モデル（model）」には「模型」という意味があり、実物を模したもののことを指しています。

ここで、電車のプラモデルを例に数値シミュレーションをイメージしてみましょう(図6・21)。電車のプラモデルには、電車本体だけでなく線路や踏切などのパーツもあります。これらのパーツを各物理過程と考えてください。パーツを作るためには、パーツの動作が詳しく書かれている設計書が必要です。この設計書は数値シミュレーションでのプログラムにあたります。設計書通りに作られた各パーツを組み合わせると、プラモデル(数値予報モデル)の完成です。

完成したプラモデル上で、ある地点から電車を走らせてみます。すると、どのくらいの時間が経てばどの場所に到着するかがわかります。このときの出発点は**初期値**(しょきち)といい、電車を走らせて将来の位置を調べる

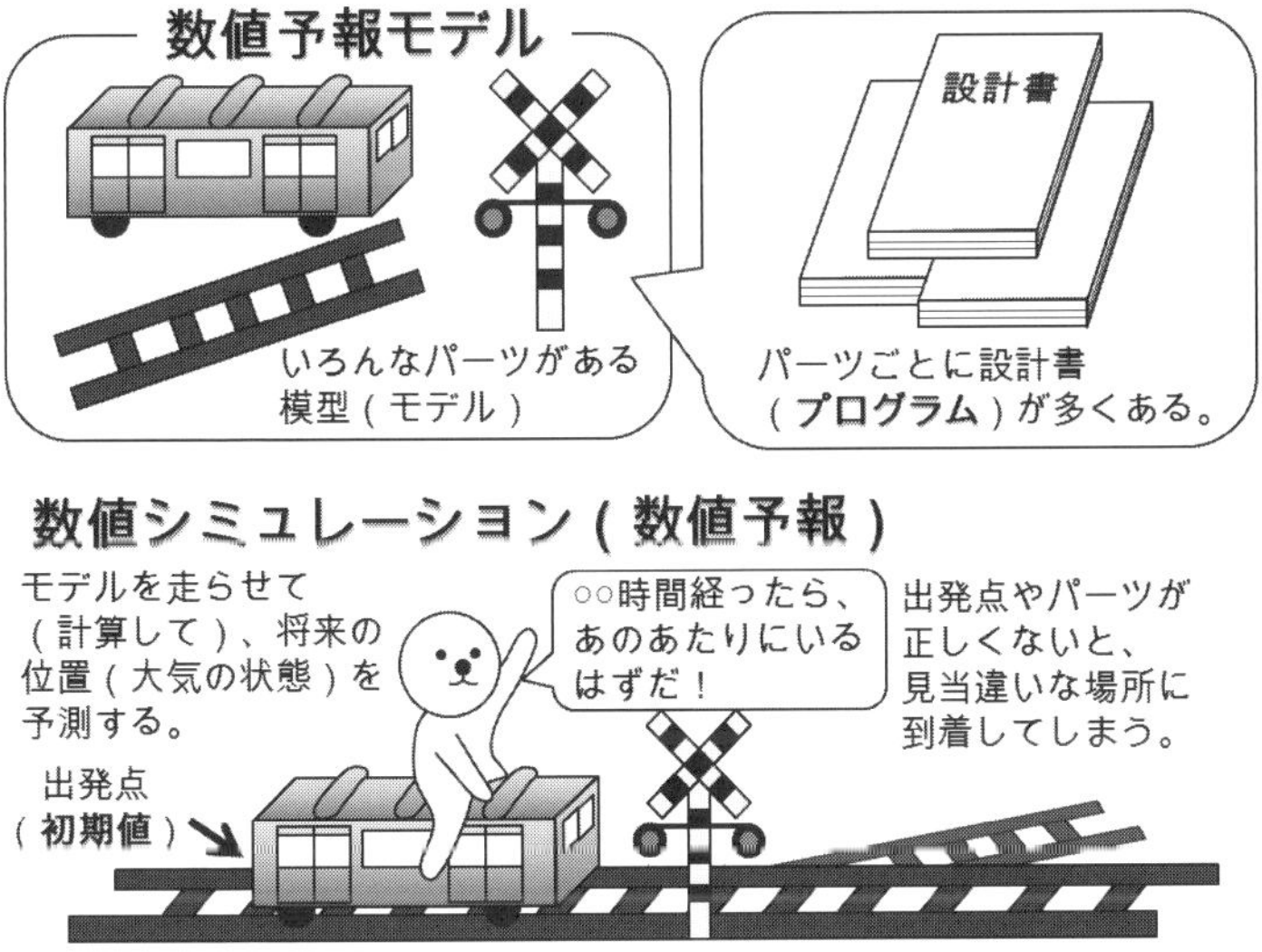
数値予報モデル
設計書
いろんなパーツがある
模型(モデル)
パーツごとに設計書
(プログラム)が多くある。
数値シミュレーション(数値予報)
モデルを走らせて
(計算して)、将来の
位置(大気の状態)を
予測する。
○○時間経ったら、
あのあたりにいる
はずだ!
出発点やパーツが
正しくないと、
見当違いな場所に
到着してしまう。
出発点
(初期値)

図6・21 数値シミュレーション(数値予報)のイメージ。

ことが数値シミュレーションなのです。電車の出発点がずれていたりパーツの設計書が間違っていると、電車は現実的ではない場所に到着してしまいます。詳しくは後で述べますが、数値シミュレーションに基づく天気予報が外れることがあるのはこれらの原因によるのです。

数値予報モデルは目的に応じていろいろな種類があります。気象庁の数値予報モデルについては解説ページ（http://www.jma.go.jp/jma/kishou/know/whitep/1-3-1.html）をご覧ください。ここでは日々の天気予報に使われる**局地モデル**、**メソモデル**、**全球モデル**を例に、天気予報の仕組みについて紹介します（図6・22）。

数値シミュレーションを正確に行なうためには、まず現在の大気の状態がどうなっているかをできるだけ正確に知ることが必要です。そのため、地上や船舶、レーダーや気象衛星などのリモートセンシング、ラジオゾンデによって、地上から上空までの大気の3次元的な状態を観測することから天気予報は始まります（図6・22①）。しかし、これらの観測結果は現実の大気の一部分を抜き出したものに過ぎず、観測値自身に誤差が含まれていることも多々あります。そのため、観測値の品質を調べて、使えるか使えないかを判断します（**品質管理**、図6・22②）。その後、使える観測値を使って数値シミュレーションの出発点となる3次元的な大気の状態を解析します。このことを**データ同化**といい、解析された現実的な3次元の大気は**客観解析**とよばれます。

出発点が定まったら、数値予報モデルによる計算を行ないます（図6・22③）。現実大気の物理法則は雲物理過程だけでなく、放射や地表面、乱流の各過程に加え、流体力学と熱力学に基づく大気の流れの理論が基本となっています。これらの複雑なプロセスを広い領域で計算するには膨大な計算量が必要なため、**スーパーコンピュータ**を使って数値シミュレーションが行なわれます。計算が終わればそれがそのまま天気予報になるわけではなく、人間（予報官）が解釈できるように計算結果は加工され、計算結果が本当に現実的なものかどうかが吟味されます（図6・22④）。数値予報モデルによる数値シミュレーションは完全なものではなく、予報官が計算結果と観測結果、地域特性などを総合的に判断して天気予報は作られるのです。**注意報**や**警報**も同様で、リアルタイムの観測や数値シミュレーションの結果をもとに作成・発表されています。

① 観測
気象衛星
ラジオゾンデ
ウィンドプロファイラ
船舶
地上
レーダー
② 数値予報モデルの出発点作り
観測を反映した現実的な大気を作るよ。
品質の悪いデータはポイします。
品質管理
データ同化
客観解析
③ 数値シミュレーション
数値予報モデルによる大気の将来予測
雲物理過程
わかっている理論をモデルに組み込んでシミュレートするよ!!
放射過程
熱
大気の流れ
熱
水蒸気
スパコン
地形・植生
地表面過程
乱流過程
④ 計算結果の解釈と評価、予報・注警報の作成
予報官
このモデルの結果アカン。現実に合った計算してるモデルと地域特性とか込みで予報作るよ。
モデルで予想できてないけどヤバそうな雨雲観測してるから注意報出すよ。
予報官

図6・22　天気予報ができるまで。

天気予報が外れるワケ

　着実に進化している現代の科学をもってしても、天気予報は外れることもあります。天気予報が外れる理由は主に3つあります。まずひとつは、数値シミュレーションの出発点に含まれる小さな誤差が時間とともに大きくなっていくという**カオス**（chaos）によるものです（図6・23）。「**バタフライ・エフェクト**」という言葉を聞いたことはあるでしょうか？　バタフライ・エフェクトは、蝶の羽ばたきがそこから離れた場所の将来の大気に大きな影響を及ぼすことを表した言葉です。このことは気象予測にとって極めて大きな問題で、いかに出発点（初期値）の誤差を除いて正確な客観解析を行なうかが肝になります。そのため、新しい高頻度・高密度な観測値を使ったデータ同化の研究が進められています。

　次に、数値予報モデルで考慮している物理法則

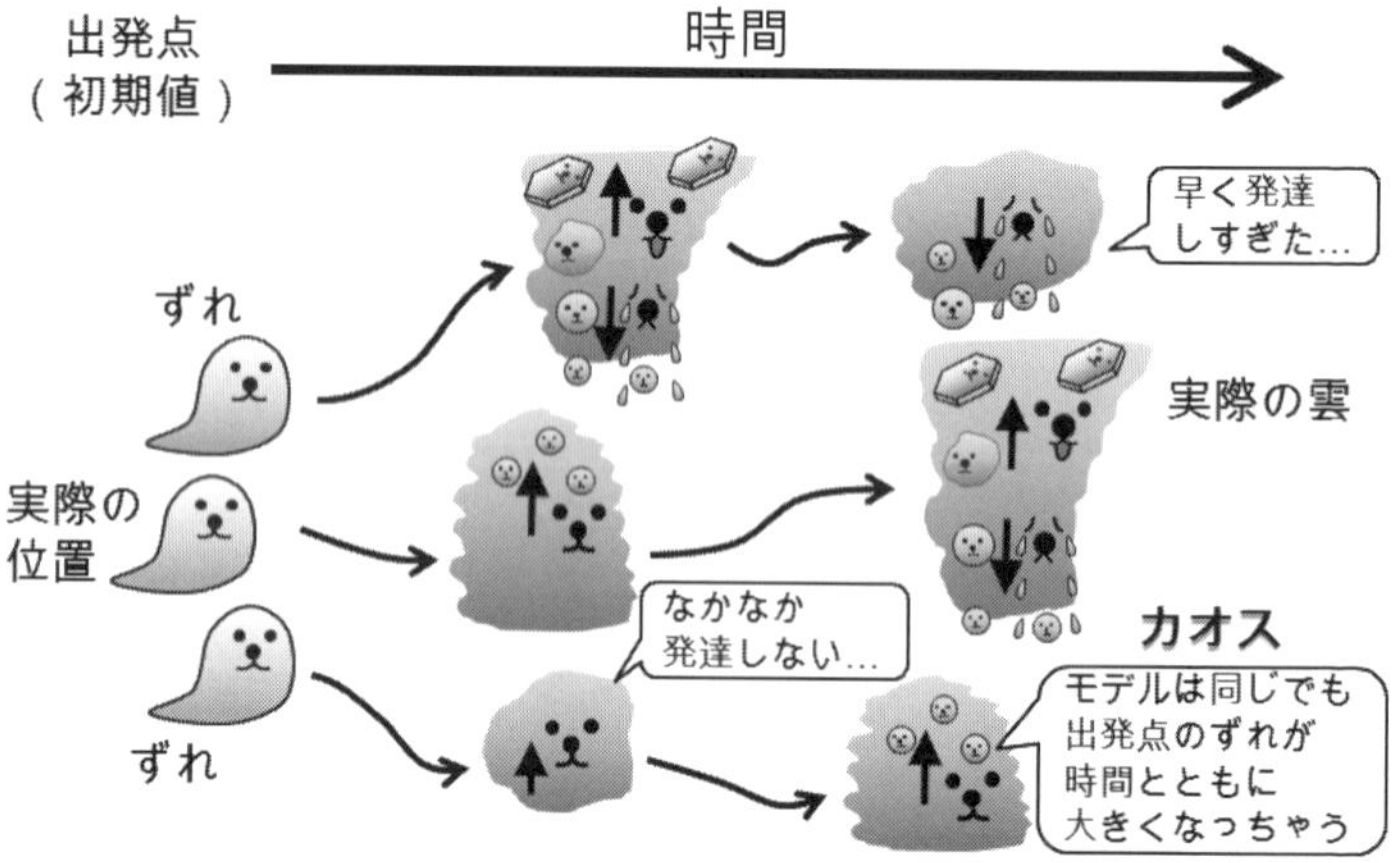

出発点
（初期値）
時間
早く発達
しすぎた…
ずれ
実際の雲
実際の
位置
なかなか
発達しない…
カオス
モデルは同じでも
出発点のずれが
時間とともに
大きくなっちゃう
ずれ

図6・23　気象予測とカオス。

の不確かさによる誤差があげられます（図6・24）。第3章で散々述べましたが、特にエアロゾルと雲・降水の相互作用のプロセスはわからないことだらけです。現に気象庁が運用している数値予報モデルでもエアロゾルは放射過程でしか扱われておらず、より現実的な計算ができるように数値予報モデルの開発が進められています。

さらに、数値予報モデルの解像度による誤差も天気予報が外れる要因です（図6・25）。水平スケールが10キロメートル程度の積乱雲に対して、気象庁の**全球モデル**と**メソモデル**は水平方向にそれぞれ20キロメートルと5キロメートルの間隔で数値シミュレーションをしています。全球モデルの場合は計算を行なう地点の間に積乱雲が隠れてしまうため、各地点でそれらしく大気の状態を推定するためのうまい調整（**パラメタリゼーション**）が必要になります。メソモデルでも何地点かに積乱雲が引っかかる程度

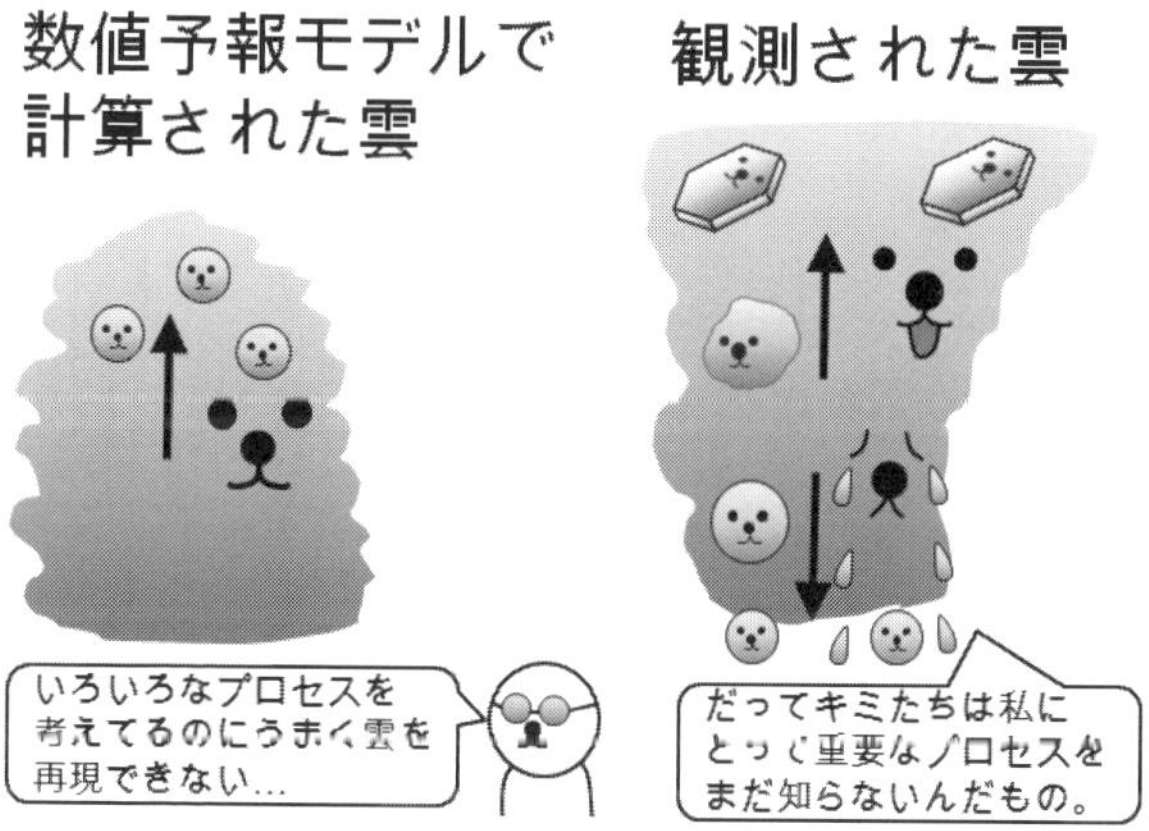
数値予報モデルで
計算された雲
観測された雲
いろいろなプロセスを
考えてるのにうまく雲を
再現できない…
だってキミたちは私に
とって重要なプロセスを
まだ知らないんだもの。

図6・24　数値予報モデルの不確かさによる誤差。

であるため、やはりパラメタリゼーションが必要です。このような数値予報モデルでの積乱雲（対流）の調整は**対流パラメタリゼーション**とよばれます。パラメタリゼーションは雲だけでなく、さまざまな物理過程で使われています。うまいパラメタリゼーションができれば、計算コストをかけて細かく計算しなくても妥当な結果を得ることができるのです。パラメタリゼーションは、ハンバーグを作るときに高級肉の代わりに豆腐を使う、というようなイメージをするといいかもしれません。

　積乱雲内部の上昇流と下降流を表現するためには、最低でも水平方向に１～２キロメートルの水平解像度が必要です。以前はこのくらいの解像度の数

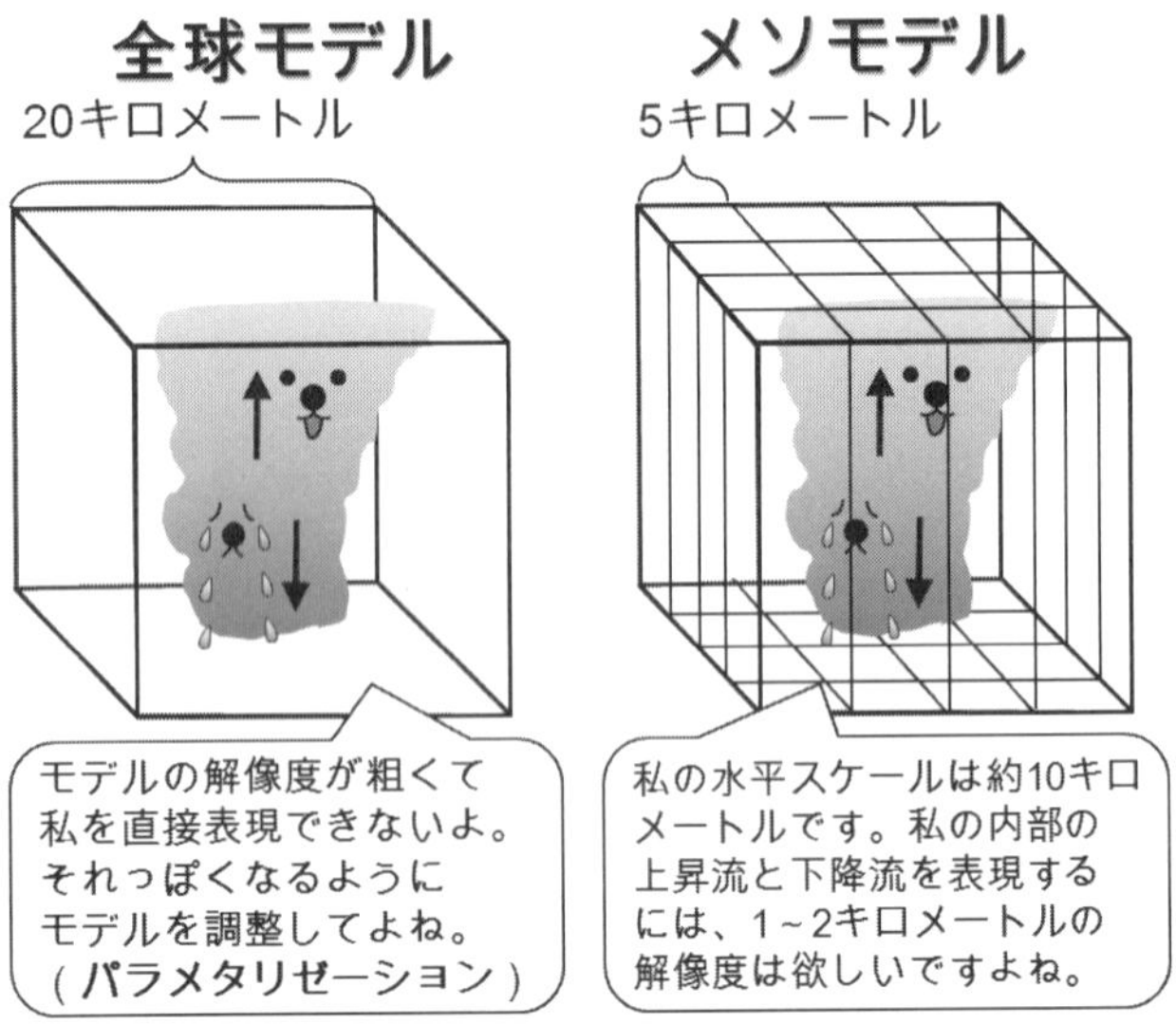

全球モデル
20キロメートル
メソモデル
5キロメートル
モデルの解像度が粗くて私を直接表現できないよ。それっぽくなるようにモデルを調整してよね。（パラメタリゼーション）
私の水平スケールは約10キロメートルです。私の内部の上昇流と下降流を表現するには、1～2キロメートルの解像度は欲しいですよね。

図６・25　数値予報モデルの水平解像度とパラメタリゼーション。

値予報モデルを**雲解像モデル**（cloud resolving model）とよんでいました。しかし、近年のスーパーコンピュータの発展に伴い、100メートル単位やそれより細かい水平解像度のモデルを雲解像モデルとよぶようになったため、現在では解像度1～2キロメートルのモデルは**雲許容モデル**（cloud permitting model）とよばれています。いずれにせよ、雲を正確に表現するためには、相応の水平解像度とそれに応じた物理過程のパラメタリゼーションが必要なのです。

なお、気象庁の**局地モデル**の本運用が2013年5月29日からはじまりました。局地モデルの水平方向の解像度は2キロメートルで、対流パラメタ

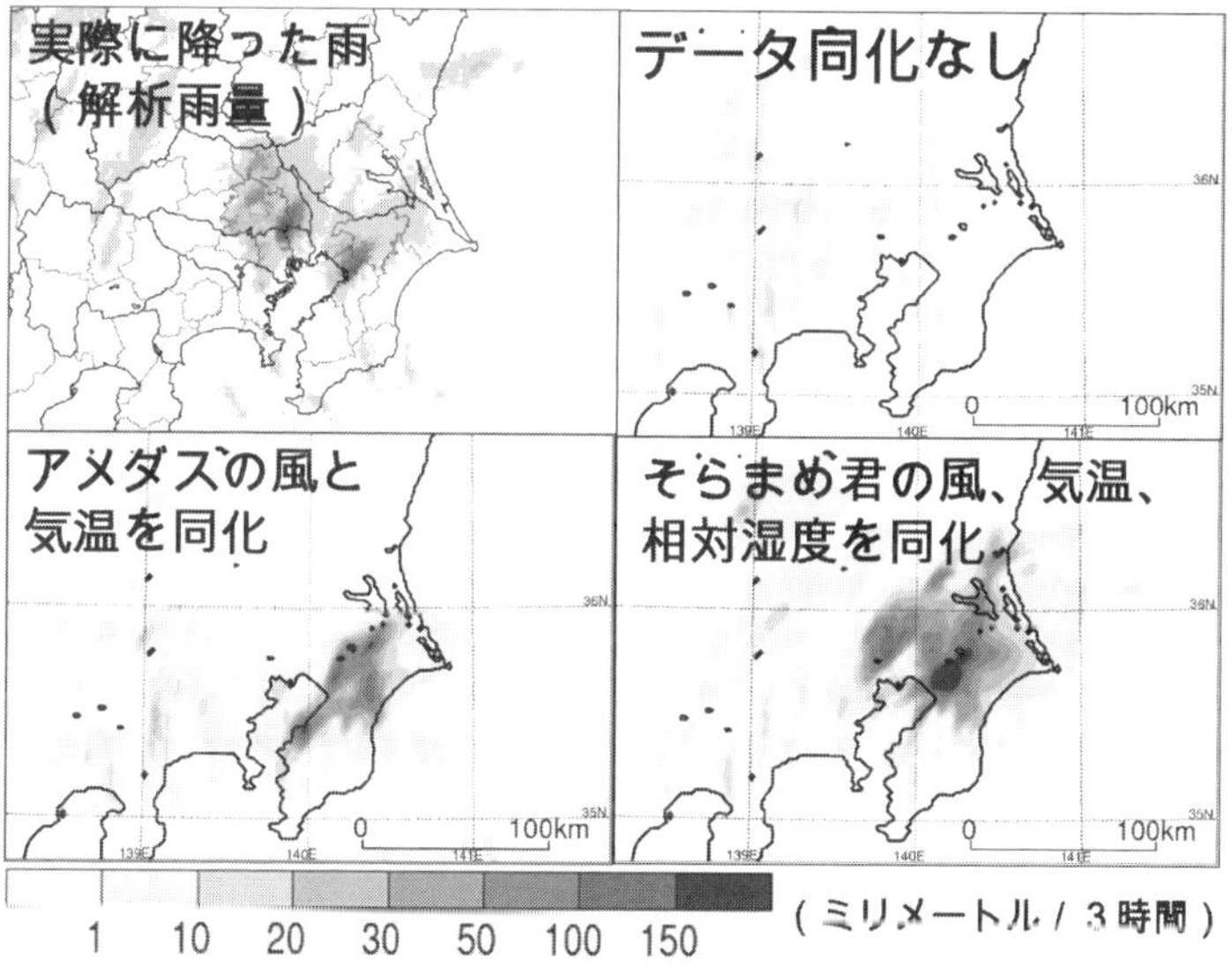

実際に降った雨
（解析雨量）
データ同化なし
アメダスの風と
気温を同化
そらまめ君の風、気温、
相対湿度を同化
0
100km
1
10
20
30
50
100
150
（ミリメートル／3時間）

図6・26　局地豪雨を予測するデータ同化実験。3時間積算雨量の比較。Araki et al.（2015a）をもとに作図。

リゼーションを使っていません。局地モデルは、メソモデルと比べて対流性の雲による降水の表現がよく、地上気温や風の精度も高いことがわかっています。しかし、対流性の降水の位置・時間・強度のずれなどの課題もあるため、改良が進められています。

ここまでで紹介した誤差要因のうち、いくつかを解決できれば予測がある程度うまくいくこともあります。図6・26は、図5・20（236ページ）で示した局地豪雨事例のデータ同化実験結果を示しています（Araki *et al.* 2015a）。この実験では、データ同化しない場合はまったく豪雨を予測できず、アメダスの気温と風を同化に用いると一部の豪雨を再現できました。さらに、アメダスよりも高密度な環境省「そらまめ君」の地上気象観測をデータ同化に用いることで、豪雨のトリガーとなった下層の風の収束と気温、水蒸気などの気象状態をうまく数値予報モデルの出発点で表現でき、豪雨の再現に成功したのです。この数値予報モデルの設定は気象庁の局地モデルとほぼ同じです。この例では局地豪雨をターゲットにしましたが、何を予測したいかによって数値予報モデルの設定や同化すべき観測値は変わります。ターゲットにはどんなメカニズムが重要かをまず理解し、それを数値予報モデルの出発点や計算のなかで適切に表現し、適切な解像度や物理過程のモデルで攻めることが重要なのです。

エアロゾル・雲・降水予測のこれから

ここまででエアロゾルと雲、降水の各プロセスにはまだわかっていないことが腐るほどあることと、正確な気象予測には各プロセスの理解、数値予報モデルの高度化、ターゲットに応じた最適な数値予報モデルの設定とパラメタリゼーションが重要であることを述べてきました。今後、気候変動予測や天気予報、気象災害予測の精度を向上するために必要な取り組みを私なりにまとめてみました（図6・27）。

まず、雲生成チャンバーのような室内実験施設を用いたエアロゾル・雲・降水の詳細な微物理過程の研究（プロセス研究）が必要です。雲粒や氷晶から降水粒子への成長プロセスもわかっていないことは多くありますが、さらにわかっていないのはエアロゾルの核形成プロセスです。まずはさまざまなエアロゾルやその組み合わせでどのような核形成が起こるかを詳しく

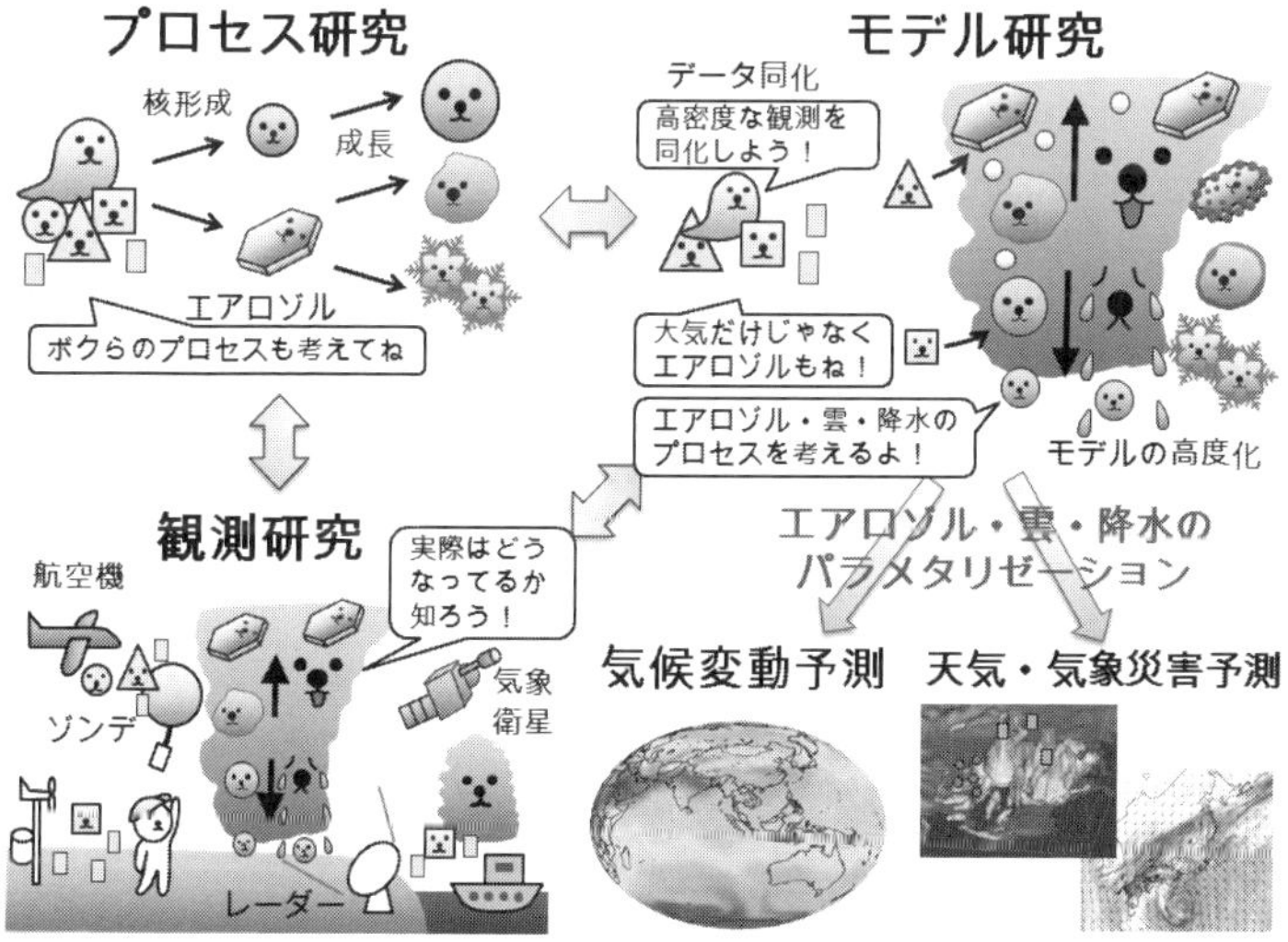
プロセス研究
核形成
成長
エアロゾル
ボクらのプロセスも考えてね
モデル研究
データ同化
高密度な観測を同化しよう！
大気だけじゃなくエアロゾルもね！
エアロゾル・雲・降水のプロセスを考えるよ！
モデルの高度化
観測研究
実際はどうなってるか知ろう！
航空機
ゾンデ
気象衛星
レーダー
エアロゾル・雲・降水のパラメタリゼーション
気候変動予測
天気・気象災害予測

図6・27　今後進めていくべき研究。

調べる必要があります。プロセス研究から構築した理論は、数式で表現して数値予報モデルに組み込むことができます。核形成する前のエアロゾル自身のプロセス研究も進められており（Shiraiwa *et al.* 2013など）、エアロゾルの間接効果の理解が待たれます。

次に、野外での観測研究です。現実の大気中で何が起こっているかは、実際に観測をしてみないとわかりません。エアロゾルと雲の観測研究で特に重要なのは、航空機やゾンデによる直接観測です。リモートセンシングでもある程度は推定できますが、そもそもその推定が正しいかどうかは直接観測がないと検証できません。雲の直接観測の結果は、数値予報モデルが正しく雲を表現できるかの検証にも用いられるため、必要不可欠です。また、核形成をするエアロゾルがどのような地域でどの季節にどのくらい存在するかは、ほとんどわかっていません。そのため、雲凝結核・氷晶核としてはたらくエアロゾルの航空機観測や地上での定常的な観測が必要です。気象衛星によるエアロゾル・雲の地球全体の観測はエアロゾルの実態把握に非常に有効と思われますが、気象衛星によるリモートセンシングではエアロゾルの核形成能力を調べられないので、直接観測と組み合わせてエアロゾルと雲の相互作用を突き詰めていくことが現実的と思われます。

そして最後に、数値予報モデルによる研究です。近年のスーパーコンピュータの発展は著しく、次世代スーパーコンピュータ「京」を利用して、地球全体を水平方向の解像度約８７０メートルで数値シミュレーションを行なった研究も発表されました（Miyamoto *et al.* 2013）。さらに、10メートルという超高解像度の数値シミュレーションで実際の竜巻の多重渦構造を再現した研究も報告されています（益子2013）。エアロゾル・雲・降水について現在わかっている物理法則を多く考慮した数値予報モデルはさらにとんでもない計算機資源が必要なため、精度を保って簡略化・低コスト化する開発が進められています（荒木ほか2013）。実際にそのような非常に詳細な数値予報モデルを使って天気予報をするようになるのは、スーパーコンピュータがこのまま発展し続けたとしても、おそらく何十年も先になると思われます。

だからといって何もできないわけではなく、利用できる計算機資源の範囲内でうまくパラメタリゼーションをして、現実的な結果の得られる数値予報モデルを開発することが必要なのです。それと同時に、大気だけでなくエアロゾルや雲・降水に関する高頻度・高密度な観測値を十二分に利用し、データ同化によって予測の誤差をできるだけ小さくすることが求められます。これらは、日々の天気予報や災害予測などの短期的な気象予測と、地球温暖化などの長期的な気候変動予測をするための数値予報モデルそれぞれに必要なことです。エアロゾルと雲・降水のプロセス研究、観測研究と連携しながら、数値予報モデルをさらに高度化していくことが非常に重要です。

人類は、本当の意味で「雲をつかめている」とはまだいえません。現状では人類はまだ小さな子どもで、空に手を伸ばしている程度なのかもしれません。しかし、それでもなお人類は雲を理解し、正確な予測をするために進んでいかなくてはなりません。そうすることで気象災害が少しでも減り、人類が地球環境とうまく付き合っていくことに繋がるからです。人類が「雲をつかもうとしている話」は、これから先もまだまだ続いていきます。

コラム5　身近に潜む　バイオエアロゾルと雲

毎年3月くらいになると、私は鼻水垂れ流し状態になります。そう、花粉症です。ヤツらは特定の季節になると大気中に放出され、多くの花粉症の人々を苦しめます。花粉の粒子（図C・17）は、**バイオエアロゾル**のひとつです。

バイオエアロゾルは2種類のエアロゾルで定義されています。ひとつは生きていて再生・増殖可能なウィルス、バクテリア、菌などの有機体のエアロゾルで、もうひとつは生きている有機体から排出される花粉や動物のふけ、唾液（だえき）などの増殖できない有機物のエアロゾルです。バイオエアロゾルの粒径は数十ミクロンに達する花粉から、0・01ミクロン程度のウィルスまでさまざまです。

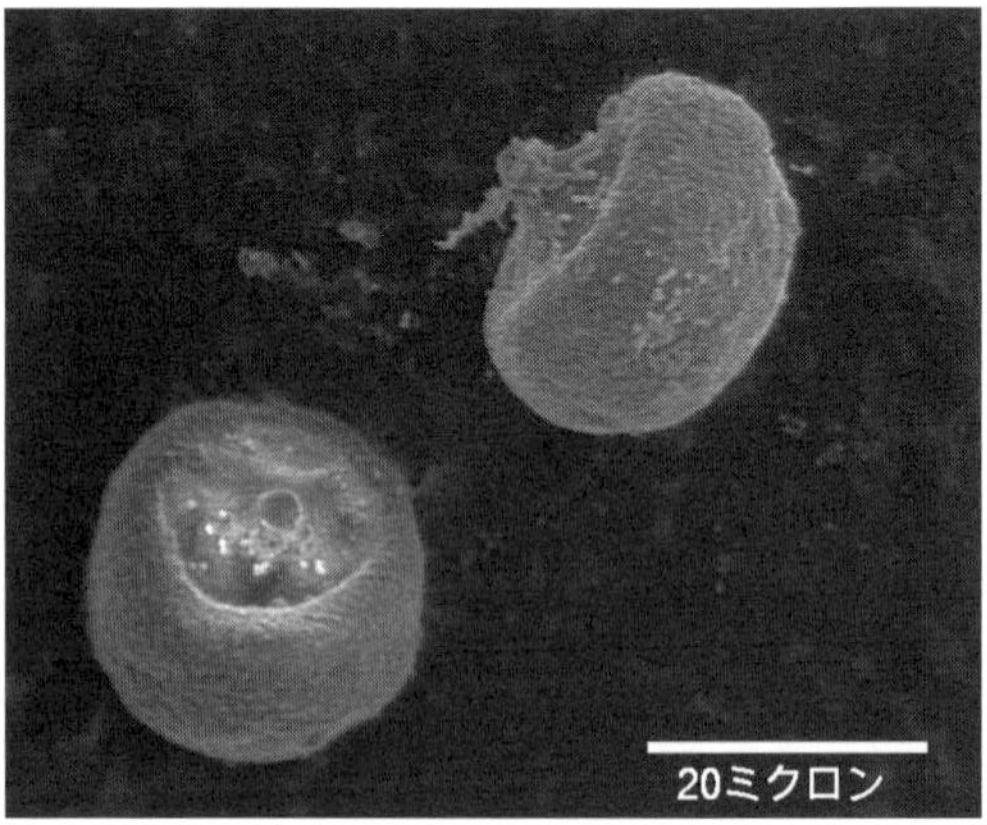
20ミクロン
図C・17　スギ花粉の電子顕微鏡写真。岩田歩さん提供。

バイオエアロゾルは花粉症などのアレルギーを誘発するだけでなく、インフルエンザウィルスのように感染・病気を引き起こしたり、鳥や豚のインフルエンザの原因にもなるため、医学や農業などの広い分野にわたって研究が進められています。

大気中のバイオエアロゾルの発生源は実に多種多様です。人間がクシャミをして唾液が飛散してもバイオエアロゾルは発生しますし、キノコや植物からの胞子の飛散や、地面にいる微生物が風で巻き上げられることでも発生します。

最近、金沢大学の牧輝弥博士が中心となって、黄砂と一緒に日本に飛来するバイオエアロゾルの研究が進められています。牧博士の研究グループは気球やヘリコプターを使って、黄砂時に石川県上空約3キロメートルで採取したバイオエアロゾルを調べました。すると、そのなかに納豆菌に似た人体に無害な菌（**枯草菌**、図C・18）があることを発見しました。この菌を培養して大豆に加えたところ、なんと納豆ができてしまったのです。牧博士はこの納豆を「そらなっとう」と名付け、現在では金城納豆食品から販売されています（図C・19）。このように、バイオエアロゾルを応用して食品開発も可能なのです。

バイオエアロゾルは、気象分野においても雲粒子の核形成に一役買っています（第3章3節）。これまでに、特定の花粉や菌の胞子、藻類などのバイオエアロゾルは、鉱物粒子に近い氷晶核としての能力を持っていることがわかってきています（Hoose and Möhler 2012）。降雪粒子の氷晶核を調べる目的で、地上での降雪粒子中に含まれるバイオエアロゾルを調べる研究も行なわれました（図C・20）。その結果、一部の降雪粒子には黄砂と一緒に日本に飛来するバイオエ

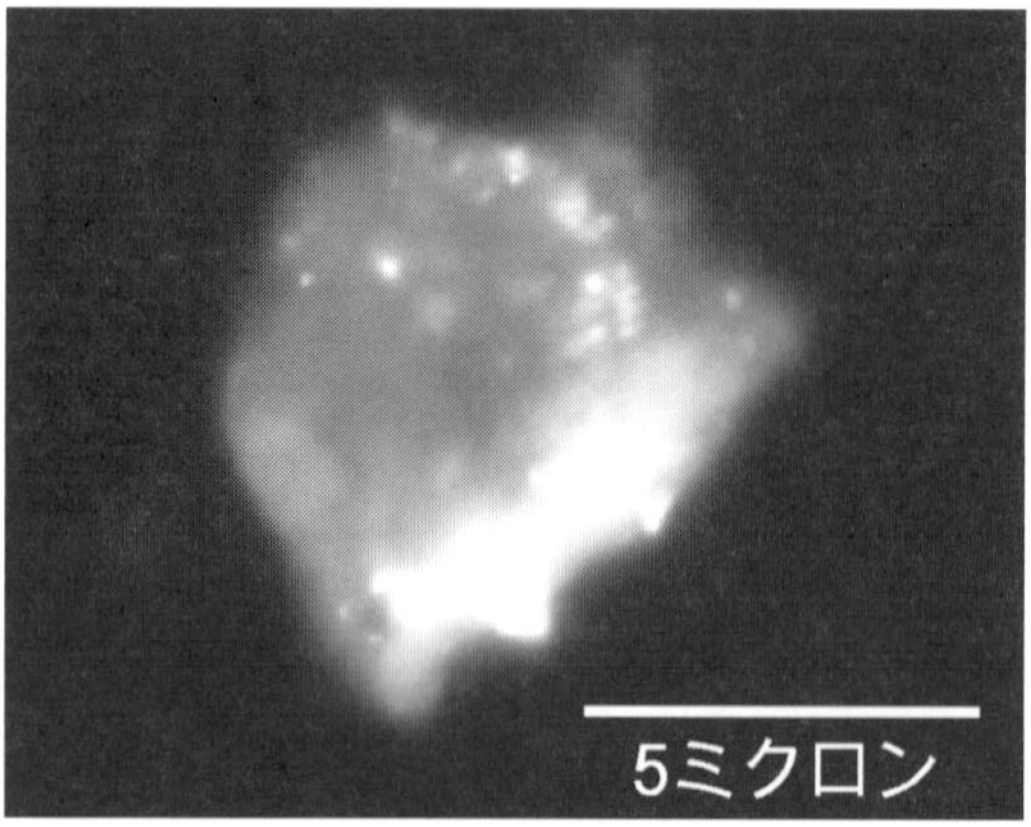
5ミクロン

図C・18　枯草菌の蛍光顕微鏡写真。牧輝弥さん提供。

そらなっとう
2P

図C・19　そらなっとうと牧輝弥博士。

アロゾルが確認されましたが、気象条件によって降雪粒子中に含まれるバイオエアロゾルの種類は大きく変化すると報告されています（植竹ほか 2011）。また、大気下層のバイオエアロゾルが降雪粒子に取り込まれることも考えられるため、航空機などで氷晶が発生する高い高度の（バイオ）エアロゾルを直接採取することがやはり必要なのです。

図C・20　降雪粒子を採取する様子。植竹淳さん提供。

　実際に牧博士が上空で採取した枯草菌の氷晶核能力を雲生成チャンバー実験で調べてみましたが、さほど氷晶核としてははたらかない結果でした（図6・3：269ページ）。氷晶核としてはたらくバイオエアロゾルの種類や時空間分布は、雲の発生に大きな影響を与えていることが想像されますが、まだ未知が非常に多い状況なのです。

コラム6　気象情報の使い方

ほとんどのみなさんは、毎日**天気予報**をご覧になっていると思います。なかでも洗濯物と毎日戦う方や、天気に左右される仕事をしている方は、天気予報を特に気にされるのではないでしょうか。

ここでは、天気予報をはじめとする**気象情報**を使うちょっとしたコツを紹介したいと思います。気象情報の基本的なことは、気象庁のウェブページ「知識・解説」(http://www.jma.go.jp/jma/menu/menuknowledge.html) の「発表する情報の解説」に解説ページへのリンクがありますので、こちらも併せてご覧ください。

まずよく勘違いされがちなのが「**降水確率**」です。降水確率が100%の予報が発表されているとき、どんな雨が降るでしょうか？「降水確率が高いと大雨が降る」とお考えになっていた方はお気をつけください。降水確率の定義は「予報の対象地域内で、一定の時間内に降水量1ミリメートル以上の雨か雪が降る確率の平均値」とされています。たとえば茨城県南部に翌日6時から12時までに30%の降水確率が予報されているとき、同じ予報が100回発表されたとすると、そのうち30回は茨城県南部と定められている地域内で、その時間内に1ミリメートル以上の降水があるという意味なのです。

つまり、弱い雨でも確実に降ると予想

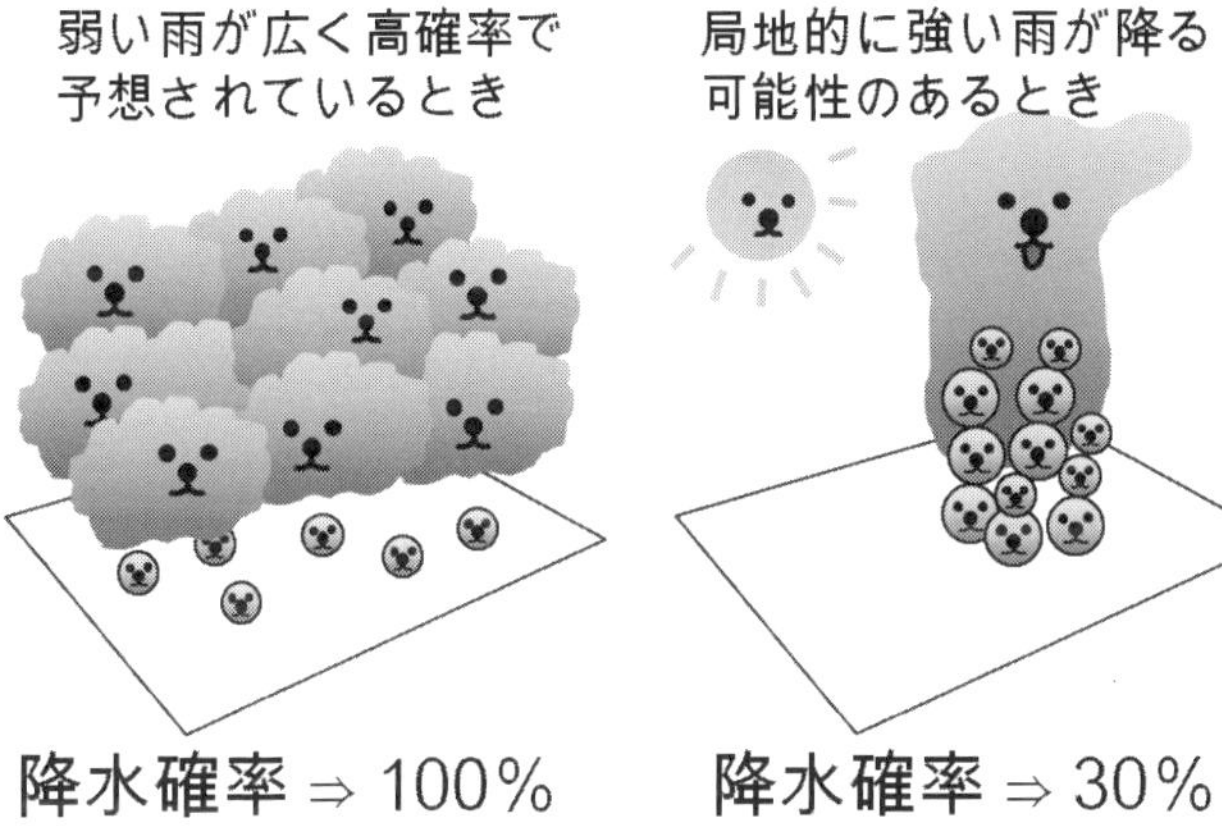
弱い雨が広く高確率で
予想されているとき
局地的に強い雨が降る
可能性のあるとき
降水確率⇒100%
降水確率⇒30%

図C・21　降水確率の表現。

されていれば降水確率は100%になりますし、強い雨でも降るかどうか微妙な場合は降水確率としては低く表現されるのです（図C・21）。

現在気象庁で天気予報に使われている全球モデルやメソモデルは、総観スケールの低気圧などが関係する降水はある程度は精度よく予測できますが、夏に不安定な大気の状態で突然発生する、積乱雲などの水平スケールの小さい現象の予測は苦手としています。ただし、積乱雲が発生しやすい大気の状態の予測はできるため、「数値予報モデルで降水は予測されていないけど、下層空気の持ち上げメカニズムがもしあれば、積乱雲が発達して局地的に雨が降りそう」という予測はできます。

天気予報では主要な天気が「晴れのちくもり」などと表現されるので、このような場合には地図上などに太陽や雲のマークで表現する天気予報に「雨」マークは現れず、文章で「所により雨」と表現される程度です（予報を作っている最中にすでに雨が降っていれば、もちろん「雨」マークがつきます）。このとき、降水確率としては30％などの予報が発表されます。

イメージとしては、降水確率40％以上の予報は「雨」マークがついておおむね雨が降り、降水確率20％の予報は「雨は降らないだろうけど雲は多そう」という「くもり」のイメージです。降水確率30％以上の天気予報が発表されている場合には、傘を持って外出したほうがいいでしょう。

気象庁の天気予報のウェブページ（http://www.jma.go.jp/jp/yoho/）から各地の天気予報のページに進むと、当日から翌日、翌々日までの天気予報が閲覧できます（図C・22）。天気予報は毎日5時、11時、17時に更新されるので、早く次の予報が見たい場合はそのタイミングに合わせて閲覧するといいでしょう（翌々日の天気予報は11時と17時のみ発表されます）。

気圧配置や予報の内容、注意事項などが記載されている**天気概況**（がいきょう）も同じページに掲載されています（図C・23）。悪天が予想されている場合にどうしてそうなるかや、気圧配置などを手っ取り早く知るには天気概況を閲覧するのがオススメです。

21日5時水戸地方気象台発表の天気予報(今日21日から明後日23日まで)

南部	地域時系列予報へ	降水確率	気温予報
今日21日	東の風 後 北東の風 やや強く 海上 では 北の風 非常に強く 雨 夜 くもり 所により 朝 から 昼過ぎ 雷を伴い 激しく 降る 波 2メートル 後 3メートル うねり を伴う	00-06 —% 06-12 80% 12-18 70% 18-24 30%	日中の最高 土浦 17度
明日22日	北西の風 後 北の風 海上 では はじめ 北の風 強く 晴れ 昼前 から くもり 所により 昼過ぎ から 夜のはじめ頃 雨 で 雷を伴う 波 3メートル 後 2メートル うねり を伴う	00-06 10% 06-12 20% 12-18 30% 18-24 30%	朝の最低 日中の最高 土浦 12度 22度
明後日23日		週間天気予報へ	

(/:のち, |:時々または一時)

図C・22　11時に発表される天気予報の例。気象庁ホームページより。

天気概況
平成２６年５月２１日０５時０３分　水戸地方気象台発表

南部では、低い土地の浸水や河川の増水に注意してください。茨城県では、強風や高波、落雷に注意してください。

紀伊半島の南には、前線を伴った低気圧があって東北東に進んでいます。

現在、関東地方は、雨で強く降っている所があります。

今日は、低気圧が伊豆諸島付近を通過するため、茨城県は、雨夜曇りで、朝から昼過ぎ雷を伴い激しく降る所があるでしょう。

明日は、晴れますが、上空に寒気が入り大気の状態が不安定となるため、茨城県は、晴れ昼前から曇りで、昼過ぎから夜のはじめ頃雨で雷を伴う所があるでしょう。

茨城県の海上では、今日から明日にかけて、うねりを伴い波が高いでしょう。

<天気変化等の留意点>
今日は、大気の状態が不安定となっています。落雷や突風、大雨による河川の増水、低い土地の浸水などに注意してください。北寄りの風が強くなる見込みです。不安定な場所での作業には注意してください。海上では、波が高くなる見込みです。海岸での作業等には注意してください。また、日中の最高気温が平年よりかなり低く、４月上旬並となる見込みです。健康管理に注意してください。

図C・23　天気概況の例。気象庁ホームページより。

「何時から雨が降るの?」「何時から寒いの?」という具体的な時間が知りたい場合には、図C・22の「**地域時系列予報へ**」をクリックすると、3時間ごとの天気、風、気温の予報が閲覧できます（図C・24）。翌日に外出するタイミングを見計らうときなどに参考になると思います。

それともうひとつ勘違いされやすいのが**注意報・警報**です（図C・25）。気象庁は「災害が起こるおそれのあるとき」には注意報、「重大な災害が起こるおそれがあるとき」には警報を発表します。これらの情報はすでに基準を超えている場合と、基準を超えることが予想されている場合に発表されます。ですから、たとえば大雨注意報が発表されていても、注意する必要があるのは少し先の時間帯

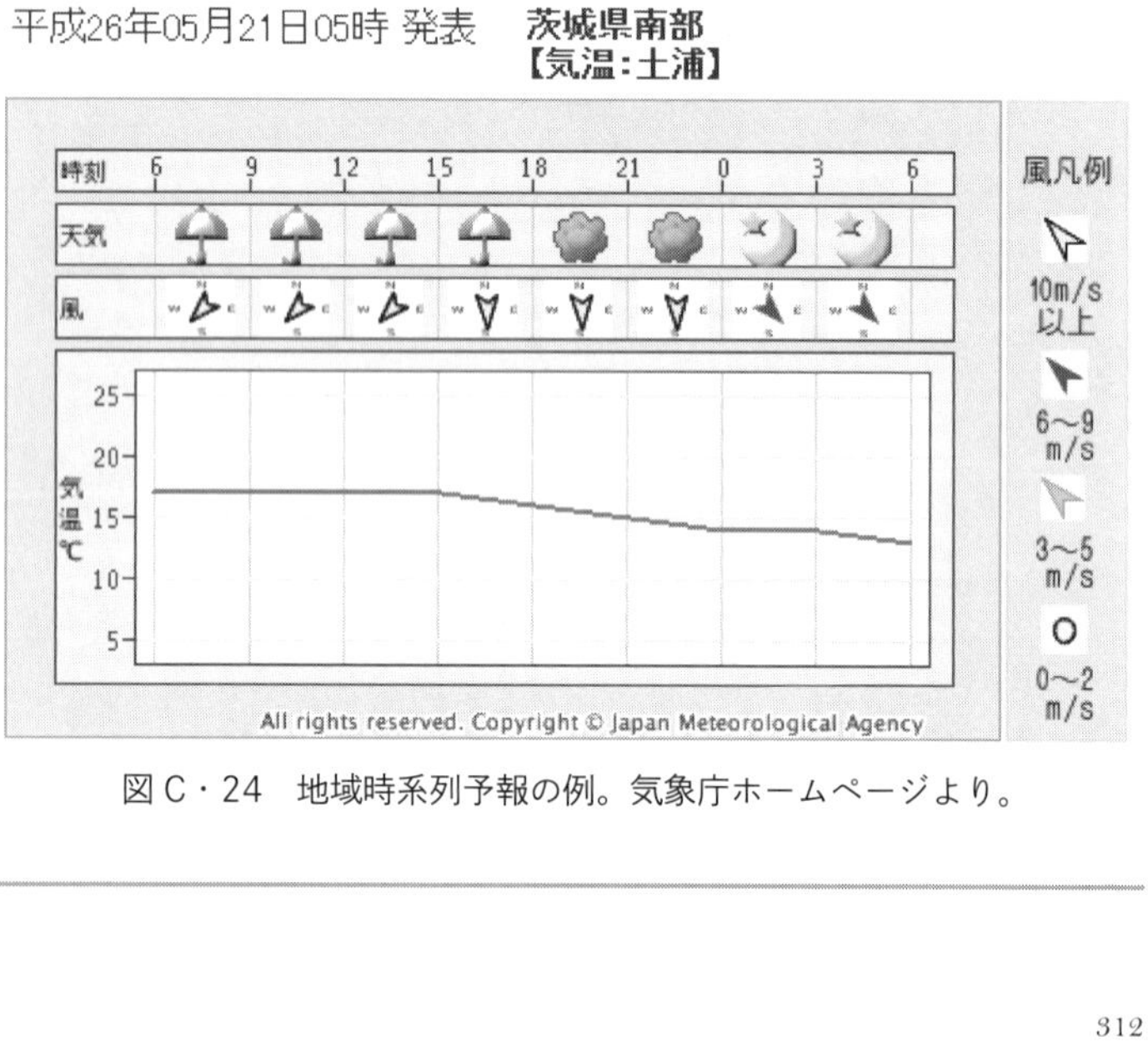

平成26年05月21日05時 発表
茨城県南部
【気温:土浦】
時刻
6
9
12
15
18
21
0
3
6
天気
風
気温℃
25
20
15
10
5
風凡例
10m/s以上
6〜9m/s
3〜5m/s
0〜2m/s
All rights reserved. Copyright © Japan Meteorological Agency

図C・24　地域時系列予報の例。気象庁ホームページより。

であるときもあります。気象庁の気象警報・注意報のページ（http://www.jma.go.jp/jp/warn/）から各地域のページに移動すると、具体的にいつからいつまで何に注意・警戒が必要か、そしてどのくらいの風や雨などが予想されているかという情報を閲覧できます。

普段テレビでは注意報・警報の発表状況のみが放送され、具体的にいつどのような現象に気をつけないといけないかがわからないことが多いように思います。特に屋外での活動を予定されている方は、ぜひご自分でそれらの最新情報を確認して判断するようにしてください。

これから数時間以内でいつ雨が降り始めそうかなどの詳しい情報が欲しい場合には、実際に雨雲の様子を見てみ

平成２６年　５月２１日０４時３６分　水戸地方気象台発表

茨城県の注意警戒事項
南部では、低い土地の浸水や河川の増水に注意してください。茨城県では、強風や高波、落雷に注意してください。

＝＝＝＝＝＝＝＝＝＝＝＝＝＝＝＝＝＝＝＝＝＝＝＝＝＝＝＝＝＝＝＝＝＝＝

つくば市 ［発表］**大雨，雷，強風，洪水注意報**
特記事項　浸水注意
浸水　注意期間　２１日朝から　２１日昼過ぎまで
1時間最大雨量　３０ミリ
雷　注意期間　２１日朝から　２１日昼過ぎまで
風　注意期間　２１日朝から　２１日夜遅くまで
北東の風
最大風速　１２メートル
洪水　注意期間　２１日朝から　２１日昼過ぎまで
付加事項　突風　ひょう

図C・25　注意報・警報の例。気象庁ホームページより。

ましょう。気象庁の**高解像度降水ナウキャスト**（http://www.jma.go.jp/jp/highresorad/）、**レーダー・ナウキャスト**のページ（http://www.jma.go.jp/jp/radnowc/）では、いままさにどこで雨が降っていて、今後1時間で雨雲がどう動くか、5分単位の観測・予測資料を見ることができます。国土交通省のXバンドMPレーダー雨量情報のページ（http://www.river.go.jp/xbandradar/）では、1分ごとの降水観測の情報が得られます。

もう少し先の時間までの予想を知りたい場合には、気象庁の**解析雨量・降水短時間予報**のページ（http://www.jma.go.jp/jp/radame/）をご覧ください。このページでは、1時間で積算した雨量の30分ごとの解析と、6時間先までの予報の資料を閲覧できます。もしご自身での判断が難しいような場合には、地元の気象台に電話で聞いてみるのもいいでしょう。

これらの情報はうまく使えば日常生活でかなり役に立ちます。特に、気象災害が予想されるような緊急時には避難などの判断材料として非常に重宝します。日本では毎年多くの気象災害が発生し、人命が失われたというニュースが後を絶ちません。テレビ越しに放送される気象災害の様子は決して他人事ではなく、同じ日本国内で起こっていることなのです。

気象庁は、2013年8月30日から**特別警報**という新しい防災情報の運用を開始しました（http://www.jma.go.jp/

jma/kishou/know/tokubetsu-keiho/)。特別警報は、重大な災害が起こるおそれが著しく大きく、数十年に一度しかないような非常に危険な状況にある場合に発表されます。

注意していただきたいのは、特別警報が設置されても従来の警報の重要性が変わったわけではないということです（図C・26）。警報が発表されていれば重大な災害が起こるおそれが十分あります。特別警報が発表される前に、危険を回避するのがベストです。

そのためには、避難するときに持ち出す荷物の点検、地元の避難場所や避難経路の確認など、普段からの準備を十二分にしておく必要があります。これに加えて、現在どういう状況でこれからどうなるのかという最新の気象情報を自分で入手し、確認するようにしましょう。

「まさかこんなことが起きるとは思わなかった」、「誰も逃げろと言わなかったので逃げなかった」……これらはいずれも災害の現場で実際によく耳にする言葉です。より正確な気象予測やより適切な防災情報、避難の指示を出すのは、気象庁を含む行政機関が永遠に取り組むべき課題ですが、最終的にどう行動するかを決断し、自分や家族の命を守ることができるのは、自分自身だけなのです。

普段からの備えと早め早めの行動が
あなたや身近な人の命を守ります
災害から身を守るために(大雨の場合)
普段から…
大雨になるおそれ
雨が降り出す
気象情報・空の変化に注意
ハザードマップ
Point
備えは大丈夫？
・周りより低い場所など、危険箇所を把握
・避難場所や避難ルートを確かめておく
雨が強くなると…
最新の情報に注意して、災害に備えた早めの準備を
雨・風の影響を受けやすい地区・避難困難者は早めの行動！
注意報
・気象情報や外の様子に注意
・非常用品や避難場所、避難ルートを確認
・災害に備えて、家の外の備えを点検
大雨が降り続くと…
自治体が発表する避難に関する情報に注意し、必要に応じ速やかに避難
警報
Point
特別警報が
発表されていなくても
早め早めの行動を！
さらに激しい
大雨が続くと…
ただちに命を守る行動をとる
非常事態
市町村からの避難勧告等に従い直ちに避難所に避難！
外出が危険なときは、家の中で少しでも安全な場所に移動
特別警報
Point
冷静な判断が大事です
周囲の状況に応じた行動を！
「住居の位置」や「住居の構造」、「既に浸水が生じている状況なのか否か」によって「自宅外避難」の必要性は異なりますので、冷静な判断が重要です。災害から命を守ることができる行動を考えておきましょう。
非常に危険！
・「特別警報が発表されない」は「災害が発生しない」ではありません。
・これまでどおり注意報、警報、その他の気象情報を活用し、早めの行動をとることが大切です。
・普段から避難場所や避難経路を確認しておきましょう。

図C・26　大雨発生時に発表される気象情報の流れと身を守るための行動。気象庁ホームページの「特別警報リーフレット」(http://www.jma.go.jp/jma/kishou/know/tokubetsu-keiho/image/leaflet2.pdf) より。

あとがき

ここまで読んでくださったみなさん、本当にありがとうございました。本書を読み終えてから見上げた空に浮かぶ雲は、みなさんの目にはどのように映っているでしょうか？

そもそも本書は、気象学は知らないけど雲が好きで、面白い雲の写真をつい撮っちゃうような方に雲の気象学の面白さを伝えるために執筆していました。そして、親しい気象予報士の佐々木恭子さんの興味がきっかけで、雲研究の最先端まで書こうと思いました。

また、私は研究職に就く以前は地方気象台の現場にいました。当時、勉強会の企画などを通して、現場の職員は勉強したいという意欲にあふれている方ばかりだと感じました。しかし実際は、24時間回す必要のある現場では、夜勤を含め不規則な勤務などで忙殺されてしまい、体系的な勉強を思うように続けられない方がたくさんいました。これには、人事異動のために腰を据えて勉強を教えてくれる指導者がいないという背景もあります。さらに気象学の教科書は数式だらけのものが多いため、勉強するにもハードルが高いことも原因です。これは、気象予報士を志す方にとってても大きな問題だろうと思います。

私は「気象の仕事をしていて、基礎からもっと勉強したい」「気象予報士試験の数式で挫折した」という方にも「雲の気象学はとにかく面白い！」ということを伝え、従来の教科書のハードルをより低く感じることのできる書籍を目指しました。そのため、基礎的なことから発展的な内容まで、数式の代わりにゆるいキャラクターを使って、イメージしやすい説明を心掛けました。数式も含めて詳しく知りたいと思った方は、従来の気象学の教科書をぜひ手に取ってみてください。本書で得たイメージと数式がリンクすれば、その知識はもうあなたのものになっているはずです。

執筆を進めていくうち、私はふと思いました。自分はどうして雲の面白さを伝えたいのだろうか、と。そして、これまで漠然としか持っていなかった考えが、確固たるものになりました。私が本書によってなそうとしているのは、「災害0の未来」を創ることです。これは、雲を理解して予測しようとする研究者、防災情報を作る現場の予報担当者、防災情報を届ける気象解説者の努力だけでは絶対に実現できません。本書の目的のひとつは、現場の予報担当者の解析技術向上と、気象解説者の解説技術向上です。しかし、いくら科学が進展して予測精度が上がり、高度化する情報をうまく届けられたとしても、その情報が利用されなければ災害はなくなりません。本書の伝える雲の気象学によって、みなさんがよりいっそう雲を好きになり、雲の声を聞き取れるようになることを願っています。そして危険な雲の可能性を呼び掛ける防災情報を活用し、雲とうまく付き合えるようになっていただければ幸いです。ここまで読んでいただいた方は、ぜひ一番気になるキャラクターの話を大事な人にしてみてください。そして、大事な人が笑顔でそばにいる「災害0の未来」のために、自分でできることを実践してみてください。本書が、そんな「笑顔の未来」の一歩となることを願ってやみません。

本書を執筆するにあたり、本当に多くの方の支援を受けました。索引の前に、スペシャルサンクスとしてお世話になった方の名前を掲載しました。特に筆の遅い筆者と粘り強く付き合っていただ

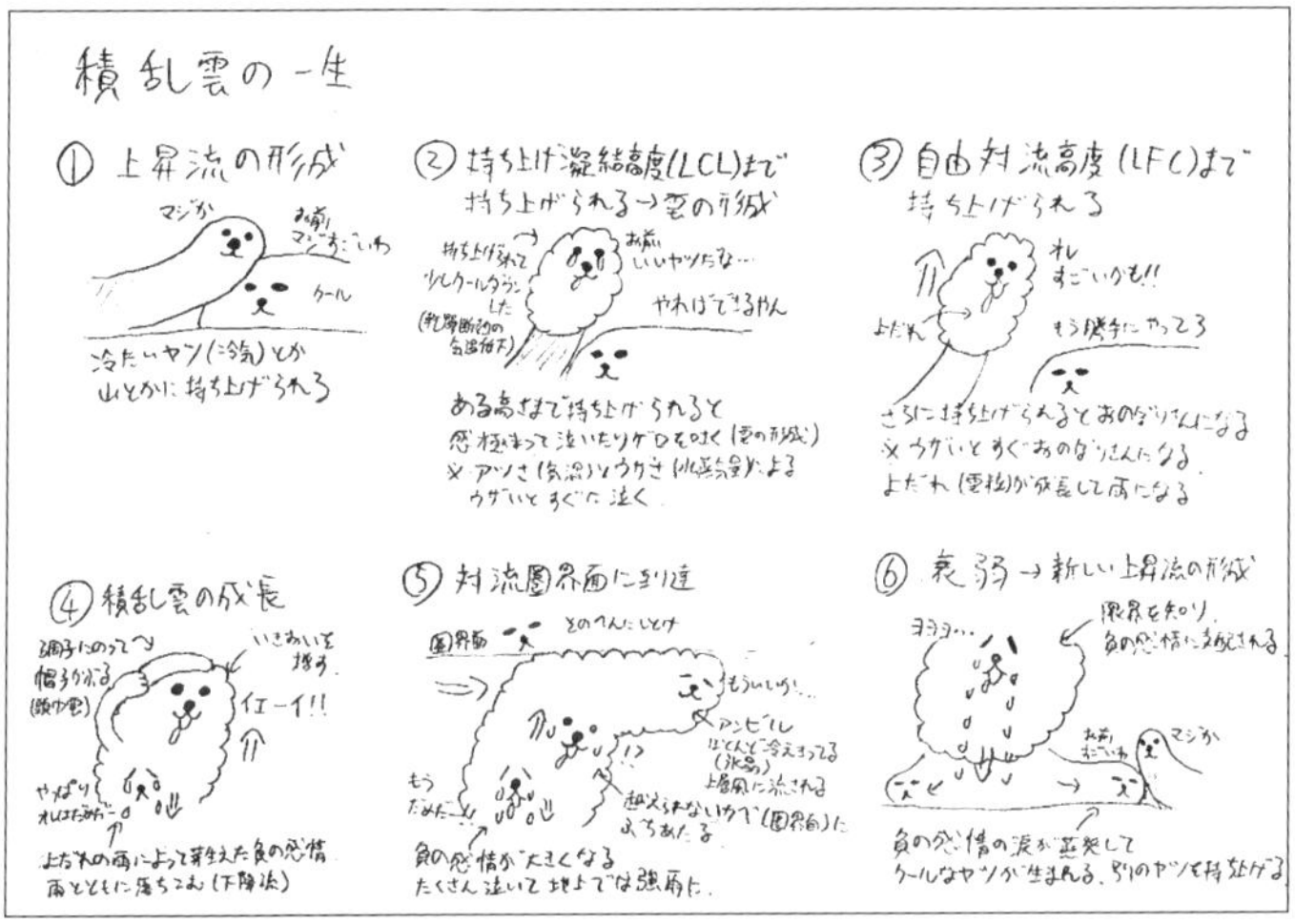
積乱雲の一生
① 上昇流の形成
② 持ち上げ凝結高度(LCL)まで
持ち上げられる→雲の形成
③ 自由対流高度(LFC)まで
持ち上げられる
④ 積乱雲の成長
⑤ 対流圏界面に到達
⑥ 衰弱→新しい上昇流の形成

いた、ベレ出版の編集担当である永瀬敏章さんにはお世話になりました。妻・めぐみと娘・凪には、本書の執筆を大きく支えてもらいました。おかげさまで、今までとは異なる切り口の気象学の書籍を生み出すことができたと思います。支えてくださったみなさま、本当にありがとうございました。

本書の多くの内容は、私がむしゃくしゃしていたときに描いた、この落書きがきっかけとなっています(http://goo.gl/QSOQv3)。もしあなたがむしゃくしゃしたら、ぜひ落書きをしてみてください。次の気象学の教科書は、あなたの落書きから生まれるかもしれません。

Facebookページ「雲の中では何が起こっているのか」
https://www.facebook.com/CloudMeteorology
本書作成の裏話や関連する情報を発信しています。

著者へのコンタクト：
面白い雲が出ていたら、雲の写真を送りつけてください。
Facebook：
https://www.facebook.com/kentaro.araki.meteor
Twitter：https://twitter.com/arakencloud

参考文献

浅井冨雄『ローカル気象学』東京大学出版会、1996年、102-107。

阿部正直「富士山の雲形分類」『気象集誌』第17巻、1939年、163-181。

荒木健太郎「Cold-Air Damming」『天気』第62巻、2015年a、545-547。

荒木健太郎「沿岸前線」『天気』第62巻、2015年b、541-543。

荒木健太郎、猪上華子、林修吾、中井専人「2010年1月13日に新潟県に上陸したメソβスケールの渦状擾乱に伴う局地降雪について」『2011年度日本気象学会春季大会講演予稿集』2011年、A301。

荒木健太郎、北畠尚子、加藤輝之「南岸低気圧に伴う関東平野の雪と雨の総観スケール環境場の違い」『日本気象学会2016年度春季大会講演予稿集』2016年、B102。

荒木健太郎、新野宏、加藤輝之「2011年4月25日に千葉県で発生した竜巻とその親雲のドップラーレーダー解析」『日本気象学会2012年度春季大会講演予稿集』2012年、B404。

荒木健太郎、新野宏「冬季日本海で発生する渦状擾乱の発達過程 ―下部境界の影響の評価―」『日本気象学会2012年度春季大会講演予稿集』2012年、B403。

荒木健太郎、橋本明弘、三隅良平、村上正隆「高精度ビン法雲微物理モデルの開発」『日本気象学会2013年度春季大会講演予稿集』2013年、C301。

荒木健太郎、益子渉、加藤輝之、南雲信宏「2015年8月12日につくば市で観測されたメソサイクロンに伴うWall Cloud」『天気』第62巻、2015年、953-957。

石原正仁「ドップラー気象レーダーの応用」『気象研究ノート』第２００号、２００１年、39－73。

石元裕史「1D-VARを用いた多波長マイクロ波データの解析」『気象研究ノート』第２３１号、２０１５年、２５９－２７０。

植竹淳、三宅隆之、牧輝弥、松木篤、馬場知哉、本山秀明「十勝岳中腹における降雪中の微生物濃度と種の変動」『雪氷研究大会（２０１１・長岡）講演要旨集』２０１１年、Ａ４－５。

小倉義光「テーパリングクラウドという名称について」『天気』第60巻、２０１３年、６４９。

菊地勝弘、亀田貴雄、樋口敬二、山下晃、雪結晶の新しい分類表を作る会メンバー「中緯度と極域での観測に基づいた新しい雪結晶の分類―グローバル分類―」『雪氷』第74巻、２０１２年、２２３－２４１。

気象研究所技術報告第８号「大気中における雪片の融解現象に関する研究」、１９８４年、９－23（http://www.mri-jma.go.jp/Publish/Technical/DATA/VOL_08/08.html）。

気象庁予報部「２０１３年1月14日の関東大雪」『平成25年度数値予報研修テキスト』２０１３年、71－89（http://www.jma.go.jp/jma/kishou/books/nwptext/46/chapter4.pdf）。

小林禎作『雪はなぜ六角か』筑摩書房、１９８４年、76－１１４。

隅部良司（編）『気象研究ノート』第２１２号、２００６年。

瀬古弘「中緯度のメソβスケール線状降水系の形態と維持機構に関する研究」『気象庁研究時報』第62巻、２０１０年。

田尻拓也、山下克也、村上正隆「広範なエアロゾル種の雲核・氷晶核能」『低温科学』第72巻、２０１４年、29－39。

内閣府「平成23年台風第12号による被害状況等について」（http://www.bousai.go.jp/updates/pdf/110903taihu29.pdf）。

中井専人、山口悟「平成23年豪雪時の降雪特性と雪氷災害の発生—全国概況と鳥取の集中豪雪—」『防災科学技術研究所主要災害調査』第47号、2012年、1-16。

中島孝「衛星から見る雲」『気象研究ノート』第218号、2006年、111-121。

深尾昌一郎、浜津享助『気象と大気のレーダーリモートセンシング』京都大学学術出版会、2005年、(http://hdl.handle.net/2433/49766)。

藤部文昭、坂上公平、中鉢幸悦、山下浩史「東京23区における夏季高温日午後の短時間強雨に先立つ地上風系の特徴」『天気』第49巻、2002年、395-405。

益子渉「超高解像度数値シミュレーションによる竜巻の詳細構造の解析」『日本気象学会2013年度秋季大会講演予稿集』2013年、B104。

三隅良平『ホールパンチ雲：Bergeron-Findeisen理論の可視化』(http://mizu.bosai.go.jp/c/c.cgi?key=hole_punch)。

村上正隆、折笠成宏、星本みずほ、黒岩博司、堀江宏昭、岡本創、民田晴也、中井専人「航空機による日本海ポーラーローの内部構造観測」『気象研究ノート』第208号、2005年a、347-354。

村上正隆、折笠成宏、星本みずほ、高山陽三、堀江宏昭、黒岩博司、民田晴也「航空機による筋状対流雲の発達過程の観測」『気象研究ノート』第208号、2005年b、233-242。

村上正隆、藤部文昭、石原正仁(編)「人工降雨・降雪研究の最前線」『気象研究ノート』第231号、2015年。

村上正隆、星本みずほ、折笠成宏、高山陽三、黒岩博司、堀江宏昭、岡本創、亀井秋秀、民田晴也「航空機による日本海寒帯気団収束帯帯状降雪雲の内部構造観測」『気象研究ノート』第208号、2005年c、251-264。

文部科学省『科学技術振興調整費　重点課題解決型研究「渇水対策のための人工降雨・降雪に関する総合的研究」事後評価』２０１１年（http://www.jst.go.jp/shincho/program/kadai/pdf/h22seika/200617302010rr.pdf)。

湯山生「富士山にかかる笠雲と吊し雲の統計的調査」『気象庁研究時報』第24巻、１９７２年、４１５－４２０。

吉崎正憲、加藤輝之『豪雨・豪雪の気象学』朝倉書店、２００７年、92－１１５。

Araki, K., H. Ishimoto, M. Murakami, and T. Tajiri: Temporal variation of close-proximity soundings within a tornadic supercell environment. *Scientific Online Letters on the Atmosphere*, vol. 10, 2014, 56-60.

Araki, K., H. Seko, T. Kawabata, K. Saito: The impact of 3-dimensional data assimilation using dense surface observations on a local heavy rainfall event. *WMO CAS/JSC WGNE Research Activities in Atmospheric and Oceanic Modelling*, vol. 45, 2015a, 1.07-1.08.

Araki, K., and M. Murakami: Numerical simulation of heavy snowfall and the potential role of ice nuclei in cloud formation and precipitation development. *WMO CAS/JSC WGNE Research Activities in Atmospheric and Oceanic Modelling*, vol. 45, 2015, 4.03-4.04.

Araki, K., M. Murakami, H. Ishimoto, and T. Tajiri: Ground-based microwave radiometer variational analysis during no-rain and rain conditions. *Scientific Online Letters on the Atmosphere*, vol. 11, 2015b, 108-112.

Carazzo, G., and A. M. Jellinek: A new view of the dynamics, stability and longevity of volcanic clouds. *Earth and Planetary Science Letters*, 325-326, 2014, 39-51.

Davies-Jones, R. P.: "Tornado dynamics" E. Kessler, Ed., *Thunderstorm Morphology and Dynamics*, Vol. 1, University of Oklahoma Press, 1981, 197-388.

Eito, H., M. Murakami, C. Muroi, T. Kato, S. Hayashi, H. Kuroiwa, and M. Yoshizaki: The structure and formation mechanism of transversal cloud bands associated with the Japan-Sea Polar-Airmass Convergence Zone. *Journal of the Meteorological Society of Japan*, vol.88, 2010, 625-648.

Fletcher, N. H.: *The Physics of Rainclouds*. Cambridge University Press, 2010, 386pp.

Hoose, C., and O. Möhler: *Heterogeneous ice nucleation on atmospheric aerosols: a review of results from laboratory experiments*. *Atmospheric Chemistry and Physics*, vol.12, 2012, 9817-9854.

Houze, R. A., Jr.: Orographic effects on precipitating clouds. *Reviews of Geophysics*, vol. 50, 2012, RG1001, doi:10.1029/2011RG000365.

Kajikawa, M.: *Measurement of falling Velocity of individual snow crystals*. *Journal of the Meteorological Society of Japan*, vol.50, 1972, 577-584.

Khain, A. P.: Notes on state-of-the-art investigations of aerosol effects on precipitation: A critical review. *Environmental Research Letters*, vol.4, 2009, 015004, doi:10.1088/1748-9326/4/1/015004.

Kobayashi, T.: The Growth of Snow Crystals at Low Supersaturations. *Philosophical Magazine*, vol.6, 1961, 1363-1370.

Koch, S. E., and K. A. Ray: Mesoanalysis of summertime convective zones in central and eastern North Carolina. *Weather and Forecasting*, vol.12, 1997, 56-77.

Levin, Z., and W. Cotton: Aerosol pollution impact on precipitation: a scientific review. Report from the WMO/IUGG International Aerosol Precipitation Science Assessment Group (IAPSAG) (World Meteorological Organization, Geneva, Switzerland, 2007).

Magono, C., and C. W. Lee: Meteorological classification of natural snow crystals. *Journal of the Faculty Science*, Hokkaido University, vol.4, 1966, 321-335.

Markowski, P. M., and Coauthors: The pretornadic phase of the Goshen County, Wyoming, supercell of 5 June 2009 intercepted by VORTEX2. Part II: Intensification of low-level rotation. *Monthly Weather Review*, vol.140, 2012, 2916-2938.

Mashiko, W., H. Niino, and K. Teruyuki: Numerical simulations of tornadogenesis in an outer-rainband minisupercell of Typhoon Shanshan on 17 September 2006. *Monthly Weather Review*, vol.137, 2009, 4238-4260.

Mason, B. J.: *The physics of clouds (Second Edition)*. Oxford, Clarendon Press, 1971, 671pp.

Miller, R. C., R. J. Anderson, J. L. Kassner, Jr. and D. E. Hagen: Homogeneous nucleation rate measurements for water over a wide range of temperature and nucleation rate. *The Journal of Chemical Physics*, vol.78, 1983, 3204-3211.

Miyamoto, Y., Y. Kajikawa, R. Yoshida, T. Yamaura, H. Yashiro, and H. Tomita: Deep moist atmospheric convection in a subkilometer global simulation. *Geophysical Reserch Letters*, vol.40, 2013, doi:10.1002/grl.50944.

Nakaya, U.: *Snow crystals -natural and artificial-*. Harvard University Press, 1954, 510pp.

Niino, H., T. Fujitani, and N. Watanabe: A statistical study of tornadoes and waterspouts in Japan from 1961 to 1993. *Journal of Climate*, vol.10, 1997, 1730-1752.

Orikasa, N., and M. Murakami: A new version of hydrometeor videosonde for cirrus cloud observations. *Journal of the Meteorological Society of Japan*, vol.75, 1997, 1033-1039.

Orikasa, N., M. Murakami, and A. J. Heymsfield: Ice crystal concentration in midlatitude cirrus clouds: in situ measurements with the balloonborne hydrometeor videosonde (HYVIS). *Journal of the Meteorological Society of Japan*, vol.91, 2013, 143-161.

Petters, M. D., and S. M. Kreidenwis: A single parameter representation of hygroscopic growth and cloud condensation nucleus activity. *Atmospheric Chemistry and Physics*, vol.7, 2007, 1961-1971.

Pratt, K. A., and Coauthors: In situ detection of biological particles in cloud ice-crystals. *Nature Geoscience*, vol.2, 2009, 398-401, doi:10.1038/ngeo521.

Rosenfeld, D., U. Lohmann, G. Raga, C. O' Dowd, M. Kulmala, S. Fuzzi, A. Reissell, and M. Andreae: Floor or drought: How do aerosols affect precipitation? *Science*, vol.321, 2008, 1309, doi:10.1126/science.1160606.

Saito, A., M. Murakami, and T. Tanaka: Automated continuous-flow thermal-diffusion-chamber type ice nucleus counter. *Scientific Online Letters on the Atmosphere*, vol.7, 2011, 29-32.

Schultz, D. M., and Coauthors: The mysteries of mammatus clouds: Observations and formation mechanisms. *Journal of the Atmospheric Sciences*, vol.63, 2006, 2409-2435.

Schumacher, R. S., and R. H. Johnson: Organization and environmental properties of extreme-rain-producing mesoscale convective systems. *Monthly Weather Review*, vol.133, 2005, 961-976.

Seinfeld, J. H., and S. N. Pandis: *Atmospheric chemistry and physics, Second edition*. A Wiley-Interscience Publication, 2006.

Shiraiwa, M., A. Zuend, A. K. Bertram, and J. H. Seinfeld: Gas-particle partitioning of atmospheric aerosols: interplay of physical state, non-ideal mixing and morphology. *The Journal of Physical Chemistry C*, vol.15, 2013, 11441-11453.

Tajiri, T., K. Yamashita, M. Murakami, A. Saito, K. Kusunoki, N. Orikasa, and L. Lilie: A novel adiabatic-expansion-type cloud simulation chamber. *Journal of the Meteorological Society of Japan*, vol.91, 2013, 687-704.

Trapp, R. J., G. J. Stumpf, and K. L. Manross: A reassessment of the percentage of tornadic mesocyclones. *Weather and Forecasting*, 20, 2005, 680-687.

Twohy, C. H., and Coauthors: Saharan dust particles nucleate droplets in eastern Atlantic clouds, *Geophysical Research Letters*, vol.36, 2009, L01807, doi:10.1029/2008GL035846.

Wakimoto, R.: The West Bend, Wisconsin, storm of 4 April 1981: A problem in operational meteorology. *Journal of the Applied Meteorolgy and Climate*, vol.22, 1983, 181-189.

Weckwerth, T. M., and D. B. Parsons: A review of convection initiation and motivation for IHOP_2002. *Monthly Weather Review*, vol.134, 2006, 5-22.

Wilson, J. W., and W. E. Schreiber: Initiation of convective storms at radar-observed boundary-layer convergence lines. *Monthly Weather Review*, vol.114, 1986, 2516-2536.

Yamauchi, H., H. Niino, O. Suzuki, Y. Shoji, E. Sato, A. Adachi, and W. Mashiko: Vertical structure of the Tsukuba F3 tornado on 6 May 2012 as revealed by a polarimetric radar. Preprints, 36th Conference on Radar Meteorology, Breckenridge, Colorado, *American Meteorlolgical* Society, vol.320. 2013.

本書に関連する書籍など

筆保弘徳、芳村圭、稲津將、吉野純、加藤輝之、茂木耕作、三好建正『天気と気象についてわかっていることいないこと』ベレ出版、2013年

若手の研究者たちが気象学の最先端の話題をわかりやすく解説した読み物。誰でも気軽に読むことができる、オススメの一冊。

小倉義光『一般気象学　第2版』東京大学出版会、1999年

気象学を志す人が必ずお世話になる教科書。大気光学現象や、雷などの大気電気現象、人工降雨を含むエアロゾル・雲・降水過程などの話題を除く、気象学のほとんどすべての分野について解説されています。若干の数式あり。何度も読む価値がある一冊。

白木正規『新 百万人の天気教室』成山堂書店、2013年

気象学の入門書。『一般気象学』よりも平易な説明がされており、とっつきやすい。『一般気象学』で心が折れそうなときに読むべき一冊。筆者の白木先生は、私が大学入学時の校長先生でした。書籍を持って校長室に突撃したのはいい思い出です。

水野量『雲と雨の気象学』朝倉書店、2000年

雲物理の教科書。和書でここまで詳細に雲物理について述べている書籍は他にはありません。数式多し。大学教養レベルの数学の知識があれば問題なく読み進められます。水野先生も私が大学時代に大変お世話になった先生です（当時は自分が雲の研究をするようになるとは思ってもいませんでした）。

Rogers, R. R., and M. K. Yau: *A Short Course in Cloud Physics, Third Edition*. Butterworth-Heinmann, 1989.

雲物理の英文の教科書。数式のレベルも含めて『雲と雨の気象学』に近い内容です。雲物理の基礎がしっかり学べる良書。気象学を志す学生には『雲と雨の気象学』とあわせてオススメしたい一冊。

高橋劭『雲の物理』東京堂出版、1987年

雲物理の教科書。やや古いものの、雲物理の基本的なことは網羅されています。著者の高橋先生は雷研究の第一人者で、書籍中でも雷について書かれている部分は素晴らしいです。

武田喬男『雨の科学―雲をつかむ話』成山堂書店、2005年

雲物理の読み物。とてもわかりやすく雲や雨の物理について書かれています。誰でも楽しく読めます。私の中で「気象を勉強しはじめた頃に読んでおけばよかった書籍ランキング」第1位の書籍です。

武田喬男、上田豊、安田延壽、藤吉康志『水の気象学』東京大学出版会、1992年

「水」という観点からの気象学の教科書。対流性・層状性の雲に加え、本書で詳しく解説できなかった地表面過程も含む水循環や熱収支の話題も解説されている良書。学生向け。水が好きになる一冊。

菊地勝弘『雪と雷の世界』成山堂書店、2009年

雪と雷に特化した読み物。わかりやすい良書です。氷晶の微物理過程や雷のさまざまな話題は本書で触れていないことも多く、勉強になります。本書で雪や雷に興味を持った方にはぜひ読んでもらいたいオススメの一冊。

二宮洸三『日本海の気象と降雪』成山堂書店、2008年

冬の日本海の気象学について、たいへんわかりやすくまとめられた読み物。雲の微物理過程というより、メソスケール以上の水平スケールの現象の話題が素敵です。若干の数式あり。特に本書の第5章4節に興味を持たれた方にオススメです。

浅井冨雄『ローカル気象学』東京大学出版会、1996年

局地的な気象の教科書。海陸風や山越え気流の章が私は大好きです。対流の仕組みや梅雨期の豪雨、冬の日本海側の豪雪についても書かれています。

大野久雄『雷雨とメソ気象』東京堂出版、2001年

メソスケールの気象学の教科書。雷雨やガストフロント、ダウンバースト、竜巻、雷の仕組みがわかりやすく解説されています。観測システムについても書かれていて嬉しい良書です。

吉崎正憲、加藤輝之『豪雨・豪雪の気象学』朝倉書店、2007年

豪雨と豪雪に特化したメソスケールの気象学の教科書。基礎的な部分から発展的な部分まで述べられている良書です。ところどころで大学教養レベルの数学の知識が必要ですが、気象学を志す方は前半の基礎編を読むだけでもかなり勉強になる一冊。さらに発展的な内容は、『メソ対流系』(吉崎正憲、村上正隆、加藤輝之『気象研究ノート』第208号、2005年)に書かれています。

小倉義光『総観気象学入門』東京大学出版会、２０００年

総観スケールの気象学の教科書。本書で取り上げられなかった低気圧や前線の詳細が理解できる。数式は多いが、基礎的な方程式からの流れが示されています。学生や研究者向け。数式が楽しくなってきたら“*An Introduction to Dynamic Meteorology, Fifth Edition*”（J. R. Holton and G. J. Hakim, Elsevier Inc., 2013）がオススメです。

小倉義光『メソ気象の基礎理論』東京大学出版会、１９９７年

メソスケールの気象学の基礎的な理論をまとめた教科書。数式は多いものの、メソスケールの現象の力学を理解できる一冊。ただし、基礎的な方程式の導出は示されていないので『総観気象学入門』とともに読むといいかも。学生向け。

茂木耕作『梅雨前線の正体』東京堂出版、２０１２年

本書で触れることのできなかった梅雨前線について、最先端の研究の話題を「研究者」を入り口にしてわかりやすく解説した読み物。梅雨前線を追う研究者の生き様を見れます。私はこの書籍のタイトルを「梅雨前線の正体」と読むと考えています。梅雨前線に伴う雲や対流システムについては『豪雨・豪雪の気象学』や『メソ対流系』にさらに詳しくまとめられています。

上野充、山口宗彦『図解・台風の科学』講談社、２０１２年

これも本書でほとんど触れられなかった台風について、わかりやすく解説している読み物。台風の基本からメカニズム、予報の仕方や発生する被害など、台風についてひと通り学ぶことができる良書。地球温暖化で台風がどうなるかについても述べられていて嬉しい。

筆保弘徳、伊藤耕介、山口宗彦『台風の正体』朝倉書店、２０１４（9月14日発売予定）

ひたすらわかりやすい台風の読み物。台風の歴史、台風による災害の話題から導入されるため、非常にとっつきやすい。内容もとても充実している良書。『図解・台風の科学』とともに読むとよさそう。台風についてのさらに発展的な内容は『台風研究の最前線（上）―台風力学―』（筆保弘徳、中澤哲夫『気象研究ノート』第２２６号、２０１３年）と『台風研究の最前線（下）―台風予報―』（筆保弘徳、中澤哲夫『気象研究ノート』第２２７号、２０１３年）をご覧ください。

Cotton, W. R., G. H. Bryan, and S. C. van den Heever: *Storm and Cloud Dynamics, Second Edition*.

Academic Press, 2011.
雲の基礎から発展的な内容まで丁寧に記述されている教科書。気象を頑張りたい学生や研究者向け。層状性の雲・対流性の雲・対流システムなどについてここまで体系的に詳しく解説されている書籍はほかにはないのではないかと思います。私もお世話になっている一冊です。

Markowski, P., and Y. Richardson: *Mesoscale Meteorology in Midlatitudes*. John Wiley & Sons Ltd,2010.
メソスケールの気象学の教科書の中で、私がもっともオススメしたい一冊。フルカラーです。図が綺麗で、モチベーションが上がります。とても詳しい割に平易な英語で書かれていて理解しやすい。メソスケールの気象学を頑張りたい学生や研究者は必読です。

Pruppacher, H. R., and J. D. Klett: *Microphysics of Clouds and Precipitation. Second revised and expanded edition*. Springer, 2010.
雲物理のバイブル。世界で一番、雲物理について詳しく書かれている参考書です。実験・観測・数値モデルの結果などあらゆる情報が網羅されています。私は学生の頃に読んで挫折し、研究職に就いてから再チャレンジしました。しかしまだ全部は理解できていません。研究者向け。

Hobbs, P. V.: *Aerosol-Cloud-Climate Interactions*. Academic Press, 1993.
エアロゾル・雲と気候の相互作用に関する教科書。基本的なことをおさえており、理解しやすい。層状性の雲や放射のことがしっかり書かれており、これから気候の勉強をしようという方にオススメしたい一冊です。学生向け。

中島映至、早坂忠裕（編）「エアロゾルの気候と大気環境への影響」『気象研究ノート』第２１８号，２００８年
タイトルの通り、エアロゾルの気候と大気環境への影響に関する最近の研究をまとめた一冊。エアロゾルと雲の関係についてはリモートセンシングと数値予報モデルの観点から記述されています。学生や研究者向け。

北海道大学　低温科学研究所「雲とエアロゾルをつなぐ観測とモデリング」『低温科学』第72巻，２０１４年（http://www.lowtem.hokudai.ac.jp/lts/LTS72f.pdf）
エアロゾルと雲について、さまざまな観点から最新の研究の話題をまとめた一冊。雲粒子の核形成についても詳しく書かれています。雲の気象学を志す学生や研究者向け。ＷＥＢでダウンロード可能です。

IPCC Working Group I Technical Support Unit: Climate Change 2013: The Physical Science Basis. Working Group I Contribution to the Fifth Assessment Report of the Intergovernmental Panel on Climate Change. Cambridge University Press, 2014.（http://www.ipcc.ch/report/ar5/wg1/）

気象庁『ＩＰＣＣ　第5次評価報告書』（http://www.data.jma.go.jp/cpdinfo/ipcc/ar5/）

気象庁『ＩＰＣＣ　第４次評価報告書』（http://www.data.jma.go.jp/cpdinfo/ipcc/ar4/）

ＩＰＣＣの第5次評価報告書の第1作業部会に関する原文と和訳文。地球温暖化研究の最新の知見をまとめています。第４次・第5次評価報告書ともに、和文の技術要約も掲載されています。技術要約でどこがどう変わったのか比較してみると面白いと思います。和訳文は要約なので手軽に読めますが、原文はめちゃくちゃ詳しくかなりのボリュームです。原文を全部読むにはかなりの時間と体力と根性が必要。知りたい部分を抜粋して閲覧するのがよさそうです。

気象庁『数値予報研修テキスト』（http://www.jma.go.jp/jma/kishou/books/nwptext/nwptext.html）

最近10年くらいの気象庁の数値予報モデルについて、年度ごとにまとめられている解説資料。数値予報の基礎的なことを学びたい方には第45巻（平成24年度）の第一部がおススメです。ＷＥＢで手軽に閲覧できます。

深尾昌一郎、浜津享助『気象と大気のレーダーリモートセンシング』京都大学学術出版会、２００５年（http://repository.kulib.kyoto-u.ac.jp/dspace/handle/2433/49766）

レーダーによるリモートセンシングについて、とても丁寧に解説された教科書。著者の深尾先生は気象庁の局地気象の観測システムの基礎を構築された方で、内容が非常に充実しています。和文のレーダーの教科書ではダントツでオススメ。ＷＥＢでダウンロード可能です。

NASA EOSDIS Near Real-Time Data Rapid Response（https://earthdata.nasa.gov/data/near-real-time-data/rapid-response）

ＮＡＳＡが提供する衛星のプロダクト集。本書の図表にも使用した気象衛星画像などが閲覧できます。とても便利で誰もが楽しめます。気になる雲が出ていたときに見てみるとよさそうです。Worldview の使い勝手のよさは天下一品です。

荒木健太郎『雲を愛する技術』光文社新書、２０１７年　フルカラーで雲写真まみれなサイエンス読み物。解説動画や映像資料つき。新書サイズなので持ち運びも便利。超絶オススメ。

スペシャルサンクス

本書の誕生・成長の過程で、みなさまに支えていただきました（敬称略、順不同）。
どうもありがとうございました。今後ともよろしくお願いします。

小倉義光、加藤輝之、村上正隆、中垣昭夫、永瀬敏章、坂野公一、茂木耕作、茂木美紀、佐々木恭子、小川真由、中村央理雄、寺川奈津美、吉次史織、片平敦、宇野沢達也、松雪彩花、ウェザーニュースサポーターのみなさま、新海誠、吉田康平、万田敦昌、伊藤耕介、秋本裕子、森修一、中井専人、三隅良平、石元裕史、安成哲平、水野量、中村晃三、吉崎正憲、大竹秀明、綾塚祐二、大矢康裕、青木健二、鵜沼昂、井上創介、長峰聡、荒川和子、土井雅彦、辻宏樹、三好崇之、松澤孝紀、池田倫子、村上茂樹、吉田龍二、伊藤みゆき、財前祐二、石坂雅昭、勝俣昌己、吉澤健司、松浦武、新井勝也、菊地隆貴、折笠成宏、橋本明弘、齋藤篤思、田尻拓也、山下克也、岩田歩、牧輝弥、植竹淳、中谷宇吉郎雪の科学館、鈴木真一、本吉弘岐、猪熊隆之、西岡佐喜子、阿達勝則、佐々木仁、古川純子、栗原めぐみ、鈴木斐子、千種ゆり子、塩田美奈子、澤口麻理、木山秀哉、林未知也、吉田聡、永田統計、中村慎太郎、武谷真由美、中村和、山下陽介、佐々木大成、酒井敏、戸松秀之、美山透、鈴木絢子、高村直也、柳瀬亘、纐纈丈晴、平島寛行、柏野祐二、牛山朋来、古田泰子、宮島亜希子、Karina V nk、山内洋、植木綾乃、馬場賢治、西本絵梨子、池田淳、池田秀代、伴泰光、田中一人、佐藤悠、野島孝之、藤堂宗昌、重田絵里奈、高木育生、藤吉康志、金久博忠、白木正規、二宮洸三、新野宏、伊賀啓太、斉藤和雄、瀬古弘、川畑拓矢、石原幸司、田中泰宙、今村剛、江渡浩一郎、高橋佳代子、メレ山メレ子、高井浩司、枇々木聖、せきぐちあいみ、森旭彦、石川勝則、若井俊一郎、遠藤あゆみ、河西恭子、高野哲夫、諸岡雅美、是廣巽、高森泰人、金子晃久、金子奈津子、金子晃太郎、金子みちる、菊地高史、前川昭、内田葉子、牧広篤、篠田太郎、鈴木健太郎、佐藤陽祐、島伸一郎、當房豊、長谷川裕史、島下尚一、大沢龍司、市丸数馬、佐藤尚毅、岩崎真夕、山田菜摘、小山知里、波多江玉稀、内山由侑基、高橋伸之介、二村千津子、鈴木智恵、加藤順子、山本由佳、古田純代、鈴木敏裕、廣野岳海、實本正樹、内海一成、吉田信夫、瀬山滋、岡留健二、関根昌克、水渡敬子、鳥居瑞樹、今井明子、鈴木寛之、榮門裕文、内山常雄、小島亜輝子、薄井利章、天野清、越田智喜、中尾克志、関田昌広、渡辺一弘、橋本あきら、都倉昭彦、大里佳正、松本祐典、田中賢治、田中健路、石井昌憲、阿部なつ江、秋元順子、吉田ジョージ、キタガワユキ、田口大、福島円、尾本佳苗、千葉理美、栃本英伍、櫻井由佳、水野友貴、天野功一、長瀬泰彦、大島祥、太田凌嘉、大友健、楠本絵莉子、石原鉄郎、三澤季美子、萩谷みゆき、柳町英昭、杉原寛、田中翔、境剛志、齊藤直彬、髙根雄也、辻野智紀、八木綾子、梅川紗綾、黒良龍太、中島康志、川端康弘、住田慎、羽田純、山本浩之、阿曽知子、桑江康公、河野誠、長谷川嘉臣、長谷川久美子、長谷川朱里、伊藤享洋、比良咲絵、山内晃、久野木梓織、浅野匠彦、浅井博明、吉住蓉子、山地萌果、西川はつみ、鈴木はるか、井上晃介、武田一孝、三上祐理子、山崎尚子、安藤雄太、保科優、齊藤雅典、高倉寿成、河田雅生、梅原章仁、渡邊大郎、吉岡大秋、板戸昌子、仁科慧、遠藤文倫、酒井貴紘、鈴木美知子、阿部一章、齋藤朝子、青木豊、加藤大輔、中村あゆみ、吉本由理、和智布美子、桂東、西ノ明久代、奥山広子、堀田泉、土橋学、岩木真穂、藤井政登、長谷川高士、渡辺伸子、藤井路子、田鎖美穂、前川恵美子、須崎友紀子、米島博司、清野雄介、花崎阿弓、寒川優子、黒須美代子、宮崎鈴子、山口奈乙美、塚原いづみ、太田栄子、加藤陽子、櫻井純子、岡本飛鳥、長利瑞穂、田崎奈津美、喜多淳一郎、柴原沙矢香、中島彰、小嶋誠司、片山美雪、鈴木糸子、荒舩良孝、日下部水規、竹内伸、村本准一、前野ウルド浩太郎、湯村翼、近藤那央、鶴岡マリア、樋田桂一、山田光利、とよ田キノ子、日吉紀之、伊藤浩二、羽賀健悟、矢澤正人、箭川昭生、遠藤伸昭、若林花見、木村正子、篠原祐太、小野優莉華、田島貴紀、根本佳奈、大山里奈、高野裕美子、阿崎麻千子、高橋茉莉花、宮部真太郎、半澤悦子、宮本麻衣、渡部恵司、白井正輝、中塚貴代、鈴木豪、鈴木紀恵、鈴木花菜、山本さきえ、高木香、一戸信哉、熊谷育子、椿芳恵、横木裕、川田和歌子、佐野奈々、石橋宏之、稲越薫、赤川佳子、今村典子、福地志保、市橋英樹、権藤孝、荒川真人、三谷洋介、星明子、辻本光恵、山中直美、ケコ、松本典子、柏原花菜、荒尾清子、藤原晴雄、藤原奈津子、荒木敏雄、荒木美代子、平岩寛司、平岩光、荒木真次郎、荒木めぐみ、荒木凪

丸天井…… 213
ミー散乱 …… 112
水過飽和度……51
水雲……25
水循環……76
水飽和……49
未飽和……47
ミリ波 …… 278
メソαスケール …… 189
メソγスケール …… 189
メソサイクロン …… 211
メソβスケール …… 189
メソモデル …… 294, **297**
モーニング・グローリー・クラウド …99
持ち上げ凝結高度 …… 174
モンスーン …… 61, **244**

ヤ

矢型前駆放電…… 225
夜光雲……71
山越え気流 ……92
やませ …… **194**, 288
山谷風……61
山雪…… 244
融解……39
融解層…… 144
融解帯電…… 221
有効雲…… 154
雄大積雲……36
雪は天から送られた手紙である … **82**, 141, 283
ヨウ化銀 …… **155**, 268
陽了 …… 221
溶質…… 125
溶質効果…… 126
予報官…… 295

ラ

ライダー …… **280**, 289
雷電…… 220
ライミング …… 142
雷鳴…… 220
落雷…… 220
ラジオゾンデ…… 274
落下速度……23, **78**, 86
乱層雲……33
乱流…… 131
力士…… **228**, 242
陸風…… 100
陸風前線……99
陸上竜巻…… 216
リモートセンシング …… 278
粒径……77
硫酸塩…… 127
臨界半径…… 124
冷気外出流……44
レイリー散乱…… 113
レーダー …… **277**, 289
レーダー・ナウキャスト…… 314
レンズ雲 ……93
連続方程式…… 281
漏斗雲…… 206
ローディング ……43
露点温度……52

氷晶雲……25
氷晶核……**120**, 133, 272
氷晶核計……270
氷晶核形成……**119**, 134, 268, 272
氷晶の分類……83
– 一般分類……83
– 気象学的分類……84, **138**
– グローバル分類……84
– 実用分類……84
表面張力……**81**, 124
平松式ペットボトル
人工雪発生装置……161
尾流雲……**103**, 168
品質管理……294
不安定……**56**, 175
風向シア……62
風速シア……62
フェーズドアレイ気象レーダー……282
フェーン現象……96
負極性落雷……225
不均質核形成……**125**, 133
復元力……56
副虹……107
藤田（F）スケール……207
二つ玉低気圧……64
フックエコー……212
ブラックカーボン……153
プリズム……106
浮力……43
浮力がなくなる高度……175
プログラム……292
ブロッケン現象……263
プロトン……221
不溶性……135
分圧……48
分光……106
分子量……68
分裂……**82**, 131
平行型筋状雲……245
平衡高度……175
併合成長……145
閉塞前線……64
ベナール対流……178
放射……**72**, 283
放射強制力……152
放射霧……191
放射計……**283**, 287
放射収支……**73**, 118, 150
放射冷却……75
放電……220
飽和……46
飽和混合比……51
飽和水蒸気圧……48
飽和水蒸気量……46
ポーラーロー……249
北東気流の曇天……193
保護範囲……227
盆地霧……191

マ

マイクロスケール……189
マイクロ波……278
マイクロ波放射計……**283**, 289
マイソサイクロン……216
マッデン・ジュリアン振動……190
マルチセル対流……186
マルチパラメーターレーダー……282

電磁波……………………………72
電離層……………………………72
凍結………………………………42
特別警報………………………… 314
ドコモ環境センサーネットワーク … 237
土壌粒子………………… 118, **136**
突風前線…………………………97
ドップラー効果…………………… 280
ドップラー速度…………………… 280
ドップラーレーダー ……………… 280
ドライアイス …………… **155**, 161
ドライライン ……………………67
トラフ ……………………………64
トラフくん ………………… **64**, 257
トランスバースライン …………… 197
トリプルポイント ………………… 235
ナ
内部凍結………………………… 134
中谷ダイヤグラム………………… 140
凪 ………………………………… 102
南岸低気圧………… **64**, 243, 251
二酸化炭素………………… **68**, 151
虹 ………………………………… 105
二次氷晶………………………… 137
二重偏波レーダー ……………… 282
日本海寒帯気団収束帯………… 246
日本海低気圧………… **64**, 94, 259
入道雲……………………………37
乳房雲…………………………… 103
ニューラルネットワーク ………… 285
にんじん雲 ……………………… 231
熱気泡…………………………… 176
熱圏………………………………71
熱収支……………………………72
熱的低気圧………………………61
熱伝導……………………………74
熱容量…………………………… 100
濃霧……………………………… 193
ハ
パーセルくん……………………45
バイオエアロゾル … 118, 136, 268, **304**
爆弾低気圧……………………… 252
波状雲……………………………93
バタフライ・エフェクト ………… 296
バックアンドサイドビルディング …… 230
バックビルディング ……………… 230
発散………………………………62
パラメタリゼーション…………… 297
針 …………………………………83
ハロ ……………………………… 108
ヒートアイランド現象 …………… 237
非意図的気象改変……………… 148
ヒートロー ………………………61
日暈……………………………… 108
日傘効果………………………… 150
飛行機雲………………………… 166
非降水エコー …………………… 282
比湿………………………………51
非スーパーセル竜巻 …………… 216
非断熱変化………………………53
微物理過程……………… **116**, 301
ひまわり………………………… 287
非メソサイクロン竜巻 ………… 217
雹 ………………………………… 142
氷晶………………………………22

外暈…… 108
そらまめ君…… **236**, 300
ゾンデ…… 273

タ

ダートリーダー…… 225
大気汚染物質…… **116**, 184
大気光学現象…… 105
対地放電…… 220
帯電…… 221
台風…… **238**, 250
太陽同期軌道衛星…… 287
太陽放射……72
対流…… 74, **172**
対流圏……24, **70**
対流圏界面……70
大粒子…… 117
対流システム…… 188
対流性…… 172
対流セル…… 182
対流の起爆…… 234
対流パラメタリゼーション…… 298
ダウンバースト……44
だし風……95
多重渦構造…… 210
多重セル対流…… 182, **186**
ダストデビル…… 218
竜巻…… 206
単一セル…… 182
段階型前駆放電…… 224
暖気核…… 250
断熱圧縮……53
断熱昇温……53
断熱変化…… **53**, 268
断熱膨張……53
断熱冷却……53
短波放射……73
地域時系列予報…… 312
地球温暖化…… 76, **149**
地球放射……72
地形性豪雨…… 238
窒素……68
千葉市ライン…… 236
着氷帯電…… 223
注意報…… 295, **312**
中間圏……71
中間圏界面……71
中層雲……24
中立……56
中立高度…… 175
中和…… 220
長波放射……73
直交型筋状雲…… 246
月暈…… 108
冷たい雨…… 132
冷たい雲……25
吊し雲……93
低気圧…… **58**, 63
停滞前線……64
データ同化…… 294
テーパリングクラウド…… 231
電荷…… 138, **220**
電荷分離…… 220
電気陰性度…… 138
天気概況…… 310
天気予報…… **292**, 308
電光…… 220

人工降雨・降雪…… 154
真珠母雲……71
塵旋風…… 218
吸い込み渦…… 210
水酸化物イオン…… 221
水蒸気……38
水蒸気圧……48
水蒸気量……46
水上竜巻…… 216
水素…… **138**, 274
水素イオン…… 221
水素結合…… **139**, 221
水平渦…… 206
水平シア……62
水平スケール…… 188
水平ロール対流…… **180**, 244
水溶性…… 125
数値シミュレーション…… 157, **292**
数値予報…… 157, **292**
数値予報モデル…… 157, **292**
スーパーコンピュータ…… 295
スーパーセル…… 210
スーパーセル竜巻…… 210
スギ花粉…… 269, **304**
頭巾雲……43
スコール…… 229
スコールライン…… 229
すす粒子…… 153
ステップトリーダー…… 224
ストリーク…… 196
正極性落雷…… 225
西高東低…… 244
静止衛星…… 287
成層圏……70
成層圏界面……70
静電引力…… 139
晴天エコー…… 282
積雲……35
赤外画像…… 90, **287**
赤外線…… **72**, 105
赤外放射……73
積雪汚染…… 119
積乱雲……23, **36**
接触凍結…… 134
絶対安定……57
絶対温度……72
絶対不安定……57
接地逆転層…… 243
雪片…… 85, **144**
セル状対流…… **178**, 201
全圧……48
全球モデル…… 294, **297**
線状降水帯…… 229
前線……63
前線霧…… 192
前線面……66
潜熱……39
層雲…… **34**, 190
総観スケール…… 189
層状性…… 172
層積雲…… **33**, 194
相対湿度……45, **51**
相当温位…… 193
相当半径……79
相変化……38
組成……68

降雪雲……37, **243**
降雪バンド……247
降雪粒子……23
高層雲……31
高層気象観測……273
好天積雲……**36**, 177, 180
鉱物粒子……118, **136**, 153, 268
光芒……111
氷過飽和度……51
氷雲……25
氷飽和……49
黒色炭素……119, **153**
枯草菌……269, **305**
小林ダイヤグラム……139
コリオリ力……61
混合……**178**, 190
混合雲……25
混合霧……192
混合層……192
混合比……51
混相雲……25

サ

彩雲……111
最深積雪……242
里雪……245
三極構造……224
酸性雨……119
酸素……**68**, 138, 285
散乱……73
シアライン……62
シーダー・フィーダー効果……240
シーディング……154
シーラスストリーク……196
ジェット巻雲……196
紫外線……70, **72**, 105
時間スケール……188
自然起源エアロゾル……118
視直径……30
十種雲形……25
湿潤空気……45
湿潤断熱減率……54
湿潤断熱変化……54
湿性沈着……119
湿度……45
視半径……106
収束……62
自由対流高度……174
集中豪雨……228
重力……43
重力流……44
主虹……106
樹枝状結晶……**82**, 138, 142, 144
昇華……39
昇華凝結……133
昇華成長……138
蒸気霧……192, **202**
条件付き不安定……57
消散飛行機雲……166
上昇流……**42**, 172
上層雲……24
衝突併合成長……129
衝突率……129
蒸発……39, **124**
晶癖……83
初期値……293
人為起源エアロゾル……**118**, 149

気候変動に関する政府間
パネル …… 151
気象衛星…… 287
気象改変…… 148
気象情報…… 308
季節風…… 61, **244**
気団……64
気団変質…… 244
逆転層…… 175
客観解析…… 294
吸収…… **72**, 285
吸湿性…… 125
境界エコー減衰部 …… 213
凝結…… 39, **123**
凝結（拡散）成長…… 125
凝結凍結…… 134
凝固……39
極軌道衛星…… 287
極成層圏雲…… **71**, 268
局地豪雨…… 234
局地前線…… 216
局地的大雨…… 234
局地モデル …… 294, **299**
極中間圏雲……71
巨大粒子…… 117
霧 …… 34, **190**
霧雨……23, **77**
均質核形成…… **125**, 133
均質凍結…… 133
空気抵抗……82
空気の塊……45
雲 ……22
雲解像モデル …… 299
雲凝結核…… **120**, 125, 272
雲凝結核計…… 270
雲許容モデル …… 299
雲生成チャンバー …… **266**, 301
雲粒……22
雲放電…… 220
雲水…… 285
雲粒子……22
雲粒子ビデオゾンデ …… 274
クラウドクラスター…… 189
クラウドストリート …… **180**, 244
クラウドン ……22
クローズドセル対流 …… 178
警報…… 295, **312**
結合角…… 138
ゲリラ豪雨 …… 233
巻雲…… **27**, 196
幻日…… 109
巻積雲……28
巻層雲……30
顕熱……41
豪雨…… 228
光冠…… 111
高解像度降水ナウキャスト …… 314
高気圧……58
航空機観測…… 270
黄砂…… 118, **197**, 305
降水確率…… 308
降水粒子……23
降水量…… 227
高積雲…… 32
航跡雲…… **121**, 196
豪雪…… 241

遠心力……208
鉛直渦……206
鉛直シア……62
オーバーシュート……43
オーバーハング……213
オープンセル対流……178
オーロラ……72
オゾン層……70
帯状雲……246
おろし風……95
温位……193
温室効果ガス……151
温帯低気圧……**64**, 85, 192
温暖前線……64
温低ちゃん……**64**, 257
温度勾配帯電……221

カ

海塩……118, **127**, 192
骸晶構造……141
解析雨量・降水短時間予報……314
海面気圧……250
海陸風……61, **102**
カオス……296
角運動量保存の法則……208
核形成……**120**, 266, 301
角速度……208
角柱……83, 110, **138**
角板……83, 110, **138**
下降流……43
暈……31, 88, **108**
笠雲……93
風下山岳波……93
可視画像……94, **287**
可視光線……23, 72, **105**, 287
ガスト……44
ガストフロント……45, **97**, 213, 235
下層雲……24
滑昇霧……192
活性化……126
かなとこ雲……37
花粉……118, **304**
過飽和……47
過飽和度……51
雷……219
カルマン渦列……97
過冷却……25, **49**
過冷却水滴（過冷却雲粒）……49
川霧……202
寒気団内低気圧……249
環水平アーク……109
乾性沈着……119
慣性の法則……92
乾燥空気……45
乾燥断熱減率……54
乾燥断熱変化……54
観測者……106
環天頂アーク……109
観天望気……88
環八雲……181
寒冷前線……64
気圧……48
気圧傾度力……58
気圧の谷……64
気温減率……56
帰還雷撃……225

索引

英

Aqua …… 289
CALIPSO …… 291
Cold-Air Damming …… 258
CloudSat …… 289
EarthCARE …… 291
GPM …… 291
GPS …… 278
HYVIS …… 274
IPCC …… 151
JPCZ …… 246
MODIS …… 289
PM2.5 …… 116
TRMM …… 289
Terra …… 289
κケーラー理論 …… 128

ア

アーククラウド …… 99
暖かい雨 …… 123
暖かい雲 …… 25
圧力 …… 48
穴あき雲 …… 168
雨粒 …… 78
アメダス …… 236
霰 …… 23, **142**
安定 …… 56
安定層 …… 93
アンビル …… **37**, 175, 183
イオン …… 221
一次氷晶 …… 137
意図的気象改変 …… **148**, 154
移流 …… 208
移流霧 …… 192
ウィンドシア …… 61
ウィンドプロファイラ …… 278
渦状擾乱 …… 249
内量 …… 108
海風 …… **100**, 181
海風前線 …… **99**, 181, 235
海霧 …… 191
雲海 …… 191
雲核形成 …… **119**, 202, 270
雲頂 …… 24
雲底 …… 33
雲底低下型の霧 …… 192
運動エネルギー …… 39
雲粒 …… 22
雲粒付結晶 …… 84, **142**
雲粒捕捉成長 …… 142
エアロゾル …… 116
－間接効果 …… **119**, 150, 266, 302
－準直接効果 …… 150
－第一種間接効果 …… 150
－第二種間接効果 …… **150**, 184, 198
－直接効果 …… **118**, 149
エイトケン粒子 …… 117
液体炭酸 …… 155
エコー …… 212, **278**
越境大気汚染 …… 116
エマグラム …… 173
エルニーニョ現象 …… 190
沿岸前線 …… 258

著者略歴

荒木 健太郎（あらき けんたろう）

雲研究者、気象庁気象研究所 研究官、博士（学術）。

1984年生まれ、茨城県出身。慶應義塾大学経済学部を経て、気象庁気象大学校卒業。専門は雲科学・気象学。防災・減災のために災害をもたらす雲のしくみを研究している。映画『天気の子』気象監修。NHK『おかえりモネ』気象資料提供。MBS／TBS系『情熱大陸』など出演多数。主な著書に『空のふしぎがすべてわかる！ すごすぎる天気の図鑑』（KADOKAWA）、『世界でいちばん素敵な雲の教室』（三才ブックス）、『雲を愛する技術』（光文社新書）、『せきらんうんのいっしょう』『ろっかのきせつ』（ともに、ジャムハウス）などがある。

Twitter：@arakencloud

くも　なか　なに　お
雲の中では何が起こっているのか

2014年 6月25日	初版発行
2021年10月20日	第9刷発行
著者	荒木 健太郎（あらき けんたろう）
DTP	WAVE 清水 康広
校正	曽根 信寿
カバーデザイン	坂野 公一（welle design）

発行者	内田 真介
発行・発売	ベレ出版 〒162-0832　東京都新宿区岩戸町12 レベッカビル TEL.03-5225-4790 FAX.03-5225-4795 ホームページ　https://www.beret.co.jp/ 振替 00180-7-104058
印刷	株式会社文昇堂
製本	根本製本株式会社

落丁本・乱丁本は小社編集部あてにお送りください。送料小社負担にてお取り替えします。

ISBN 978-4-86064-397-3 C0044　　編集担当　永瀬 敏章